"十三五"普通高等教育本科规划教材

U0655607

高电压技术

（第二版）

主　编　赵玉林

副主编　马淋淋

编　写　刘振宇　高春凤　李宁宁

主　审　朴在林

中国电力出版社
CHINA ELECTRIC POWER PRESS

内 容 提 要

本书为"十三五"普通高等教育本科规划教材。本书重点介绍地方电力系统的高电压技术，同时对超高压系统的相关内容和近年在电力系统中应用的相关新技术也做了适当介绍。全书共分十章，主要内容包括气体电介质的电气强度，液体、固体电介质的电气性能，线路和绕组中的波过程，雷电及防雷装置，输电线路的大气过电压和防雷保护，发电厂和变电站的防雷保护，电力系统内部过电压，电力系统的绝缘配合，高电压试验技术，电力系统主要电气设备绝缘预防性试验方法。

本书可作为高等院校电气工程及其自动化、农业电气化与自动化专业的教材，也可供电力系统有关技术人员参考。

图书在版编目（CIP）数据

高电压技术/赵玉林主编．—2 版．—北京：中国电力出版社，2016.8（2020.8 重印）

"十三五"普通高等教育本科规划教材

ISBN 978-7-5123-9466-7

Ⅰ. ①高… Ⅱ. ①赵… Ⅲ. ①高电压-技术-高等学校-教材 Ⅳ. ①TM8

中国版本图书馆 CIP 数据核字（2016）第 135393 号

中国电力出版社出版、发行

（北京市东城区北京站西街 19 号 100005 http：//www.cepp.sgcc.com.cn）

北京雁林吉兆印刷有限公司印刷

各地新华书店经售

*

2008 年 7 月第一版

2016 年 8 月第二版 2020 年 8 月北京第十五次印刷

787 毫米×1092 毫米 16 开本 16.25 印张 393 千字

定价 **42.00** 元

前　言

本书自 2008 年出版以来，很多院校将其作为教材使用，电力系统相关技术人员也将其作为参考书使用。第一版重印了九次，鉴于高电压技术的发展以及新型电气设备的应用，应中国电力出版社的要求，在第一版基础上进行了修订。第二版在保持第一版注重物理概念，侧重工程应用，由浅入深，通俗易懂的基础上，对第一版叙述不够详细，用词不够准确，不太易懂的部分进行了修订或者重写，同时根据相关学科和电力系统的发展，增删了部分内容。特别是组合电器 GIS 和氧化锌避雷器的推广应用，变电站开关电器的无油化发展趋势以及新的试验方法的应用，增加了串联谐振交流耐压试验、氧化锌避雷器试验、GIS 试验等内容，以提高学生适应工作的能力。

本书第二版的第一章、第五章第一节由东北农业大学赵玉林编写，第三章、第四章由青岛农业大学高春凤编写，第六章、第九章和第十章由青岛理工大学马淋淋编写，第七章、第八章由山西农业大学刘振宇编写，第二章、第五章第二节、第三节和第四节由东北农业大学李宁宁编写。赵玉林教授任主编，并负责全书的统稿工作，马淋淋任副主编。

第二版的编写参考了很多同类教材，在此向这些文献的作者和第一版的作者表示衷心的感谢，同时感谢主审朴在林教授对第二版提出的中肯修改意见。

限于编者水平，加之时间仓促，书中不妥之处在所难免，恳请读者提出宝贵修改意见。

编　者
2016 年 3 月

第一版前言

为贯彻落实教育部《关于进一步加强高等学校本科教学工作的若干意见》和《教育部关于以就业为导向深化高等职业教育改革的若干意见》的精神，加强教材建设，确保教材质量，中国电力教育协会组织制订了普通高等教育"十一五"教材规划。该规划强调适应不同层次、不同类型院校，满足学科发展和人才培养的需求，坚持专业基础课教材与教学急需的专业教材并重、新编与修订相结合。本书为新编教材。

从事电力系统设计、安装调试及运行的工程技术人员，都会遇到有关电气设备绝缘介质电气特性、电力系统过电压及其防护、如何保证电气设备供电可靠性等诸多属于高电压技术领域的问题。本教材就是针对电气工程及其自动化专业、农业电气化与自动化专业应用型人才培养方案的特点编写的。在内容方面，对传统的高电压技术进行了一定量删减的同时，增加了近几年高电压技术领域的最新成果。在编写体系上，采用电气绝缘基本理论，电力系统过电压及其防护技术及绝缘配合技术，最后介绍高电压试验技术。在叙述方面，力求深入浅出，强调物理概念。本书可作为电气工程及其自动化专业、农业电气化与自动化专业（电力系统自动化专业方向）的教材，也可作为电力部门相关人员的参考书。

全书共分十章。主要内容为：高电压绝缘理论，介绍了气体、液体和固体电介质的电气性能，击穿机理，影响击穿的因素和提高基础电压的措施；电力系统过电压及其防护技术，介绍电力系统过电压的产生、发展机理和限制措施；电力系统绝缘配合，介绍电力系统绝缘配合的基本方法和原则、试验电压的确定；高电压试验技术，介绍如何通过施加高电压的方法来判断电气设备绝缘状态的基本方法，每章后均附有习题。

本书第十章介绍电力系统主要电气设备绝缘预防性试验方法，是为增强学生实践能力而设的，各学校可根据学时多少而取舍，不影响本书的连贯性。

参加本书编写工作的有东北农业大学赵玉林（编写第一、二章），八一农垦大学朱学东（编写第八章及附录1），南京农业大学沈琴（编写第五、六章），山西农业大学刘振宇（编写第七章），黑龙江工程学院高晶晶（编写第三、四章），青岛理工大学马淋淋（编写第九、十章）。赵玉林教授任主编，并负责全书的统稿工作，朱学东副教授任副主编。

在本书的编写过程中，本书的主审沈阳农业大学朴在林教授一直保持与主编的密切联系，及时地提出修改和补充意见。在保证本书的质量方面起到了重要作用，在此表示衷心的感谢。同时还要感谢为本书的编写体系和内容提出重要修改意见的华北电力大学律方成教授，是他的意见使本书的编写体系更趋合理，也使内容与目前的工程实际水平结合得更紧密。本书的编写参考了很多国内外的重要文献，特别是近年出版的同名教材，在此对本书参考文献的编著者表示感谢。

由于编者水平有限，书中不妥之处在所难免，敬请读者及同行批评指正。

编　者

2008 年 4 月

目　录

第一章　气体电介质的电气强度

电介质在电气设备中是作为绝缘材料使用的，按其物质形态，可分为气体介质、液体介质和固体介质。不过，在实际绝缘结构中所采用的往往是由几种电介质联合构成的组合绝缘。例如电气设备的外绝缘往往由气体介质（空气）和固体介质（绝缘子）联合组成，而内绝缘则较多地由固体介质和液体介质联合组成。

一切电介质的电气强度都是有限的，超过某种限度，电介质就会逐步丧失其原有的绝缘性能，甚至演变成导体。在电场的作用下，电介质中出现的电气现象可分为两大类：

（1）在弱电场下（当电场强度比击穿场强小得多时），主要是极化、电导、介质损耗等；

（2）在强电场下（当电场强度等于或大于放电起始场强或击穿场强时），主要有放电、闪络、击穿等。

电介质的电气性能可用四个参数来表征，即用介电常数 ε 表征介质的极化性能；电导率 γ 或电阻率 ρ 表征导电性能；介质损耗角的正切值 $\tan\delta$ 表征功率损耗性能；击穿场强（介质丧失绝缘性能所需外施的最低电场强度）E_b 或绝缘强度（电介质保持绝缘性能所能承受的最高电场强度）表征耐电压性能。对气体介质而言，由于极化、电导和损耗均很小，所以只讨论其耐电压特性。

气体电介质，特别是空气，是电力系统中应用最多的绝缘介质。例如，输电线路的相间绝缘、相对地绝缘、电气设备的外绝缘都是以空气为介质的。所以研究气体电介质的耐电压特性具有重要的实际意义，同时对于了解结构较为复杂的液体、固体电介质的击穿过程也大有帮助。

在正常状态下，中性的气体分子是不导电的，是良好的绝缘体。但当作用于气体的电场强度超过其击穿场强 E_b 时，气体就会失去绝缘性能，出现导电或放电的现象。在均匀电场中，出现放电将导致间隙的击穿；在不均匀电场中，可以有较稳定的局部放电，如电晕放电。当电源功率较小时，气隙的击穿表现为火花放电；当电源功率较大时，击穿常表现为电弧放电。

第一节　气体中带电质点的产生与消失

纯净的、中性状态的气体是不导电的，只有在气体中出现了带电质点（电子、负离子或正离子）以后才可能导电，并在电场力作用下发展成各种形式的气体放电现象。要理解气体的放电过程，必须先了解气体中带电质点的产生、运动和消失的过程及影响因素。

一、带电质点的产生

气体中带电质点的来源有两个：一是气体质点本身发生游离；二是位于气体中的金属发生表面游离。

气体质点游离所需的能量称为游离能，通常以电子伏（eV）表示。随气体种类不同，游离能一般在 $10\sim15\text{eV}$。金属表面游离所需要的能量称为逸出功，随金属不同一般在 $1\sim$

5eV（1eV=16 021 892×10^{-19}J）。

根据引起气体质点游离因素的不同，游离有下列几种方式。

（一）碰撞游离

一个质点（可以是带电质点，也可以是中性质点）撞击另一个中性质点使其分解为两个带电质点的现象称为碰撞游离。发生碰撞游离的首要条件是撞击质点的总能量一定要大于被撞质点在正常状态下的游离能。如果撞击质点的能量小于被撞质点的游离能，虽然不能使其游离，但却可使该被撞质点的位能跃迁到较高能级上去，这种现象称为激励。处于激励状态的质点易发生游离。

撞击质点的能量有两种：

（1）动能。它等于 $mv^2/2$，m 为质点的质量，v 为质点的速度。

（2）位能。如果以正常中性质点的位能为参考点取其为零，则处在激励状态下的质点具有较高的位能。

发生碰撞游离的首要条件是撞击质点的总能量（动能与位能之和）必须大于被撞质点的游离能 W，除此还需要一定的相互作用时间。一般来说，撞击质点的动能愈大，造成游离的概率也愈高。

碰撞游离可以一次完成，也可以分级游离的方式完成。例如汞气的游离能是 10.4eV，但是当撞击质点的能量为 4.6eV 时却可使其游离。这是由于先前的撞击已使被撞质点处于激励状态，然后其他的撞击质点又使其游离，这就是分级游离。但分级游离所需要的总能量一定大于气体的游离能。

电子、离子等对中性质点（原子或分子）的碰撞，以及激励原子对激励原子的碰撞都能产生游离。其中电子的质量小，在电场力的作用下容易获得较高的速度，积累起足够的动能，所以电子在碰撞游离中起主导作用。而其他的质点因为本身的体积和质量较大，难以在碰撞前积累起足够的能量，因而游离作用小。

（二）光游离

短波射线的光子具有很大能量，它以光速运动，当它照射到中性原子（或分子）上时所产生的游离称为光游离，光子的能量与其频率成正比，即

$$W = h\nu \tag{1-1}$$

式中　h——普朗克常量，等于 6.626 075×10^{-34}J·s；

　　　ν——光的频率，Hz。

当气体受到光辐射作用时，如光子的能量大于气体的游离能，就有可能引起光游离。光游离也可以分级游离的方式来完成。

紫外线、χ 射线，α、β 和 γ 等短波射线都是产生光游离的因素。在气体击穿过程中异号带电质点不断复合为中性质点而放出光子，激励状态的原子还原时放出的光子也有产生光游离的作用，并且是重要的光游离因素。

（三）热游离

当温度升高时，气体质点的动能也增加。在高温下，质点热运动时相互碰撞而产生的游离称为热游离。在常温下，热游离的可能性很小，只有在 5000~10 000K 的高温下才产生热游离。

热游离有三种形式：

（1）高温时，高速运动的气体分子相互碰撞而产生的游离。

（2）气体分子与容器壁相碰撞失去动能而放出光子，温度升高，光子的频率及能量增加，因而在高温时，光子与气体分子相遇时可能产生游离。

（3）上述两种游离产生的电子与中性质点碰撞而产生的游离。

上面的三种游离均发生在气体的空间，然而在气体的击穿过程中还存在表面游离现象。

（四）表面游离

金属表面的电子接受外界能量后，逸出表面成为自由电子的现象称为表面游离。

表面游离有四种形式：

（1）热电子发射。将金属表面加热，电子热运动速度增加，其能量超过逸出功，电子逸出金属表面。

（2）二次发射。具有足够能量的质点（如正离子）撞击阴极表面，使其释放出电子。

（3）光电子发射。用短波光照射金属表面，当光子能量大于逸出功时，金属表面释放出电子。

（4）强电场发射。当电极附近的电场特别强时，金属表面的电子被强行拉出。这种发射所需的外电场极高，在 10^6V/cm 数量级。一般气隙的击穿场强远低于此值，所以，一般气隙的击穿过程中不会出现强电场发射。强电场发射只在某些高压强或高真空下气隙的击穿时才具有重要意义。

二、带电质点的消失

某些气体，如氧、氟、氯、六氟化硫等，它们的游离能特别大。当电子与之相撞时，通常不能产生碰撞游离，反而撞击电子被吸附而形成负离子。这样的气体通常称为负电性气体。

在负离子形成过程中，气隙中的电子逐渐减少。另外，由于负离子体积大，运动速度慢，因此它不易使气体游离而产生新电子，所以负离子的形成会阻碍击穿过程的发展。

在气体放电的发展过程中，除了有带电质点产生的游离过程，也同时存在带电质点从游离区消失或削弱其游离的过程，这个过程称为去游离过程。在放电发展过程中，游离起主导作用。而在电弧熄灭过程中，则与前面相反，去游离起主导作用。去游离过程将使气体迅速恢复中性的绝缘状态。

带电质点的消失主要有下面两种形式。

（一）带电质点的扩散

气体中的带电质点也和其他的中性分子一样，经常处于不规则的热运动之中。如果不同区域的带电质点存在浓度差，则它们总的趋势是不断从高浓度区域移向低浓度区域，趋向于使各处带电质点浓度变得均匀。这种现象称为带电质点的扩散。当气隙发生放电并去掉电源后，放电通道中高浓度的带电质点将迅速地向周围扩散，使间隙恢复到原来的绝缘状态。

（二）带电质点的复合

气体中带异号电荷的质点相遇时，有可能发生电荷的传递与中和，这种现象称为带电质点的复合。发生在电子和正离子之间的复合称为电子复合，其结果是产生一个中性分子；发生在正负离子之间的负荷称为离子式复合，其结果是产生两个中性分子。复合是与游离相反的物理过程，在这个过程中，将游离时吸收的能量以光子的形式释放出来。这种光辐射在一定条件下能导致其他气体分子的游离，使气体放电出现跳跃式的发展。

带电质点的复合强度与正、负带电质点的浓度，质点的相对运动速度有关。带电质点的浓度越大，质点的相对运动速度越低，则复合越剧烈。在常态下，每立方厘米的空气中大约存在 $500\sim1000$ 对正负电荷。它们是外界游离因子（高能辐射线）使空气发生游离和产生出来的正负电荷又不断地复合所达到的一种动态平衡状态。

第二节　均匀电场小气隙的放电

一、气隙放电的伏安特性曲线

19 世纪 90 年代，英国物理学家通过图 1-1 所示的平行板电极实验装置，做出了均匀电场空气间隙的伏安特性曲线，如图 1-2 所示。

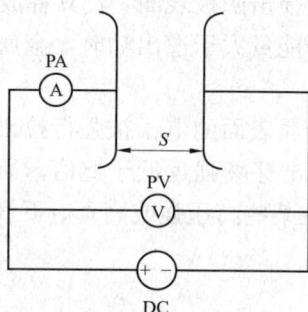

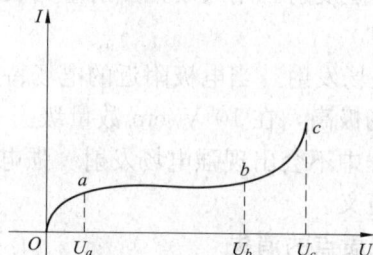

图 1-1　平行板电极实验装置　　　　图 1-2　均匀电场空气间隙的伏安特性曲线

从图 1-2 可以看出，当电压很低时也有电流流过气隙，即气隙中有电荷的定向移动。那么，这些移动电荷是如何产生的，气体的伏安特性曲线为什么是这个形状呢？英国物理学家汤申德（Townsend）认为，空气中由于宇宙射线和地球放射性物质射线的作用，总是存在中性质点光游离和带电质点复合的运动过程。同时，阴极受表面游离的作用也要向气隙中发射电子。在平衡状态下，空气中总是存在少量的带电质点。这些带电质点在外电场作用下定向移动形成了电流。开始，随电压的升高，带电质点的移动速度加快，电流也随之增大，如图 1-2 中的 $O\sim a$ 段。到达 a 点以后，由外界因素在气隙中产生的带电质点已全部参与导电，且由于带电质点在移动过程中与中性质点相碰撞时必然要损失它的能量，从而使带电质点的移动速度随外加电压的升高而趋于不变，所以电流也基本不变。这时的电流密度是极小的，一般约为 $10^{-19}\,\mathrm{A/cm^2}$ 数量级。因此，这时气隙仍处于良好的绝缘状态。当到达 b 点以后，电流又重新随电压的升高而增大。这是因为当外加电场足够高时，移动的带电质点（主要是电子）的能量足以使被撞的中性质点游离，即碰撞游离。这种碰撞游离一旦发生，就将越来越剧烈，被碰撞游离出来的新电子在强电场加速下又将去产生新的碰撞游离，使气隙带电质点急剧增多。这种电子急剧增多的现象就如同雪山上的雪崩一样剧烈地发展下去，故称为电子崩。由于电压的升高产生电子崩使气隙电荷急剧增加，所以电流也急剧增大，最后达到 c 点时，电流更急剧增加到必须依靠外电路电阻来限制的地步，即气隙已经击穿。

通过用铅皮在放电的不同时刻封包气隙的辅助性实验表明，在 $O\sim c$ 段的放电仅靠外施电压还不能得以维持，必须有外界游离因素的作用才能使放电维持下去，所以此范围的放电称为非自持放电。在 c 点以后的放电即使取消了外界射线的作用，仅靠外施电压就能使放电得以维持，所以此范围的放电称为自持放电。由此可见，气隙的击穿放电就是自持放电，气隙的击穿条件就是气隙自持放电条件。

二、气隙击穿电压 U_b 的计算

汤申德在他的气体放电理论中，引用游离系数来描述击穿过程。

（一）汤申德游离系数

（1）汤申德第一游离系数 α。一个电子逆外电场方向行进单位距离产生的碰撞游离数称为汤申德第一游离系数，记为 α。显然 α 与电场强度、气体种类及相对密度有关。实验和理论分析可知其关系式为

$$\alpha = A\delta e^{-\frac{B\delta}{E}} \tag{1-2}$$

式中 A、B——与气体性质有关的常数，对空气，$A=109.61\text{kV/kPa}$，$B=2738.40\text{kV/kPa}$；

         δ——气体的相对密度；

         E——电子所在点的气体的电场强度。

由式（1-2）可以清楚地看出，α 值对 E 值非常敏感，即电场强度 E 的很小变化就会引起 α 值的很大变化，如图1-3所示。

（2）汤申德第二游离系数 β。气隙在外加电压作用下，正离子要沿外电场方向移动。一个正离子沿外电场方向行进单位距离所产生的碰撞游离数称为汤申德第二游离系数，记为 β。由于正离子质量大，在外电场作用下不易加速，且体积大、平均自由行程短，因此在运动中不易积累起能引起碰撞游离的能量，因而 β 值很小，在分析气隙击穿过程中可以不予考虑。

图1-3 标准大气条件下空气中 α 与 E 的关系

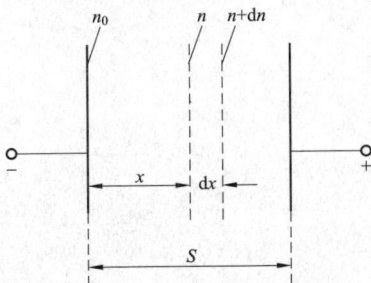

（3）汤申德第三游离系数 γ。正离子在外电场作用下向阴极移动，当与阴极表面相撞时，如果能量大于阴极材料的逸出功，可使其表面游离而发射电子。一个正离子撞击阴极表面，使其释放出的净电子数（指除与正离子中和的电子数后）称为汤申德第三游离系数，记为 γ。γ 的大小与阴极材料和气体种类有关，在空气中，铜的 $\gamma=0.025$，铝的 $\gamma=0.035$。

（二）自持放电的条件

阴极的逸出功远小于气体的游离能，所以在外界射线的作用下，靠近阴极表面的自由电子密度较高。在外电场作用下，这些电子产生的碰撞游离数要远高于其他部分的电子，所以气隙的放电能否维持，关键取决于阴极表面能否连续不断地释放出电子。如果在外电场作用下，这些电子产生的电子崩中的正离子向阴极移动，对阴极表面的游离作用能够代替外界射线的作用，则阴极能源源不断地释放出电子。这些电子不断形成新的电子崩，使气隙维持导电状态，即达到了自持放电。工程上关心的就是这种放电。那么，在什么条件下才能形成自持放电呢？下面进行简单的定量分析。

假定在外界游离因素作用下，阴极表面释放出 n_0 个电子，如图1-4所示。在外电场作用下，这 n_0 个电子向阳极移动，产生碰撞游离。行进 x 距离后，电子数增加

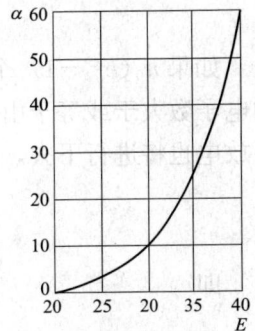

图1-4 电子崩中电子数的计算

到 n 个。这 n 个电子再行进 dx 距离，则电子的增量为 dn。dn 为 n 个电子在 dx 距离内产生的碰撞游离数，即

$$dn = \alpha n dx \tag{1-3}$$

两端积分得

$$\ln n = \int_0^x \alpha dx + c$$

$$n = c e^{\int_0^x \alpha dx}$$

当 $x = 0$ 时，$n = n_0$，所以

$$c = n_0$$

对均匀电场，α 为常数，n_0 个电子经碰撞游离，进入阳极的电子数为

$$n_a = n_0 e^{\alpha S}$$

在气隙中产生的正电荷数为

$$n_0 e^{\alpha S} - n_0 = n_0(e^{\alpha S} - 1) \tag{1-4}$$

如果 $n_0(e^{\alpha S} - 1)$ 个正离子在外电场作用下撞击阴极表面，表面游离使阴极表面释放出的电子数大于或等于由外界因素使阴极表面释放的电子数 n_0，在没有外界游离因素的情况下放电也将进行下去，所以自持放电条件为

$$n_0(e^{\alpha S} - 1)\gamma = n_0$$

即

$$e^{\alpha S} - 1 = \frac{1}{\gamma} \tag{1-5}$$

（三）击穿电压 U_b 的计算

根据自持放电条件，式（1-5）可以导出自持放电时的放电电压。对均匀电场，自持放电电压就是间隙的击穿电压 U_b，即

$$U_b = E_b S \tag{1-6}$$

式中　E_b——空气的击穿场强，$E_b = 30 kV/cm$；

　　　S——极板之间的距离，cm。

由自持放电条件

$$e^{\alpha S} - 1 = \frac{1}{\gamma}$$

得

$$\alpha S = \ln\left(1 + \frac{1}{\gamma}\right)$$

因为

$$\alpha = A\delta e^{-\frac{B\delta}{E_b}} = A\delta e^{-\frac{B\delta S}{U_b}}$$

所以得

$$A\delta S e^{-\frac{B\delta S}{U_b}} = \ln\left(1 + \frac{1}{\gamma}\right)$$

经整理得气隙的击穿电压为

$$U_b = \frac{B\delta S}{\ln\dfrac{A\delta S}{\ln\left(1 + \dfrac{1}{\gamma}\right)}} \tag{1-7}$$

由式（1-7）可以得出以下两个结论：

（1）气隙的击穿电压与阴极材料和气体性质有关。

（2）均匀电场气隙的击穿电压不仅与气隙 S 有关，还和气体分子相对密度 δ 有关，是 δ 与 S 乘积的函数。只要 δ、S 的乘积不变，U_b 也不变。

三、巴申（Paschen）定律

U_b 是 δS 的函数这个规律早在汤申德推导出式（1-7）以前就已由巴申从大量试验中总结出来，其结果如图 1-5 所示，所以这个规律又称为巴申定律。

由图 1-5 可见，曲线存在一谷点，对应的 $\delta S \approx 7.5 \times 10^{-3}$ cm，$U_b \approx 330$ V。它说明，当气隙的工作点（δS 的值）不同时，U_b 随 δS 的变化规律也不同。气隙的击穿就是在外电压作用下有强大电流通过气隙，即在外电场作用下有大量的带电质点在气隙中定向移动。而带电质点的产生取决于从阴极出发的电子在向阳极移动过程中与中性质点的碰撞次数和使其游离的概率。假设 δ 保持不变，S 增大，则必须增大外施电压才能使电子获得足够的能量以产生碰撞游离。但是当 S 值很小，碰撞游离概率已经很高时，如果继续减小，则

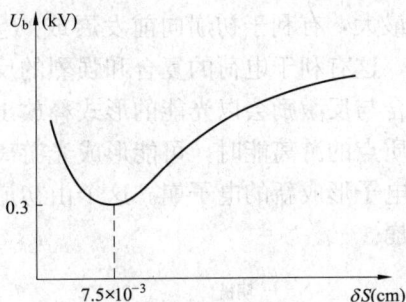

图 1-5　气隙击穿电压与 δS 的关系

由于电子与中性质点碰撞次数的减少，反而使气隙移动的带电质点减少，所以必须升高外施电压才能保持气隙的击穿。在 S 的变化过程中，总有一个 S 对气隙中的带电质点的产生最有利，使击穿电压最低，这就是谷点。同理，当 S 保持不变，气体分子相对密度 δ 增大时，电子的自由行程缩短了，相邻两次碰撞之间积聚到足够动能的概率减小了，故 U_b 必然升高，这就是谷点的右侧。反之，当 δ 减小到很小数值后，使碰撞游离概率增加的影响不再能抵消碰撞次数减少的作用，所以为了保持一定数量的带电质点，必须升高外施电压，即 U_b 升高，这就是谷点的左侧。在这两者之间，总有一个 δ 值对造成碰撞游离最有利，此时 U_b 最小，这就是谷点。

第三节　均匀电场大气隙的放电

当 δS 很小时，用汤申德理论可以较好地解释气隙的放电过程，物理过程清晰，并且可以定量计算气隙的击穿电压。但是，当 δS 较大（如大于 0.26cm）时，气隙放电的许多特点无法用汤申德理论解释。例如气隙从加上电压到整个气隙击穿所用的时间应为电子从阴极

出发到达阳极与正离子从阳极到达阴极所用时间之和，而实际击穿所用时间要比这小得多；气隙放电应在整个气隙中进行（因从阴极释放出的电子近似均匀分布），而实际放电常是在带有明亮分支的狭窄通道内进行；击穿电压 U_b 与阴极材料有关，而实际击穿电压与阴极材料几乎无关。上述现象说明在 δS 较大时，气隙的击穿除了碰撞游离外，还有新的因素对 U_b 产生影响。在汤申德理论的基础上，由洛伊布（Leob）和米克（Meek）等通过大量的试验研究和对雷电的观测，提出了流注放电理论。流注理论既考虑到碰撞游离，又考虑到在初崩发展过程中空间电荷对气隙电场的畸变和光游离的作用，能够较切合实际地解释气隙的放电过程。

一、空间电荷对气隙电场的畸变

从阴极发出的电子在外电场作用下向阳极移动，碰撞游离发展成电子崩（称为初崩）。由于电子的质量小，所以在外电场作用下很容易获得加速，以很高的速度移动在电子崩的头部。而正离子质量大，体积也较电子大得多，所以缓慢地移动在电子崩的后部（向阴极移动）。由于电子的扩散作用，电子崩在发展过程中半径逐渐增大，其外形如一个头部为球形的圆锥体，如图 1-6（a）所示。图 1-6（b）所示为空间电荷的浓度分布示意图，其中 N_+ 与 N_- 分别代表该截面上正负电荷的数量。沿电子崩轴线各点的合成电场将是电源的外施电场和初崩空间电荷所产生电场的矢量和，如图 1-6（c）、（d）所示。崩头前面电场被加强得最大，有利于初崩向前发展或产生新电子崩。崩内正负空间电荷混杂处的电场被大大减弱，这有利于电荷的复合和强烈的反激励（由激励状态恢复到正常状态的过程称为反激励）。复合与反激励会以光能的形式释放出游离与激励时质点所吸收的能量。当光子的能量大于中性质点的游离能时，可能形成光游离。而初崩尾部电场也得到了加强，这有利于光游离出的光电子形成新的电子崩。这个由初崩中释放出的光子产生的光游离形成的电子崩称为二次电子崩。

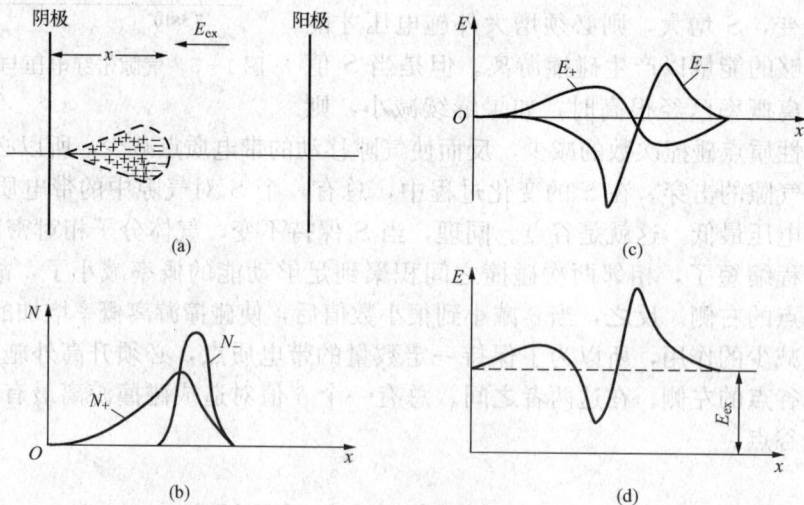

图 1-6　空间电荷

（a）电子崩；（b）空间电荷浓度分度；（c）、（d）合成电场

二、流注的形成

如果外施电压为气隙的最低击穿电压，当初崩发展到阳极时，正负电荷复合和反激励发

出的光能足以使位能较高的初崩尾部的部分中性质点光游离而形成光电子。由于受空间电荷（初崩）的畸变作用，崩尾的电场较高，它使光电子以很高的速度向初崩的正电荷区移动，形成二次电子崩。二次电子崩头部的电子与初崩的正空间电荷汇合成为充满正负带电质点的混合通道。这个正电荷多于负电荷的混合通道称为流注通道，简称为流注。流注导电性能良好，其端部又有二次崩尾部留下的正空间电荷，因此大大加强了流注前方（流注的发展方向为从阳极到阴极）的电场。由于流注内部正负电荷密度大、场强低，因此也存在剧烈的正负电荷的复合与中性质点的反激励过程。这个过程发出的光子又将使流注前方的部分中性质点光游离，产生出新的光电子。这个新的光电子又以很高的速度向流注前端的正电荷区移动，

形成新的电子崩，使流注通道不断地向阴极延伸。当流注沟通两极时，就将导致间隙的完全击穿。这个流注是从阳极向阴极发展的，所以称为正流注。正流注的形成和发展过程如图1-7所示。在这里，自持放电的条件即间隙击穿形成的条件就是流注形成的条件。它是当初崩头部电荷达到一定的数量，使初崩轴线电场得到足够的畸变并造成足够的光游离。一般认为当 $\alpha=20$（或 $e^{\alpha S}\approx10^8$）时便可满足上述条件，使流注得以形成。而流注一旦产生就将继续发展下去，最后导致间隙的完全击穿。这种用流注的形成来解释气隙击穿过程的理论称为流注理论。

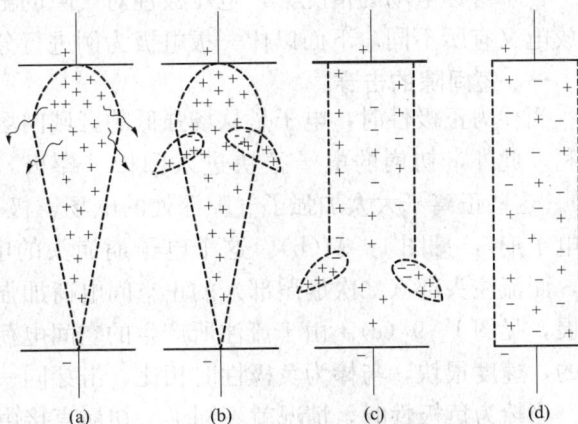

图1-7　正流注的形成和发展过程

(a) 正负电荷复合发光照射初崩头部附近；(b) 光电子产生二次电子崩；
(c) 流注从阳极向阴极发展；(d) 流注沟通两极

　　按流注理论，气隙击穿与否的关键取决于初崩的空间电荷对其轴线电场的畸变程度和初崩发展过程中的发光程度，而与阴极能否被正离子表面游离无关，所以击穿电压与阴极材料无关。击穿所用时间为初崩从阴极发展到阳极与正流注从阳极发展到阴极所用时间之和，而正流注的发展速度比正离子的移动速度高得多，所以算出的击穿所用时间也要短得多。当第一个电子崩形成后，其空间电荷对周围电场具有屏蔽作用，因而不易在其他位置形成电子崩和流注，所以放电仅在一个狭窄通道内进行。

　　如果外施电压比气隙的最低击穿电压高得多，则主崩不需经过整个间隙，其头部即已积累到足够多的空间电荷，发的光足以使主崩前方以及尾部的部分中性质点光游离产生光电子。崩头前方的光电子在畸变后的电场作用下，向阳极高速移动，形成二次电子崩。初崩头部负电荷与二次电子崩尾部正电荷汇合形成由阴极向阳极发展的流注，称为负流注。同时初崩尾部的光电子形成的二次电子崩崩头与初崩正电荷区汇合形成向阴极发展的正流注，当正、负流注沟通两极时，气隙击穿。负流注的发展过程如图1-8所示。

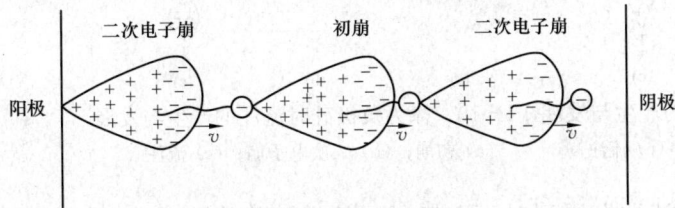

图1-8　负流注的发展过程

第四节　不均匀电场气隙的击穿

电力工程中大多数实际结构的电场都是不均匀的。与均匀电场相比，不均匀电场气隙的放电有一系列的特点。因此研究不均匀电场中气隙放电的规律具有重要意义。

不均匀电场的形式繁多，绝大多数为不对称电场，少数为对称电场。不对称电场的典型形式是棒—板电极，对称电场的典型代表为棒—棒电极。

对不均匀电场，汤申德理论不适用，只能用流注理论来分析研究其气隙的击穿过程与特点。

在不对称电场的情况下，电压极性对气隙的击穿电压有很大影响，并且长间隙与短间隙的放电又有所不同，下面以棒—板电极为例进行分析、研究。

一、短间隙的击穿

当棒为正极性时，电子是从场强低的区域向场强高的区域发展，这对电子崩的发展极为有利。此外，初崩的电子很快进入阳极（棒极），在棒极前方留下了正离子，见图1-9（a）。这些正离子大大加强了气隙深处的电场，极易使气隙深处的电子产生新的电子崩（二次电子崩），见图1-9（b）。这个电子崩崩头的电子与初崩产生的正空间电荷汇合形成流注，而流注头部（二次崩尾部）的正空间电荷加强了流注前方的电场，使流注进一步向阴极扩展，见图1-9（c）。由于流注所产生的空间电荷总是加强前方的电场，所以它的发展是连续的，速度很快，与棒为负极性时相比，击穿同一间隙所需电压要低得多。

当棒为负极性时，情况就不同了。初崩直接由棒极向外发展。先经过强场区，后来的路程中场强越来越弱，这就使电子崩的发展比棒为正极性时不利得多。初崩留下的正空间电荷［电子已向外扩散，见图1-10（a）］显然增强了负棒极附近的电场，却削弱了气隙深处的空间电场，使流注的向前发展受到抑制。只有再升高电压。并待初崩向阴极方向（向后）发展的正流注［见图1-10（b）］完成，使前方（气隙深处）的电场加强后，才可能在前方空间产生新的电子崩，见图1-10（c）。新电子崩的发展过程与第一个电子崩相同。这样就形成了自阴极向阳极发展的负流注。这个负流注发展过程是阶段式的，其平均速度比正流注小得多，击穿同一间隙所需的电压要高得多。

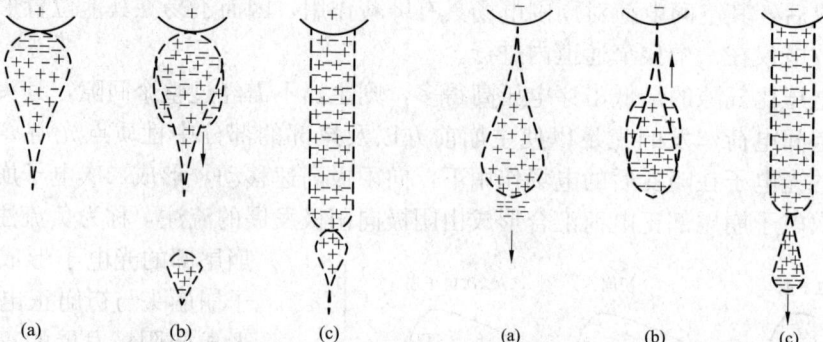

图1-9　棒为正极性时流注的产生与发展　图1-10　棒为负极性时流注的产生与发展
　　(a) 初崩；(b) 二次电子崩；(c) 流注　　　　　(a) 初崩；(b) 二次电子崩；(c) 流注

不论是正流注还是负流注，当流注发展到对面电极时，整个间隙就被充满正、负电荷，具有较大导电性的通道所贯穿。在电源电压作用下，流注中的带电质点继续从电源电场获得加速，得到能量，发展更强烈的游离，使流注中带电质点的浓度急剧增长，通道的温度和电导也急剧升高和变大，完全失去绝缘性能，气隙的击穿就完成了。

二、长间隙的击穿

实践表明，当气隙较大（约 1m 以上）时，存在某种新的，不同性质的被称为先导放电的放电过程。不同极性的先导放电过程有不同的特性。目前，对这些问题的研究还很不够，只是对这些事物的现象、参数、影响因素及变化规律等做了一些实测，而对这些放电过程的机理并没有完全研究清楚。

（一）正先导放电过程

对棒正—板负间隙，当间隙距离很大时，欲使间隙击穿，外电压就要很高。由于电场是极不均匀的，这样的电压将使棒极附近的电场强度达很高数值，使棒极前方宽广的范围内都同时产生强烈游离，发展电子崩和流注。游离出的自由电子循着各自流注通道最终都汇集到棒极上来。越近棒端，带电质点的密度越大，随之也就是电流的密度越大。在强电场驱使下的这样大的电荷密度，携带着很大的能量，与气体分子碰撞进行能量交换，使该处气温增到 10^4 K 数量级，产生热游离，使棒端前方造成炽热的等离子通道，称为先导通道。由于热游离使通道具有相当高的电导和很小的轴向场强，可以近似地认为把棒极电位带到先导通道的前端，这就使通道前端的前方宽广区域内场强大增，在此区域内引起新的、强烈的流注。这些流注中的电子又汇合到先导通道前端来，使先导通道不断加长，向气隙深处延伸。先导通道前端前方始终保持着很高场强，使得这样的过程能继续向前发展，直到对面电极。图 1-11 所示为沿放电通道的电压分布，图中 U_{ex} 为棒—板电极间的电压，U_L 为先导通道的电压降，U_S 为流注通道的电压降。

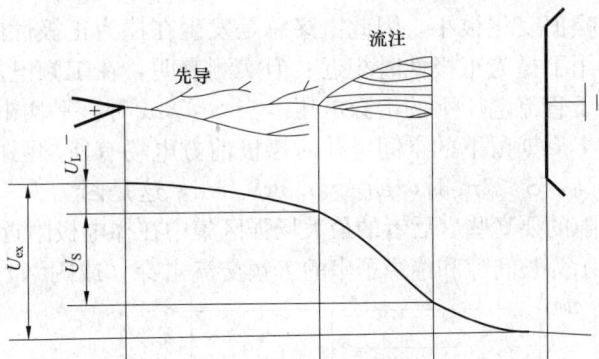

图 1-11 沿放电通道的电压分布

综上所述，先导放电过程实质上是继流注之后发展起来的二次过程。长间隙火花放电与短间隙火花放电的本质区别在于，炽热的导电通道是在放电发展过程中建立的，而不是在两极短路之后建立的。正是由于这一点，使得长间隙击穿的平均场强远低于短间隙的平均场强。

（二）负先导放电过程

负先导放电过程比正先导放电过程复杂。当棒为负极性而板为正极性时，若很高的电压加在间隙上，则在负棒极前方宽广的空间立即发展了大量散射的负流注。负流注中的电子向远离棒端的方向运动，直到离棒极较远处（该处的场强已减弱到不足以使电子产生碰撞游离的程度，游离在该处停止），电子逐渐被气体分子俘获，形成大量负离子。早前的流注区中则留下大量的正空间电荷，这些正空间电荷大大加强了棒极附近原来就已很强的电场，使该区域内产生十分强烈的游离。高场强和大电流密度使棒极附近气体加热到很高温度，产生热游离，造成具有高电导和低场强的负先导通道，近似相当于把棒极电位传到通道的前端。但前方空间中大量的负空间电荷（因为负离子向阳极的迁移是较慢的）在通道前端形成相当强的反向电场（称为屏蔽电场），使该处的合成场强削弱，先导通道的发展因而停滞下来。在先导通道发展停滞的一小段时间内，通道头部前方的负空间电荷被电场力逐渐驱散，使屏蔽作用减弱，先导通道头部前方的电场重新增强起来，在此空间的新的负流注又得到发展，接着大致重复第二阶段过程，使先导通道又向前发展一段。在长间隙中，这样的过程可能重复多次，使负先导通道的前进具有分级特性。

（三）主放电过程

不论是正先导还是负先导，当先导通道发展到接近对面电极时，在余下的小间隙中场强达到极大数值，从而引起强烈的游离，这一强游离区域以极高的速度向相反方向传播。这一过程称为主放电。主放电在极间形成高电导通道，相当于极间短路，进而完成击穿。

三、棒—板电极的极性效应

对棒—板电极，在棒为不同极性时，由于空间电荷对气隙电场影响不同，从而将导致其击穿电压和电晕起始电压不同，这种现象称为棒—板电极的极性效应。棒正板负时的击穿电压低于同间隙棒负板正时的击穿电压，而电晕起始电压则相反。棒—板电极和棒—棒电极在直流电压作用下击穿特性如图 1-12 所示。在图 1-12 所示范围内（$S < 3m$），击穿电压与间隙距离近似成正比；其平均击穿场强为 E_b，棒正板负间隙 $E_b \approx 4.5 kV/cm$，棒负板正间隙 $E_b \approx 10 kV/cm$，棒—棒间隙 $E_b \approx 5.4 kV/cm$。

在工频电压作用下，由于间隙的击穿时间仅为毫秒级，而在这么短的时间内，工频电压的幅值变化很小，因此击穿总是发生在棒为正极性的半周内，且击穿电压峰值应与直流电压作用下棒为正极性时相近。但实测表明，在工频电压作用下，棒—板间隙的击穿电压峰值稍低于直流电压下的击穿电压。当 $S < 3m$ 时，平均击穿场强峰值 $E_{bm} \approx 3.8 kV/cm$。这是由于前半周期留下的空间电荷对棒极前方电场有所加强的缘故。棒—棒电极的平均击穿场强峰值最高，$S < 3m$ 时，$E_{bm} \approx 5.3 kV/cm$，这是因为棒—棒电极间隙的电场均匀度比棒—板电极间隙的要高些（后者的最大场强区集中在棒电极附近，而前者分散在靠近两电极处）。图 1-13 所示为长间隙和绝缘子串的工频交流击穿（或闪络）电压与气隙距离的关系曲线。

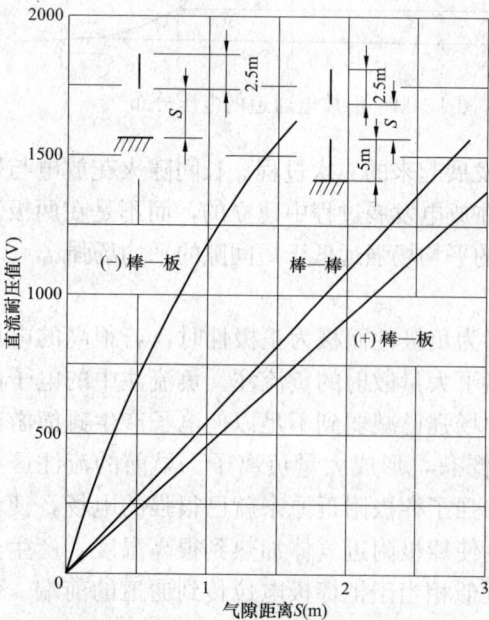

图 1-12　棒—板和棒—棒空气间隙的
直流耐压值与间隙的关系

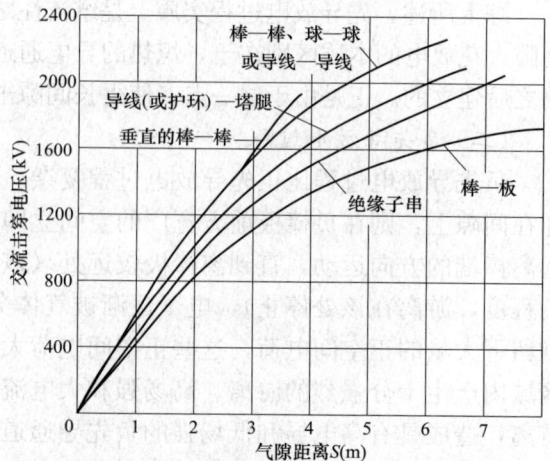

图 1-13　长间隙和绝缘子串的工频交流击穿
或闪络电压与气隙距离的关系

第五节 冲击电压下空气的击穿特性

一、冲击电压的标准波形

作用时间短暂的电压称为冲击电压，在冲击电压作用下空气间隙的击穿具有新的特性。

雷电在电力系统中造成的过电压是一种冲击电压，当雷击设备时能造成极高的电压，这是电力系统发生事故的重要因素。为了模拟雷电压，使试验结果能互相比较，各国规定了试验用雷电冲击电压的标准波形，分为全波和截波两种。其中全波波形主要考验设备主绝缘的耐雷水平，而截波波形主要考验的是纵绝缘的耐雷水平。标准雷电冲击全波波形如图 1-14 所示，由波前时间 T_1 及半峰值时间 T_2 加以确定。由于实验室中获得的冲击电压的波前起始部分比较平坦，故在示波图上不易确定原点及幅值的位置。因此采用了经过 $0.3U_m$ 及 $0.9U_m$ 两点的直线构成的斜角波前（见图 1-14）。我国国家标准规定的波形参数与国际电工委员会推荐的波形参数一致，即 $T_1 = 1.2\mu s$ $(1\pm30\%)$，$T_2 = 50\mu s$ $(1\pm20\%)$；峰值允许误差为 $\pm3\%$，简记为 $1.2/50\mu s$。$T_1 = 1.67CD$。

用来模拟雷电过电压引起气隙击穿或外绝缘闪络后出现的截尾冲击波，IEC 和我国都规定了截波的标准波形，如图 1-15 所示，其波头的测量方法与全波相同，$T_1 = 1.2\mu s$ $(1\pm30\%)$。截断点发生时刻 $T_c = 2\sim5\mu s$，简记为 $1.2/2\sim5\mu s$。

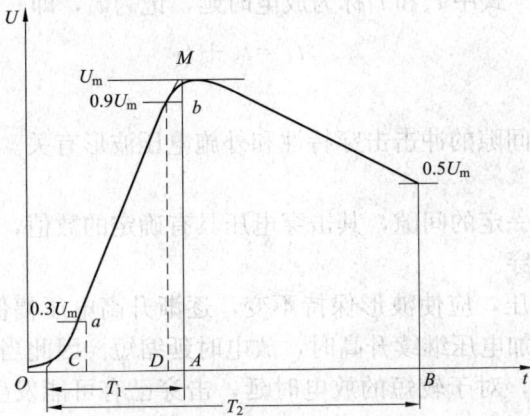

图 1-14 标准雷电冲击全波波形

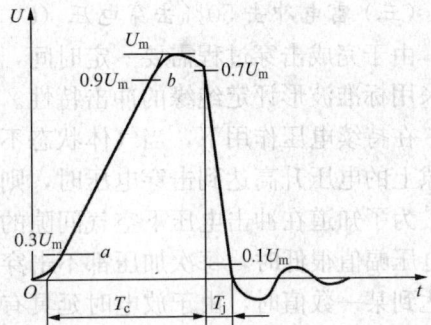

图 1-15 标准雷电冲击截波波形

二、放电时延

在冲击电压作用下，间隙的击穿电压比静态击穿电压（直流或工频交流持续作用下的击穿电压）高。这是因为整个间隙击穿放电的发展过程不仅需要足够高的作用电压，还需要一定作用时间的缘故。整个间隙击穿过程的时间可分为统计时延和放电形成时延两个部分。

（一）统计时延

从间隙加上足以引起间隙击穿的静态击穿电压 U_0 时刻 t_1 到产生能够引起碰撞游离过程导致完全击穿的有效电子的一瞬间 t_2 为止，这段时间 t_s 称为统计时延。t_s 的大小与外加电压、气体性质、外来射线强度等因素有关。统计时延一方面由外来射线在间隙中产生的自由电子的偶然性决定；另一方面并不是每个这种电子都能在电场作用下形成电子崩并发展到击穿。它可能被中性分子吸附形成负离子而失去产生碰撞游离的能力，所以统计时延具有很强的统计性。

在比较均匀的电场内，特别是尺寸小的短间隙的放电时间以统计时延为主。用 X 光和紫外线照射间隙，使阴极释放电子，增加产生有效电子的概率，可以使统计时延大大缩短。这一措施对避雷器火花间隙在冲击电压作用下缩短放电时延十分有效。

（二）放电形成时延

第一个有效电子在外电场作用下产生碰撞游离，发展成流注，最后产生主放电，这个过程所需的时间 t_f 称为放电形成时延。

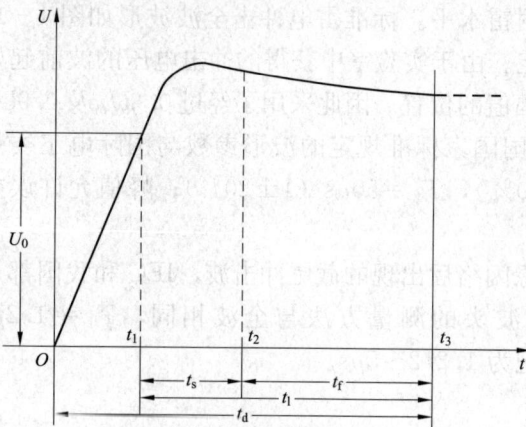

图 1-16　放电时延

在较均匀电场中，间隙中各处电场基本相同，放电发展速度快，放电形成时延较短。在极不均匀电场中，放电只能由强电场区域逐渐向弱电场区域延伸，则放电形成时延较长。电压增高，放电形成时延可大大缩短。

间隙击穿所需的全部时间 t_d（图 1-16）由三部分组成，即

$$t_d = t_1 + t_s + t_f$$

式中 t_s 和 t_f 称为放电时延，记为 t_1，即

$$t_1 = t_s + t_f$$

（三）雷电冲击 50% 击穿电压（$U_{50\%}$）

由于完成击穿过程需要一定时间，所以，间隙的冲击击穿特性和外施电压波形有关。通常采用标准波形评定绝缘的冲击特性。

在持续电压作用下，当气体状态不变时，一定的间隙，其击穿电压具有确定的数值，当间隙上的电压升高达到击穿电压时，则间隙击穿。

为了知道在冲击电压下空气间隙的击穿电压，应使波形保持不变，逐渐升高电压幅值。当电压幅值很低时，每次加压都不击穿。当外加电压继续升高时，放电时延缩短。因此当电压达到某一数值时，由于放电时延具有分散性，对于较短的放电时延，击穿已有可能发生。也就是说，在多次施加电压时，击穿有时发生，有时不发生。施加电压越高，多次施加电压时气隙击穿的百分比越大。当施加 n 次电压，其中有半数使间隙击穿时，这时对应的电压称为 50% 击穿电压，简记为 $U_{50\%}$。

在均匀电场和稍不均匀电场中，击穿电压分散性小，$U_{50\%}$ 和静态击穿电压 U_b 相差很小。$U_{50\%}$ 与 U_b 之比称为冲击系数 η。均匀电场和稍不均匀电场中 η 约为 1。由于放电时延短，击穿通常发生在波前和峰值附近。在极不均匀电场中，放电时延较长，η 大于 1，击穿电压分散性也大些，其标准偏差可取为 3%，击穿通常发生在波尾。在标准波形作用下，棒—棒及棒—板空气间隙的 $U_{50\%}$ 和间隙的关系如图 1-17 所示。由图可见，棒—板间隙有明显的极性效应，棒—棒间隙也有不大的极性效应。在图中所示的范围内，击穿电压 $U_{50\%}$ 和间隙 S 呈线性关系。

三、伏秒特性

由于放电时延 t_1 与电压幅值有关，因此气隙的击穿电压与该电压作用的时间有很大关

系。同一个气隙，在峰值较低但延续时间较长的冲击电压作用下可能击穿，而在峰值较高但延续时间较短的冲击电压作用下可能不击穿，所以，对非持续作用的电压来说，一个气隙的耐电压性能就不能单一地用"击穿电压"值来表达了，而是对于某个特定的电压波形，必须用电压峰值和击穿时间这两者来共同表达才行，这就是该气隙在该电压波形下的伏秒特性。

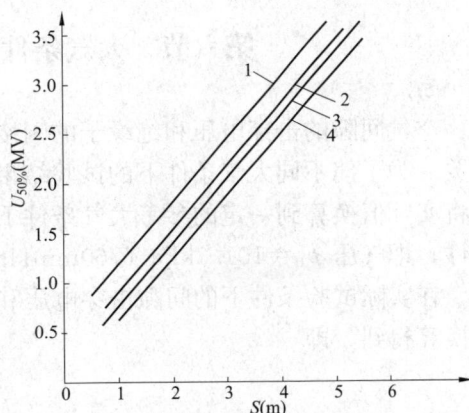

图 1-17　棒—棒和棒—板气隙的
$U_{50\%}$ 与间隙 S 的关系
1—棒负—板正；2—棒负—棒接地
3—棒正—棒接地；4—棒正—板负

伏秒特性及其作法如图 1-18 所示，当击穿电压发生在波前时，击穿电压以击穿时的电压值计；而当击穿发生在波尾时，由于其电压波形的峰值对气隙的击穿已起作用，因此击穿电压值应以对应电压的峰值计算，而不是击穿时的电压值。由于放电的分散性，伏秒特性实际上是一个分散带，图 1-18 中的虚线是上、下包络线。间隙的伏秒特性形状与极间电场分布有关。在电场比较均匀的短间隙中，伏秒特性曲线较平（图 1-19 中曲线 1），放电分散性也小，只有在放电时间短于 $1\mu s$ 时略向上翘，且这部分放电分散性也较大。

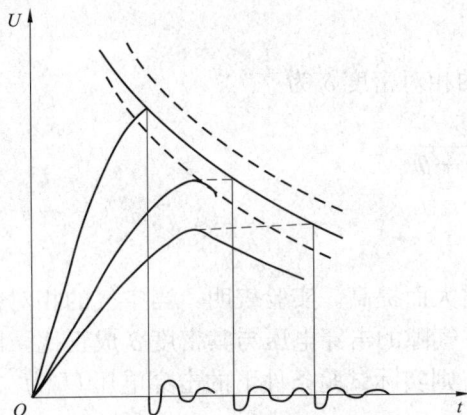

图 1-18　伏秒特性及其作法

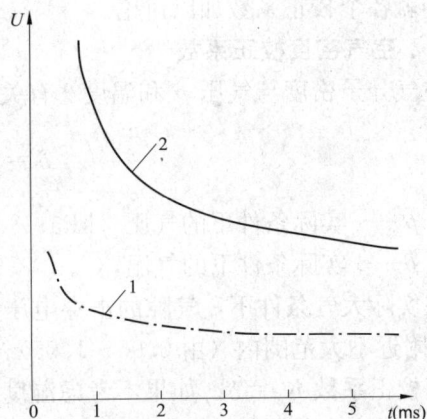

图 1-19　均匀电场和极不均匀电场气隙的伏秒特性
1—均匀电场；2—极不均匀电场

对于极不均匀电场的间隙，伏秒特性曲线比较陡（图 1-19 中曲线 2），放电分散性也较大。通常用作过电压保护装置的间隙，总希望伏秒特性平坦些，即具有均匀电场的结构，以便不论电压作用时间长短，其击穿电压都低于被保护绝缘能耐受的电压，从而满足绝缘配合的要求。

第六节 大气条件对空气间隙击穿电压的影响

空气间隙的击穿电压和绝缘子的闪络电压受到气压、气温和湿度的影响，即与大气条件有关。为了使不同大气条件下的试验结果便于比较，必须了解这些因素对击穿电压的影响，并将实际值换算到一定的参考大气条件下的数值。我们规定的参考大气条件被称为标准大气条件，即气压 $p_0 = 101.3 \text{kPa}$（760mmHg），温度 $\theta_0 = 20 \text{℃}$，绝对湿度 $h_c = 11 \text{g/m}^3$。

在实际试验条件下的间隙击穿电压和标准大气条件下的击穿电压可以通过相应的校正系数换算得到，即

$$U_b = \frac{K_\delta}{K_h} U_0 \qquad (1-8)$$

式中　　U_b——实际试验条件下的击穿电压；

U_0——标准大气条件下的击穿电压；

K_δ——空气密度校正系数；

K_h——湿度校正系数。

式（1-8）不但适用于气隙的击穿电压，也适用于外绝缘的沿面闪络电压。当实际试验条件不同于标准大气条件时，试验电压应按式（1-8）换算。本书及一般手册中所引用的有关空气间隙击穿电压的曲线和数据，除特别注明外，都相应于标准大气条件下的情况。下面将分别就各个校正系数加以讨论。

一、空气密度校正系数

空气分子密度与气压 p 和温度 θ 有关，空气的相对密度 δ 为

$$\delta = 2.89 \frac{p}{273 + \theta}$$

式中　　p——实际条件下的气压，kPa；

θ——实际条件下的气温，℃。

在实际大气条件下，气隙的击穿电压随 δ 的增大而提高。实验表明，当空气的相对密度 δ 在 1 附近不大范围内（由 0.95～1.05）变动时，气隙的击穿电压与其密度 δ 成正比，即空气密度校正系数 $K_\delta = \delta$。如果不考虑湿度的影响，则实际试验条件下的击穿电压 U_b 为

$$U_b \approx \delta U_0 \qquad (1-9)$$

式（1-9）对于均匀电场或不均匀电场中的直流、工频或冲击电压都适用。

式（1-9）是当气隙 $S < 1\text{m}$ 时试验得出的。近年来对长间隙击穿特性研究表明，间隙击穿电压与大气条件变化的关系并不是一种简单的线性关系，而是随间隙形状、大小以及电压类型而变化的复杂关系。除了间隙不大、电场比较均匀的球—球间隙以及间隙虽大但击穿电压仍随间隙大小线性增大（如雷电冲击电压）的情况下式（1-9）仍适用外，对包括不同情况下的击穿电压，必须使用空气密度校正系数，即

$$K_\delta = \left(\frac{p}{p_0}\right)^m \times \left(\frac{273 + \theta_0}{273 + \theta}\right)^n$$

式中的指数 m、n 与电极形状、间隙大小以及电压形式和极性有关，其值在 0.4～1.0

范围内变化。具体数值见国家标准《高压输变电设备的绝缘配合》（GB 311.1—2012）。

二、湿度校正系数

试验表明，在均匀或稍不均匀电场中，气隙的击穿电压随空气湿度增大而略有增高，但程度极微，可以忽略不计。但在极不均匀电场中，空气中水分的增加却使气隙击穿电压明显提高。击穿电压与湿度有关，是由于水分子容易吸附电子而形成负离子的缘故。电子形成负离子后，游离能力大大降低，这在前面已经讨论过。当湿度增大时，电子附在水分子上形成负离子的比例增加，间隙中的游离过程被削弱，从而击穿电压增高。均匀电场中击穿场强较高，电子运动速度较大，湿度的影响较小；而在极不均匀电场中，平均击穿场强较低，放电形成时延又较长，湿度的影响较明显。

均匀及稍不均匀电场中，湿度对击穿电压的影响可忽略不计。例如用球隙测量电压时，仅需根据空气相对密度校正其击穿电压，而不必考虑湿度的影响。而在极不均匀电场中，在考虑到空气相对密度对击穿电压影响的同时，还必须对湿度进行校正。湿度校正系数为

$$K_h = k^\omega \qquad\qquad (1-10)$$

式中　k——与绝对湿度及电压形式有关的常数；

　　　ω——与电极形状、极间距离以及电压形式、极性有关的常数。

三、海拔高度的影响

随着海拔高度的增加，空气逐渐稀薄，大气压力及密度下降，因此空气间隙的击穿电压也随之下降。考虑到这一点，《高压输变电设备的绝缘配合》（GB 311.1—2012）规定，对拟用于海拔高于 1000m（但不超过 4000m）处的设备外绝缘，其试验电压应按规定的标准大气条件下的试验电压 U_0 乘以海拔校正系数 K_a，即

$$U = K_a U_0$$

$$K_a = \frac{1}{1.1 - H \times 10^{-4}}$$

式中　H——安装地点的海拔高度，m。

第七节　提高气隙抗电强度的措施

高压电气设备中的气体绝缘间隙，总希望能尽量小，以减小设备的体积。为此需要采取措施，以提高气隙的抗电强度。下面介绍的是工程上常用的提高气隙抗电强度的方法。

一、改善电场分布

已经知道，在电极间距离一定的前提下，电场愈均匀，间隙的起始放电电压和击穿电压也愈高。改善电场分布常用下面的方法。

（一）改进电极形状

在交流电压作用下，尽量避免使用棒—板电极，尽量增大电极的曲率半径，尽可能消除电极上的锐缘、棱角、接缝、焊斑和毛刺等，尽量降低电极表面粗糙度，以消除局部强场。

（二）利用空间电荷改善电场分布

由于极不均匀电场气隙被击穿前一定先出现电晕放电，所以在一定条件下，还可以利用放电本身所产生的空间电荷来调整和改善空间的电场分布，以提高气隙的击穿电压。

（1）利用细线效应提高击穿电压。以导线—平板、导线—导线气隙为例，当导线直径减小到一定程度以后，气隙的工频击穿电压反而会随着导线直径的减小而提高，出现所谓"细线效应"。其原因在于细线的电晕放电所形成的均匀空间电荷层，能改善气隙中的电场分布，导致击穿电压的提高；而在导线直径较大时，由于导线表面不可能绝对光滑，因此在整个表面发生均匀的总体电晕之前就会在个别局部先出现电晕和刷形放电，其击穿电压就与"棒—板"或"棒—棒"气隙相近了。

（2）采用极间障。由于气隙中的电场分布和气体放电的发展过程都与带电粒子在气隙空间的产生、运动和分布密切有关，因此在气隙中放置形状和位置合适、能阻碍带电粒子运动和调整空间电荷分布的极间障板（简称极间障），也是提高气体介质电气强度的一种有效方法。

极间障用绝缘材料制成，但它本身的绝缘性能无关紧要，重要的是它的密封性（挡住带电质点的能力）。它一般安装在两极间靠近产生电晕电极一侧，其表面与电力线垂直。它的作用取决于它所拦住的与电晕电极同号的空间电荷，这样就能使电晕电极与极间障之间的空间电场强度减小，从而使整个气隙的电场分布均匀化。虽然这时极间障与另一电极之间的空间电场强度反而增大了，但其电场形状变得更像两块平板电极之间的均匀电场（见图 1-20），整个气隙的电气强度得到了提高。

有极间障气隙的击穿电压与该极间障的安装位置有很大的关系。以图 1-21 所示的棒—板气隙为例，最有利的极间障位置在 $x = \left(\dfrac{1}{5} \sim \dfrac{1}{6}\right)S$ 处，这时该气隙的电气强度在棒为正极性直流时可增加为没有极间障时的 2～3 倍；但当棒为负极性时，即使极间障放在最有利的位置，也只能略提高气隙的击穿电压（例如提高 20%），而在大多数位置上，反而使击穿电压有不同程度的降低。不过在工频电压下，由于击穿一定发生在棒为正极性的那半周，因此设置极间障还是很有效的。如果是棒—棒气隙，那么两个电极都将发生电晕放电，应在两个电极附近都安装极间障，方能收效。

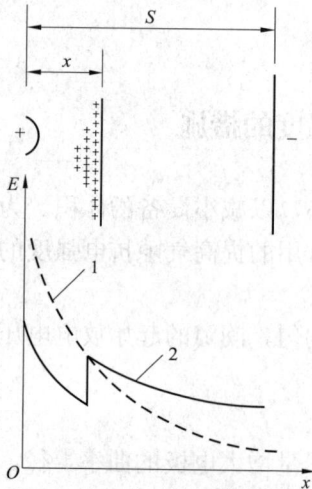

图 1-20　在正棒—负板气隙
中设极间障前后的电场分布
1—无极间障；2—有极间障

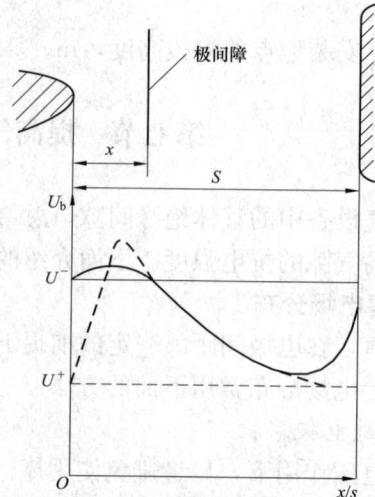

图 1-21　极间障的安装位置对棒—板
气隙直流击穿电压的影响
U^+ 和 U^-—没有极间障时该气隙在
正、负极性下的直流击穿电压；
虚线—棒为正极性；实线—棒为负极性

在冲击电压下，极间障的作用要小一些，因为这时积聚在极间障上的空间电荷较少。同理在均匀电场和稍不均匀电场中，极间障起的作用很小。

二、高气压的采用

由巴申曲线（见图1-5）可知，当$\delta S > 7.5 \times 10^{-3} cm$时，提高气体压力可以提高间隙的击穿电压。这是由于气压增高后分子的密度加大，电子的自由行程减小，从而削弱了碰撞游离过程的缘故。某些电气设备（如高压断路器等）采用压缩空气作为内绝缘，可以减小设备尺寸。但是当气压超过一定范围后，击穿电压将随气压的增加而趋向饱和。

三、高真空的采用

由巴申曲线知，当$\delta S < 7.5 \times 10^{-3} cm$时，若进一步将气隙抽成高度的真空也能使气隙的击穿电压进一步提高。这是因为此时质点已经稀疏到一定程度，使自由电子的在整个间隙中很难撞击到中性质点而产生碰撞游离。但真空间隙在一定电压作用下仍然会发生放电现象，这是由不同于电子碰撞游离的其他过程决定的。试验证明，放电时真空中仍有一定的质点流存在。这种现象被认为是：

（1）强电场下由阴极发射的自由电子飞过间隙，积累起足够的能量撞击阳极，使阳极粒子受热蒸发或直接引起正离子发射；

（2）正离子运动至阴极，使阴极又产生二次电子发射，如此循环，放电便得到维持；

（3）电极或器壁吸附的气体在高真空时释放出来，也会造成微弱的电离。

真空绝缘被用于各种高压电真空器件，如真空电容器、真空避雷器和真空断路器。

四、高抗电强度气体的采用

某些气体，主要是含卤族元素的气体，如六氟化硫（SF_6）、氟里昂（CCl_2F_2）、四氯化碳（CCl_4）等，在同样压力下，其耐电压强度比空气高得多，称为高抗电强度气体。采用这类气体，或在其他气体中混入一定比例的这类气体，可以大大提高气隙的击穿电压。

表1-1中列出了在气温、气压、电场分布、电极间距离均相同的条件下，几种气体的耐受电压与空气的耐受电压的比值（这个比值称为相对耐电压强度）、分子量和一个大气压下的液化温度（或升华温度）。

表1-1   某些高抗电强度气体的性能

气体名称	化学式	分子量	相对耐电压强度	一个大气压下液化温度（℃）
氮气	N_2	28	1.0	−195.8
二氧化碳	CO_2	44	0.9	−78.5
六氟化硫	SF_6	146	2.3～2.5	−63.8
氟里昂	CCl_2F_2	121	2.4～2.6	−28
四氯化碳	CCl_4	153.6	6.3	76

这些气体具有高抗电强度的原因是它们具有很强的负电性，容易成为负离子，从而削弱了游离过程，同时加强了复合过程。另外，它们的分子量和分子直径较大，使电子在其中的自由行程变短。

SF_6气体除了电气性能外，在其他方面也具有一系列的优良特性。它是一种无色、无味、无嗅、无毒、不燃的不活泼气体。化学性能非常稳定，对金属和绝缘材料无腐蚀作用，液化温度也较低。

SF_6 气体本身是无毒的，但其中某些杂质在水分和电弧作用下可分解出有毒的或有腐蚀性的产物。这些问题可用适当的吸附剂（如活性铝土、碱石灰等）来消除或减少这些不良效应。

第八节　六氟化硫的电气性能及其绝缘电气设备

六氟化硫（SF_6）气体在 20 世纪 60 年代才开始作为绝缘介质和灭弧介质应用于某些电气设备（首先是断路器）中。时至今日，它已是除空气外应用得最广泛的气体介质了。

SF_6 的相对耐电压强度约为空气的 2.4 倍，而其灭弧能力更高达空气的 100 倍以上，所以在超高压和特高压的范畴内，它已完全取代绝缘油和压缩空气而成为唯一的断路器灭弧介质了。

SF_6 不仅被用作单台电气设备（如 SF_6 断路器、避雷器、电容器、气体绝缘变压器等），而且还发展了各种组合电器，即将整套或部分送变电设备组合成一体，密封后充以 SF_6 气体，构成气体绝缘金属封闭开关设备（Gas Insulated Mental-enclosed Switchgear，GIS）或气体绝缘变电站、充气输电管道等。这些组合设备具有很多优点，如可以大大节约占地面积，简化运行维护等。

一、六氟化硫的绝缘性能

包括 SF_6 在内的卤化物气体之所以具有特别高的电气强度，主要是因为这些气体都具有很强的电负性，容易俘获自由电子而形成负离子（电子附着过程），电子变成负离子后，其引起碰撞游离的能力就变得很弱，因而削弱了放电发展过程。

应该强调指出：电场的不均匀程度对 SF_6 电气强度的影响远比对空气的影响大。具体来说，与均匀电场中的击穿电压相比，SF_6 气体在极不均匀电场中击穿电压下降的程度比空气要大得多。换言之，SF_6 优异的绝缘性能只有在电场比较均匀的场合才能得到充分的发挥，所以在设计以 SF_6 气体作为绝缘的各种电气设备时，应尽可能使气隙中的电场均匀化，采用屏蔽等措施以消除一切尖角处的极不均匀电场，使 SF_6 优异的绝缘性能得到充分的利用。

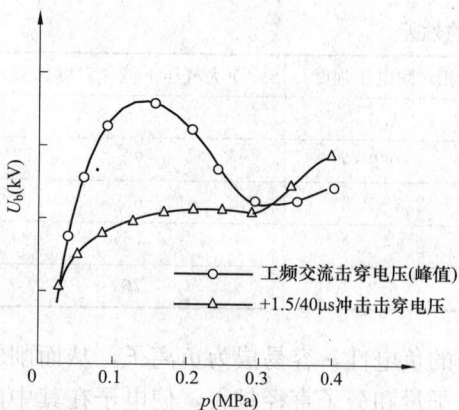

图 1-22　"针—球"气隙（针尖曲率半径 1mm，球直径 100mm，极间距离 30mm）中 SF_6 气体的工频击穿电压（峰值）与正极性冲击击穿电压的比较

（一）均匀和稍不均匀电场中 SF_6 的击穿

在均匀电场中 SF_6 气体的击穿也遵循巴申定律。它在 0.1MPa 下的击穿场强 $E_b \approx 88.5 \text{kV/cm}$，几乎是空气的 3 倍。

在稍不均匀电场中，极性对于气隙击穿电压的影响与极不均匀电场中的情况是相反的，此时棒为负极性时的击穿电压比棒为正极性时的击穿电压低 10% 左右，其冲击系数很小，雷电冲击时约为 1.25，操作冲击时更小，只有 1.05～1.1。

（二）极不均匀电场中 SF_6 的击穿

在极不均匀电场中，SF_6 气体的击穿有异常现象，主要表现在两个方面：首先是工频击穿电压随气压的变化曲线存在"驼峰"；其次是驼峰区段内的雷电冲击击穿电压明显低于静态击穿电压，其冲击系数可低至 0.6 左右，如图 1-22 所示。虽然驼峰曲线在压缩空气中也存在，但一般要在气压高达 1MPa 左右才开始出现，而在 SF$_6$ 气体中，驼峰常出现在 0.1~0.2MPa 的气压下，即在工作气压以下。因此，在进行绝缘设计时应尽可能设法避免极不均匀电场的情况。

极不均匀电场中，SF$_6$ 气体击穿的异常现象与空间电荷的运动有关。我们知道，空间电荷对棒极的屏蔽作用会使击穿电压提高，但在雷电冲击电压的作用下，空间电荷来不及移动到有利的位置，故其击穿电压低于静态击穿电压；当气压提高时空间电荷扩散得较慢，因此在气压超过 0.1~0.2MPa 时，屏蔽作用减弱，工频击穿电压会下降。

（三）影响击穿场强的其他因素

气体绝缘电气设备的设计场强值远低于理论击穿场强，这是因为有许多影响因素会使它的击穿场强下降。这里仅介绍其中两种主要影响因素，即电极表面缺陷和导电微粒。

（1）电极表面缺陷。图 1-23 表示电极表面粗糙度 Ra 对 SF$_6$ 气体绝缘强度 E_b 的影响，可以看出，GIS 的工作气压越高，则 Ra 对 E_b 的影响越大，因而对电极表面加工的技术要求也越高。

电极表面粗糙度大时，表面突起处的局部电场强度要比气隙的平均电场强度大得多，因而可在宏观上平均场强尚未达到临界值时就诱发放电和击穿。除了表面粗糙度外，电极表面还会有其他零星的随机缺陷，电极表面积越大，这类缺陷出现的概率也越大。所以电极表面积越大，SF$_6$ 气体的击穿场强越低，这一现象被称为"面积效应"。

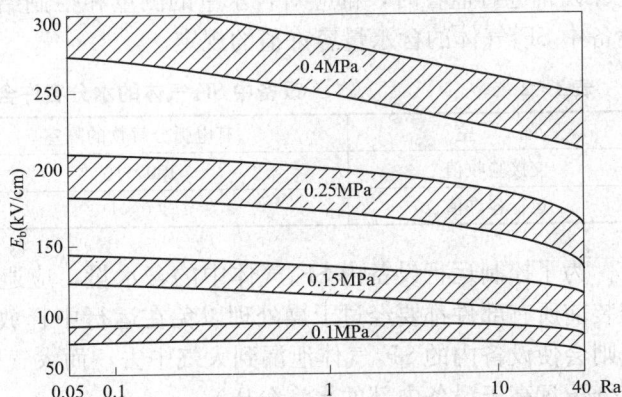

图 1-23　电极表面粗糙度对 SF$_6$ 气体绝缘强度的影响

（2）导电微粒。设备中的导电微粒有两大类，即固定微粒和自由微粒，前者的作用与电极表面缺陷相似，而后者因在极间跳动而对 SF$_6$ 气体的绝缘性能产生更大的不利影响。

二、六氟化硫理化特性方面的若干问题

气体要作为绝缘介质应用于工程实际，不但应具有高绝缘强度，而且还要具备良好的理化特性。SF$_6$ 气体是唯一获得广泛应用的负电性气体的原因即在于此。

下面就 SF$_6$ 气体实际应用中与理化特性有关的几个主要问题，做一简要介绍。

（一）液化问题

现代 SF$_6$ 高压断路器的气压在 0.7MPa 左右，而 GIS 中除断路器外其余部分的充气压力一般不超过 0.45MPa。如果 20℃时的充气压力为 0.75MPa（相当于断路器中常用的工作气压），则对应的液化温度约为 -25℃。如果 20℃时的充气压力为 0.45MPa，则对应的液化温度为 -40℃，可见一般不存在液化问题。只有在高寒地区才需要对断路器采取加热措施，或采用 SF$_6$-N$_2$ 混合气体来降低液化温度。

（二）毒性分解物

纯净的 SF$_6$ 气体是无毒惰性气体，180℃以下时它与电气设备中材料的相容性与氮气相似。但 SF$_6$ 的分解物有毒，并对材料有腐蚀作用，因此必须采取措施以保证人身和设备的安全。

使 SF_6 气体分解的原因有三，即电子碰撞、热和光辐射。在电气设备中引起分解的原因主要是前两种，它们均因放电而出现。大功率电弧（断路器触头间的电弧或 GIS 等设备内部的故障电弧）的高温会引起 SF_6 气体的迅速分解，而火花放电、电晕或局部放电也会引起 SF_6 气体的分解。

为了消除气体绝缘电气设备中的毒性气体生成物，通常采用吸附剂，它有两方面的作用，即吸附分解物和吸收水分。常用的吸附剂有活性氧化铝和分子筛，通常吸附剂的放置量不少于 SF_6 气体质量的 10%。

（三）含水量

在 SF_6 气体内所含的各种杂质或杂质组合中，危害性最大的是水分，因为它的存在会影响气体分解物，且会与 HF 形成氢氟酸，引起材料的腐蚀和导致机械故障，还会在低温时引起固体介质表面凝露，使闪络电压急剧降低。因此，无论在验收新气体时或对运行中的气体绝缘设备进行监督时，都应对含水量的测量和控制给予很大的重视。表 1-2 是国家标准对设备中 SF_6 气体的含水量容许值的规定。

表 1-2　　　　　　　　　　　　设备中 SF_6 气体的水分容许含量（体积比）

隔　　室	有电弧分解物的隔室	无电弧分解物的隔室
交接验收值	$\leqslant 150 \times 10^{-6}$	$\leqslant 500 \times 10^{-6}$
运行容许值	$\leqslant 300 \times 1^{-6}$	$\leqslant 1000 \times 10^{-6}$

为了控制运行设备内 SF_6 气体中的含水量，应避免在高湿度气候条件下进行装配工作，安装前所有部件都要经过干燥处理以免在运行中释放出水分。此外，必须保证良好的密封，否则会使设备内的 SF_6 气体泄漏到大气中去，而大气中的水汽也会渗入设备内（大气中的水汽分压远高于设备内部的水汽分压）

三、SF_6 混合气体

虽然 SF_6 气体有良好的电气性能和化学稳定性，但其价格昂贵、液化温度也不够低、对电场均匀度太敏感，所以现在工程上都在使用 SF_6 混合气体作为绝缘介质。

研究表明：以常见的廉价气体如 N_2、CO_2 或空气与 SF_6 气体组成混合气体时，即使加入少量的 SF_6 就能使这些常见气体的击穿场强有很大的提高，但继续增加 SF_6 气体，击穿场强提高的确很少，这是因为即使少量的 SF_6 气体分子，就能起到俘获电子而形成负离子的作用。同时混合气体中电极表面缺陷和导电质点对极间击穿电压的影响也比纯 SF_6 气体的小得多。

由于混合气体的击穿场强和灭弧能力均稍逊于纯 SF_6 气体，因此充混合气体的设备的工作气压常需要再提高 0.1MPa，但因此时的 SF_6 分压要比纯 SF_6 时的工作气压低得多，所以不会出现液化问题，即采用混合气体可使液化温度明显降低。

在用气量很大的长管道输电线中，如用 SF_6-N_2 混合气体代替纯 SF_6 气体，可取得很好的经济效益，因为即使需将工作气压提高 0.1MPa，在 50% 的混合比下，仍可使气体的费用减少约 40%。

目前在高寒地区的 SF_6 断路器主要采用混合比为 50%：50% 或 60%：40%（两种气体的分气压之比）的 SF_6-N_2 的混合气体作为绝缘介质和灭弧介质。

四、气体绝缘电气设备

（一）封闭式气体绝缘组合电器（GIS）

GIS 由断路器、隔离开关、接地开关、互感器、避雷器、母线、连线和出线终端等部件组合而成，全部封闭在充 SF_6 气体的金属外壳中。

与传统的敞开式配电装置相比，GIS 具有下列突出优点：

（1）大大节省占地面积和空间体积：额定电压越高，节省得越多。以占地面积为例，额定电压为 U_N（千伏级）的 GIS 与敞开式配电装置占地面积之比 k 的估算式为

$$k = \frac{10}{U_N} \tag{1-11}$$

两者所占空间体积之比，要比 k 值更小。可见 GIS 特别适用于深山峡谷中水电站的升压变电站、城区高压配电网的地面或地下变电站等场合，因为在这些情况下，高昂的征地费用和土建费用将使 GIS 的综合经济指标反而较常规的敞开式装置更好。

（2）运行安全可靠：GIS 的金属外壳是接地的，既可防止运行人员触及带电导体，又可使设备的运行不受污秽、雨雪、雾露等不利的环境条件的影响。

（3）有利于环境保护，使运行人员不受电场和磁场的影响。

（4）安装工作量小、检修周期长。

（二）气体绝缘管道输电线

气体绝缘管道输电线亦可称为气体绝缘电缆（GIC），它与充油电缆相比具有下列优点：

（1）电容量小。GIC 的电容量大约只有充油电缆的 1/4 左右，因此其充电电流小、临界传输距离长。

（2）损耗小。常规充油电缆常因介质损耗较大而难以用于特高压，而 GIC 的绝缘主要是气体介质，其介质损耗可忽略不计，已研制成特高压等级的产品。

（3）传输容量大。常规电缆由于制造工艺等方面的原因，其缆芯截面一般不超过 $2000mm^2$，而 GIC 则无此限制。因此 GIC 的传输容量要比充油电缆大，而且电压等级越高这一优点越明显。

（4）能用于大落差场合。

（三）气体绝缘变压器

气体绝缘变压器（GIT）与传统的油浸变压器相比，有以下主要优点：

（1）GIT 是防火、防爆型变压器，特别适用于城市高层建筑的供电和用于地下矿井等有防火、防爆要求的场合。

（2）气体传递振动的能力比液体小，所以 GIT 的噪声小于油浸变压器。

（3）气体介质不会老化，简化了维护工作。

除了以上所介绍的气体绝缘电气设备外，SF_6 气体还日益广泛地应用到一些其他电气设备中，如气体绝缘开关柜、环网供电单元、中性点接地电阻器、中性点接地电抗器、移相电容器、标准电容器等。

第九节　沿　面　放　电

电力系统中使用各类绝缘支持以固定带电体。这些绝缘支持大多数工作在空气中，当外加电压超过某一数值时，常常在固体绝缘与空气的交界面上产生放电。这种放电可能沟通两极，也可能停止于表面任何一点，前者的沿面放电称为闪络。沿面闪络电压（记为 U_f）通常比纯空气间隙的击穿电压低得多，而且受固体绝缘表面状态污染程度、气候条件等因素的

影响很大。电力系统中多数停电事故是由绝缘子表面闪络所引起的。由于空气属于自恢复绝缘，闪络一般不会造成设备的永久损坏，因此在设计和制造时要求固体绝缘的击穿电压高于其沿面闪络电压1.5倍以上，以避免在高电压的作用下造成固体绝缘击穿的永久性故障。

一、气体中沿固体介质表面放电的基本特性

沿面放电的发展主要取决于沿放电路径的电场分布，它直接受到电极形式和表面状态的影响。从电场分布看，有以下三种典型的形式。

（一）均匀电场中的沿面放电

固体介质表面与电力线平行，它的引入并没有影响极间电场分布，但实测表明当固体介质为不同材料时，沿面的闪络电压还是比纯空气击穿电压低得多。从实测结果可以发现，吸潮的固体介质如电瓷等的沿面闪络电压低于不吸潮的固体介质如石蜡的闪络电压。这是由于介质表面吸附的水分受到电子撞击时，很易将电子俘获而形成负离子。负离子在外电场作用下向阳极移动，使沿面电场发生了畸变而变成不均匀电场，因而降低了沿固体交界面的气体击穿电压——闪络电压。介质表面吸附水分的能力越大，闪络电压就降得越低，所以瓷的沿面闪络电压低于石蜡的。另一方面，固体介质表面电阻分布不均匀，表面有伤痕等都使沿面电场分布不均匀，因而都将引起沿面闪络电压下降。

为了提高均匀电场气隙的沿面闪络电压，应使固体介质表面光滑，保持干燥。例如将固体介质抛光，表面涂油、浸漆，定期清扫，加热等。

这种沿面放电在电力工程中很少见到，但实际绝缘结构中常会遇到介质处于稍不均匀电场中的情况，它的放电特性与均匀电场很相似。

（二）极不均匀电场中的沿面放电

固体介质处于极不均匀电场中分为两种情况：

（1）固体介质表面电场的切线分量 E_t 线分量远大于法线分量 E_n。如支柱绝缘子就属于这种电场分布。电极本身的形状和布置已经使电场很不均匀，因此，这里介质的表面状态，材料的吸湿能力及微小气隙对降低闪络电压的影响不太明显。此外，因电场的法线分量较小，沿固体介质表面也没有较大的电容电流，放电形成过程中也不会出现热游离现象，故无明显的滑闪放电。当电场不均匀程度较大时可能出现电晕放电。电晕产生的臭氧、氧化氮等产物作用于固体介质，对聚合物危害较大。电晕流注通道的温度很高，可将与其接触的聚合物分解并产生导电碳化的痕迹，这些痕迹随时间而增大，最终将导致绝缘闪络并使其永远丧失绝缘能力。

对这种电场，可以通过改变电极形状，如采用外屏蔽电极［见图1-24（a）］和内屏蔽电极［见图1-24（b）］来提高闪络电压。

（2）固体介质表面有很强的法线分量。如图1-25所示，工程上属于这类的绝缘结构很多，如套管绝缘子等，它们的闪络电压比较低，放电时对绝缘的危害也大。下面将对这类结构的放电作较详细的讨论。这里以最简单的套管为例来分析其法兰处沿面放电的发展情况。

在电压较低时，由于法兰附近电场很强，首先在法兰边缘处出现电晕。增加电压，在法线分量 E_n（垂直分量）作用下，放电形式转变为沿套管表面进行的刷状火花放电。火花通道中电阻值较高，电压降也大，刷状长度随外加电压成比例地伸长。

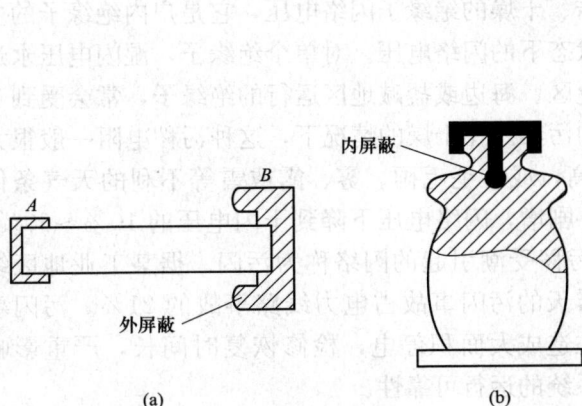

图 1-24　改善电极形状的方法
(a)外屏蔽电极；(b)内屏蔽电极

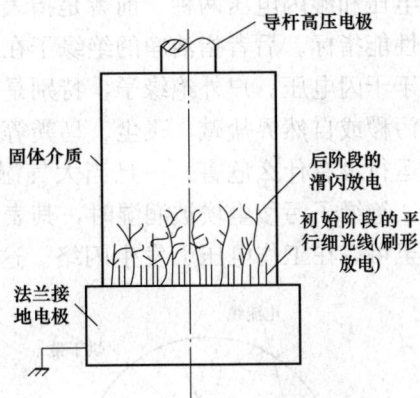

图 1-25　工频电压作用下沿面放电
发展过程示意图

刷状火花被 E_n 紧压在介质表面上，形成局部高温。当电压增加时放电电流也随之增大，温度进一步升高。当电压达到某一临界值时，放电通道的温度可高到足以引起气体热游离的数值。因此，通道中带电质点剧增，通道电阻剧降，并使其头部场强剧增，导电通道迅速增长，放电便转入滑闪放电阶段。滑闪放电火花通道的长度随外加电压的增加而迅速增长。当滑闪放电的树枝状火花达到另一电极时形成了沿固体介质表明空气的完全击穿——闪络，电源被短路。此后依电源容量之大小，放电可转入火花放电或电弧。在电动力与放电通道发热的作用下，若电源容量较小，则可使火花或电弧离开介质表面，拉长而熄灭。放电过程如图 1-26 所示。

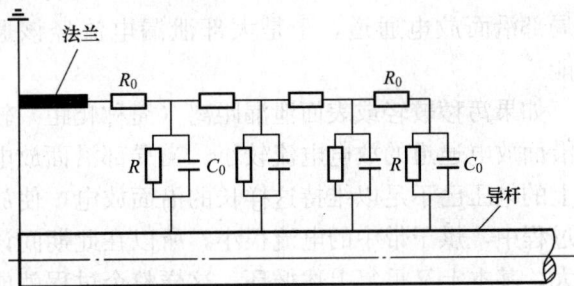

图 1-26　套管绝缘子等效电路放电过程
C_0—表面电容；R—体积电阻；R_0—表面电阻

套管沿面放电时的等值电路如图 1-26 所示。流过放电通道中的电流是经过介质的表面电容 C_0 构成通路，因此通道中的电流，即带电质点的数量随表面电容 C_0 和电压及其变化速度的增加而增多。从图 1-27 可以看到，流过介质表面单位长度上的表面电阻 R_0 的电流愈靠近法兰，电流就愈大，故电极附近处的压降最大，也就最容易产生游离。正是表面电容的分流作用使得沿固体介质表面的电流分布不均匀，而表面电阻则是均匀分布的，因而沿介质表面的电压分布不均，使沿面电场分布不均匀。C_0 愈大，电压愈高，电压变化速度愈快，i_0 就愈大，分流作用也愈强，从而导致沿面电场分布愈不均匀，闪络电压 U_f 也愈低。

经理论分析和实验表明，增加套管的长度对 U_f 的影响很小。因此为了提高 U_f，需增加套管的厚度，特别是靠近法兰处的厚度，或减小固体介质的介电常数，以减小表面电容 C_0 的影响。另外，也可以在套管表面靠近法兰处涂半导体漆或上半导体釉，以减小表面电阻的影响，使电压分布比较均匀，从而提高 U_f。

二、绝缘子的污闪

绝缘子的电气性能通常用闪络电压来衡量，根据工作条件的不同，闪络电压又可分为干闪电压和湿闪电压两种。前者是指表面清洁、干燥的绝缘子闪络电压，它是户内绝缘子的主要性能指标。后者指洁净的绝缘子在淋雨状态下的闪络电压。对单个绝缘子，湿闪电压永远小于干闪电压。户外绝缘子，特别是在工业区、海边或盐碱地区运行的绝缘子，常会受到工业污秽或自然界盐碱、飞尘、鸟粪等污秽的污染。在干燥的情况下，这种污秽电阻一般很大对运行没有什么危害。一旦当大气湿度很高，或在毛毛雨、雾、露或雪等不利的天气条件下，绝缘子污秽尘埃被润湿时，其表面电导剧增，闪络电压下降到干闪电压的 $10\% \sim 60\%$，甚至可以在工作电压下发生闪络。这类由污秽受潮引起的闪络称为污闪。据某工业地区统计，雾天的污闪事故占电力线路事故的 21%。污闪事故往往造成大面积停电，检修恢复时间长，严重影响电力系统的运行可靠性。

悬式绝缘子的污闪机理可用图 1-27 来加以说明。绝缘子受潮后，表面电导剧增，在外加电压作用下，流过其表面的泄漏电流也剧增。由于在铁脚根部周围的电流密度最大，而该处的污秽层较薄，电阻也最大，因此该处温度最高。在较高温度作用下，铁脚周围出现了烘干带。由于烘干带电阻大，因而承受较高的电压，这将导致该部分产生局部放电，形成沟通烘干带

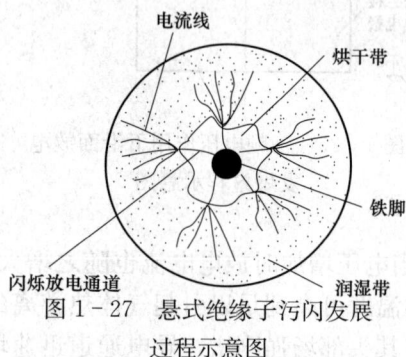

图 1-27　悬式绝缘子污闪发展过程示意图

（电流线、烘干带、铁脚、润湿带、闪烁放电通道）

的局部沿面放电通道，于是大部泄漏电流经该通道流过。根据绝缘子的表面状态有两种可能。

如果污秽较轻或表面泄漏距离（简称爬距）较长，其余串联润湿部分的电阻较大，则局部沿面放电通道的放电电流较小。当局部沿面放电的长度增加到一定程度时，分摊到放电通道上的电压已不足以维持这样长的沿面放电，使放电熄灭。由于在局部沿面放电的产生与发展过程中，烘干带中的电流很小，所以在此期间该部分已被大气中的水分润湿，泄漏电流又增大，基本上又重复上述循环。这样整个过程就成为烘干与润湿、熄弧与重燃的间歇性交替过程。这样的过程在雾中可能持续几小时而不会造成整个绝缘子的沿面闪络。

但是，如果绝缘子污秽严重或爬距较小，将使润湿带电导变大，则烘干带中的局部沿面放电通道电流较大，温度也较高，可达到热游离的程度，形成电弧放电。电弧通道压降小，于是沿面电流进一步增加。由于电弧端部前方电流密度最大，使该部烘干，承担电压增高，电弧延长，如此往复发展，最后到达铁帽（另一电极），形成绝缘子的闪络。

绝缘子表面的干燥过程需要一定的时间，在短时过电压作用下上述过程来不及发展，所以闪络电压也比在长时间电压作用下来得要高。在雷电冲击电压作用下，绝缘子的污闪电压与湿闪和干闪电压几乎相等。

为了减少污闪事故，保证电力系统的安全运行，应当根据不同地区的大气污染状况，采取相应的绝缘。目前，我国用爬距比，即绝缘子每 1kV 额定线电压的平均爬距来估计绝缘子的耐污性能。我国有关规程规定，在一般无明显污染地区，绝缘子串采用的最小爬距比为 16mm/kV（额定线电压）。对大气污染地区，则按照污染划分的不同等级，分别采用较大的爬距比。

对于运行中的线路，为防止绝缘子污闪，可以采取以下措施：

（1）定期对绝缘子清扫，或采取带电水冲洗的办法。

（2）在绝缘子表面涂上一层憎水性防尘涂料，如有机硅脂，地蜡涂料等，使绝缘子表面不易形成连续的水膜，从而减小泄漏电流，使闪络电压不致降低。

（3）加强绝缘和使用防污绝缘子，最简单的办法是增加悬式绝缘子的片数，以增大爬距比。此外，还可采用爬距比一般绝缘子大得多的防污绝缘子。

（4）采用半导体釉绝缘子，这种绝缘子的釉层表面电阻率为 $10^6 \sim 10^8 \, \Omega \cdot m$，在运行中因通电流而发热，同时使表面电压分布较均匀，从而能保持较高的闪络电压。

习　　题

1-1　什么叫自持放电？简述汤申德自持放电条件。

1-2　均匀电场和极不均匀电场中气隙放电特性有什么不同？

1-3　雷电冲击电压下气隙击穿有什么特点？用什么来表示气隙的冲击击穿特性？

1-4　简述影响气隙击穿电压的因素和提高气隙击穿电压的方法。

1-5　沿面闪络电压为什么低于同样距离下纯空气间隙的击穿电压？滑闪放电是在什么条件下发生的？有什么实际意义？

1-6　什么叫绝缘子的污闪？怎样防止污闪？

1-7　某静电电压表，设计测直流电压峰值达 200kV，其高压电极结构示意如图 1-28 所示。已知绝缘瓷柱 AE 段和 BE 段的直流沿面闪络电压下限分别为 260kV 和 180kV，P—B 间气隙的直流击穿电压下限为 80kV，Q—F 间气隙的直流击穿电压下限为 360kV。设计者认为该绝缘系统的安全系数估计 $K = 260kV/200kV = 1.3$，你以为如何？

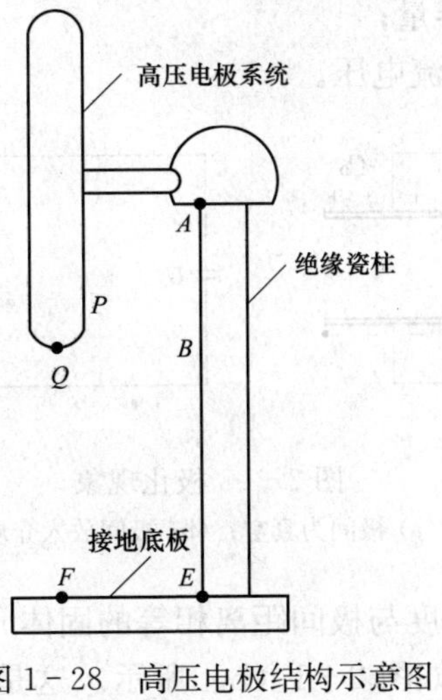

图 1-28　高压电极结构示意图

第二章　液体、固体电介质的电气性能

电气设备的内绝缘大多数是液体或固体电介质。这些电介质的绝缘强度（击穿场强）一般要比空气高得多，所以用它们作为内绝缘可以缩小电气设备的结构尺寸。与空气相比，液体和固体电介质具有很多特点：①绝缘强度高，液体介质的击穿场强可达 10^5V/cm 数量级，固体介质的击穿场强可达 10^6V/cm 数量级，而空气的仅为 10^4V/cm 数量级。②固体介质是非自恢复绝缘，一旦损坏，不能自行恢复其绝缘性能，必须予以更换；液体介质击穿后，当外施电压消失后虽能恢复绝缘性能，但绝缘强度已经发生变化；而空气击穿后可自行恢复到原来的绝缘水平上。③液体、固体电介质在运行过程中会逐渐老化，使它们的物理、化学性能及各种电气参数发生变化，从而影响其电气寿命，而空气不存在这些问题。④空气的极化、电导和损耗都很小，运行中可以不予考虑，而固体和液体介质则不然，必须加以考虑。

第一节　电介质的极化

将图 2-1（a）所示的平板电容器放置在抽成真空的密闭容器内，在极板上施加直流电压。这时两极板上分别充有正负电荷，电荷量为 Q_0，而有

$$Q_0 = C_0 U \tag{2-1}$$

式中　C_0——真空电容器的电容量；

　　　U——施加到 C_0 上的直流电压。

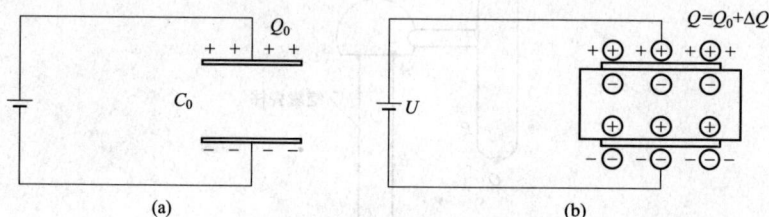

图 2-1　极化现象

（a）极间为真空；（b）极间放入介质

然后在此极板间放入一块厚度与极间距离相等的固体介质，施加同样的电压，发现极板上电荷增加了，其增量为 ΔQ，如图 2-1（b）所示。这是因为在外电场作用下，电介质的正负电荷沿电场方向做有限的位移或转向，形成电矩，即介质被极化，使介质表面出现与极板异号的束缚电荷所引起的。为保持两电极间的电场强度不变，必须再从电源上吸收一部分电荷 ΔQ 到极板上以抵消介质表面束缚电荷对极间电场的削弱作用。这样，由于固体介质的放入使极板上的电荷从 Q_0 增大为 Q，即

$$Q = Q_0 + \Delta Q = CU \tag{2-2}$$

即放入固体介质后极板电容由 C_0 增大到 C。C 与 C_0 的比值称为该电介质的相对介电常数，

即

$$\varepsilon_r = \frac{C}{C_0} = \frac{(Q_0 + \Delta Q)/U}{Q_0/U} = 1 + \frac{\Delta Q}{Q_0} \qquad (2-3)$$

从式（2-3）可以看出，介质的相对介电常数 ε_r 愈大，则极间由真空变为固体电介质后，极板上电荷增量 ΔQ 也愈大。

各种气体介质的 ε_r 都接近而稍大于1，而常见的液体、固体介质的 ε_r 一般在2～8。表2-1列出了几种电介质的 ε_r 值。ε_r 的大小反映了微观极化现象的强弱，而极化现象往往又与介质所处的温度条件和外加电压的频率有关。

电介质的极化通常有电子式极化、离子式极化、偶极子式极化和夹层极化等几种基本形式。

表2-1　　　　　　　　　　几种电介质的相对介电常数和电阻率

材料类别		名　称	相对介电系数 ε_r（工频，20℃）	体电阻率 ρ_V（$\Omega \cdot m$）
气体介质（标准大气条件）		空气	1.000 58	
液体介质	弱极性	变压器油	2.2	$10^{10} \sim 10^{13}$
		硅有机液体	2.2～2.8	$10^{12} \sim 10^{13}$
	极性	蓖麻油	4.5	$10^{10} \sim 10^{11}$
		氧化联苯	4.6～5.2	$10^{8} \sim 10^{10}$
	强极性	酒精	33	$10^{4} \sim 10^{5}$
		蒸馏水	81	$10^{3} \sim 10^{4}$
固体介质	中性或弱极性	石蜡	2.0～2.5	10^{14}
		聚苯乙烯	2.5～2.6	$10^{15} \sim 10^{16}$
		聚四氟乙烯	2.0～2.2	$10^{15} \sim 10^{16}$
		松香	2.5～2.6	$10^{13} \sim 10^{14}$
		沥青	2.5～3.0	$10^{13} \sim 10^{14}$
	极性	纤维素	6.5	10^{12}
		胶木	4.5	$10^{11} \sim 10^{12}$
		聚氯乙烯	3.0～3.5	$10^{13} \sim 10^{14}$
	离子性	云母	5～7	$10^{13} \sim 10^{14}$
		电瓷	5.5～5.6	$10^{12} \sim 10^{13}$

一、电子式极化

物质是由分子所组成的，而组成分子的原子是由带正电的原子核和带负电的电子组成的，其电荷量彼此相等。无外电场作用时（$E=0$），正负电荷对外作用中心重合，如图2-2（a）所示，原子对外不显电性。而当有外电场作用时（$E \neq 0$），电子的运动轨迹相对于原子核产生位移，使正负电荷作用中心不再重合，如图2-2（b）所示，形成一个偶极子，原子对外显示电性。由于所有偶极子电矩方向（从负电荷指向

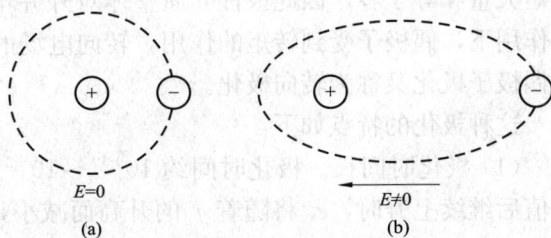

图2-2　电子式极化
（a）无外电场作用；（b）有外电场作用

正电荷）相同，因此整个介质对外也显示电性。这称为电子式位移极化。

这种极化存在于所有电介质中。其特点如下：

（1）极化时间极短。极化时间约为 $10^{-14} \sim 10^{-15}$ s，该时间与可见光周期相近。这就是说，即使外加电场的交变频率高达光频，电子位移极化也来得及完成。因此，如果用仅有电子位移极化的电介质作为电容器的介质，则在任何人工频率下，电容的值不变。

（2）弹性极化。在外电场消失后，依靠正负电荷的引力，作用中心又立即重合而呈现中性，所以这种极化没有能量损耗。

（3）受温度影响小。当温度升高时，电子与原子核的结合力减弱，使极化略有增强；但温度升高时，介质膨胀，单位体积内质点减少，又使极化减弱。在这两种相反的作用中，后者略占优势，所以在温度升高时，ε_r 略有下降，其变化不大，工程上可以忽略。

二、离子式极化

固体无机化合物多属离子式结构，如云母、陶瓷、玻璃等。无外电场作用时，离子的作用中心是重合的，如图 2-3（a）所示，对外不显电性。在外电场作用下，正、负离子分别向阴极和阳极偏移，其作用中心不再重合，如图 2-3（b）所示，对外显示电性。这种极化称为离子式极化。

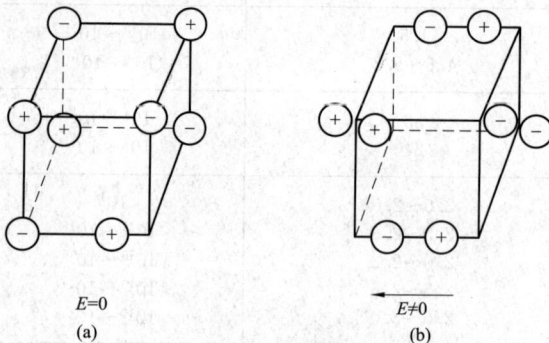

$E=0$
(a)

$E \neq 0$
(b)

图 2-3　离子式极化
(a) 无外电场作用；(b) 有外电场作用

这种极化的特点如下：

（1）极化时间短。极化时间约为 $10^{-13} \sim 10^{-12}$ s，所以可以认为在人工频率范围内，ε_r 与频率无关。

（2）弹性极化。极化几乎没有能耗。

（3）ε_r 随温度的上升而上升。温度对离子式极化的影响，也存在两个相反的因素。离子间结合力随温度升高而降低，即极化加强；但离子的密度随温度升高而减小，即极化削弱。其中以第一种因素影响较大，所以 ε_r 具有正温度系数。

三、偶极子式极化

有些介质如蓖麻油、氯化联苯、橡胶、胶木、纤维素等的分子在没有外电场作用下，正负电荷的作用中心也不重合而构成一个偶极子，这样的分子叫极性分子。由极性分子组成的电介质称为极性电介质。

虽然极性介质的分子对外显示电性，但无外电场作用时，由于无规则的热运动使偶极子电矩矢量和等于零，因此极性介质整体对外并不显现电性，如图 2-4（a）所示。而在外电场作用下，偶极子受到转矩的作用，转向电场的方向，产生极化，如图 2-4（b）所示。这种偶极子极化又称为转向极化。

这种极化的特点如下：

（1）极化时间长。极化时间约 $10^{-10} \sim 10^{-2}$ s，所以 ε_r 与频率 f 有关。当 f 超过某一临界值后继续上升时，ε_r 将随着 f 的升高而减小，直至趋近 1。

（2）有损极化。因为这种极化是偶极子转动，而转向需要克服分子间的吸引力和摩擦力，所以需要消耗能量。

（3）ε_r 与温度有关。温度升高时，分子间联系力削弱，使极化加强，但同时分子的热运动加剧，妨碍它们沿电场方向取向，又使极化减弱。所以极性介质的 ε_r 最初随温度的升高而增大，以后，当热运动变得较强烈时，ε_r 又随温度的上升而减小。图 2-5 给出了苏伏油（氯化联苯）的相对介电常数与温度的关系，图中频率 $f_1 < f_2 < f_3$。

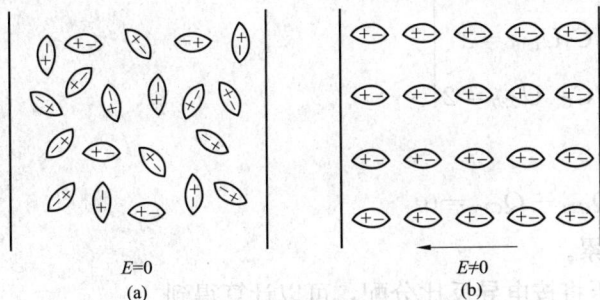

图 2-4　偶极子式极化
（a）无外电场作用；（b）有外电场作用

图 2-5　苏伏油的相对介电常数与温度的关系

四、夹层极化

以上所述是单一电介质的极化情况。实际上高压电气设备的绝缘通常是由不同材料组成的复合绝缘。在这种由几种介电常数不同、电阻率也不同的绝缘材料组成的层式绝缘结构中，加上电压后，各层间电压将从起始时按介质电容分布逐渐过渡到稳态时按介质电导分布，从而使各层交界面上出现电荷积聚，形成所谓的夹层极化。

为方便起见，以图 2-6（a）所示的平行板电极双层介质为例，分析夹层极化过程。双层介质的等效电路如图 2-6（b）所示。

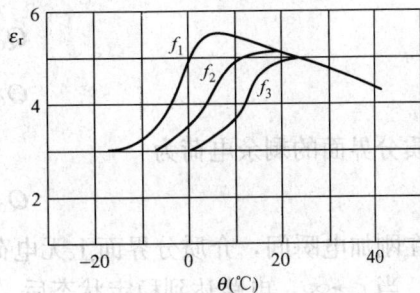

图 2-6　平行板电极双层介质及其等效电路
（a）平行板电极双层介质电路；（b）平行板电极双层介质等效电路

在图 2-6 中，ε_{r1}、γ_1 分别为介质 1 的相对介电常数和电导率，ε_2、γ_2 分别为介质 2 的相对介电常数和电导率。G_1、G_2 和 C_1、C_2 分别为各层的电导和电容，则

$$G_1 = \gamma_1 \frac{A}{S_1}, \qquad G_2 = \gamma_2 \frac{A}{S_2}$$

$$C_1 = \varepsilon_1 \varepsilon_0 \frac{A}{S_1}, \qquad C_2 = \varepsilon_2 \varepsilon_0 \frac{A}{S_2} \qquad (2-4)$$

式中　A——介质的面积；

　　　ε_0——真空介电常数，$\varepsilon_0 = 8.86 \times 10^{-12} \text{F/m}$。

设 $C_1 = 1$、$C_2 = 2$、$G_1 = 2$、$G_2 = 1$，在合闸瞬间（此时相当于频率很高），电压按电容反比分配，即

$$\left.\begin{aligned}
\frac{U_{C10}}{U_{C20}} &= \frac{C_2}{C_1} \\
U_{C10} &= 2 \\
U_{C20} &= 1 \\
Q_{C10} &= C_1 U_{C10} = 2 \\
Q_{C20} &= C_{C20} U_{C20} = 2
\end{aligned}\right\} \tag{2-5}$$

介质分界面的剩余电荷为

$$Q_0 = Q_{C20} - Q_{C10} = 0$$

即在刚加电瞬间，介质分界面上无电荷积累。

当 $t \to \infty$，电路达到稳定状态后，电压将按电导反比分配，可以计算得到

$$U_{C1\infty} = 1 \neq U_{C10}$$

$$U_{C2\infty} = 2 \neq U_{C20}$$

$$Q_{C1\infty} = C_1 U_{C1\infty} = 1 \neq Q_{C10}$$

$$Q_{C2\infty} = C_2 U_{C2\infty} = 4 \neq Q_{C20}$$

分界面上的剩余电荷为

$$Q_\infty = Q_{C2\infty} - Q_{C1\infty} = 4 - 1 = 3$$

其中，U_{C10}、U_{C20}、$U_{C1\infty}$、$U_{C2\infty}$、Q_{C10}、Q_{C20}、$Q_{C1\infty}$、$Q_{C2\infty}$ 分别为合闸瞬间和 $t \to \infty$ 时，介质 1 与介质 2 上的电压和电荷。所以合闸之后，两层介质之间有一个电压重新分配的过程，即 C_1 和 C_2 上的电荷要重新分配：C_1 上的电荷要通过 G_1 和 G_2 再泄放掉一部分；而 C_2 要通过 G_1 和 G_2 再吸收一部分电荷，此电荷称为吸收电荷，相应的电流称为吸收电流。不难理解，如果介质受潮、老化等原因使 G_1、G_2 增大，将使吸收电流初始值增大，衰减加快，吸收过程缩短。所以工程上常用测量吸收电流的变化情况来检测介质的状态。

夹层极化所需时间长，从 10^{-2} s 到几小时之间，并且有能量损耗。

由于极化时间长，且极化时间与介质的电导 G 有关，因此对耐压试验后电容量较大的电气设备应有较长的放电时间，以便使夹层上积累的电荷释放出来。以图 2-6 的平板电容器为例，在直流电压作用下，最终电荷分布如图 2-7（a）（前已计算）所示。如果放电，即开关 S 闭合时间很短，则夹层电荷来不及释放掉。当 S 断开后，电荷重新分布如图 2-7（b）所示。而 C_1、C_2 分别通过 G_1 和 G_2 放电，其时间常数为

$$\tau_1 = \frac{C_1}{G_1} = \frac{1}{2}, \qquad \tau_2 = \frac{C_2}{G_2} = 2$$

由于 $\tau_1 \neq \tau_2$，所以当 S 断开后，$U_1 \neq U_2$，$U_{AB} \neq 0$。如果被试品是接地的，此时人若接触设备的非接地部分有可能造成触电事故。

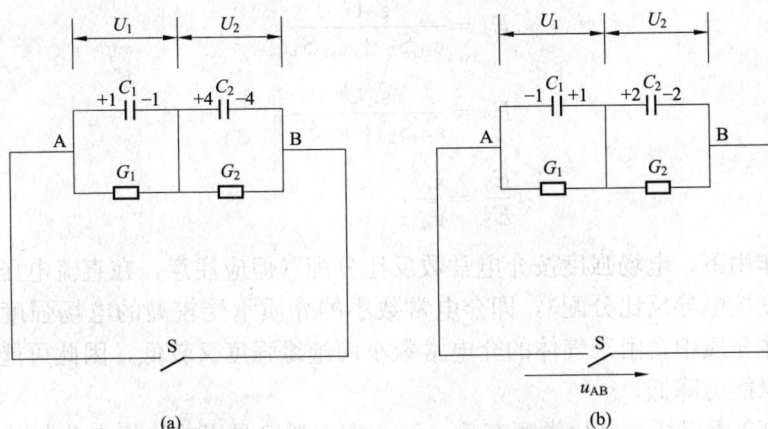

图 2-7 双层介质电荷的分布

(a) 放电前的电荷分布；(b) 短时放电后的电荷分布

五、讨论电介质极化在工程中的实际意义

(1) 选择电容器的绝缘材料时，除了要考虑绝缘强度外，还希望 ε_r 尽可能大。这样，电容器单位容量的体积和质量便可减小。其他的绝缘结构往往希望 ε_r 小一些好，例如减小电缆的电容，可以减小充电电流以及因极化引起的发热损耗，又如电机定子端部绝缘和套管的绝缘材料，如果 ε_r 很小，则可提高沿面放电电压。

(2) 在高压电气设备中，常常是几种绝缘材料组合在一起使用，在这种情况下更应注意各种绝缘材料的配合。

当数种绝缘材料配合使用时，不同成分材料的介电常数的比值关系影响整个绝缘系统中的电压分布，使外加电压的大部分为介电常数小的材料所分担，因而降低了整个设备的绝缘能力。如图 2-8 所示，设厚度为 S_1、S_2，介电常数为 ε_{r1}、ε_{r2}，电容量分别为 C_1、C_2 的两种绝缘材料组合作为极间绝缘。当施以交流电压后，若略去电导不计，则有

图 2-8 双层介质

$$\frac{U_1}{U_2} = \frac{C_2}{C_1} = \frac{\varepsilon_{r2}/S_2}{\varepsilon_{r1}/S_1} = \frac{\varepsilon_{r2} S_1}{\varepsilon_{r1} S_2}$$

$$U = U_1 + U_2$$

由此得

$$U_1 = \frac{\varepsilon_{r2} S_1 U}{\varepsilon_{r1} S_2 + \varepsilon_{r2} S_1}$$

$$U_2 = \frac{\varepsilon_{r1} S_1 U}{\varepsilon_{r1} S_2 + \varepsilon_{r2} S_1}$$

设极间为均匀电场，则

$$E_1 = U_1/S_1 \quad E_2 = U_2/S_2$$

所以有

$$E_1 = \frac{\varepsilon_{r2}U}{\varepsilon_{r1}S_2 + \varepsilon_{r2}S_1}$$

$$E_2 = \frac{\varepsilon_{r1}U}{\varepsilon_{r1}S_2 + \varepsilon_{r2}S_1}$$

$$\frac{E_1}{E_2} = \frac{\varepsilon_{r2}}{\varepsilon_{r1}}$$

$$(2-6)$$

即在交流电压作用下，电场强度按介电常数反比分配（但应注意，在直流电压作用下，在稳定状态电场强度按电导反比分配），即介电常数小的介质承受较高的电场强度。如果气泡存在于液体或固体介质中，由于气体的介电常数小而绝缘强度又较低，因此可能先行游离，使整个材料的绝缘能力降低。

（3）材料的介质损耗与极化类型有关，而介质损耗又是影响绝缘老化与热击穿的一个重要因素。

（4）介质夹层极化现象在绝缘预防性试验中，可用来判断绝缘受潮情况。在使用电容量较大的电气设备时，必须特别注意吸收电荷对人身安全的威胁。

第二节 电介质的电导

理想的绝缘材料应该是不导电的，但实际上绝大多数绝缘材料都存在极弱的导电性。表征电介质导电性的物理量是电导率 γ 或它的倒数电阻率。绝缘材料的电阻率 ρ 一般为 $10^8 \sim 10^{20}\,\Omega \cdot m$。导体的 ρ 为 $10^{-8} \sim 10^{-4}\,\Omega \cdot m$，半导体的 ρ 为 $10^{-4} \sim 10^7\,\Omega \cdot m$。

由于介质吸收现象的存在，在外加恒定直流电压 U 作用下，流过介质的电流 i 是逐渐衰减的。因而电介质的电阻 R（等于 U/i）是随时间增大的。通常以 i 达到稳态值 I_∞ 后的电阻 R_∞（等于 U/I_∞）作为介质的绝缘电阻。在外加电压作用下，流过固体介质的泄漏电流 I_∞ 除了流过本身的体积电流 I_V 外，还有流过介质表面的电流，所以有

$$I_\infty = I_A + I_V$$

因而介质的绝缘电阻 R 也是由体积电阻 R_V 和表面电阻 R_A 并联组成，即

$$R = \frac{R_A R_V}{R_A + R_V}$$

$$(2-7)$$

R_V 反映了介质的真实状态，而 R_A 的大小主要受介质表面的脏污程度和环境状况（例湿度、温度等）的影响，而不是介质本身的真实情况，所以在进行绝缘电阻测试时，必须在接线上采取一定的措施，消除其对测量结果的影响。

电介质的电导和导体的电导有本质的区别。导体是电子性电导，即靠自由电子导电。当温度升高时，由于分子的热运动干扰了电子的定向移动，因此导体的电阻具有正的温度系数。电介质是离子性电导，即主要靠离子导电。离子的来源有二：一是介质分子本身离解；二是杂质离解。当温度升高时，导电的离子数将因热游离而增加。同时温度上升，介质的黏滞性下降，分子间相互作用力减弱，有利于离子的移动，因此介质电阻具有较大的负温度系数。介质电阻率随温度的变化关系为

$$\rho = A e^{\frac{B}{\theta}}$$

$$(2-8)$$

式中　A、B——与绝缘材料有关的常数，

　　　　θ——绝对温度，K，表2-1列出了一些常用介质的电阻率。

一、气体介质的电导

由气体放电的伏安特性曲线（图1-2）可知，当$U < U_a$时，R可视为常数；当$U_a < U < U_b$时，随电压的上升R增大到一个很大的数值，也近似为常数，当$U > U_b$时，R不再为常数。通常气体工作在ab段，所以近似认为气体电导（或电阻）为常数。这段气体介质的电导来源于外界射线使气体中性质点光游离产生的带电质点。

二、液体介质的电导

中性液体介质分子本身不易离解，主要是其中的杂质分子离解和悬浮在液体介质中的带电质点构成电导。纯净的中性液体介质，其电阻很高，其值取决于介质的纯度。

极性液体介质的电导除杂质电导外，还有电介质分子本身离解出的离子电导，故电导率很高。对强极性液体介质，如水、酒精等，本身的电导已很大，不能作为绝缘材料。在工程中介质总不免含有一些水分，它在介质中有非常有害的影响。

影响液体介质电导的主要因素是杂质浓度、温度和电场强度。当温度上升时，由式（2-8）得

$$\gamma = \frac{1}{\rho} = \frac{1}{A} e^{-\frac{B}{\theta}} \tag{2-9}$$

式（2-9）说明，温度θ上升，γ按指数上升。实测表明，当电场强度E小于某一临界值E_{cr}时，γ为常数；而当电场强度$E > E_{cr}$时，γ随E上升而迅速上升。

三、固体介质电导

当固体介质的分子是由中性原子所构成时，介质的电导主要是由杂质离解而形成。只有当温度较高时，中性分子本身才能发生离解，产生自由电子和离子形成电导。此外，外界因素（如高能射线）的作用也可能使中性分子发生离解。

当固体介质的分子是离子式结构时，介质的电导主要是离子受热运动影响脱离原来的晶格而移动的结果。例如，在Nacl晶体中，温度升高时，离子偏离晶格平衡位置的振动也就随之加强，达到某温度时，这种振动则加强到足以使离子脱离原来的晶格，而落入新的缺乏该种离子的晶格上，从而造成了离子的移动。当外电场不存在时，这种电荷（离子）的移动是无规律的，因此对外不形成电流；当施加外电场时，这些电荷会定向移动而形成电流。当然，杂质也是这种介质形成电导的因素之一。因为杂质总是结合最不紧密的，故当温度升高时，介质结构中的基本粒子（离子）还没有脱离原位时，杂质离子可能已经有很多脱离原位了。

影响固体介质电导的因素除了温度和杂质浓度（特别是水分）外，还有电场强度E。当电场强度E小于某一临界值E_{cr}时，电导率γ为常数；但当E大于E_{cr}时，随E的增加，γ近似按指数增大。

四、绝缘电阻在工程实际中的意义

（1）在预防性试验中，以绝缘电阻值判断绝缘的优劣或是否受潮。

（2）多层介质在直流电压作用下，电压按绝缘电阻正比分配，故设计用于直流的电气设备要注意所用介质的电导，应使材料使用合理。

（3）设计时要考虑绝缘的使用环境，特别是温度。

（4）并非所有情况下均要求绝缘电阻值高。如高压套管法兰附近上半导体釉，可以提高沿面闪络电压。

第三节　电介质的损耗

一、电介质损耗的基本概念

电介质在外加电压作用下必将产生功率或能量损耗。它包括两个方面：一种是电流在漏电导上产生的损耗，它与电导成正比，所以称为电导损耗，又因为在直流电压作用下仅有电导损耗，所以又称为直流损耗；另一种是对极性介质或多层的组合绝缘在交变电场作用下，偶极子反复转向或吸收电流引起的极化损耗。

如图 2-9 所示为介质的等效电路，它既适用于直流电压，也适用于交流电压。电路中的电阻 R 表示漏电导支路，R_s 和 C_s 支路表示有损耗极化支路，C 表示无损耗极化支路。介质在交流电压作用下的相量图如图 2-10 所示。可以看出，如果把电路中的电流（或电压）归并为相应的有功和无功两个分量，则图 2-9 的等效电路可以进一步简化为两个元件并联或串联的等效电路如图 2-11、图 2-12 所示。尽管两个电路的结构及元件参数各不相同，但不影响电路中的电压和电流的值及相位关系。因为它们是根据等效条件建立的。

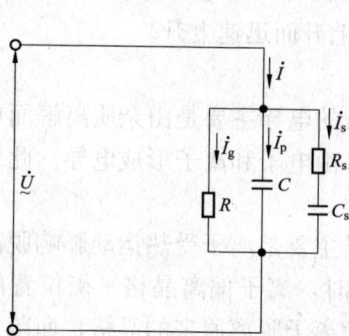

图 2-9　介质的等效电路

图 2-10　介质在交流电压下的相量图

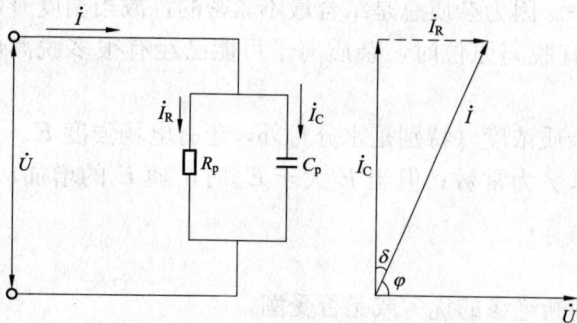

图 2-11　并联等效电路及相量图

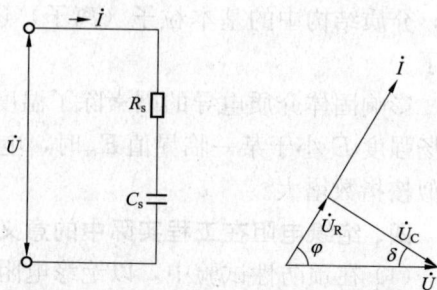

图 2-12　串联等效电路及其相量图

在相量图中，φ 为电流电压间的相位角即功率因数角，δ 为其余角（$\delta = 90° - \varphi$）称为介质的功率损耗角。对无损耗的理想介质，$\varphi = 90°$，$\delta = 0°$；对有损耗介质，$0° < \delta \leqslant 90°$在图 2-11 所示的并联电路中

$$\tan\delta = \frac{I_R}{I_C} = \frac{U/R_\mathrm{p}}{U\omega C_\mathrm{p}} = \frac{1}{\omega C_\mathrm{p} R_\mathrm{p}} \tag{2-10}$$

电路中的功率损耗为

$$P = UI_R = UI\tan\delta = U^2\omega C_\mathrm{p}\tan\delta \tag{2-11}$$

在图 2-12 的串联电路中

$$\tan\delta = \frac{U_R}{U_C} = \frac{IR_\mathrm{s}}{I/\omega C_\mathrm{s}} = \omega C_\mathrm{s} R_\mathrm{s}$$

而

$$P = I^2 R_\mathrm{s} = \frac{U^2}{R_\mathrm{s}^2 + \left(\dfrac{1}{\omega C_\mathrm{s}}\right)^2} R_\mathrm{s}$$

$$= \frac{U^2\omega^2 C_\mathrm{s}^2 R_\mathrm{s}}{1 + (\omega C_\mathrm{s} R_\mathrm{s})^2}$$

$$= \frac{U^2\omega C_\mathrm{s}}{1 + \tan^2\delta}\tan\delta \tag{2-12}$$

根据等效原理，式（2-11）与式（2-12）中的 P 应相等，即

$$U^2\omega C_\mathrm{p}\tan\delta = \frac{U^2\omega C_\mathrm{s}\tan\delta}{1 + \tan^2\delta}$$

所以

$$C_\mathrm{p} = \frac{C_\mathrm{s}}{1 + \tan^2\delta}$$

通常 $\tan\delta \ll 1$，故 $C_\mathrm{p} \approx C_\mathrm{C} = C$，因此电介质的功率损耗 P 可用统一的公式

$$P = U^2\omega C\tan\delta \tag{2-13}$$

由式（2-13）可以看出，介质损耗 P 与外施电压 U 的平方成正比，与电源角频率 ω、介质的电容量 C 成正比，所以在高压、高频及大电容量的电气设备中，介质的损耗也大。而在 U、ω 和 C 一定的前提下，即对一个已经制造好的电气设备，其介质损耗的大小与介质的 $\tan\delta$ 成正比。因此 $\tan\delta$ 是衡量介质损耗大小的一个参数。

介质损耗的本身说明了泄漏电流和有损极化电流的大小。在绝缘受潮和有缺陷时，介质的电导要增加。在绝缘中有大量气泡、杂质和受潮时将使夹层极化损耗增加。在介质损耗增加的同时将引起介质内部发热量增大，温度升高。由于介质电阻率具有负的温度系数，因此随着温度的升高又将使电导进一步增大，泄漏电流进一步增加，有损极化加剧，使绝缘内部的温度进一步升高。如此恶性循环，可能在绝缘弱的地方引起击穿。绝缘的温度既与绝缘的发热量有关，又与绝缘的散热量（散热面积）有关，所以反映绝缘状态的参数是单位体积的

损耗。

将式（2-13）用在平板电容器的均匀电场中，介质损耗 P 为

$$P = U^2 \omega C \tan\delta$$

$$= E^2 S^2 \omega\varepsilon \frac{A}{S} \tan\delta$$

$$= E^2 V \omega\varepsilon \tan\delta$$

单位体积的损耗 P' 为

$$P' = \frac{P}{V} = E^2 \omega\varepsilon \tan\delta \tag{2-14}$$

式（2-14）说明，介质在外加电压作用下，单位体积的损耗（总体积的平均损耗）与 $\tan\delta$ 成正比，所以 $\tan\delta$ 是反映介质状态的一个基本参数。由于 $\tan\delta$ 反映的是总体的平均损耗，因此对局部小体积的损耗反映并不灵敏，即使这部分的损耗比较严重；而对小体积设备的绝缘老化或整体受潮等漫布性缺陷则特别灵敏。所以，当多元件组合的电气设备测得的 $\tan\delta$ 值介于各元件最大与最小值之间难于判断时，必须进行解体试验。

二、气体电介质的损耗

气体电介质的极化是轻微的。当电场强度小于气体分子游离所需值时，气体电介质的电导是极小的，所以损耗很小，工程中可以略去不计。但当场强超过气体分子游离所需值时，气体介质中产生游离，介质损耗就增加很大，且随着电压的升高介质损耗将增长很快。

三、液体和固体电介质的损耗

中性液体和固体电介质中的极化主要是电子位移极化和离子位移极化，它们是无损的或近似无损的。因此，这类介质的损耗主要由漏电导决定。介质损耗随温度、电场强度的关系取决于介质电导和这些因素的关系，如图 2-13 和图 2-14 所示。

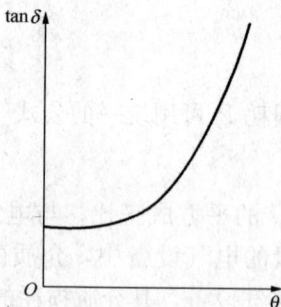

图 2-13　中性液体和固体电介质 $\tan\delta$ 与　　　图 2-14　中性液体和固体电介质的 $\tan\delta$ 与
　　　　　温度的关系　　　　　　　　　　　　　　　　电场强度的关系

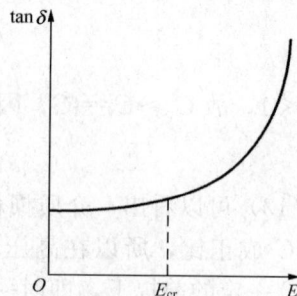

极性液、固体介质的损耗主要包括电导损耗和极化损耗两部分，它与温度、频率等因素有着较复杂的关系。

（一）极性液体介质的 $\tan\delta$ 与温度的关系

当温度较低时，液体介质的黏度大，偶极子的转向较难，故 $\tan\delta$ 较小。当温度升高时，

偶极子转向幅度变大，因而摩擦损耗增加，致使 $\tan\delta$ 变大。当温度达到某一数值时，由于液体介质的黏度已很低，偶极矩的方向已能和外电场方向保持一致，即偶极子的转向幅度已达最大值。在此情况下，虽然温度进一步升高，黏度进一步下降，但由于偶极子转向幅度不再增加而摩擦力下降，从而使介质损耗下降、$\tan\delta$ 变小。当温度更高时，由温度升高引起电导损耗增加的影响已经大于极化损耗下降的影响，所以温度升高，$\tan\delta$ 反而升高。如图 2-15 所示为松香油（极性介质）的 $\tan\delta$ 与温度的关系。

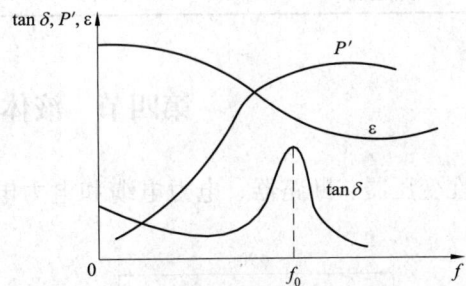

（二）极性液体介质 $\tan\delta$ 与电压频率 f 的关系

当电源频率 f 和介质的介电常数 ε 均为恒定值时，$\tan\delta$ 与介质损耗的变化率相同。但当 f 变化时将引起极化损耗的变化，在一定范围内还将引起 ε 的变化，所以 $\tan\delta$ 与 f 的关系很复杂。

单位体积介质损耗 P' 由电导损耗 P_γ 和极化损耗 P_ε 两部分组成，即

$$P' = E^2 \omega \varepsilon \tan\delta = P_\gamma + P_\varepsilon$$

所以

$$\tan\delta = \frac{P_\gamma}{E^2 \omega \varepsilon} + \frac{P_\varepsilon}{E^2 \omega \varepsilon} \tag{2-15}$$

式（2-15）说明，在外电场不变的条件下，当电源频率 f 由较低数值增加时，由于此范围内 ε 为常量，P_ε 随 f 正比变化，而第一项变小，因此 $\tan\delta$ 随 f 的增大而下降，但 P' 是上升的。当 f 达某一数值后，随着 f 的上升，偶极子极化不充分，使 ε 变小，因而式（2-15）两项的分母基本不变，但 P_ε 确随 f 的增高而增加。综合考虑，$\tan\delta$ 将变大。当 f 已达到很高数值后，ε 已趋近于一个很小的稳定值，但由于偶极子跟不上电源频率的变化，P_ε 也不再增大，所以当 f 再增加时，$\tan\delta$ 却减小。极性液体介质的 $\tan\delta$、P'、ε 随 f 的变化规律如图 2-16 所示。

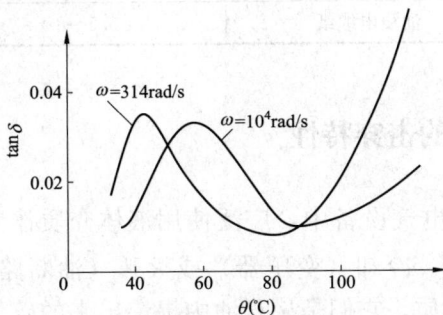

图 2-15　松香油的 $\tan\delta$ 与温度的关系　　　图 2-16　极性液体介质的 $\tan\delta$、P'、ε 随频率 f 的变化规律

极性固体介质硫化天然橡胶的 $\tan\delta$ 与温度的关系如图 2-17 所示。玻璃和石英在角频率 $\omega > 10^6\,\mathrm{rad/s}$ 范围时 $\tan\delta$ 与 ω 的关系如图 2-18 所示。$\tan\delta$ 不是与频率成反比减小，反而随频率而增大，即损耗的功率的增长比频率的增加更快，不仅是玻璃和石英，其他许多工程绝缘材料也多有此特性。

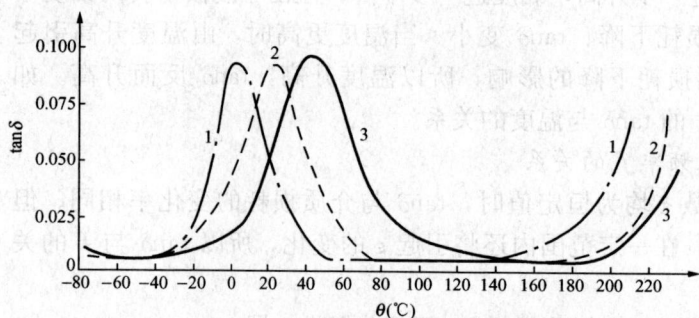

图 2-17　极性固体介质硫化天然橡胶的 tanδ 与温度的关系
1—60Hz；2—3kHz；3—300kHz

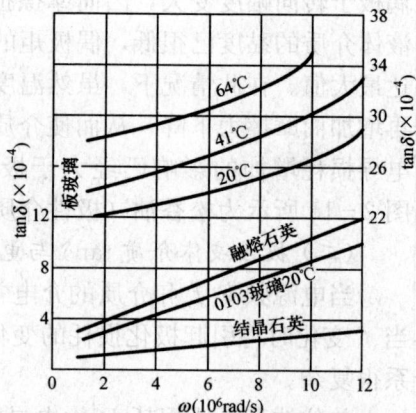

图 2-18　玻璃和石英在角频率
ω＞10⁶ rad/s 范围时 tanδ 与 ω 的关系

　　由此可见，已有的极化理论未必能解释高频时固体介质损耗的性质，这说明电介质中可能存在迄今人们尚不了解的某些过程。

　　表 2-2 列出了常见的几种绝缘材料的 tanδ 值。

表 2-2　　　　　　　　　　　　绝缘材料的 tanδ（工频，20℃）

材　料	tanδ（%）	材　料	tanδ（%）
聚乙烯	0.01～0.02	环氧树脂	0.2～1
交联聚乙烯	0.02～0.05	酚醛树脂	1～10
聚四氟乙烯	＜0.02	电　瓷	2～5
聚苯乙烯	0.01～0.03	变压器油	0.05～0.5
聚氯乙烯	5～10	油浸电缆纸	0.5～8

第四节　液体电介质的击穿特性

　　在变压器、断路器、电力电缆和电力电容器等电气设备中，广泛使用液体介质作为绝缘、冷却（变压器）或灭弧（油断路器）介质。它们是从石油中提炼出来的碳氢化合物的混合物，即属于矿物油。其他如蓖麻油以及某些新型的合成的液体介质（如硅油、十二烷基苯等），应用远不如矿物油广泛。

　　液体介质的绝缘强度是在标准油杯中测试的。各国的标准油杯都不同，因而同一种油在不同国家测试的结果可能不同。我国的标准油杯如图 2-19 所示。常用变

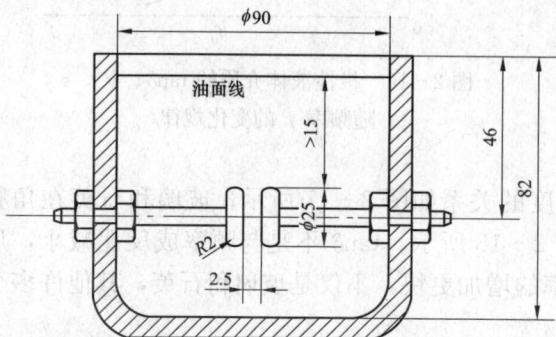

图 2-19　我国标准油杯

压器油在标准油杯中的击穿电压约为 $20\sim60$kV（有效值）。也就是说，常用变压器油的击穿场强 E_b 的有效值约为 $80\sim240$kV/cm。而空气的击穿场强峰值为 30kV/cm，有效值为 21kV/cm。可见变压器油的绝缘强度比空气的大好多倍。

一、变压器油的击穿机理

变压器油是工程中应用最广泛的一种液体介质，故在以后的讨论中，将以变压器油（以下简称油）为主要对象。迄今为止，人们对液体介质击穿过程的了解还不如对气体介质击穿过程了解得那么充分，因而提不出一套较为完善的击穿理论。

纯净的液体介质的击穿主要是电击穿，其击穿过程与气体介质的击穿过程类似。在电场作用下，阴极上由于某种因素的作用发射出来的电子，产生碰撞游离而形成电子崩，最后导致击穿。由于液体介质的密度远大于气体的密度，电子的自由行程很小，所以纯净的液体介质的击穿场强大大超过气体的击穿场强。纯净油的击穿场强可高达 10^6V/cm 数量级，而空气的击穿场强仅为 10^4V/cm 数量级。

另一方面，液体介质的击穿还可能发生"气泡桥"击穿。实验表明，液体介质的击穿场强与其压力有关，当压力增高时，击穿场强明显增大。这是因为当压力较小时，液体介质中可能含有气泡。当在电极间或电极表面附有气泡时，由于在交流电压作用下电场强度按介质的介电常数反比分配，而气体的介电常数（约为 1）小于油的介电常数（2.2），且气体的击穿场强又比油低得多，因此总是气泡先发生游离。这又使气泡温度升高，游离进一步发展。游离产生的带电质点在外施交变电场作用下反复撞击气泡两端，使油又分解出气体，气泡变长，向两极发展延伸，容易形成沟通两极的"气泡桥"。最后沿着"气泡桥"发生击穿。

由于要制造高纯度的油造价很高，且在运行时，由于电动力的作用，必然有一些杂质要脱落到油中，因此工程上用的变压器油都含有一些杂质和水分（这些水分是运行中的局部放电由油中分解出来的）。

当变压器油中含有杂质和水分时，由于杂质（为 $6\sim7$）和水分的介电常数（为 81）比油的介电常数大得多，因此它们很容易沿外电场方向定向极化，并移向两极间排列成"杂质桥"。由于受潮的"杂质桥"电导大，因而流过该"杂质桥"的泄漏电流大，使得温度升高，促使水分汽化，产生气泡。气泡在外电场作用下扩大形成"气泡桥"，最后沿"气泡桥"导致击穿。

二、影响变压器油击穿电压的因素

（一）电压形式和电压作用时间

当外加电压作用时间较长时，油中杂质有足够时间在间隙中形成"小桥"，击穿电压就低。当电压作用时间较短，如在冲击电压作用下，油中杂质来不及在间隙中形成"小桥"，击穿电压显著提高。冲击波愈短，击穿电压愈高，油的冲击系数愈大（一般可达 $1.5\sim2$ 以上）。当作用电压频率增高时，油的耐压值也同样随之增高。但当频率高于 10^5Hz 以上时，由于介质损耗增加，有可能引起热击穿，击穿电压将下降。对于不太脏的变压器油，由于工频电压加压在 $1\sim2$min 时的耐压值与长时间的耐压值基本一样，故变压器油做工频耐压试验时加压时间一般只有 1min。

（二）杂质和温度

当电压作用时间较长时，变压器油的绝缘强度受水分及杂质的影响很大。在油中的水分可能以溶解状态、悬浮状态和在容器底部的沉渣状态三种状态存在。溶解状态的水分对油的击穿场强没有影响。在 25℃时，水在油中的溶解度约为十万分之五（以体积计），多余的水分以悬浮状态出现。这时即使少量这种水分的存在也会使油的耐压值急剧下降见（见图 2-20）。因为正是这些悬浮状的小水珠能够在电场作用下产生极化并在极间排列成导电的"小桥"。从图 2-20 中还可以看出，当水分的含量超过 0.02% 时，多余的水分沉淀到容器的底部，因此油的击穿电压不再降低。当然这种悬浮状的水分对油的绝缘性能仍是非常有害的。

　　温度对油击穿电压的影响表现在它对水分在油中状态的影响。当温度由 0℃左右开始上升时，油中呈悬浮状的水逐渐随温度的升高变为溶解状态，于是受潮油的击穿电压明显上升。如图 2-21 中曲线 2 所示，在 60~80℃时，击穿电压最高；随温度的继续升高，水分蒸发，在油中造成气泡，因而击穿电压又下降；在 -5~0℃时，油中水分全部呈悬浮状，导电"小桥"最易形成，故击穿电压最低；温度继续下降时，水已结冰，其介电常数也下降，同时油本身也开始变稠，黏度变大，这些都使搭桥效应变弱，油的击穿电压又提高。

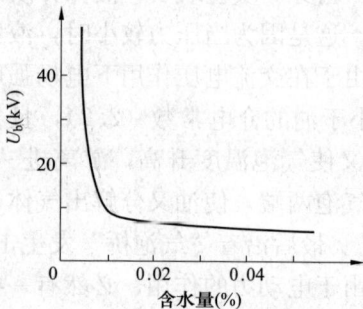

图 2-20　变压器油的工频击穿电压 U_b 与含水量的关系（在标准油标中）

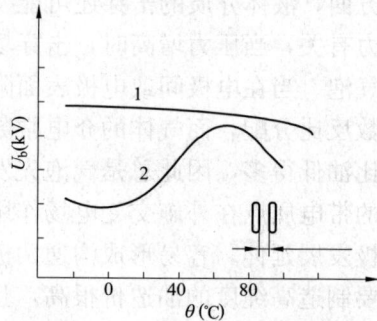

图 2-21　变压器油的工频击穿电压 U_b 与温度 θ 的关系（在标准油杯中）
1—干燥的油；2—潮湿的油

（三）电场均匀度

　　在直流或工频电压作用下，油的纯净度愈高，电场的均匀度对击穿电压的影响愈大。而在品质较差的油中，改善电场的均匀度的效果并不十分明显。这是因为较均匀电场中容易形成"杂质桥"，而在极不均匀电场中，电场极强处强烈的游离作用使油受到剧烈扰动，以致杂质和水分等很难搭成"小桥"。但总的来看，若电场均匀度提高，则平均击穿场强还是有所提高的。

　　在冲击电压作用下，由于杂质本身的惯性作用，不可能在电压作用的极短时间内沿电场方向排列成"小桥"，因此无论电场均匀与否，油的品质对冲击击穿电压均无明显的影响。

（四）压力

油中含有气体时，其工频击穿电压将随油的压力增大而升高。由于压力增加，气体在油中的溶解度增高，且气泡的局部放电起始电压也提高。

三、提高变压器油击穿电压的措施

（一）过滤与干燥处理

　　将油在一定压力下连续通过滤油机中大量的滤纸层，油中的纤维被滤纸所阻挡，油中的大部分水分也被滤纸所吸收，从而提高了油的品质，为了进一步降低油中的水分，在进行过滤处理前，先在油中加一些白土、硅胶等吸附剂吸附油中的水分、有机酸等，然后再过滤。

为防止油受潮，在大型变压器呼吸器内装干燥剂，或充氮保护和在储油柜中用塑料气囊使油面不与空气直接接触。

（二）祛气

为除去油中气泡的影响，可采用此法，但对密封不严的变压器作用不大。具体方法是：先将油加热，在真空中喷成雾状，油中含有的水分和气体将挥发并被抽去，然后在真空条件下将油注入电气设备中。由于该电气设备已被真空除气，则不会在油中重新混入气体，且有利于油渗入电气设备绝缘的微细空隙中。

（三）采用油—固体组合绝缘

（1）覆盖层。在稍不均匀电场中的曲率半径较小的电极上覆盖以电缆纸或黄蜡布等薄的绝缘材料（如变压器中的匝绝缘）。这些材料不易吸附水分，隔断了杂质"小桥"，限制了流过"小桥"的泄漏电流，从而限制了因水分受热汽化形成的"气泡桥"的发展，可使工频击穿电压显著提高，分散性也明显下降。试验证明：油的品质越差，电场越均匀，电压作用时间越长，则覆盖层提高油的耐压作用越显著。

（2）绝缘层。在极不均匀电场中的曲率半径小的电极上包以较厚的电缆纸或黄蜡布等固体绝缘层，厚度为几毫米至几十毫米。它的作用是改善两极间的电场分布，同时也起隔断"小桥"的作用，提高击穿电压的效果非常显著。

（3）极间障。极间障（又称屏障）是放在油隙中的固定绝缘板，通常用各种厚纸板做成，也有用胶纸或胶布层压板做成的；通常将极间障做成与曲率半径较小的电极外形近似相似的形状，如平板、圆筒等。如能将电极包围起来效果更好。其厚度通常为 2～7mm，主要由机械强度决定。

极间障的作用主要有两个方面：一方面机械地阻隔杂质"小桥"的形成；另一方面，在不均匀电场中，当曲率半径较小的电极附近因电场强度高而先发生游离时，游离出来的自由电子被阻挡并分散地积聚在极间障的一侧，从而使极间障另一侧油隙的电场变得比较均匀，所以能提高油隙的击穿电压。由此可见，在极不均匀电场中极间障的效果最显著，而在较均匀的电场中则效果较小。

在油隙中，如合理地布置几个极间障，则可以使击穿电压更为提高。在变压器和充油套管中常应用多个极间障。

在冲击电压作用下，油中杂质来不及形成小桥，极间障也就几乎不起什么作用了。

第五节　固体电介质的击穿特性

固体电介质的击穿电压和击穿的发展过程与其所处的环境温度、湿度、电压的频率，电压作用时间有很大关系。电源的功率（容量）则对击穿以后的发展过程有直接影响。通常把固体介质的击穿分成热击穿和电击穿两种基本形式。

一、固体介质的热击穿

热击穿是由于固体介质内部的热不稳定性所造成的。在交流电压作用下，介质将产生损耗、发热。介质的温度升高又导致了介质的电导变大和功耗增大，这反过来又使温度进一步升高。与此同时，介质的散热量也随温度的升高而增大。若温度上升到某一值时，发热量等于散热量，温度即终止上升，介质处于热稳定状态。如果这个稳定温度在允许范围内，则不会导致介质耐电性能的破坏。如果外施电压较高，则发热量较大，可能在任何温度下发热量均大于散热量。这时介质的温度持续上升，直至产生热破坏烧成导电通道，并永远失去其绝缘性能，这就是热击穿。介质的散热量 Q_2、发热量 Q_1 与介质温度的关系如图 2-22 所示，图中曲线 $Q_1(U_1)$、$Q_1(U_2)$、$Q_1(U_3)$ 分别为在电压 U_1、U_2、U_3 作用下的介质发热曲线，Q_2 为介质随温度的散热曲线。

当电压为较低值 U_1 时，相应的发热曲线 $Q_1(U_1)$ 与 Q_2 相交于 A 点。对应的温度为 θ_A，A 点为稳定工作点。一旦介质温度上升，θ 高于 θ_A 时，则散热 Q_2 大于发热 $Q_1(U_1)$，温度将下降到 θ_A，一旦 θ 低于 θ_A，则 $Q_1(U_1)$ 大于 Q_2，温度将回升到 θ_A。因此，介质的温度稳定在热平衡点 A，不会引起热击穿。

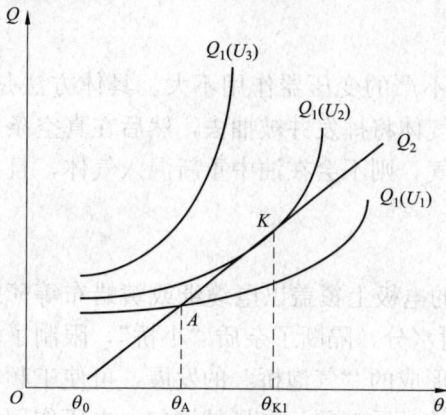

图 2-22 介质中散热量 Q_2 和发热量 Q_1 与介质温度的关系

当电压升高到 U_2 时，相应的发热曲线 $Q_1(U_2)$ 与 Q_2 相切于 K 点，对应的 K 点温度为 θ_{K1}。在这种情况下，只有当 θ 等于 θ_{K1} 时 $Q_1(U_2)$ 才与 Q_2 相等，即达到热平衡。但如果有偶然的因素使介质的温度略升高，则 $Q_1 > Q_2$，温度将继续上升，直到发生热击穿。

如果 U 高于 U_2，则无论在什么温度下，总是 $Q_1 > Q_2$，温度将继续上升，直到发生热击穿。因此，与 K 点相切的发热曲线 $Q_1(U_2)$ 所对应的电压 U_2 为发生热击穿的临界电压 U_{cr}。

热击穿的特点如下：

（1）热击穿电压随环境温度的升高按指数下降。

（2）当介质厚度增大时，介质的平均击穿场强减弱。

（3）当电压频率升高时，热击穿电压下降。

（4）热积累需要一定的时间，当电压上升快，或加压时间短时，热击穿电压升高。

二、固体介质的电击穿

固体介质的电击穿是由于电场力的作用，使介质中的某些带电质点积聚的数量和移动速度达到一定程度，发生碰撞游离，从而破坏了介质的晶格结构，使其失去了绝缘性能，形成导电通道。这种击穿称为电击穿。

电击穿的特点如下：

（1）击穿场强高，一般约为 $10^6 \sim 10^7 \text{V/cm}$，而热击穿仅为 $10^4 \sim 10^5 \text{V/cm}$。

（2）击穿电压与环境温度无关。

（3）当电压作用时间很短时，作用时间越短，击穿电压越高。

（4）电场的均匀度对击穿电压有显著影响。

三、影响固体电介质击穿电压的因素

影响击穿电压的因素很多，下面介绍几种主要的影响因素。

（一）电压和作用时间

以常用的电工纸板为例，其击穿电压和加压时间的关系如图 2-23 所示。以 1min 工频击穿电压（峰值）为 100%，则在雷电冲击电压下的击穿电压约为 300%，且在较宽的范围内击穿电压值与施压时间几乎无关。只有在微秒级时（与放电时延相近）击穿电压才升高，这与气体放电的伏秒特性很相似。在图 2-23 中，垂直虚线左边属于电击穿范围，因为在时间如此短的范围内热和化学的影响还来不及起作用。若为交流电压作用时间较长的击穿，则热击穿往往起决定性的作用，作用时间越长，击穿电压越低，最后趋近于一个稳定值。

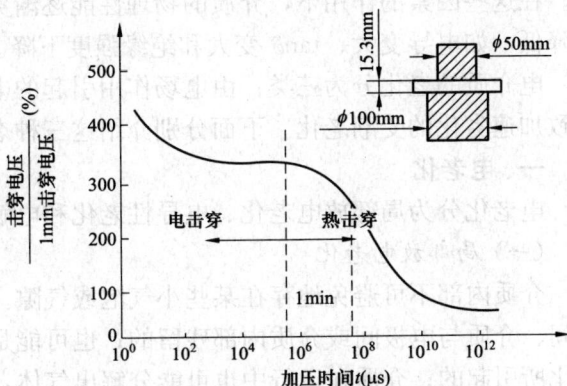

图 2-23　油浸电工纸板的击穿电压和
加压时间的关系（25℃）

（二）电场均匀度和介质的厚度

在均匀电场中，在电击穿区，不论所加电压的性质和作用时间长短，击穿场强与介质厚度几乎无关。在热击穿区域内，介质厚度越大，击穿场强越小。

在不均匀电场中，即使在电击穿区域内，当介质厚度增加时，平均击穿场强仍将减小。常用的固体介质往往不是很均匀致密的。即使处于均匀电场中，由于气孔或其他缺陷仍将使电场发生畸变，使气孔发生局部放电，加速介质的老化，降低介质的击穿场强。经过干燥真空浸漆等工艺过程则可大大提高介质的击穿场强。

（三）受潮

对具有吸水性的固体电介质来说，含水量（受潮度）增大时，击穿电压迅速下降。这是因为水分使介质电导率和损耗迅速增加，发生热击穿。所以高压绝缘结构不但在制造时注意除去水分，而且在运行中还要注意防潮，并定期检查受潮情况。

（四）频率

在电击穿区域内，如果频率的变化不造成电场均匀度的改变，则击穿电压与频率几乎无关；在热击穿区域内，如果频率使 ε 和 $\tan\delta$ 变化不大，则击穿电压将与 $\sqrt{f}$ 成反比。如厚度为 0.1mm 的玻璃，在工频时的击穿电压为 20kV（有效值），而在高频时击穿电压仅为 2~2.5kV（有效值），这是因为频率上升使介质损耗上升，导致发热，促使热击穿过程的发展。

（五）累积效应

在不均匀电场中，特别是在雷电等冲击电压作用下，有时虽未形成贯穿的击穿通道，但已在固体介质中形成局部损伤或不完全击穿。在多次冲击电压或工频试验电压作用下，一系列的不完全击穿导致介质的完全击穿。所以随着施加冲击电压或工频试验次数的增多，固体介质的击穿电压将下降。在确定电气设备的试验电压和次数时，必须注意这种效应。

第六节　电介质的老化

电气设备在长期运行中，其介质不可避免地要承受热的、电的、化学的和机械力的作用。在这些因素的作用下，介质的物理性能逐渐劣化，如变酥、变脆、起层等，电气性能逐渐降低，如电导变大、$\tan\delta$ 变大和绝缘强度下降。这种现象称为介质的老化。

电介质的老化分为三类：由电场作用引起的电老化、由高温作用引起的热老化和由受潮导致加速劣化的受潮老化。下面分别介绍这三种老化的过程。

一、电老化

电老化分为局部放电老化、电导性老化和电解性老化三种类型。

（一）局部放电老化

介质内部不可避免地存在某些小气泡或气隙。它们可能是由于浸渍工艺不完善，使介质层间、介质与电极间或介质内部残留的；也可能是浸渍剂与介质材料的膨胀系数不同由温度变化所引起的；介质在运行中也可能分解出气体，形成小气泡；介质中的水分电离分解也能产生气泡。气体介质的相对介电常数接近 1，比固体、液体介质的相对介电常数小得多，因而在交变电场作用下的场强就比邻近的固体、液体介质中的场强大得多，其击穿场强又比固体、液体介质低得多，所以最容易在这些气隙或气泡中产生局部放电。

局部放电将产生如下后果：

（1）带电粒子撞击气泡（或气隙）表面的介质，特别是对有机绝缘物，能使主链断裂，高分子解聚或部分变为低分子，介质的物理性能变差。

（2）局部温度升高，气泡膨胀，使介质开裂、分层、变酥，高温同时能使材料产生化学分解，使该部分电导和损耗变大。

（3）局部放电产生的 O_3 和 NO_2 等气体对有机物产生氧化侵蚀，使介质逐渐劣化，特别是介质受潮后，NO_2 还可能与潮气结合生成亚硝酸或硝酸，对介质及金属电极都产生腐蚀。

（4）电场的局部畸变改变了介质的原有电场分布，使局部介质承受过高的场强。

通过上述多种效应的综合，将气泡近旁的绝缘物分解、破坏（变酥、炭化等），并沿电场方向逐渐向两极发展，最终导致绝缘被贯通击穿。

（二）电导性老化

在交流电压作用下，在某些高分子有机合成的固体介质中，存在另外一种性质的老化，它不是由气泡的游离造成的，而是由液态的导电物质所引起的。如果在两电极的绝缘层中或在固体介质与电极的交界面处存在某些液态的导电物质，如水或在介质制造过程中残留下来的某些电解质溶液，当该处电场强度超过某一临界值时，这些溶液便会在电场力的作用下沿着电场的方向逐渐深入到绝缘层中去，形成近似树状的导电泄痕，称为"水树枝"，最终导致绝缘层的击穿。

产生"水树枝"的机理可能是水或其他电解液中的离子在交变电场作用下往复撞击绝缘物，使其疲劳损坏和化学分解，电解液便随之逐渐渗透扩散到介质深处，形成"水树枝"。

（三）电解性老化

在直流电压作用下，即使所加电压远低于局部放电起始电压，由于介质内部进行着电化学过程，介质也会逐渐老化，最终导致击穿。在本章第二节已述及，电介质的电导主要是介质中的杂质分子离解后沿电场方向迁移引起的，具有电解的性质。介质中往往存在某些金属和非金属离子。正电荷的金属离子到达阴极被中和电量后，形成金属原子沉积在阴极表面，逐渐形成从阴极向阳极延伸的金属性导电通道。这个过程对电介质层很薄的电容器绝缘危害尤大。介质中的非金属性离子如 H^+、O^-、Cl^- 等迁移到电极被中和电量后，形成活性极高的该类物质原子。它们或是再与介质分子起化学反应，形成新的有害化合物，使介质受到破坏；或是与金属电极起化学反应，形成对金属电极的腐蚀；或是以分子的形式存在，形成小气泡。

实践证明，即使是无机介质，如陶瓷、玻璃、云母等，在直流电压作用下也存在显著的电解性老化。

当有潮气浸入电介质时，水分本身就能离解出 H^+ 和 O^- 离子，加速电解性老化。当温度升高时，自然会使化学和电化学反应加速，电解性老化也随之加快。

（四）电老化对绝缘寿命的影响

经验表明，在介质工作温度恒定的条件下，如果外施电场强度 E 不致使介质中出现显著的局部放电，则由电老化所决定的固体绝缘的寿命平均值 τ 与 E 的关系在多数情况下满足

$$\tau = KE^{-n} \tag{2-16}$$

式（2-16）两边取对数得

$$\lg\tau = \lg K - n\lg E \tag{2-17}$$

式中　K——与介质材料、绝缘结构有关的常数；

　　　n——与介质材料、绝缘结构有关的表示老化速度特性的指数。

式（2-17）在对数坐标纸上为一直线，如图 2-24 所示。可以利用这一曲线来推算当场强提高时介质的平均寿命值。

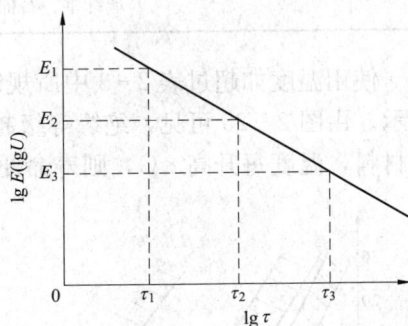

图 2-24　在某一恒定温度下绝缘的老化

二、热老化

电介质长期工作在较高温度下，由于受热使固体介质变硬、失去弹性、变脆、发生龟裂，机械强度降低，受振动时易剥落、磨损，甚至变成粉状；也有些固体介质变软、发黏、丧失机械强度；变压器油的酸价上升，颜色加重等使电气性能逐渐劣化，称为电介质的热老化。其原因是在较高温度下，电介质内部发生了缓慢的热解裂、氧化裂解以及低分子化合物逸出等化学变化。

影响热老化的主要因素除了温度及在此温度下的工作时间外，还有介质所处环境的湿度、压力、氧的含量、电场强度和机械载荷的大小。

当存在水分及空气时，纸的热解裂将加速。若使用矿物油加以浸渍，使空气进入纸中受阻，这样可以大大降低老化速度。但在某些情况下，由于纤维素分解时在油中生成的产物（如有机酸、过氧化物等），又降低了上述措施的效果。

在没有外力作用的情况下，热老化几乎不改变介质的短时绝缘强度。但在实际运行中，介质在受热的同时也要受到机械应力和电动力的作用，常常造成损伤，从而导致击穿的后果。

由于温度直接影响热老化的进程，即影响绝缘的寿命，为了保证设备绝缘的使用寿命，必须规定各类绝缘材料的允许最高工作温度。国际电工委员会根据不同材料的耐热性划分成耐热等级，并确定各等级绝缘材料的最高持续工作温度，见表2-3。

表2-3　　　　　　　　　　　　　　电工绝缘材料的耐热等级

级别	最高持续工作温度（℃）	材料举例
Y	90	未浸渍过的木材、棉纱、天然丝和纸等材料或其组合物，聚乙烯、聚氯乙烯、天然橡胶
A	105	矿物油及浸入其中的Y级材料，油性漆、油性树脂漆及其漆包线
E	120	由酚醛树脂、糠醛树脂、三聚氰胺甲醛树脂制成的塑料、胶纸板、胶布板，聚酯薄膜及聚酯纤维，环氧树脂，聚氨酯及其漆包线，油改性三聚氰胺漆
B	130	以合适的树脂或沥青浸渍、黏合或涂覆过的或用有机补强材料加工过的云母、玻璃纤维、石棉等的制品，聚酯漆及其漆包线，使用无机填充料的塑料
F	155	用耐热有机树脂或漆所黏合或浸渍的无机物（云母、石棉、玻璃纤维及其制品）
H	180	硅有机树脂、硅有机漆，或用它们黏合或浸渍过的无机材料，硅有机橡胶
C	>180	不采用任何有机黏合剂或浸渍剂的无机物，如云母、石英、石板、陶瓷、玻璃或玻璃纤维、石棉水泥制品、玻璃云母模压品等，聚四氟乙烯塑料

使用温度如超过表2-3中所规定的温度，介质将迅速老化，寿命大大缩短，如图2-25所示。由图2-25可见，绝缘等级越低，绝缘的热寿命受温度的影响越敏感。对于A级绝缘材料，温度每升高8℃，则寿命便缩短一半；对于B级绝缘材料和H级绝缘材料，温度分别升高10℃和12℃时，热寿命缩短一半。这个规律通常称为热老化的8°规则、10°规则和12°规则。

油的热老化主要是氧化过程引起的。为了延长油的使用寿命，首先要防止油与空气接触。对于电容器、电缆及某些类型的套管，可以采用全封闭的方法，以延长寿命；对于电力变压器等油量较多的电气设备，通常备有油膨胀器（如变压器的储油柜），在油面和器壁的空间用充氮的方法避免油与空气接触。也可以在油中加入少量的抗氧化剂，使油的老化速度得以减缓。

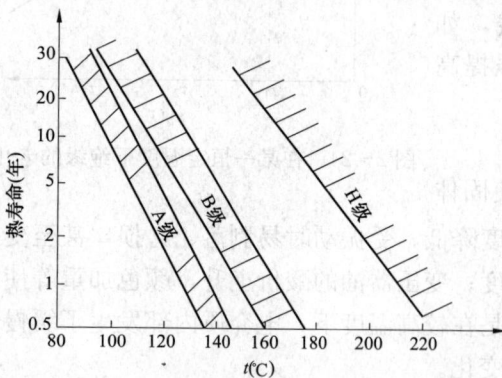

图2-25　不同等级绝缘材料的热寿命与温度的关系

三、受潮老化

介质受潮将导致其电导和损耗增大，因而会使绝缘材料进一步发热，导致热老化速度加快。此外，水分的存在使化学反应更加活跃，产生气体，形成气泡，引起局部放电。

为了防止和限制绝缘在运行中受潮，要采取一定的措施，如对纤维材料要用浸渍剂浸渍，使气孔封闭。但一般的浸渍剂难以进入微气孔，所以浸渍只能限制而不能完全防止受潮。因此，近年来特别重视发展密封的绝缘结构。

鉴于受潮对绝缘的危害性，对电气设备必须定期检查绝缘的受潮情况。

习　题

2-1　什么叫吸收现象？它在什么情况下出现？有什么实际意义？

2-2　介质的 $\tan\delta$ 意味着什么？其影响因素有哪些？为什么？

2-3　影响液体介质击穿的主要因素是什么？提高击穿电压的措施有哪些？

2-4　固体介质的电击穿和热击穿有什么区别？如何提高固体介质的击穿电压？

2-5　下列双层介质串联在交流电压下工作时，哪种介质承受的场强较大？哪种介质比较容易击穿？为什么？

（1）固体介质和薄空气隙串联；

（2）纸和油层串联。

2-6　说明固体介质内部产生局部放电的原因和后果。在交流电压下和直流电压下的局部放电，哪种后果比较严重？为什么？

第三章　线路和绕组中的波过程

在电力系统总事故次数中，有一半以上都是绝缘事故，而过电压是使绝缘损坏的主要原因。所谓过电压通常指电力系统中出现的对绝缘有危险的电压升高和电位差升高。一般来说，过电压都是由于系统中的电磁场能量发生了变化而引起的。究其原因，这种变化可能是由于系统外部突然加入一定的能量（例如，雷击导线、设备或导线附近的大地）而引起的，或者是由于电力系统内部，当系统参数发生变化时，电磁场能量发生了重新分配而引起的。按照产生的根源不同，可将过电压做如下分类：

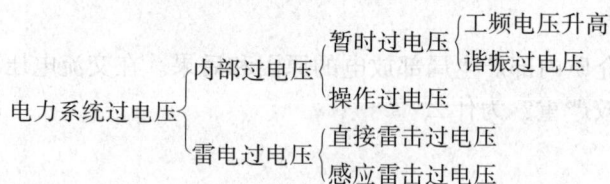

$$
\text{电力系统过电压}
\begin{cases}
\text{内部过电压}
\begin{cases}
\text{暂时过电压}
\begin{cases}
\text{工频电压升高}\\
\text{谐振过电压}
\end{cases}\\
\text{操作过电压}
\end{cases}\\
\text{雷电过电压}
\begin{cases}
\text{直接雷击过电压}\\
\text{感应雷击过电压}
\end{cases}
\end{cases}
$$

不论哪种过电压，它们作用时间虽然很短（谐振过电压，有时较长），但其数值较高，可能使电力系统的正常运行受到破坏，使设备的绝缘受到威胁。因此，为了保证系统安全、经济的运行，必须研究过电压产生的机理和物理过程、影响因素，从而提出限制过电压的措施，以保证电气设备能够正常运行和得到可靠的保护。

电力系统中的过电压绝大多数发源于输电线路。在发生雷击或进行操作时，线路上都可能产生以行波形式出现的过电压波，所以研究过电压及其防护问题要以线路上和绕组中的波过程理论作为基础。

输电线路上的波过程实际上是能量沿着导线传播的过程，即在导线周围空间逐步建立起电场（$\vec{E}$）和磁场（$\vec{H}$）的过程。也就是在导线周围空间储存电磁能的过程。这个过程的一条基本规律是储存在电场里的能量密度$\left(\dfrac{ED}{2}\right)$和储存在磁场里的能量密度$\left(\dfrac{HB}{2}\right)$彼此相等。空间各点的$\vec{E}$和$\vec{H}$相互垂直，并处于同一平面内，与波的传播方向也相互垂直，故为一平面电磁波。

如果从电磁场方程组出发来研究输电线路波过程，将是比较繁复的。为了方便起见，一般都采用以积分量u和i表示的关系式。由于过电压波的变化速度很快，持续时间很短，线路各点的电压和电流不同，因此根本不能将线路各点的电路参数合并成集中参数来处理。此时必须用分布参数电路和行波理论来分析。

本章将从理想线路逐步接近实际线路来探讨线路波过程。本章的最后，还将探讨变压器、旋转电机等设备绕组中的波过程。这对于了解线路上的过电压波入侵变电站或发电厂时，变压器、发电机等设备的绝缘所受到的过电压和需要采取的保护措施是完全必要的。

第一节　均匀无损耗单导线的波过程

一、波动过程及波动方程

（一）波传播的物理过程

电流 i 和电压 u 沿着单根输电线路由一端向另一端传输时，电流在它周围空间建立起磁场，导线链有磁通。当磁通变化时，导线上将产生自感压降 $u_L = L\dfrac{di}{dt}$，所以可以用参数 L 来表示这个效应。显然，L 是沿着导线分布在每一单元长度 dx 线段上的，用 $L_0 dx$ 表示。线路上有电流流过，即有电荷运动，所以在导线周围空间建立起电场，导线对地有电压存在。当电场变化时，导线对地就有电容电流流过，这一效应可以用参数 C 来表示，$i_C = C\dfrac{du}{dt}$，同时这个电容 C 也是沿线分布的，在每一单元长度 dx 上用 $C_0 dx$ 表示。此外，导线有一定的电阻 R，单位长度导线电阻为 R_0，它是与单位长度导线电感 L_0 串联的，线路绝缘子对地有泄漏电流，发生电晕时，有电晕损失，即电磁波传播出现衰减及变形，这个效应可以用电导 G 来表示，单位长度导线的对地电导为 G_0，它是与单位长度导线电容 C_0 并联的。设 L_0、C_0、R_0 和 G_0 均为恒值，即认为导线是均匀的，则单导线的等效电路如图 3-1（a）所示。由于一般导线 $R_0 \ll \omega L_0$，$G_0 \ll \omega C_0$，为了清晰的揭示线路波过程的物理本质和基本规律，设单位长度导线的电阻 $R_0 = 0$、电导 $G_0 = 0$，忽略线路的能量损耗；又由于输电线路直径和对地距离变化不大，这种仅由 L、C 组成的链形回路，称为均匀无损导线，其等效电路如图 3-1（b）所示。

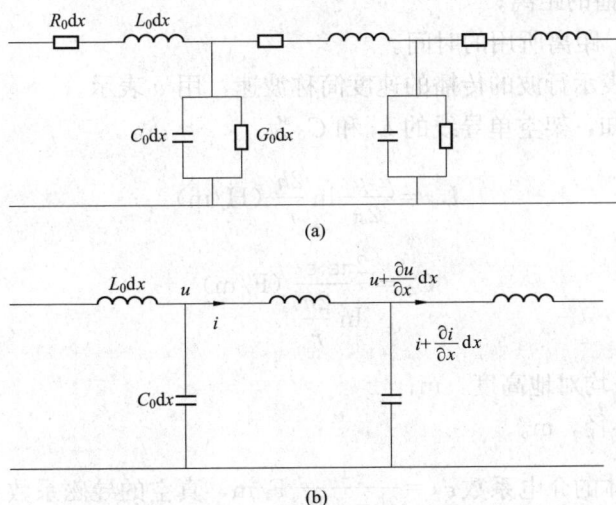

图 3-1　单导线的等效电路
（a）计及损耗时的等效电路；（b）忽略损耗时的无损等效电路

当线路某点落雷产生过电压为 u，相当于在图 3-1（b）的分布参数等效电路首端突然加上电压 u，靠近电源的线路电容立即充电，同时要向相邻的电容放电。由于线路电感的存在，较远处的电容要间隔一段时间才能充上一定数量的电荷。充电电容在导线周围建立起电场，并再向更远处的电容放电。这样电容依次充电，沿线路逐渐建立起电场，将电场能储存于线路对地电容中，也就是说电压波以一定的速度沿线路 x 方向传播。

在电容充放电时，将有电流流过导线的电感，在导线的周围空间建立起磁场。因此和电压波相对应，有一电流波以同样速度沿 x 方向流动。实质上电压波和电流波沿线路的流动就是电磁波沿线路传播的过程。

设 dt 时间内，行波前进了 dx 距离，长度为 dx 的线路的电容为 $C_0 dx$，此电容充电到电压 u，因此在这段时间内，导线获得的电荷为

$$dq = u dC = uC_0 dx$$

充电电流

$$i = \frac{dq}{dt} = u \frac{dC}{dt} = uC_0 \frac{dx}{dt} \tag{3-1}$$

同理，也可以把行波建立磁场的过程，用完全相似的公式表示，行波前进 dx 距离，磁通的增加量为

$$d\Phi = i dL = iL_0 dx$$

导线与地间电压

$$u = \frac{d\Phi}{dt} = i \frac{dL}{dt} = iL_0 \frac{dx}{dt} \tag{3-2}$$

将式（3-1）乘以式（3-2），可得

$$v = \frac{dx}{dt} = \frac{1}{\sqrt{L_0 C_0}} \tag{3-3}$$

式中　dx——行波传播的距离；

　　　dt——传播 dx 距离所用的时间。

所以式（3-3）表示行波的传播的速度简称波速，用 v 表示。

由电磁场理论可知，架空单导线的 L_0 和 C_0 为

$$L_0 = \frac{\mu_r \mu_0}{2\pi} \ln \frac{2h}{r} \text{ (H/m)} \tag{3-4}$$

$$C_0 = \frac{2\pi \varepsilon_r \varepsilon_0}{\ln \frac{2h}{r}} \text{ (F/m)} \tag{3-5}$$

式中　h——导线的平均对地高度，m；

　　　r——导线的半径，m。

又已知真空或气体的介电系数 $\varepsilon_0 = \frac{1}{36\pi \times 10^9}$ F/m，真空的导磁系数 $\mu_0 = 4\pi \times 10^{-7}$ H/m；相对于空气，相对导磁率 $\mu_r \approx 1$，相对介电常数 $\varepsilon_r = 1$。

将式（3-4）和式（3-5）带入式（3-3），可得

$$v = \frac{1}{\sqrt{\mu_r \mu_0 \varepsilon_r \varepsilon_0}} = \frac{3 \times 10^8}{\sqrt{\mu_r \varepsilon_r}} \text{ (m/s)} \tag{3-6}$$

对于架空线路：$v \approx 3 \times 10^8$ m/s $\approx c$（光速）。

与之相似，同轴电缆的 L_0 和 C_0 为

$$L_0 = \frac{\mu_r \mu_0}{2\pi} \ln \frac{R}{r} \text{ (H/m)} \tag{3-7}$$

$$C_0 = \frac{2\pi \varepsilon_r \varepsilon_0}{\ln \dfrac{R}{r}} \text{ (F/m)} \tag{3-8}$$

式中　R——接地铅包的内半径，m；

r——缆芯的半径，m，$\varepsilon_r \approx 4 \sim 5$（油纸绝缘），$\mu_r \approx 1$。

可见式（3-6）也适用于电缆的情况，但此时 $v \approx \dfrac{3 \times 10^8}{\sqrt{1 \times 4}} \text{m/s} \approx \dfrac{c}{2}$。

由上述可知，波速与导线周围媒质的性质有关，而与导线的半径、对地高度、铅包半径等几何尺寸无关。波在油纸绝缘电缆中传播的速度几乎只有架空线路上波速的一半。

需要强调指出，正如电流波的传播方向与电流的流动方向不是同一事物一样，行波沿导线的传播速度亦应与带电粒子（主要为电子）在导线中的运动速度严格区分开来。波速指的是电压波和电流波使导线周围空间建立起相应的电场和磁场这样一种状态的传播速度，而不是在导线中形成电流的自由电子沿线运动的速度，在架空线路的情况下，波速 $v =$ 光速 c，而电子的运行速度远小于 c。

将式（3-2）除以式（3-1），消去 $\dfrac{\mathrm{d}x}{\mathrm{d}t}$，可得到反映电压波和电流波关系的波阻抗

$$Z = \frac{u}{i} = \sqrt{\frac{L_0}{C_0}} \text{ (}\Omega\text{)} \tag{3-9}$$

波阻抗是分布参数导线的特性阻抗，具有阻抗的量纲，Z 的数值为实数，说明电压波和电流波是同相位的。与电阻的区别在于，它是储能元件，不消耗能量，其大小与导线长度无关。

对于架空线路

$$Z = \frac{1}{2\pi} \sqrt{\frac{u_r u_0}{\varepsilon_r \varepsilon_0}} \ln \frac{2h}{r} = 60 \ln \frac{2h}{r} = 138 \lg \frac{2h}{r} \text{ (}\Omega\text{)} \tag{3-10}$$

从对数函数的图像可得，尽管 $y = \lg x$ 中 x 的变化很大，但 y 值变化很小，因此，尽管各种架空线路的高度 h 和线径 r 不一，但波阻抗 Z 的值变化不大。另外，由于波阻抗与线路的长度无关，因而不管线路长度怎么变化，波阻抗并没有发生变化。

单导线架空线的 Z 约为 500Ω，考虑电晕影响取 400Ω 左右，分裂导线由于 L_0 较小，C_0 较大，故分裂导线的波阻抗大约为 300Ω，电缆由于其对地电容 C_0 要比架空线路的电容大很多，故其波阻抗要比架空线小得多，其波阻抗约为十几欧姆至几十欧姆不等。

波阻抗与电阻在物理本质上有很大的不同：

（1）波阻抗只是一个比例常数、完全没有长度的概念，线路长度的大小并不影响波阻抗的数值；而一条长线的电阻是与线路长度成正比的。

（2）波阻抗从电源吸收的功率和能量是以电磁能的形式储存在导线周围的媒质中，并未消耗掉；而电阻从电源吸收的功率和能量均转化为热能散失掉了。

（二）波动方程及解的物理意义

为了推导分布参数线路的波动方程，以图 3-1（b）为例来进行研究，以基尔霍夫定律为依据，列出方程为

$$\begin{cases} u - \left(u + \dfrac{\partial u}{\partial x}\mathrm{d}x\right) = -\dfrac{\partial u}{\partial x}\mathrm{d}x = L_0\mathrm{d}x\,\dfrac{\partial i}{\partial t} \\[4mm] i - \left(i + \dfrac{\partial i}{\partial x}\mathrm{d}x\right) = -\dfrac{\partial i}{\partial x}\mathrm{d}x = C_0\mathrm{d}x\,\dfrac{\partial\left(u + \dfrac{\partial u}{\partial x}\mathrm{d}x\right)}{\partial t} \end{cases} \tag{3-11}$$

略去二阶无穷小，可以建立两个偏微分方程，即

$$\begin{cases} -\dfrac{\partial u}{\partial x} = L_0\,\dfrac{\partial i}{\partial t} \\[4mm] -\dfrac{\partial i}{\partial x} = C_0\,\dfrac{\partial u}{\partial t} \end{cases} \tag{3-12}$$

式（3-12）表示导线上电压变化是由导线上电感压降引起的，导线上电流变化是由导线对地电容分流引起的。显然，上述方程对于线路上任何一点 x 和对于任何时间 t 而变化的电流和电压都是适用的。

所谓的波过程就是在分布参数电路的暂态过程中所产生的电压、电流波以及相应的电磁传播过程。导线上产生波过程是因为它具有分布的电感和电容，使得电压或电流既与坐标 x 有关，也与时间 t 有关，它们始终是 x 和 t 的函数。

将式（3-12）第一个方程对 x 再求导数，第二个方程对 t 再求导数，然后消去 t 可以得到二阶偏微分方程，即

$$\frac{\partial^2 u}{\partial x^2} = L_0 C_0\,\frac{\partial^2 u}{\partial t^2} \tag{3-13}$$

同理可得

$$\frac{\partial^2 i}{\partial x^2} = L_0 C_0\,\frac{\partial^2 i}{\partial t^2} \tag{3-14}$$

式（3-13）、式（3-14）就是描述线路上 x 点在时间 t 的电压和电流的波动方程，属于自变量 x 和 t 的二阶偏微分方程。

因此，上述波动方程所描述的线路上的电压和电流不仅是时间 t 的函数，而且也是距离 x 的函数。应用拉普拉斯变换和延迟定理，可以求得波动方程的通解，即

$$u(x,\ t) = u_q(x - vt) + u_f(x + vt) = u^+ + u^-$$
$$i(x,\ t) = i_q(x - vt) + i_f(x + vt) = i^+ + i^- \tag{3-15}$$

其中

$$\frac{u^+}{i^+} = Z \tag{3-16}$$

$$\frac{u^-}{i^-} = -Z \tag{3-17}$$

由式（3-15）可知，电压和电流的解都包括两部分，一部分是 $(x-vt)$ 的函数，另一

部分是（$x+vt$）的函数。为了理解这两部分的物理意义，这里先来研究函数 $u_q(x-vt)$。

函数 $u^+=u_q(x-vt)$ 也说明了传输线各点的电压是随时间而变的，即 u^+ 不仅是距离 x 的函数，而且也是时间 t 的函数，表示某时某处的电压是（$x-vt$）的函数，只要（$x-vt$）不变，电压就具有一定的值。为了维持（$x-vt$）不变，x 就必须随着 t 而增加，换句话说，即具有一定电压值的点，必定随着时间推移，向 x 正方向前进。例如，t 时刻 $u^+=u_q(x-vt)$，代表一个按空间分布的波如图 3-2 中虚线所示。

设波在 $\mathrm{d}t$ 的时间内，从线路上由 x 点移动到了（$x+\mathrm{d}x$）点上，那么此处的 $x+\mathrm{d}x-v(t+\mathrm{d}t)=x-vt+\mathrm{d}x-v\mathrm{d}t$，若令 $u^+=u_q[x+\mathrm{d}x-v(t+\mathrm{d}t)]=u_q(x-vt)$，则可得 $\mathrm{d}x=v\mathrm{d}t$，即具有 $u_q(x-vt)$ 值的点已从坐标 x 移到 $x+v\mathrm{d}t$ 处。也就是说，当时间过去 $\mathrm{d}t$ 后，空间波的各点都向 x 正方向移动了 $v\mathrm{d}t$ 距离，图 3-2 的实线说明 $u^+=u_q(x-vt)$ 代表一个任意形状的以速度 v 沿 x 正方向运动的行波，称之为前行波。同样可以说明，$u^-=u_f(x+vt)$ 是以速度 v 沿 x 负方向传播的行波，叫作反行波。

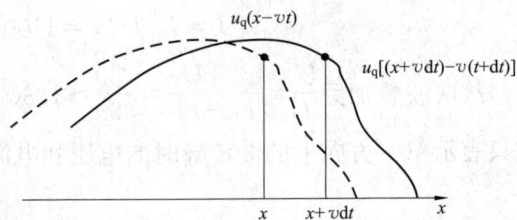

图 3-2　前行波的传播

式（3-15）说明，任何时刻在线路上的任何点的电压，都可能由一个前行波电压和一个反行波电压叠加而成。同样，线路上任何点的电流，都可能由一个前行波电流和一个反行波电流叠加而成。

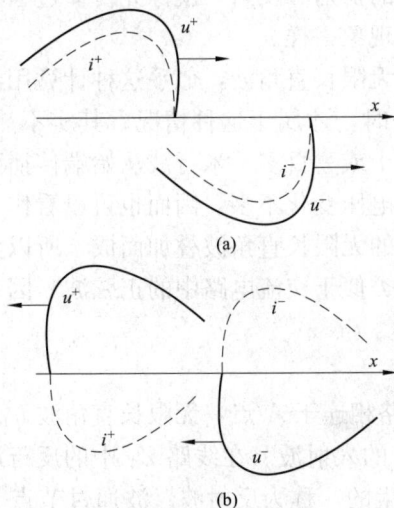

图 3-3　不同传播方向的电压波与
电流波的关系
（a）前行波；（b）反行波

从式（3-9）中可以看出，电压波和电流波的值之间是通过波阻抗 Z 互相联系。但不同极性的行波向不同方向传播，需要规定一定的正方向。电压波符号只决定导线对地电容上相应电荷的符号，和运动方向无关。电流波的符号不但与相应的电荷符号有关，而且与运动方向有关，一般以 x 正方向作为电流的正方向。这样，当前行波电压为正时，电流也为正，即电压波与电流波同号，如图 3-3（a）所示。但当反行波电压为正时，由于反行波电流与规定的电流正方向相反，所以应为负，如图 3-3（b）所示。从图 3-3 可以看出，在规定行波正方向前提下，前行波电压和前行波电流总是同号，而反行波电压和反行波电流总是异号，因为式（3-16）无负号，而式（3-17）有负号。

【例 3-1】　沿一高度（h）为 10m，线径（r）为 10mm 的架空线，有一电压幅值为 500kV 的过电压波。求对应电流波的幅值。如果还有一个 250kV 的反向运动波，求两波叠加范围内的电压和电流。

解　线路的波阻抗为

$$Z=138\lg\frac{2h}{r}\approx455\,（\Omega）$$

故电流波幅值为

$$I = \frac{U}{Z} = \frac{500}{455} = 1.1 \text{ (kA)}$$

反向运动电流波的幅值为

$$I_f = \frac{-U_f}{Z} = -\frac{250}{455} \approx -0.55 \text{ (kA)}$$

两波叠加范围内导线上的对地电压及电流分别为

$$U = U_q + U_f = 500 + 250 = 750 \text{ (kV)}$$

$$I = I_q + I_f = 1100 + (-550) = 550 \text{ (A)}$$

故两波叠加后 $\frac{U}{I} = \frac{U_q + U_f}{I_q + I_f} = \frac{750}{550} \approx 1.36$（kΩ），并不等于导线的波阻抗 455Ω，故波阻抗只表示单一方向上的波传导时的电压和电流比。

第二节 行波的折射和反射

当行波沿均匀无损线路传播时，如果线路的波阻抗保持不变，则行波将一直传播下去，且波形和幅值也保持不变。但如果行波在传播的过程中遇到不同波阻抗的线路，例如架空线路末端与电缆相连，或线路上接有某些集总参数电路元件等，此时线路的均匀性遭到破坏，均匀性开始遭到破坏的点称为节点，在节点上将发生行波的折射和反射，就像光传播过程中遇到了不同媒介而在两种媒介的分界面上发生的折、反射现象一样。

在介绍线路波过程的基本概念时，通常采用最简单的无限长直角波，似乎这种计算用波形的代表性不太广泛，只有线路被合闸到直流电压源上去时，才属于这种情况；其实不然，即使在工频交流电源的情况下，只要线路不太长，例如数十或一百多千米行波从始端传播到末端所需要的时间还不到 1ms，在这样短的时间内，电源电压变化不多，因而也可以看作与直流电压源相似。此外，任何其他波形都可以用一定数量的无限长直角波叠加而成，所以无限长直角波实际上是最简单和代表性最广泛的一种波形，类似于交流电路中的正弦波，因为各种非正弦波都可以用不同的若干正弦波叠加而得。

一、折射和反射系数

如图 3-4 所示，两个具有不同波阻抗 Z_1 和 Z_2 的线路相连于 A 点，无限长直角波 u_{1q}、i_{1q} 为 Z_1 线路中的前行波电压和电流，称为投射到节点 A 的入射波。在线路 Z_1 中的反行波 u_{1f}、i_{1f} 是由入射在节点 A 的电压波、电流波的反射而产生的，称为反射波。波通过节点 A 以后在线路 Z_2 中产生的前行波 u_{2q}、i_{2q} 是由入射波经节点 A 折射到线路 Z_2 中去的波，称为折射波。为了简便，只分析线路 Z_2 中不存在反行波或 Z_2 中的反行波 u_{2f} 尚未到达节点 A 的情况。

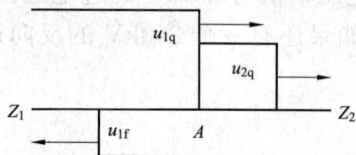

对于线路 Z_1，有

$$u_1 = u_{1q} + u_{1f}, \quad i_1 = i_{1q} + i_{1f}$$

$$u_{1q} = Z_1 i_{1q}, \quad u_{1f} = -Z_1 i_{1f}$$

图 3-4 行波的折射与反射

对于线路 Z_2，由于 Z_2 上的反行波 $u_{2f} = 0$、$i_{2f} = 0$，

因此

$$u_2 = u_{2q}$$

$$i_2 = i_{2q}$$

$$u_{2q} = Z_2 i_{2q}（也即 u_2 = Z_2 i_2）$$

由于在节点 A 处只能有一个电压值和电流值，即 A 点 Z_1 侧和 Z_2 侧的电压和电流在 A 点必须连续，因此有边界条件

$$u_{1q} + u_{1f} = u_{2q} \tag{3-18}$$

$$i_{1q} + i_{1f} = i_{2q} \tag{3-19}$$

因为 $i_{1q} = \dfrac{u_{1q}}{Z_1}$、$i_{2q} = \dfrac{u_{2q}}{Z_2}$、$i_{1f} = -\dfrac{u_{1f}}{Z_1}$，将其代入式（3-19）可得

$$\frac{u_{1q}}{Z_1} - \frac{u_{1f}}{Z_1} = \frac{u_{2q}}{Z_2} \tag{3-20}$$

联立式（3-18）和式（3-20）求解，即可求得行波在线路节点 A 处的折、反射电压与入射电压的关系，即

$$u_{2q} = \frac{2Z_2}{Z_1 + Z_2} u_{1q} = \alpha u_{1q} \tag{3-21}$$

$$u_{2f} = \frac{Z_2 - Z_1}{Z_1 + Z_2} u_{1q} = \beta u_{1q} \tag{3-22}$$

式（3-21）中 α 表示折射波电压与入射波电压的比值，称为电压波折射系数。它的表达式为

$$\alpha = \frac{2Z_2}{Z_1 + Z_2} \tag{3-23}$$

α 值永远为正，且 $0 \leqslant \alpha \leqslant 2$。这说明折射电压波 u_{2q} 总是和入射电压波 u_{1q} 同极性。

式（3-22）中 β 表示反射波电压与入射波电压的比值，称为电压波反射系数。它的表达式为

$$\beta = \frac{Z_2 - Z_1}{Z_1 + Z_2} \tag{3-24}$$

β 值可正可负，且 $-1 \leqslant \beta \leqslant 1$。折射系数 α 与反射系数 β 之间满足的关系为

$$\alpha = 1 + \beta \tag{3-25}$$

如果波阻抗为 Z_1 的导线在 A 点不是接到波阻抗为 Z_2 的导线，而是接在集中阻抗 Z_2 上，这时的边界条件、方程式和解仍然同上述一样，u_2 及 i_2 代表集中阻抗 Z_2 上的电压和电流。

二、几种典型情况的讨论

下面就 Z_1、Z_2 数值的一些典型情况，来分析计算波的折、反射过程。

（一）线路末端开路

线路末端开路，$Z_2 = \infty$，有 $\alpha = 2$，$\beta = 1$，线路末端电压 $u_2 = u_{2q} = 2u_{1q}$，电压反射波

$u_{1f}=u_{1q}$。末端电流 $i_2=0$，电流反射波 $i_{1f}=-\dfrac{u_{1f}}{Z_1}=-\dfrac{u_{1q}}{Z_1}=-i_{1q}$，分析结果如图 3-5 所示。由图 3-5 可见，在线路末端由于电压波正的全反射，在反射波所到之处导线上的电压比电压入射波提高了一倍。

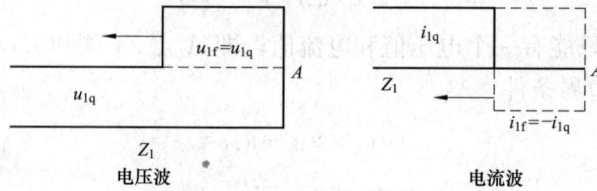

图 3-5　末端开路时波的折、反射

线路开路末端处电压加倍、电流变零的现象可从能量的观点进行解释，开路末端处的电流总是为 0，电流在此处发生负的全反射，使电流反射波所流过的线段上的总电流变为 0，储存的磁场能量也变为 0，全部转为电场能量。在反射波已到达的一段线路上，单位长度所吸收的总能量 W 等于入射波能量的两倍，而入射波能量储存在单位长度线路周围空间的磁场能量恒等于电场能量，因而可得反射波返回区域内单位长度的总能量为

$$W=2\left[\frac{1}{2}C_0u_{1q}^2+\frac{1}{2}L_0i_{1q}^2\right]=2C_0u_{1q}^2$$

设此时的线路电压升为 u_x，其储存的电场能量为 $\frac{1}{2}C_0u_x^2$。令 $\frac{1}{2}C_0u_x^2=2C_0u_{1q}^2$，即可得 $u_x=2u_{1q}$。可见电流入射波在开路末端作负的全反射后，全部磁场能量都转为电场能量储存起来，线路电压上升为原来的二倍。

过电压波在开路末端的加倍升高对绝缘是很危险的，在考虑过电压防护措施时对此应给予充分的注意。在实际应用中，季节性很强的线路（如扬水站、抽水机等负载），在季节性停运时，线路出口及负载端刀闸应接地，以防止线路末端开路，避免当线路遭受雷击时，过电压波到达末端时发生电压波正的全反射，使线路电压升高而危及线路绝缘。

（二）线路末端短路

线路末端短路 $Z_2=0$，有 $\alpha=0$，$\beta=-1$，线路末端电压 $u_2=u_{2q}=0$，电压反射波 $u_{1f}=-u_{1q}$。电流反射波 $i_{1f}=-\dfrac{u_{1f}}{Z_1}=\dfrac{u_{1q}}{Z_1}=i_{1q}$，反射波到达范围内导线上的总电流 $i_1=i_{1q}+i_{1f}=\dfrac{2u_{1q}}{Z_1}=2i_{1q}$，分析结果如图 3-6 所示。

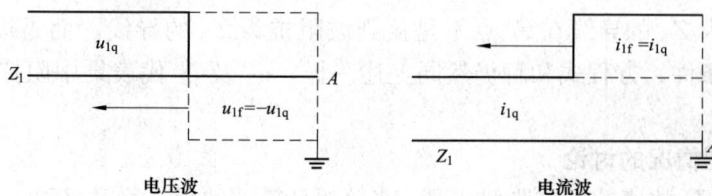

图 3-6　末端短路时波的折、反射

分析结果表明，入射波到达接地的末端后，将发生电压波负的全反射和电流波正的全反射，使末端电压下降到零，电流上升到入射波的两倍，并沿线路反方向发展。从能量角度看，线路末端短路接地时电流加倍，电压变零，这是由于全部能量都转化为磁能的原因。

（三）末端接有集中参数负载电阻（$R = Z_1$）

如图 3-7 所示，线路末端接负载电阻 $R = Z_1$，即 $Z_2 = R$，此时 $\alpha = 1$，$\beta = 0$。这样，$u_{1f} = 0$，线路 Z_1 上的电压 $u_1 = u_{1q} + u_{1f} = u_{1q}$；而 $i_{1f} = -\dfrac{u_{1f}}{Z_1} = 0$，$i_1 = i_{1q} + i_{1f} = \dfrac{u_{1q}}{Z_1}$。这时，入射波到线路末端 A 点时并不反射，和均匀导线的情况完全相同。入射波的电磁能量全部消耗在电阻 R 上。线路上电压波及电流波不发生任何变化，不同之处在于波阻抗 Z_2 不消耗能量，而负载电阻 R 将消耗能量。这种情况称为阻抗匹配。在进行高压测量时，往往需要在电缆末端接一匹配电阻（其值等于电缆波阻抗），以消除波传到电缆末端时的折、反射现象，从而正确地测量来波的波形与幅值。

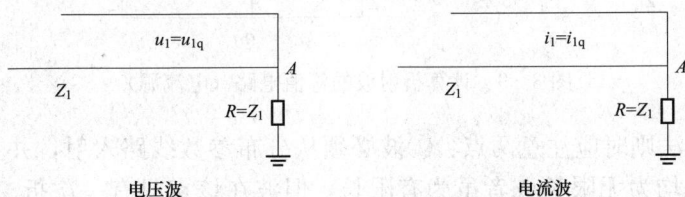

图 3-7　末端接有集中参数负载电阻 $R = Z_1$ 时波的折、反射

三、彼得逊法则（集中参数等值电路）

利用折、反射系数法可以计算一些简单的分布性电路中的波过程。但在实际电力系统中，情况往往比较复杂，比如线路接有电感、电容、电阻及其组合，这将给波过程的计算带来不便。为了计算复杂的波过程问题，下面介绍彼得逊法则。

设波阻抗分别为 Z_1 和 Z_2 的两条线路相连于 A 点，行波 u_{1q}、i_{1q} 沿波阻抗为 Z_1 的线路向 A 点传播，如图 3-8（a）所示。为了求在 A 点发生折、反射后 A 点的电压或电流（即波阻抗为 Z_2 的线路上的折射电压 u_{2q} 或折射电流 i_{2q}），可将 A 点左边的电路用一等值电压源来代替，等值电压源的电动势等于入射电压波 u_{1q} 的二倍，等值电压源的内阻等于 A 点左边线路的波阻抗 Z_1。而对于 A 点右边的电路，可用一个数值等于其波阻抗 Z_2 的集总电路来代替。这样，可以把图 3-8（a）所示的分布参数电路的折、反射用图 3-8（b）所示的集总参数电路来计算。由图 3-8（b），很容易求出

$$u_{2q} = \frac{2Z_2}{Z_1 + Z_2} u_{1q}, \qquad i_{2q} = \frac{u_{2q}}{Z_2} = \frac{2u_{1q}}{Z_1 + Z_2}$$

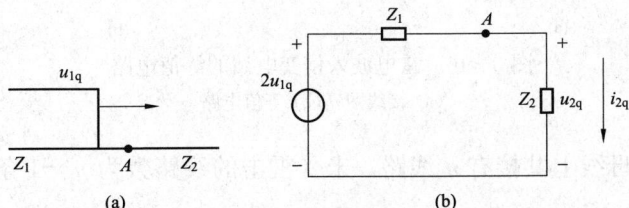

图 3-8　计算折射波的等值电路（电压源）

这与用折、反射规律求出的结果完全一致，说明等值电路是正确的。这个计算折射波的等值电路法称为彼得逊法则。彼得逊法则实际上就是行波计算时的戴维南定理。因为在波阻抗为 Z_1 的线路上存在流动波时，A 点的开路电压即为流动电压波的两倍，而由 A 点向 Z_1 侧看进去的阻抗即为左侧线路的波阻抗 Z_1。彼得逊法则把分布参数电路问题，变成集中参数等值电路问题，把微分方程问题变成代数方程问题，简化了计算，在线路波过程问题中应用较广。

考虑到实际计算中常遇到电流波的情况，也可以采用等值电流源来替代 A 点左侧的电路，如图 3-9 所示。

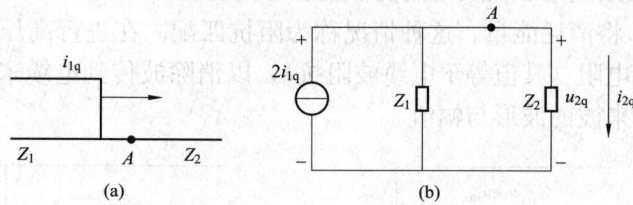

图 3-9　计算折射波的等值电路（电流源）

在应用彼得逊法则时应注意两点：①波必须从分布参数线路入射，并且必须是流动的；②A 点两边的线路均为无限长或者虽为有限长，但波在该点只有一次折、反射（或理解为来自其另一端的反射波尚未到达 A 点）。如果不满足这些条件，则彼得逊法则就不成立。

在等值电路中，入射电压波 u_{1q} 或电流波 i_{1q} 可以是任意波形，A 点右侧阻抗 Z_2 可以是线路，也可以是电阻、电容、电感组成的任意网络。因此彼得逊法则可以把分布参数电路中波过程的许多问题简化为集总参数电路的暂态计算，使问题简化。

【例 3-2】　某变电站母线上接有 n 条架空线路，每条线路的波阻抗为 Z，求下列两种情况下母线上的电压。

（1）其中某一条线路落雷，电压幅值为 U_0 的雷电波自该线路雷击点侵入变电站，如图 3-10（a）所示。

（2）距变电站相同远处两条线路上同时落雷，电压幅值均为 U_0 的雷电波自两条线路的雷击点侵入变电站。

图 3-10　雷电波入侵变电站的等值电路
（a）接线图；（b）等值电路

解　（1）变电站母线上共接有 n 线路，未受雷击的线路数为 $n-1$ 条，并联后的等值波阻抗为 $\dfrac{Z}{n-1}$，在这些线路上的反行波尚未到达母线时，根据彼得逊法则可以画出如图 3-10

（b）所示的等值电路，其中回路的电流 I_2 为

$$I_2 = \frac{2U_0}{Z + \dfrac{Z}{n-1}}$$

母线上的电压幅值为

$$U_2 = I_2 \frac{Z}{n-1} = \frac{2}{n} U_0$$

由此可知，连接在母线上的线路越多，则母线上的电压就越低。

（2）如果两条线路上同时落雷，电压幅值均为 U_0 的雷电波将自雷击点向变电站传播，由于两条线路的雷击点距变电站的距离相同，故入侵波同时到达变电站母线并发生折、反射，根据叠加原理，此时母线上的电压将为一条线路落雷时的两倍，即

$$U_2 = \frac{4}{n} U_0$$

第三节　行波通过串联电感和并联电容

在电力系统中经常会遇到线路和电感或电容相连的情况，尤其是在线路上串联电感和并联电容的方式更为常见。和电阻不同，电感中的电流和电容上的电压不能突变，因而行波遇到串联电感和并联电容时，在不同的时刻折、返射系数是变化的，因此行波通过它们时将发生波形的改变。电感和电容对线路波过程的影响，使用彼得逊法则进行研究。

一、无限长直角波通过串联电感

如图 3-11 所示为无限长直角波投射到具有串联电感线路的情况。当波阻抗为 Z_2 的线路中的反行波未到达两线连接点时，其等值电路如图 3-11（b）所示。由此可以按照彼得逊等值电路写出回路微分方程，即

$$2u_{1q} = i_{2q}(Z_1 + Z_2) + L \frac{\mathrm{d}i_{2q}}{\mathrm{d}t} \tag{3-26}$$

式中　i_{2q}——线路 Z_2 中的前行电流波。

这个 RL 电路的解由强制分量和自由分量组成，即

$$i_{2q} = \frac{2u_{1q}}{Z_1 + Z_2}(1 - \mathrm{e}^{-\frac{t}{\tau}}) \tag{3-27}$$

$$\tau = \frac{L}{Z_1 + Z_2}$$

式中　τ——该电路的时间常数。

于是，沿线路 Z_2 传播的折射波电压 u_{2q} 为

$$u_{2q} = i_{2q} Z_2 = \frac{2Z_2}{Z_1 + Z_2} u_{1q}(1 - \mathrm{e}^{-\frac{t}{\tau}}) = \alpha u_{1q}(1 - \mathrm{e}^{-\frac{t}{\tau}}) \tag{3-28}$$

式中　α——没有电感时的电压折射系数 $= \dfrac{2Z_2}{Z_1 + Z_2}$。

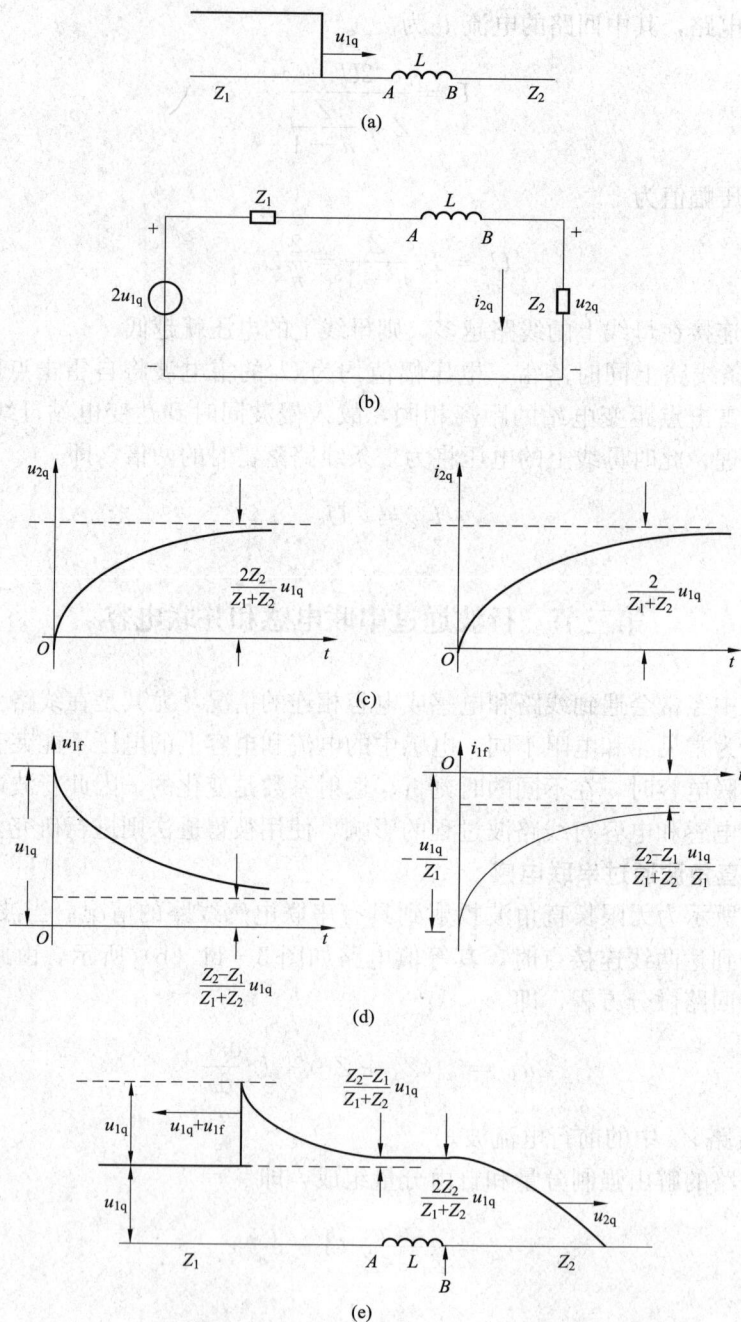

图 3-11　波通过串联电感（$Z_2 > Z_1$）

（a）接线图；（b）等值电路；（c）折射波电压、电流随时间变化；

（d）反射波电压、电流随时间变化；（e）电压波折、反射

可见，折射电流及电压都是由两部分组成，前一部分为与时间无关的强制分量，后一部分为随时间而衰减的自由分量。

当 $t = 0$ 时，有

$$u_{2q} = 0, \quad i_{2q} = 0$$

当 $t \to \infty$ 时，有

$$u_{2q} = \frac{2Z_2}{Z_1 + Z_2} u_{1q} = \alpha u_{1q}, \qquad i_{2q} = \frac{2}{Z_1 + Z_2} u_{1q}$$

如图 3-11（c）所示。

可见无穷长直角波穿过串联电感时，波头被拉长，变为指数波头的行波，串联的电感起了降低波上升速率的作用，而电压、电流的稳态值与未经串联电感时一样。波头被拉长与电感 L 有关，L 越大，$\tau = \dfrac{L}{Z_1 + Z_2}$ 就越大，波头也就越长。

通过电感后折射波的陡度为

$$\frac{\mathrm{d}u_{2q}}{\mathrm{d}t} = \frac{2u_{1q}Z_2}{L} \mathrm{e}^{-\frac{t}{\tau}} \tag{3-29}$$

最大陡度出现在 $t = 0$ 时，即

$$\left.\frac{\mathrm{d}u_{2q}}{\mathrm{d}t}\right|_{max} = \frac{2Z_2}{L} u_{1q}$$

而最大空间陡度为

$$\left.\frac{\mathrm{d}u_{2q}}{\mathrm{d}l}\right|_{max} = \left.\frac{\mathrm{d}u_{2q}}{\mathrm{d}t}\right|_{max} \frac{\mathrm{d}t}{\mathrm{d}l} = \frac{2Z_2}{Lv} u_{1q}$$

由式（3-29）可以看出，降低电压波 u_{2q} 陡度的有效方法是增加电感 L，但一般被保护设备的波阻抗 Z_2 很大，为使陡度降低到被保护设备的允许值则需要很大的电感 L。

下面讨论反射波，因为

$$u_{2q} + L \frac{\mathrm{d}i_{2q}}{\mathrm{d}t} = u_A = u_{1q} + u_{1f} \tag{3-30}$$

将式（3-27）、式（3-28）代入式（3-30），得反射波电压为

$$u_{1f} = \frac{Z_2 - Z_1}{Z_1 + Z_2} u_{1q} + \frac{2Z_1}{Z_1 + Z_2} u_{1q} \mathrm{e}^{-\frac{t}{\tau}} = \beta u_{1q} + \frac{2Z_1}{Z_1 + Z_2} u_{1q} \mathrm{e}^{-\frac{t}{\tau}} \tag{3-31}$$

如图 3-11（d）所示。

当 $t = 0$ 时，$u_{1f} = u_{1q}$，$i_{1f} = -i_{1q}$，此时

$$i_A = i_{1q} + i_{1f} = 0$$

当 $t \to \infty$ 时，有

$$u_{1f} = \frac{Z_2 - Z_1}{Z_1 + Z_2} u_{1q} = \beta u_{1q}, \qquad i_{1f} = -\frac{Z_2 - Z_1}{Z_1 + Z_2} \frac{u_{1q}}{Z_1}$$

如图 3-11（d）所示，所以在波到达电感瞬间，在线圈首端电流下降为零，然后逐渐上升到稳定值，此值决定于 Z_1、Z_2。

由此可见，当幅值为 u_{1q} 的无穷长直角波投射到电感线圈上时，通过线圈的电流在最初瞬间是零，然后才逐渐增大，因为在线圈中的磁能不能突变，因而穿过电感在 Z_2 上传播的电压与电流都是由零值逐渐增大，然后达到稳定值。同时反射波的波形也不再是直角波，因为波作用到电感线圈的最初瞬间相当于波到达线路开路的末端一样，反射波在此瞬间值为 u_{1q}，使电感线圈首端的电压上升到 $2u_{1q}$，以后反射的电压从幅值 u_{1q} 逐渐下降，最后达到稳

定值。电压波折、反射波如图 3 - 11（e）所示。

二、无限长直角波通过并联电容

在导线和大地之间接有电容器时，会影响行波的传播。如图 3 - 12（a）所示是无限长直角波 u_{1q} 投射到接有并联电容 C 的线路上的情况。当波阻抗为 Z_2 的线路中的反行波尚未到达两线路连接点 A 时，其等值电路如图 3 - 12（b）所示。

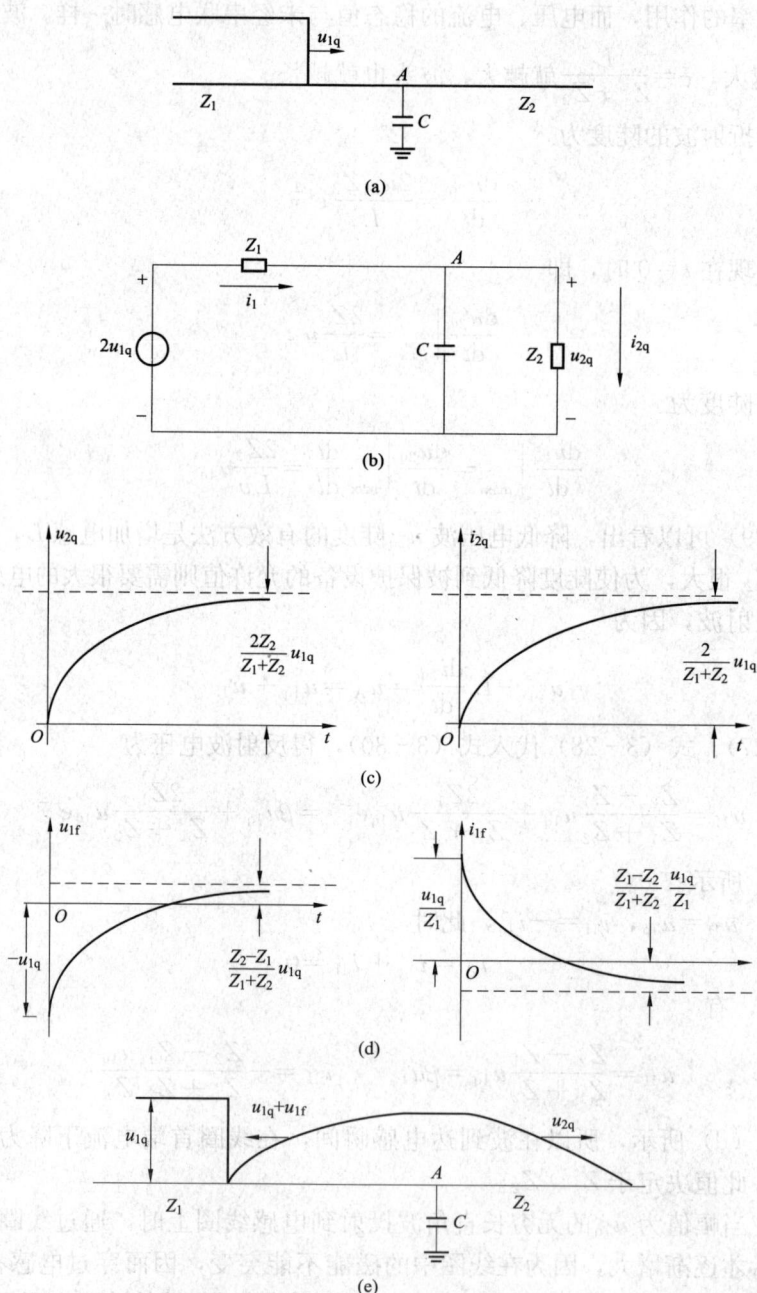

(a)

(b)

(c)

(d)

(e)

图 3 - 12　波通过并联电容（$Z_2 > Z_1$）

（a）接线图；（b）等值电路；（c）折射波电压、电流随时间变化；（d）反射波电压、电流随时间变化；
（e）电压波折、反射

由此可列出方程组

$$\begin{cases} 2u_{1q} = i_1 Z_1 + i_{2q} Z_2 \\ i_1 = i_{2q} + C\dfrac{\mathrm{d}u_{2q}}{\mathrm{d}t} = i_{2q} + CZ_2\dfrac{\mathrm{d}i_{2q}}{\mathrm{d}t} \end{cases}$$

两个方程组消去 i_1，可得到

$$Z_2 C\frac{\mathrm{d}i_{2q}}{\mathrm{d}t} + \frac{Z_1 + Z_2}{Z_1} i_{2q} = \frac{2Z_2}{Z_1 + Z_2} u_{1q} \tag{3-32}$$

式（3-32）为一常系数非齐次方程，解此方程可得

$$i_{2q} = \frac{2u_{1q}}{Z_1 + Z_2}(1 - \mathrm{e}^{-\frac{t}{\tau}}) \tag{3-33}$$

$$u_{2q} = i_{2q} Z_2 = \frac{2Z_2}{Z_1 + Z_2} u_{1q}(1 - \mathrm{e}^{-\frac{t}{\tau}}) = \alpha u_{1q}(1 - \mathrm{e}^{-\frac{t}{\tau}}) \tag{3-34}$$

$$\tau = \frac{Z_1 Z_2}{Z_1 + Z_2} C$$

$$\alpha = \frac{2Z_2}{Z_1 + Z_2}$$

式中　τ——该回路的时间常数；

α——电容 C 不存在时的电压折射系数。

折射到波阻抗为 Z_2 中的电压 u_{2q} 随时间按指数规律上升，如图 3-12（c）所示。当 $t=0$ 时，$u_{2q}=0$；当 $t\to\infty$ 时，$u_{2q}\to\alpha u_{2q}$。这表明并联电容也有降低雷电波陡度的作用，且它的存在对折射电压波的稳态值没有影响。

从式（3-34）可求得无限长直角波通过并联电容器后的陡度为

$$\frac{\mathrm{d}u_{2q}}{\mathrm{d}t} = \frac{2}{Z_1 C} u_{1q}\mathrm{e}^{-\frac{t}{\tau}} \tag{3-35}$$

最大陡度出现在 $t=0$ 时，即

$$\left.\frac{\mathrm{d}u_{2q}}{\mathrm{d}t}\right|_{\max} = \frac{2}{Z_1 C} u_{1q} \tag{3-36}$$

式（3-36）表明，最大陡度取决于电容 C 和波阻抗 Z_1，而与波阻抗 Z_2 无关，电容 C 越大，最大陡度越小。

由式（3-34）可以进一步求得两线路连接点的反射波。根据连接点电压连续，可得

$$u_1 = u_{1q} + u_{1f} = u_{2q}$$

因此

$$u_{1f} = u_{2q} - u_{1q} = \frac{Z_2 - Z_1}{Z_1 + Z_2} u_{1q} - \frac{2Z_2}{Z_1 + Z_2} u_{1q}\mathrm{e}^{-\frac{t}{\tau}} \tag{3-37}$$

从式（3-37）可知，当 $t=0$ 时，$u_{1f}=-u_{1q}$，即电压行波发生了负的全反射，这是由于电容上的电压不能突变，初始瞬间电容相当于短路的原因，全部电场能量转化为磁场能量。随着时间的推移，反向行波发生变化，当 $t\to\infty$ 时，$u_{1f}\to\beta u_{1q}$，β 为 C 不存在时的反射

系数，这是由于入射波为无限长直角波，稳态时 C 相当于开路。

三、串联电感和并联电容对波的影响的讨论

（1）行波穿过电感或旁路电容时，波前均被拉平，波前陡度减小，L 或 C 越大，陡度越小。其原因在于电感中的电流和电容上的电压是不能突变的，因而折射波的波前只能随着流过电感的电流逐渐增大或电容逐渐充电而逐渐上升。

（2）在无限长直角波的情况下，串联电感和并联电容对电压的最终稳态值都没有影响。当 $t \to \infty$ 时，$u_{2q} = \alpha u_{1q}$，$u_{1f} = \beta u_{1q}$，就像 L、C 不存在一样。这一点不难理解，因为在直角电压作用下，电感上没有压降，相当于短路；电容充满电以后相当于开路。

（3）从折射波的角度来看，串联电感与并联电容的作用是一样的，但从反射波的角度看，二者的作用相反。当波刚到达节点时，电感上出现电压的全反射和电流的负全反射，线路上的电压加倍，电流变零；而电容上则出现电流的全反射和电压的负全反射，线路上的电压变零，电流加倍。随着时间的推移，加倍的量按指数规律下降，变零的量按指数规律上升。

（4）串联电感和并联电容都可以用作过电压保护措施，它们能减小过电压波的波前陡度和降低极短过电压波（如冲击截波）的幅值。此外，采用并联电感时折射电压波的陡度与 Z_2 成正比。当 Z_2 很大时，L 也必须很大，这显然是不经济的。因此，在实际中常采用并联电容来降低来波陡度。

【例 3-3】 有一幅值为 100kV 的无限长直角波沿波阻抗为 50Ω 的电缆线路向波阻抗为 800Ω 的发电机绕组入侵，已知绕组每匝长度为 3m，匝间绝缘允许承受的电压为 600V，绕组中波的传播速度为 $6 \times 10^7 \text{m/s}$，求为保护发电机绕组匝间绝缘所需串联的电感或并联的电容的数值。

解 允许进入发电机绕组中的侵入波的空间最大陡度为

$$\left. \frac{\mathrm{d}u_{2q}}{\mathrm{d}x} \right|_{\max} = \frac{600}{3} = 200 \, (\text{V/m})$$

将其转换为时间上的陡度，则有

$$\left. \frac{\mathrm{d}u_{2q}}{\mathrm{d}t} \right|_{\max} = \left. \frac{\mathrm{d}u_{2q}}{\mathrm{d}x} \right|_{\max} \frac{\mathrm{d}x}{\mathrm{d}t} = 200 \times 6 \times 10^7 = 12 \times 10^9 \, (\text{V/s})$$

当用串联电感时，所需的电感值为

$$L = \frac{2Z_2}{\left. \dfrac{\mathrm{d}u_{2q}}{\mathrm{d}t} \right|_{\max}} u_{1q} = \frac{2 \times 800}{12 \times 10^9} \times 10^5 = 13.3 \times 10^{-3} \, (\text{H})$$

当用并联电容时，所需的电容值为

$$C = \frac{2}{Z_1 \left. \dfrac{\mathrm{d}u_{2q}}{\mathrm{d}t} \right|_{\max}} u_{1q} = \frac{2}{50 \times 12 \times 10^9} \times 10^5 = 0.33 \times 10^{-6} \, (\text{F})$$

显然，$0.33\mu\text{F}$ 的电容器比 13.3mH 的电感线圈的成本低得多，因此宜采用并联电容的方案。

第四节 行波的多次折射和反射

前面几节讨论了行波在阻抗发生变化的节点上发生折射和反射的情况。在实际电网中，线路的长度总是有限的，线路的两端通常连有不同波阻抗的线路或不同阻抗的集总参数元件，例如两段架空线中间加一段电缆，或用一段电缆将发电机连到架空线上，此时夹在中间的这一段线路就是有限长的。在这些情况下，当有雷电冲击电压沿架空线向电缆段传播时，波在两个节点之间将发生多次折、反射。

一、行波的多次折射和反射对波过程的影响

在一次折、反射分析的基础上，进一步考虑行波的传播方向和传播时间，即可进行行波的多次折、反射的计算分析。下面用网格法研究行波的多次折、反射问题，所谓网格法，就是用各节点的折、反射系数算出节点的各次折、反射波，按时间的先后次序表示在网格图上，然后用叠加的方法求出各节点在不同时刻的电压值。

设在两条波阻抗分别为 Z_1 和 Z_2 的长线之间插接一段长度为 l_0、波阻抗为 Z_0 的短线，两节点分别为 A、B，如图 3-13（a）所示。为了使计算不至于过于繁复，假设两侧的两条线路均为无限长线，即不考虑从线路 1 的始端和线路 2 的末端反射回来的行波。

设一无限长直角波 u_0 从线路 1 向中间线路传播，则波将在中间线路的两个端点 A、B 之间发生多次折、反射，当波自左向右传播时，在 A、B 点的折射系数分别为 α_1、α_2，B 点的反射系数为 β_2；当波自右向左传播时，在 A 点的反射系数为 β_1，其值分别为

$$\left. \begin{array}{ll} \alpha_1 = \dfrac{2Z_0}{Z_1 + Z_0}, & \alpha_2 = \dfrac{2Z_2}{Z_2 + Z_0} \\[3mm] \beta_1 = \dfrac{Z_1 - Z_0}{Z_1 + Z_0}, & \beta_2 = \dfrac{Z_2 - Z_0}{Z_2 + Z_0} \end{array} \right\} \qquad (3-38)$$

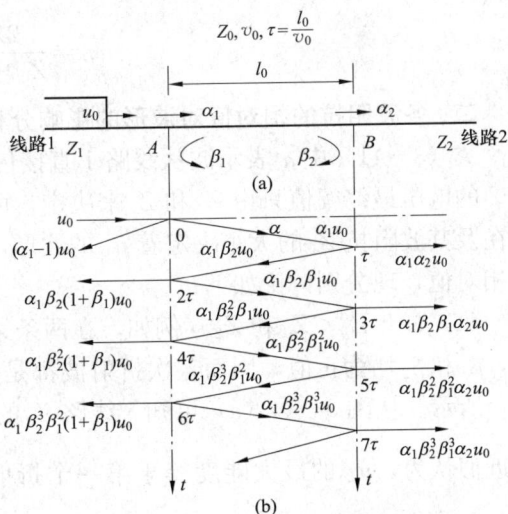

图 3-13 计算多次折、反射的网格图
(a) 接线图；(b) 行波网格图

侵入波 u_0 沿线路 1 传播，在 $t=0$ 时（即以入射波 u_0 到达 A 点的瞬间作为时间的起算点），波到达 A 点后，折射波 $\alpha_1 u_0$ 沿线路 Z_0 继续投射，在 $t=\tau$ 时到达 B 点，这里 $\tau = \dfrac{l_0}{v_0}$，其中 v_0 为行波在中间线段的波速。在 B 点产生的第一个折射波 $\alpha_1 \alpha_2 u_0$ 沿着线路 2 继续传播，而在 B 点产生的第一个反射波 $\alpha_1 \beta_2 u_0$ 又向 A 点传去，于 $t=2\tau$ 时到达 A 点；在 A 点产生的反射波 $\alpha_1 \beta_2 \beta_1 u_0$ 又沿着 Z_0 向 B 点传播，于 $t=3\tau$ 时到达 B 点；在 B 点产生的第二个折射波 $\alpha_1 \beta_2 \beta_1 \alpha_2 u_0$ 沿着线路 2 继续传播，而在 B 点产生的第二个反射波 $\alpha_1 \beta_2^2 \beta_1 u_0$ 又向 A 点传去，于 $t=4\tau$ 时到达 A 点，如此等等。

进入线路 2 的电压，即 B 点的电压 $u_B(t)$ 是这些折射波的叠加，但要注意它们到达时间的先后。根据图 3-13 中的网格图可以很容易地写出 B 点在不同时刻的电压为

当 $0 \leqslant t < \tau$ 时，$u_B = 0$

当 $\tau \leqslant t < 3\tau$ 时，$u_B = \alpha_1 \alpha_2 u_0$

当 $3\tau \leqslant t < 5\tau$ 时，$u_B = \alpha_1 \alpha_2 (1 + \beta_1 \beta_2) u_0$

当 $5\tau \leqslant t < 7\tau$ 时，$u_B = \alpha_1 \alpha_2 [1 + \beta_1 \beta_2 + (\beta_1 \beta_2)^2] u_0$

$\vdots$

当发生第 n 次折射后，即当 $(2n-1)\tau \leqslant t < (2n+1)\tau$ 时，B 点上的电压将为

$$u_B = \alpha_1 \alpha_2 [1 + \beta_1 \beta_2 + (\beta_1 \beta_2)^2 + \cdots + (\beta_1 \beta_2)^{n-1}] u_0$$

$$= u_0 \alpha_1 \alpha_2 \frac{1 - (\beta_1 \beta_2)^n}{1 - \beta_1 \beta_2} \tag{3-39}$$

当 $t \to \infty$ 时，即 $n \to \infty$ 时，$(\beta_1 \beta_2)^n \to 0$，所以 B 点上的电压最终幅值将为

$$u_B = u_0 \alpha_1 \alpha_2 \frac{1}{1 - \beta_1 \beta_2} \tag{3-40}$$

将式（3-38）中的 α_1、α_2、β_1、β_2 代入式（3-40）可得

$$u_B = \frac{2Z_2}{Z_1 + Z_2} u_0 = \alpha u_0 \tag{3-41}$$

二、各波阻抗的相对值对波形的影响分析

式（3-41）中 α 表示波从线路 1 直接传入线路 2 时的电压折射系数，这意味着进入线路 2 的电压最终幅值只由 Z_1 和 Z_2 来决定，而与中间线段的存在与否无关。但是中间线段的存在及其波阻抗 Z_0 的大小决定着 u_B 的波形，特别是它的波前。其影响取决于 Z_0 与 Z_1 及 Z_2 的相对值，现分别讨论如下：

（1）如果 $Z_0 < Z_1$ 和 Z_2（例如，在两条架空线之间插接一段电缆），则由式（3-38）可知，β_1 和 β_2 均为正值，因而各次折射波都是正的，总的电压 u_B 逐次叠加增大，如图 3-14（a）所示。从图 3-14（a）可知，线路 Z_2 的存在降低了线路 2 上折射波 u_{2q} 的波前陡度，可以近似认为，u_{2q} 的最大陡度等于第一个折射电压 $\alpha_1 \alpha_2 u_0$ 除以时间 $\frac{2l_0}{v_0}$，得到 u_{2q} 的最大陡度为

$$\left. \frac{\mathrm{d}u_{2q}}{\mathrm{d}t} \right|_{\max} = \left. \frac{\mathrm{d}u_{2q}}{\mathrm{d}t} \right|_{t=0} = u_0 \frac{2Z_0}{Z_1 + Z_0} \times \frac{2Z_2}{Z_0 + Z_2} \times \frac{v}{2l_0}$$

极端情况即 Z_1，$Z_2 \gg Z_0$ 时，可得到

$$\left. \frac{\mathrm{d}u_{2q}}{\mathrm{d}t} \right|_{\max} = \frac{2u_0}{Z_1 C} \tag{3-42}$$

式（3-42）中的 C 为线路 Z_0 的对地电容，由式（3-42）可以看出，在此情况下，线路 Z_0 的作用相当于在线路 1、2 之间并联一个电容，其电容量为线路 Z_0 的对地电容值。

也即若 Z_0 远小于 Z_1 和 Z_2，表示中间线段的电感较小，对地电容较大（电缆就是这种情况），就可以忽略电感而用一只并联电容来代替中间线段，从而使波前陡度下降。

（2）如果 $Z_0 > Z_1$ 和 Z_2（例如，在两条电缆线路中间插接一段架空线），则 β_1 和 β_2 均为负值，但其乘积 $\beta_1 \beta_2$ 仍为正值，所以折射电压 u_B 也逐次叠加增大，其波形如图 3-14（a）所示。

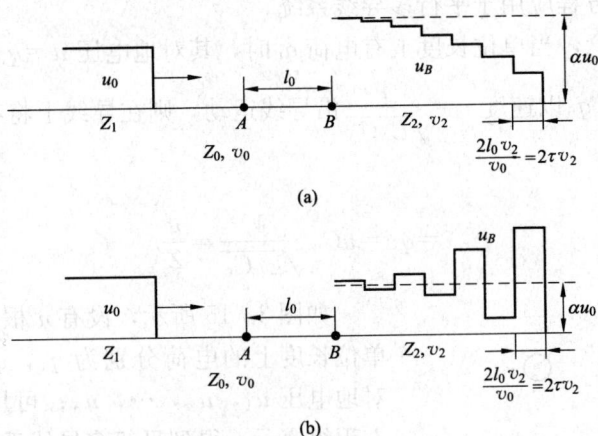

(a)

(b)

图 3-14　不同波阻抗下的 u_B 波形

(a) $Z_0 < Z_1$，$Z_0 < Z_2$ 或 $Z_0 > Z_1$，$Z_0 > Z_2$；(b) $Z_1 < Z_0 < Z_2$ 或 $Z_1 > Z_0 > Z_2$

极端情况即 Z_1，$Z_2 \ll Z_0$ 时，可得到

$$\left.\frac{\mathrm{d}u_{2q}}{\mathrm{d}t}\right|_{\max} = \left.\frac{\mathrm{d}u_{2q}}{\mathrm{d}t}\right|_{t=0} = \frac{2u_0 Z_2}{Z_0}\frac{v}{l_0} = \frac{2u_0 Z_2}{L} \tag{3-43}$$

式（3-43）中的 L 为线路 Z_0 的电感值，由上式可以看出，在此情况下，线路 Z_0 的作用相当于在线路 1、2 之间串联一个电感，其电感量为线路 Z_0 的电感值。

也即若 Z_0 远大于 Z_1 和 Z_2，表示中间线段的电感较大，对地电容较小，因而可以忽略电容而用一只串联电感来代替中间线段，同样可使波前陡度减小。

（3）如果 $Z_1 < Z_0 < Z_2$，此时的 $\beta_1 < 0$，$\beta_2 > 0$，乘积 $\beta_1\beta_2$ 为负值，这时 u_B 的波形将是振荡的，如图 3-14（b）所示，但 u_B 的最终稳态值 $u_B > u_0$。

（4）如果 $Z_1 > Z_0 > Z_2$，此时的 $\beta_1 > 0$，$\beta_2 < 0$，乘积 $\beta_1\beta_2$ 为负值，这时 u_B 的波形如图 3-14（b）所示，但 u_B 的最终稳态值 $u_B < u_0$。

综上所述，当中间线路的波阻抗处于两侧线路的波阻抗之间时，中间线路的存在将使折射到线路 2 上的前行波发生振荡，产生过电压。增大中间线路的波阻抗使其大于两侧线路的波阻抗，或者减小中间线路的波阻抗使其小于两侧线路的波阻抗，均可消除线路 2 上前行波的振荡，降低前行波的平均陡度。

第五节　波在多导线系统中的传播

前四节都是单导线的情况，但实际的输电线路都不是单导线，而是多导线系统，例如三相交流线路的平行导线数至少 3 跟，多则 8 根（同杆架设的双避雷线双回路线路）。这时每根导线都处于沿某根或若干根导线传播的行波所建立起来的电磁场中，因而都会感应出一定的电位。这种现象在过电压计算中具有重要的实际意义，因为作用在任意两根导线之间绝缘上的电压就等于这两根导线之间的电位差，所以求出每根导线的对地电压是必要的前提。

为了不干扰对基本原理的理解，这里仍忽略导线和大地的损耗，因而多导线系统中的波过程仍可近似看成是平面电磁波的沿线传播，这样一来，只需引入波速 v 的概念就可以将静电场中的麦克斯韦方程应用于平行多导线系统。

根据静电场的概念，当单位长度上有电荷 q_0 时，其对地电压 $u=q_0/C_0$（C_0 为单位长度导线的对地电容）。如 q_0 以速度 $v=\dfrac{1}{\sqrt{L_0C_0}}$ 沿导线运动，则在导线上将有一个速度 v 的电压波 u 和电流波 i

$$i=qv=uC_0\frac{1}{\sqrt{L_0C_0}}=\frac{u}{Z}$$

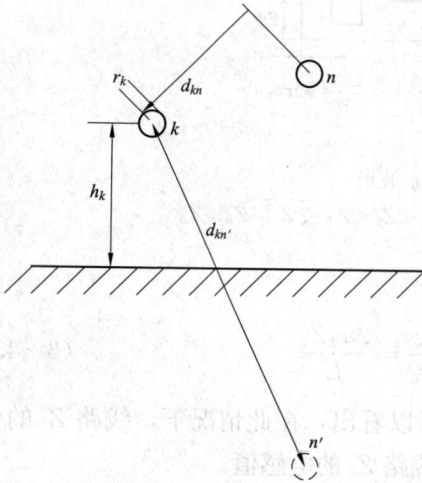

图 3-15 n 根平行导线系统及其镜像

如图 3-15 所示，设有 n 根平行导线系统，它们单位长度上的电荷分别为 q_1，q_2，$\cdots$，q_n；各线的对地电压 u_1，u_2，$\cdots$，u_n；可用静电场的麦克斯韦方程组表示，得到平行多导线系统的电压方程如下

$$\left.\begin{array}{l} u_1=\alpha_{11}q_1+\alpha_{12}q_2+\cdots+\alpha_{1n}q_n \\ u_2=\alpha_{21}q_1+\alpha_{22}q_2+\cdots+\alpha_{2n}q_n \\ \vdots \\ u_n=\alpha_{n1}q_1+\alpha_{n2}q_2+\cdots+\alpha_{nn}q_n \end{array}\right\} \quad (3-44)$$

其中，导线 k 的自电位系数为

$$\alpha_{kk}=\frac{u_k}{q_k}\Big|_{q1=q2=\cdots=qk-1=qk+1=\cdots=qn=0}$$

导线 k 与导线 n 的互电位系数为

$$\alpha_{kn}=\frac{u_k}{q_n}\Big|_{q1=q2=\cdots=qk=\cdots=qn-1=0}$$

它们的值可按下式求得

$$\left.\begin{array}{l} \alpha_{kk}=\dfrac{1}{2\pi\varepsilon_0}\ln\dfrac{2h_k}{r_k}\ (\text{m/F}) \\[3mm] \alpha_{kn}=\dfrac{1}{2\pi\varepsilon_0}\ln\dfrac{d_{kn'}}{d_{kn}}\ (\text{m/F}) \end{array}\right\} \quad (3-45)$$

其中，h_k、r_k、$d_{kn'}$、d_{kn} 等几何尺寸的定义如图 3-15 所示。

将式（3-44）等号右侧各项均乘以 $\dfrac{v}{v}$，并将 $q_kv=i_k$，$Z_{kn}=\dfrac{\alpha_{kn}}{v}$ 代入，即可得

$$\left.\begin{array}{l} u_1=Z_{11}i_1+Z_{12}i_2+\cdots+Z_{1n}i_n \\ u_2=Z_{21}i_1+Z_{22}i_2+\cdots+Z_{2n}i_n \\ \vdots \\ u_n=Z_{n1}i_1+Z_{n2}i_2+\cdots+Z_{nn}i_n \end{array}\right\} \quad (3-46)$$

对于架空线路来说，导线 k 的自波阻抗为

$$z_{kk}=\frac{\alpha_{kk}}{v}=\frac{1}{2\pi}\sqrt{\frac{\mu_0}{\varepsilon_0}}\ln\frac{2h_k}{r_k}$$

导线 k 和导线 n 间的互波阻抗为

$$z_{kn} = \frac{\alpha_{kn}}{v} = \frac{1}{2\pi}\sqrt{\frac{\mu_0}{\varepsilon_0}}\ln\frac{d_{kn'}}{d_{kn}}$$

导线 k 与导线 n 靠得越近，则 Z_{kn} 越大，其极限等于导线 k 与 n 重合时的自波阻抗 Z_{kk}（或 Z_{nn}），所以 Z_{kn} 总是小于 Z_{kk}（或 Z_{nn}）。此外，由于完全的对称性，$Z_{kn} = Z_{nk}$。

若导线上同时存在前行波和反行波时，则对 n 根导线中的每一根（如第 k 根），都可以写出下面的关系式

$$\left.\begin{array}{l} u_k = u_{kq} + u_{kf}, \quad i_k = i_{kq} + i_{kf} \\ u_{kq} = Z_{k1}i_{1q} + Z_{k2}i_{2q} + \cdots + Z_{kn}i_{nq} \\ u_{kf} = -(Z_{k1}i_{1f} + Z_{k2}i_{2f} + \cdots + Z_{kn}i_{nf}) \end{array}\right\} \tag{3-47}$$

式中 u_{kq}、u_{kf}——导线 k 上的电压前行波和电压反行波；

i_{kq}、i_{kf}——导线 k 上的电流前行波和电流反行波。

针对 n 根导线可以列出 n 个方程组，再加上边界条件就可以分析无损平行多导线系统中的波过程了。下面来分析几个典型的例子。

【例 3-4】 有一两导线系统，如图 3-16 所示，一条为避雷线，遭雷击后，其上有电压波 u_1 传播，另一条为输电线（对地绝缘），试求避雷线 1 和导线 2 之间绝缘上的电压。

解 这是一个两导线系统，可写出

$$\left.\begin{array}{l} u_1 = z_{11}i_1 + z_{12}i_2 \\ u_2 = z_{21}i_1 + z_{22}i_2 \end{array}\right\}$$

因为输电线对地绝缘，所以 $i_2 = 0$，在对地绝缘的导线 2 上虽然没有电流，但由于它处在避雷线 1 电磁波的电磁场内，也会感应产生电压波，因此可写成

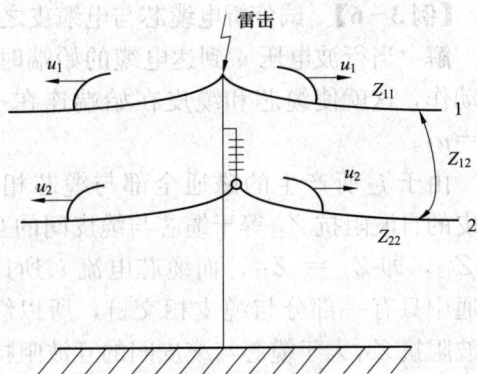

图 3-16 避雷线与导线之间的耦合系数

$$\left.\begin{array}{l} u_1 = z_{11}i_1 \\ u_2 = z_{21}i_1 \end{array}\right\}$$

$$u_2 = \frac{z_{21}}{z_{11}}u_1 = k_{12}u_1$$

k_{12} 称为避雷线 1 对导线 2 之间的耦合系数，又称几何耦合系数，因 $Z_{21} < Z_{11}$，所以 $k_{12} < 1$，一般架空线其值约为 $0.2 \sim 0.3$。k_{12} 随导线之间距离的减小而增大，两根导线越靠近，其耦合系数越大；由于耦合作用，当避雷线 1 上有电压波作用时，避雷线 1 和导线 2 之间的电位差 $u_1 - u_2 = (1 - k_{12})u_1$ 小于 u_1；导线之间的耦合系数越大，其电位差越小，这对线路防雷是有利的。

【例 3-5】 如图 3-17 所示，输电线路采用两根避雷线，它们通过金属杆塔彼此连接，要求计算雷击塔顶时避雷线 1、2 对导线 3 的耦合系数。

解 雷击塔顶时，两条避雷线上将出现同样的电流波和电压波，即 $u_1 = u_2$、$i_1 = i_2$，它们的自波阻抗及它们各自对导线 4 的互波阻抗亦相同，即 $Z_{11} = Z_{22}$，$Z_{14} = Z_{24}$。

导线 3、4、5 对地绝缘，所以雷电流不可能分流到这些导线上，即 $i_3 = i_4 = i_5 = 0$，因

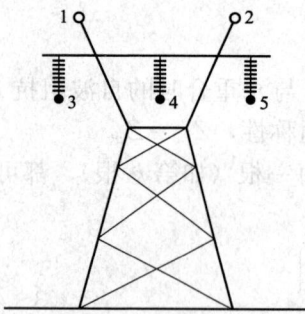

图 3-17 双避雷线线路的耦合系数

式（3-46）简化为

$$
\begin{aligned}
u_1 &= Z_{11}i_1 + Z_{12}i_2 \\
u_2 &= Z_{21}i_1 + Z_{22}i_2 \\
u_3 &= Z_{31}i_1 + Z_{32}i_2 \\
u_4 &= Z_{41}i_1 + Z_{42}i_2 \\
u_5 &= Z_{51}i_1 + Z_{52}i_2
\end{aligned}
$$

将前述关系式代入上式，即可求得两根避雷线 1、2 与导线 3 之间的关系系数

$$
k_{1,2-3} = \frac{u_3}{u_1} = \frac{Z_{13} + Z_{23}}{Z_{11} + Z_{12}} = \frac{k_{13} + k_{23}}{1 + k_{12}}
$$

式中　k_{12}——避雷线 1 与避雷线 2 之间的耦合系数；

k_{13}、k_{23}——避雷线 1 对导线 3 和避雷线 2 对导线 3 的耦合系数。

【例 3-6】 试分析电缆芯与电缆皮之间的耦合关系。

解　当行波电压 u 到达电缆的始端时，可能会引起接在此处的保护间隙或管型避雷器的动作，这就使缆芯和缆皮在始端连在一起，变成两条并联支路，如图 3-18 所示，故 $u_1 = u_2$。

由于 i_2 所产生的磁通全部与缆芯相交链，缆皮的自波阻抗 Z_{22} 等于缆芯与缆皮间的互波阻抗 Z_{12}，即 $Z_{22} = Z_{12}$；而缆芯电流 i_1 所产生的磁通中只有一部分与缆皮相交链，所以缆芯的自波阻抗 Z_{11} 大于缆芯与缆皮间的互波阻抗 Z_{12}，即 $Z_{11} > Z_{12}$。

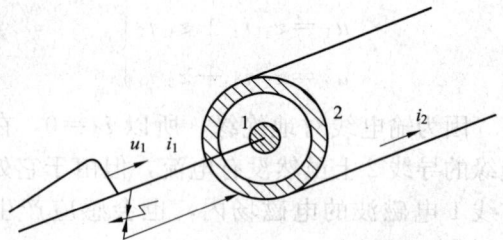

图 3-18　行波沿电缆芯线与外皮的传播

设 $u_1 = u_2 = u$，即可得

$$
u = Z_{11}i_1 + Z_{12}i_2 = Z_{21}i_1 + Z_{22}i_2
$$

因为 $Z_{12} = Z_{22}$，上式可简化为 $Z_{11}i_1 = Z_{21}i_1$。

由于 $Z_{11} > Z_{21}$，只有在 $i_1 = 0$ 时，上式才能成立。这意味着，电流不经缆芯流动，全部电流都被挤到缆皮里去了。其物理解释为：当电流在缆皮上流动时，缆芯上会感应出与缆皮电压相等，但方向相反的电动势，阻止电流流进缆芯，这与导线中的集肤效应相似，这个现象在有直配线的发电机的防雷保护中获得了实际应用。

第六节　行波在有损耗导线上的传播

前几节关于波过程的分析忽略了线路中的一切损耗，认为线路为均匀无损的，波在传播过程中没有能量损失，不发生衰减和变形。实际上，由于导线和大地都有电阻，导线与大地间还有漏电导，行波在传播过程中，总要在这些电阻、电导上消耗掉本身的一部分能量。此外，线路参数随频率而变的特性、线路上的电晕等都会引起行波的衰减和变形，实际测量表明，使波沿架空线传播过程中发生衰减和变形的决定因素是线路上过电压波引起的冲击电晕。因此，本节将讨论行波在有损耗的导线上的传播时的波过程。

一、线路电阻和对地电导对线路波过程的影响

考虑导线电阻 R_0 和线路对地电导 G_0 时，单相有损导线的分布参数等值电路如图 3-19 所示。

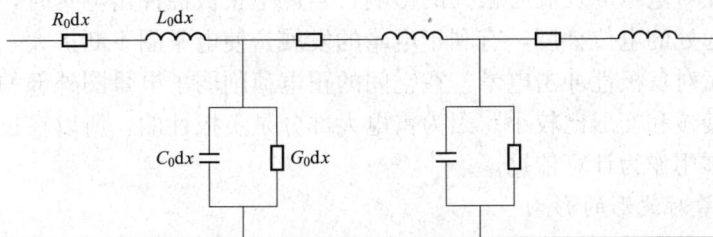

图 3-19　单相有损导线的分布参数等值电路

图 3-19 中 R_0 包括了导线电阻和大地电阻，G_0 包括绝缘泄露和介质损耗。当行波在有损导线传播时，由于 R_0 和 G_0 的存在，将有一部分波的能量转化为热能而耗散，导致波的衰减和变形。

如果线路参数满足条件

$$\frac{R_0}{G_0} = \frac{L_0}{C_0} \tag{3-48}$$

波在线路中传播时将只有衰减，不会变形。此时，波在传播过程中每单位长度线路上的磁能和电能之比，恰好等于电流波在导线电阻上的热损耗和电压波在线路电导上的热损耗之比，即

$$\frac{\frac{1}{2}L_0 i^2}{\frac{1}{2}C_0 u^2} = \frac{R_0 i^2 t}{G_0 u^2 t} \tag{3-49}$$

所以当电阻 R_0 和电导 G_0 的存在不致引起波传播过程中电能与磁能的相互交换时，电磁波只是逐渐衰减而不变形。式（3-48）叫作波传播的无变形条件，或无畸变条件。满足此条件时，电压波可以写成

$$U_x = U_0 e^{-\frac{1}{2}\left(\frac{R_0}{L_0} + \frac{G_0}{C_0}\right)t} = U_0 e^{-\frac{1}{2}\left(\frac{R_0}{Z} + G_0 Z\right)x} = U_0 e^{-\beta x} \tag{3-50}$$

式中　　U_0、U_x——电压波的原始幅值和流过距离 x 后的幅值；

　　　　t、x——行波沿导线传播时所经过的时间和距离；

　　　　Z——导线波阻抗；

　　　　β——衰减系数，这里只计及了衰减因素而未计及变形因素。

实际输电线路并不满足上述无变形条件，因此波在传播过程中不仅会衰减，同时还会变形。此外由于集肤效应，导线电阻随着频率的增加而增加。

任意波形的电磁波可以分解成为不同频率的分量，因为各种频率下的电阻不同，波的衰减程度不同，所以也会引起波传播过程中的变形。

二、冲击电晕对线路波过程的影响

当线路受到雷击或出现操作过电压时，若导线上的冲击电压幅值超过起始电晕电压时，

则在导线上发生电晕，称为冲击电晕。冲击电晕形成的时间极短，可以认为冲击电晕的发生只与电压的瞬时值有关，而无时延。导线发生冲击电晕以后，在导线周围会出现发亮的光圈，称为电晕圈（套），根据冲击电压的极性不同，电晕圈（套）可分为正极性电晕圈和负极性电晕圈。极性对电晕的发展有很大的影响：当产生正极性冲击电晕时，在空间的正电荷加强了距导线较远处的电位梯度，有利于电晕的发展，使电晕圈不断扩大，因此对波的衰减和变形比较大；而对负极性冲击电晕，在空间的正电荷削弱了电晕圈外部的电场，使电晕不易发展，对波的衰减和变形比较小。因为雷电大部分是负极性的，所以在过电压计算中应该以负冲击电晕的作用作为计算依据。

（一）冲击电晕对波形的影响

行波在传播过程中，由于能量损耗的原因必然会使波形产生衰减和变形。但在通常考虑防雷问题所感兴趣的传播距离（一般为 1～2km）内，在产生电晕以前，这个变化是很小的，往往可以忽略。而当行波电压超过导线的电晕起始电压，产生冲击电晕后，行波将发生比较严重的衰减和变形。行波的衰减和变形程度与冲击电晕的极性有关。实践表明，一般负极性电晕对行波的衰减和变形比较小，对过电压不利，而雷击又大部分是负极性的，因而应着重考虑负极性电晕的影响。由于电晕要消耗能量，消耗掉的能量的大小又与电压的瞬时值有关，因此电晕不仅使行波发生衰减，还会引起行波的波形发生畸变，其结果是使行波的幅值降低，波头时间变大，陡度减小。由冲击电晕引起的行波衰减和变形的典型波形如图 3-20 所示，曲线 1 表示原始波形，曲线 2 表示行波传播距离 l 后的波形。从图 3-20 中可以看出，当电压高于电晕起始电压 u_k 后，波形开始剧烈衰减和变形，可以把这种变形看成是电压高于 u_k 的各点由于电晕使线路的对地电容增大从而以不同的波速向前运动所产生的结果。

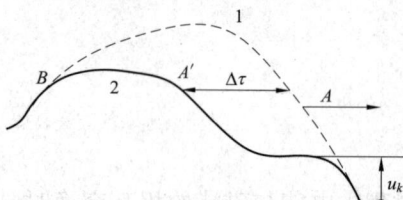

图 3-20 由冲击电晕引起的行波衰减和变形典型波形

图 3-20 中低于 u_k 的部分，由于不发生电晕而仍以光速前进，而电压大于 u_k 的 A 点由于产生了电晕，它就以比光速小的速度 v_k 前进，在行经距离 l 后它就落后了 $\Delta\tau$ 时间而变成图 3-20 中 A' 点。因电晕的强烈程度与电压的瞬时值 u 有关，故 v_k 是电压 u 的函数。显然 $\Delta\tau$ 是行波传播距离 l 和电压 u 的函数，其经验计算式为

$$\Delta\tau = l\left(0.5 + \frac{0.008u}{h_c}\right)(\mu s) \tag{3-51}$$

式中　l——行波传播距离，km；

　　　u——行波电压值，kV；

　　　h_c——导线平均对地高度，m。

当输电线路的电压等级较高时，一般采用分裂导线，此时冲击电晕较弱，式（3-51）可修正为

$$\Delta\tau = l\left(0.5 + \frac{0.008u}{h_c}\right)\frac{1}{k_f}(\mu s) \tag{3-52}$$

式中　k_f——修正系数，每相二分裂时 $k_f=1.1$，三分裂时 $k_f=1.45$，四分裂及以上时 $k_f=1.55$。

如果原始行波的波头时间为 τ_0，则经过 l 距离后，其波头时间 τ 将变为

$$\tau = \tau_0 + \Delta\tau = \tau_0 + l\left(0.5 + \frac{0.008u_{\mathrm{m}}}{h_{\mathrm{c}}}\right)\frac{1}{k_{\mathrm{f}}} \ (\mu s) \tag{3-53}$$

式中　u_{m}——行波的幅值，kV。

式（3-53）说明，冲击电晕使行波的波头拉长了。变电站的进线段保护就是利用冲击电晕的这一作用来降低侵入变电站的雷电波的陡度的。

（二）冲击电晕对耦合系数的影响

在平行多导线系统中，由于导线间分布互电容与电感的存在，当其中第 i 根导线上有电压波传播时，在其他导线上将被耦合出与 u_i 极性相同、波形相似的电压波 u_j（$j = 1$，2，$\cdots$，$i-1$，$i+1$，$\cdots$，n）。u_j 与 u_i 的比值称为导线 i、j 间的耦合系数 k，即

$$k = \frac{u_i}{u_j}$$

显然，k 值仅由导线 i 与导线 j 的相对位置及本身的几何尺寸决定。导线之间距离越近，导线直径越大，则 k 值越大。

当导线上出现电晕后，相当于增大了导线的半径，因而与其他导线间的耦合系数增大了。导线不考虑电晕时的耦合系数只决定于导线的几何尺寸及其相互位置，因此又称为几何耦合系数，一般用 k_0 表示。出现电晕以后，耦合系数由 k_0 增大为 k，可以表示为

$$k = k_1 k_0 \tag{3-54}$$

式中　k_1——电晕效应校正系数。

电压越高，电晕的作用越大，k_1 值也越大。《交流电气装置的过压保护和绝缘配合》DL/T 620—1997 建议，雷击杆塔塔顶时导线和避雷线间耦合系数的校正系数按表 3-1 选取，而雷击避雷线档距中央时，因导线和避雷线的电位较高，校正系数 k_1 取 1.5。

表 3-1　　　　　　　　　　雷击杆塔塔顶时的校正系数

线路额定电压（kV）	20~35	60~110	154~330	500
两条避雷线	1.1	1.2	1.25	1.28
一条避雷线	1.15	1.25	1.3	—

（三）冲击电晕对波阻抗和波速的影响

出现电晕后，相当于扩大了导线的有效半径，增大了导线的对地电容，而轴向电流仍全部集中在导线内，导线电感不变，因此导线波阻抗和波速将下降。DL/T 620—1997 建议，雷击杆塔塔顶时，单根导线或避雷线的波阻抗取 400Ω，两根避雷线的并联波阻抗取 250Ω，考虑到此时导线和避雷线的电位较低，电晕作用较小，波速可近似取光速。由于雷击避雷线档距中间时的电位比雷击杆塔塔顶时的高许多，电晕的作用较大，因此雷击避雷线档距中央时单根避雷线的波阻抗可取 350Ω，波速可取为光速的 75%。

第七节　变压器绕组中的波过程

变压器绕组是由电感、电容组成的复杂的分布参数回路，当冲击波作用时，绕组内会产生复杂的电磁振荡过程，在绕组对地及绕组匝间、层间绝缘上产生过电压，危及绕组的主绝

缘和纵绝缘。实际上鉴于绕组结构的复杂性和由于铁芯的存在而引起的绕组参数的非线性性质，为了求在不同波形的冲击电压作用下，绕组各点间电位差（即电位梯度）随时间变化的分布规律，多借助与能产生低压重复冲击并能显示各点电压波形的瞬变分析仪，在变压器实体模型上进行试验分析，或者先取较为复杂的等效电路模型用计算机求解。尽管如此，通过简化的网络模型进行研究，从而找出变压器绕组中波过程的基本规律还是很必要的。

一、波过程中变压器绕组的等效电路

单绕组变压器的波过程比较简单，物理概念清楚，具有变压器绕组波过程的典型特征，可以作为定性分析各种实际变压器波过程的基础，所以暂时略去二次绕组的影响，来研究变压器绕组中的波过程。

在冲击波作用下绕组除了具有分布的自电感和分布的对地电容外，还必须考虑匝间电容的影响，忽略绕组损耗电阻，绕组可以用图 3-21 的等值电路表示。

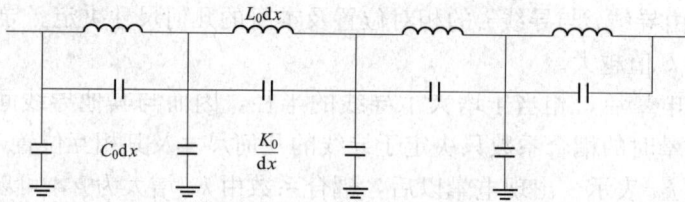

图 3-21　绕组的等值电路

图 3-21 中，L_0 是绕组单位长度（或高度）的电感（包括绕组及匝间的互电感），C_0 是绕组单位长度（或高度）的对地电容，它等于绕组对地总电容除以绕组长度 l；K_0 是绕组单位长度的等值匝间互电容。

可见冲击波作用于 $L-C-K$ 分布参数回路时的过渡过程将更加复杂。为了便于掌握绕组波过程的物理概念，首先分析直流电压波作用于 $L-C-K$ 分布参数回路时，绕组的起始电压分布和稳态电压分布，再来研究波在绕组上的振荡过程。

二、无限长直角波作用下绕组初始电压分布

当直流电压 U_0 刚作用于绕组首端时，由于电感的阻流作用，流过电感 $L_0\mathrm{d}x$ 中的电流可以忽略。所以，图 3-21 中所有电感 $L_0\mathrm{d}x$ 支路呈开路状态，于是绕组等值电路可以简化为图 3-22，它是由对地电容 $C_0\mathrm{d}x$ 和匝间电容 $\dfrac{K_0}{\mathrm{d}x}$ 组成的电容链。

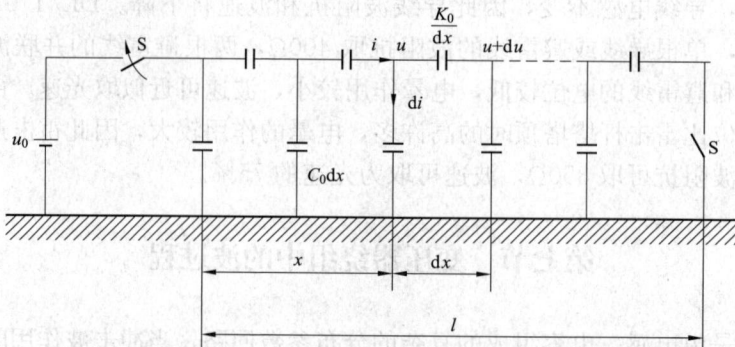

图 3-22　合闸瞬间绕组的等值电路

设距绕组首端为 x 的电压为 u，流经 $\dfrac{K_0}{\mathrm{d}x}$ 和 $C_0\mathrm{d}x$ 的电流分别为 i 和 $\mathrm{d}i$，显然有

$$i = -\frac{K_0}{\mathrm{d}x}\frac{\partial(\mathrm{d}u)}{\partial t} \tag{3-55}$$

$$\mathrm{d}i = -C_0\mathrm{d}x\,\frac{\partial u}{\partial t} \tag{3-56}$$

式（3-55）和式（3-56）经合并化简后得

$$\frac{\mathrm{d}^2u}{\mathrm{d}x^2} - \frac{C_0}{K_0}u = 0 \tag{3-57}$$

其通解为

$$u = Ae^{\alpha x} + Be^{-\alpha x} \tag{3-58}$$

其中，$\alpha = \sqrt{\dfrac{C_0}{K_0}}$，根据边界条件即可求得绕组的起始电压分布。

如绕组末端接地，边界条件为

$$x=0\ \text{时},\ u=u_0$$
$$x=l\ \text{时},\ u=0$$

代入式（3-58），整理得

$$u = \frac{u_0}{e^{\alpha l} - e^{-\alpha l}}\big[e^{\alpha(l-x)} - e^{-\alpha(l-x)}\big] \tag{3-59}$$

或

$$u = u_0\frac{\mathrm{sh}\alpha(l-x)}{\mathrm{sh}\alpha l} \tag{3-60}$$

如绕组末端开路，边界条件为

$$x=0\ \text{时},\ u=u_0$$
$$x=l\ \text{时},\ i=0$$

代入式（3-58），整理得

$$u = \frac{u_0}{e^{\alpha l} + e^{-\alpha l}}\big[e^{\alpha(l-x)} + e^{-\alpha(l-x)}\big] \tag{3-61}$$

或

$$u = u_0\frac{\mathrm{ch}\alpha(l-x)}{\mathrm{ch}\alpha l} \tag{3-62}$$

其中

$$\alpha l = \sqrt{\frac{C_0}{K_0}}l = \sqrt{\frac{C}{K}}$$

图 3-23 中画出了在不同 αl 时绕组末端接地和末端开路时的起始电压分布曲线，图 3-23（a）为绕组末端接地；图 3-23（b）为绕组末端开路时的电压分布。αl 越大，起始电压分布曲线下降越快。当 $\alpha l > 5$ 时，$\mathrm{sh}\alpha l \approx \mathrm{ch}\alpha l$，代入式（3-60）和式（3-62）可知，

此时不论绕组末端接地与否，起始电压分布均为

$$u \approx u_0 \mathrm{e}^{-\alpha x} \tag{3-63}$$

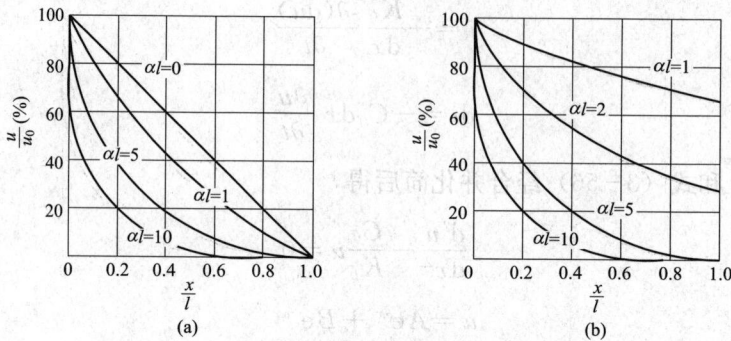

图 3-23　绕组中的初始电压分布
(a) 绕组末端接地；(b) 绕组末端开路

对于一般连续式绕组 $\alpha l \approx 5\sim15$。所以，这种变压器不论中性点接地与否，绕组的起始电压分布均可按式（3-63）计算。可见最大电位梯度出现在绕组首端，即

$$\frac{\mathrm{d}u}{\mathrm{d}x}\bigg|_{x=0} = \alpha u_0 = \frac{u_0}{l}\alpha l \tag{3-64}$$

式中　$\dfrac{u_0}{l}$——平均电位梯度。

式（3-64）表明，冲击波刚作用于变压器时绕组首端的电位梯度是平均电位梯度的 αl 倍。因此对绕组首段绝缘需要采取一定的保护措施。

由图 3-23（a）可知，当冲击波刚作用于绕组时，变压器绕组等效为 $K_0\text{-}C_0$ 组成的电容链，对首端来说相当于一个等效集中电容，称为入口电容 C_T。实践证明，当冲击波很陡时，在作用时间 $10\mu s$ 以内，流经绕组电感的电流很小，可以忽略，因此在分析变电站防雷保护时，不论绕组末端是否接地，变压器绕组皆可用入口电容 C_T 来等值，C_T 与其额定电压及容量有关。对连续式绕组，一般为 $500\sim6000\mathrm{pF}$。表 3-2 中的数据可供参考。对纠结式绕组，其入口电容要比表中所列数值大得多。

表 3-2　　　　　　　　　　　　　变压器的入口电容

额定电压（kV）	35	110	220	330	500
入口电容（pF）	500～1000	1000～2000	1500～3000	2000～5000	4000～6000

三、稳态电压分布和振荡过程

在直流电压 u_0 作用下，当达到稳态（$t\to\infty$）时，C_0 和 K_0 相当于开路，L_0 相当于短路，其稳态电压分布将按前面分析忽略了的绕组电阻分布。当绕组的末端接地时，由于绕组的电阻是均匀的，所以其稳态电压分布也是均匀的，即

$$u = u_0\left(1 - \frac{x}{l}\right) \tag{3-65}$$

如图 3-24（a）所示。

当绕组末端开路时，达到稳态情况下绕组各点的对地电压相同，均为 u_0，此时的稳态电压分布为

$$u = u_0 \tag{3-66}$$

如图 3-24（b）所示。

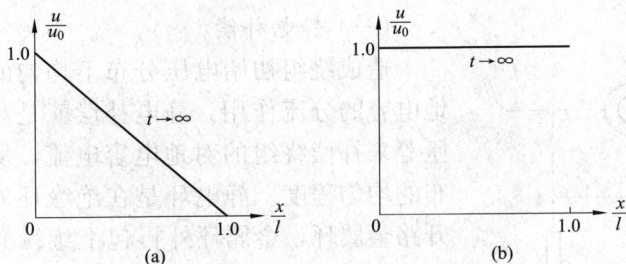

图 3-24 绕组中的稳态电压分布
(a) 绕组末端接地；(b) 绕组末端开路

由于变压器绕组中的初始电压分布和稳态分布不相同，因此从初始分布到稳态分布必然有一过程，此过程因电感、电容间的能量转换而具有振荡性质，振荡的激烈程度和起始分布与稳态分布的差值直接相关。将振荡过程中绕组各点出现的最大电位记录下来并连起来成为最大电位包络线。绕组波过程中电位分布如图 3-25 所示，图中 1 为初始电压分布曲线，2 为稳态电压分布曲线，3 为初始到稳态过渡过程中震荡过程出现的最高电位包络线，4 稳态电压分布与初始电压分布的差值曲线。用 U_{max} 表示绕组中各点最高电压，则

$$U_{max} = (U_\infty - U_0) + U_\infty = 2U_\infty - U_0 \tag{3-67}$$

式中 U_∞、U_0——分别表示稳态与起始电压。

显然，用式（3-67）来定性分析绕组中各点最大电位是比较方便的。从图 3-25 可知，对末端接地的绕组中，最大电位将出现在绕组首端附近，其值将达 $1.4u_0$ 左右；末端开路的绕组中最大电位将出现在绕组末端附近，其值将达 $2u_0$ 左右，实际上由于绕组内的损耗，最大值将低于上述数值。

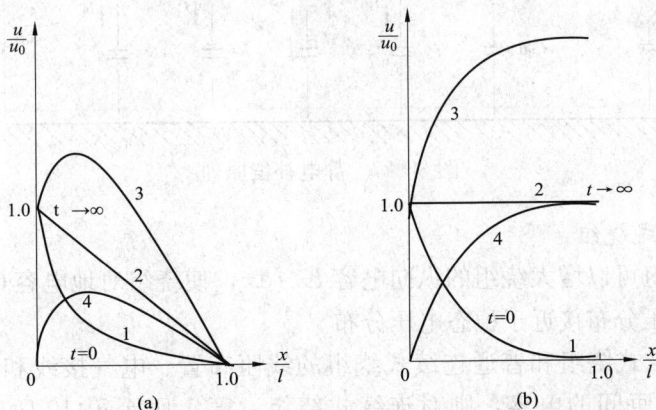

图 3-25 由绕组的初始电压分布和稳态电压分布确定绕组的最高电位包络线
(a) 绕组末端接地；(b) 绕组末端开路

四、变压器绕组的内部保护

由以上分析可知，在冲击电压作用下，初始电压分布与稳态电压分布的不同是绕组内产生振荡从而产生过电压的根本原因。改变初始电压分布，使之接近稳态电压分布，就可以降低绕组各点在振荡过程中出现的最大对地电压和最大电位梯度。初始电压分布与稳态电压分布不一致的原因是绕组对地电容的分流作用。常用的措施有以下两种。

（一）静电补偿

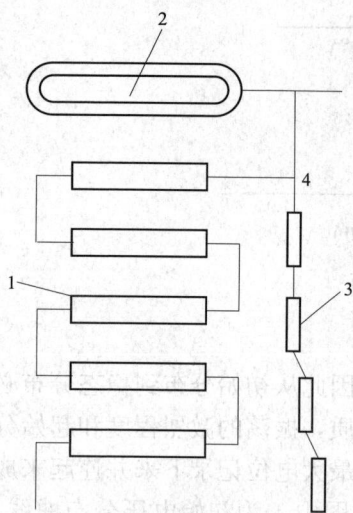

图 3-26 静电环和静电线匝的应用
1—线饼；2—静电环；
3—静电线匝；4—绕组首端

造成绕组初始电压分布不均匀的主要原因是绕组对地电容的分流作用。静电补偿就是利用静电环和静电线匝等来补偿绕组的对地电容电流，从而提高初始电压分布的均匀程度。静电环是在绝缘环外用金属带包的一个开路金属环，金属环外再包上绝缘介质。静电线匝是绕在绕组外侧的开口绕组，其外面也包有绝缘介质。它们都和绕组的首端连在一起，如图 3-26 所示。其补偿原理可用图 3-27 来说明。由于静电环和静电线匝与高压绕组间存在电容（图 3-27 中的 $C_{b1}\,dx$、$C_{b2}\,dx$ 等），流经这些电容的电流部分地补偿了流经纵向电容的对地电容电流，从而使流过各纵向电容 K_0/dx 的电流趋于均匀，初始电压分布也趋于均匀。

静电环与绕组首端第一个线饼各匝间的电容最大，故能有效改善第一个线饼的匝间电压分布，此外还有改善绕组端部电场，减小主绝缘厚度的作用。静电线匝因不利于散热，又增大了绕组的外径，现已很少采用。

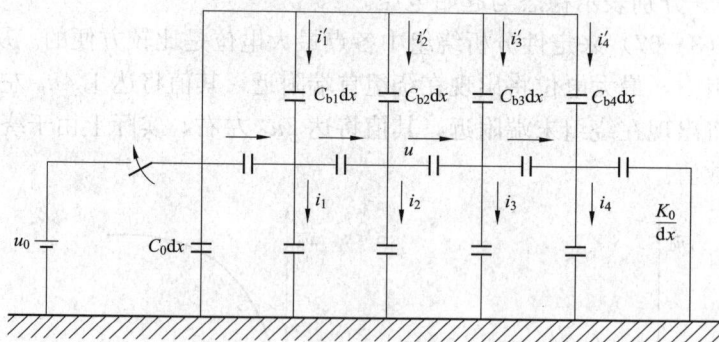

图 3-27 静电补偿原理

（二）采用纠结式绕组

采用纠结式绕组可以增大绕组的纵向电容 K_0/dx，使绕组对地电容 $C_0\,dx$ 的影响相对减小，从而使初始电压分布接近于稳态电压分布。

图 3-28 为纠结式绕组和普通连续式绕组的线匝布置、电气接线和等值匝间电容比较图。若 C_k 为相邻两匝间的电容，则对连续式绕组，第 1 匝至第 10 匝间的总纵向电容为 $C_k/8$，而对纠结式绕组，相同匝间的总纵向电容为 $C_k/2$，可见纠结式绕组比普通连续式绕组的纵向电容大得多。

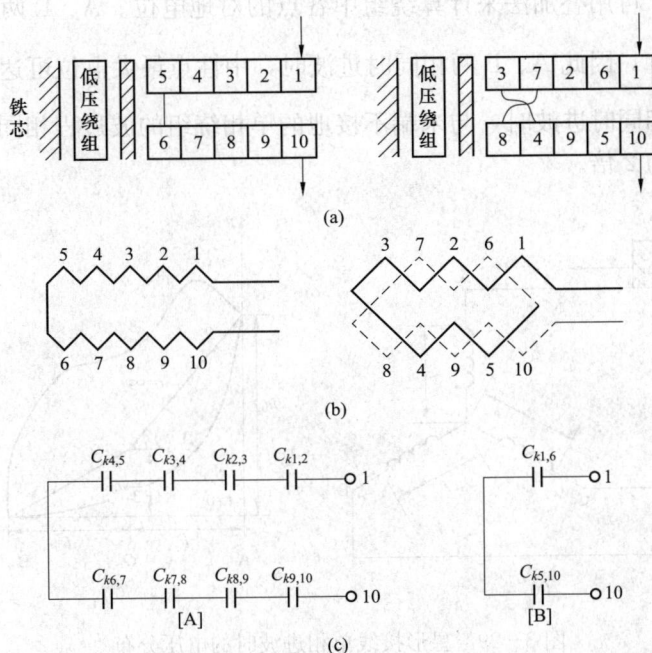

图 3-28　普通连续式绕组和纠结式绕组的比较

[A] 连续式绕组；[B] 纠结式绕组

(a) 线匝布置图；(b) 电气接线图；(c) 等值匝间电容

　　以上两种措施从本质来说都是相对的减小对地电容的影响，即减小 αl 值，从而使初始电压分布接近稳态电压分布。理想的情况下（$\alpha l = 0$ 时），起始电压分布将与稳态电压分布重合，但这是很难实现的。由于在较高电压等级下，采用电容环和电容匝时会使变压器的体积和质量显著增大，故高电压大容量变压器的绕组普遍采用纠结式结构，其 αl 值一般仅为 1.5 左右。

五、三相变压器中的波过程

　　上面已经分析了变压器单相绕组的波过程，三相绕组的波过程的基本规律与单相绕组相同。但由于三相变压器绕组有不同的接线方式，进波的相数也可能不同，所以在绕组中出现最大过电压的数值也有所区别。依据三相绕组的不同接线方式，下面分别进行介绍。

　　（一）中性点直接接地的星形接线三相绕组

　　当变压器高压绕组是中性点接地的星形接线时，可以看成是三个独立的绕组，不论单相、两相或三相进波都可看作与单相绕组的波过程相同。

　　（二）中性点不接地的星形接线三相绕组

　　中性点不接地的星形接线三相变压器，当冲击电压波单相入侵时 [假设 A 相入侵，如图 3-29（a）所示]，因为绕组对冲击波的阻抗远大于线路波阻抗，因此可以认为在冲击波作用下 B、C 两相绕组的端点是接地的，绕组电压的起始分布与稳态分布如图 3-29（b）中的曲线 1、2。由于稳态时绕组电压按电阻分布，因此中性点 O 的稳态电压为 $\frac{1}{3}u_0$（u_0 为 A 绕组首端进波电压），因而在振荡过程中性点 O 的最大对地电位将不超过 $\frac{2}{3}u_0$。当冲击电压波沿两相入侵时，可用叠加法来计算绕组中各点的对地电位。A、B 两相各自单独进波时中性点电位可达 $\frac{2}{3}u_0$，因此 A、B 两相同时进波时，中性点最大电位可达 $\frac{4}{3}u_0$，超过了首端的进波电压。当三相同时进波时，与末端不接地的单相绕组的波过程相同，中性点最大电位可达首端进波电压的 2 倍。

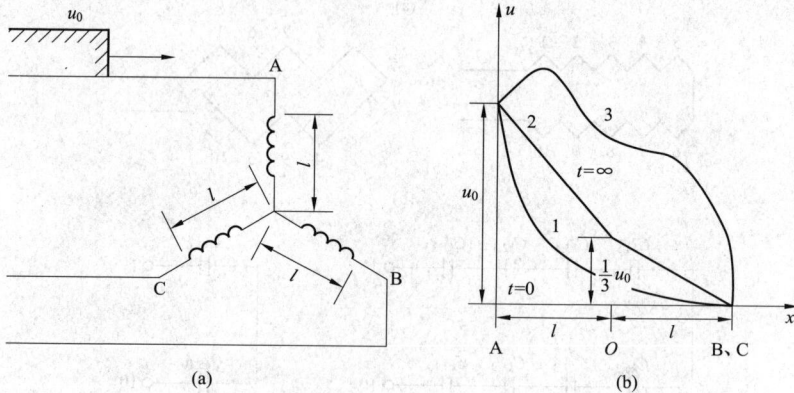

图 3-29　星形接线单相进波时的电压分布
(a) 接线示意图；(b) 电压位图
1—起始分布；2—稳态分布；3—最大电位包络线

（三）三角形接线的绕组

三角形接线的三相变压器，当冲击电压波沿单相入侵时［假定从 A 点入侵，如图 3-30 (a) 所示］，同样因为绕组对冲击波的阻抗远大于线路波阻抗，因此，B、C 两端点相当于接地。因此，在 AB、AC 绕组的波过程各与末端接地的单相绕组相同。

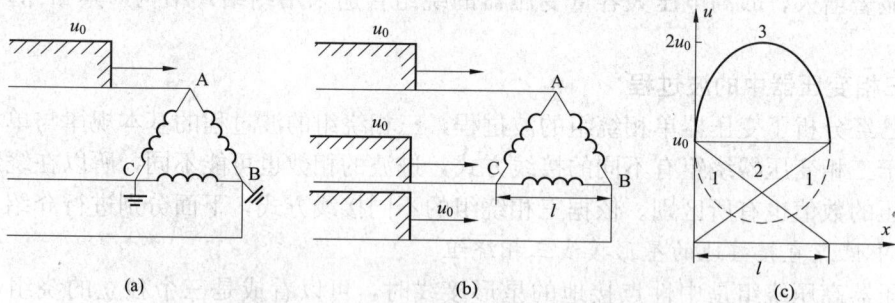

图 3-30　三角形接线单性和三相进波
(a) 单相进波；(b) 三相进波；(c) 三相进波时的电压分布

两相和三相进波时可用叠加法进行分析。图 3-30 (c) 表示三相进波时沿绕组的初始电压分布与稳态电压分布，图中曲线 1、2、3 为绕组各点对地最大电压包络线，绕组中部对地电位最高可达 $2u_0$。

习　题

3-1　试说明导线的波阻抗与导线的电阻有何不同。

3-2　如图 3-31 所示为电动势为 E、内阻为 R_1 的直流电源，在 $t=0$ 时突然合闸于长为 l、波阻抗为 Z 的导线首端 A，导线的末端 B 经电阻 R_2 接地，波沿导线的传播速度为 v。试求：

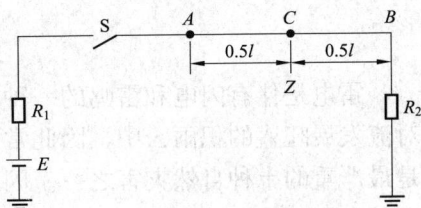

图 3-31　直流电源合闸于线路首端

(1) $R_1=0$，$R_2=Z$ 时，线路末端与线路中点的电压波形；

(2) $R_1=R_2=Z$ 时，线路末端与线路中点的电压波形；

(3) $R_1=Z$，$R_2=0$ 时，线路末端与线路中点的电流波形。

3-3　有一幅值为 300kV 的无限长矩形波沿波阻抗 $Z_1=400\Omega$ 的线路传入波阻抗为 800Ω 的发电机上，为保护该发电机匝间绝缘，在发电机前并联一组电容量 $C=0.25\mu F$ 的电容器。试求：

(1) 稳定后的入射波电流、反射波电压和电流、折射波电压和电流；

(2) 画出入射波电压和电流、折射波电压和电流、反射波电压和电流随时间变化的曲线；

(3) 并联电容 C 的作用何在？

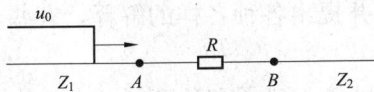

图 3-32　两线路由电阻相连

3-4　如图 3-32 所示，波阻抗分别为 $Z_1=500\Omega$ 和 $Z_2=50\Omega$ 的线路由 $R=10\Omega$ 的集总参数电阻相连，连接点分别为 A 点和 B 点。现有幅值为 1000kV 的无限长直角波电压 u_0 沿波阻抗为 Z_1 的线路向波阻抗为 Z_2 的线路方向传播，求入射波到达 A 点和 B 点的电压值及 Z_1 线路上的反射电压波。

3-5　冲击电晕对线路上传播的雷电波有何影响？对线路参数又有何影响？

3-6　试将导线与绕组中的波过程做综合比较。为什么一般用行波法研究导线波过程，而用驻波法研究绕组波过程？

3-7　分析变压器绕组在冲击电压作用下产生振荡的根本原因。引起绕组起始电压分布和稳态电压分布不一致的原因何在？

3-8　变压器三相绕组有两相进波时，试画出三相绕组分别接成星形和三角形时沿绕组电压的分布图。

3-9　与变压器绕组波过程相比，旋转电机绕组波过程有哪些特点？

第四章　雷电及防雷装置

　　雷电是伴有闪电和雷鸣的一种雄伟壮观而又有点令人生畏的放电现象。雷电一般产生于对流发展旺盛的积雨云中，因此常伴有强烈的阵风和暴雨，有时还伴有冰雹和龙卷风。雷电是最严重的十种自然灾害之一。闪电的平均电流是 3 万安培，最大电流可达 30 万安培。闪电的电压很高，约为 1 亿至 10 亿伏特。一个中等强度雷暴的功率可达一千万瓦，相当于一座小型核电站的输出功率。放电过程中，由于闪电通道中温度骤增，使空气体积急剧膨胀，从而产生冲击波，导致强烈的雷鸣。带有电荷的雷云与地面的突起物接近时，它们之间就发生激烈的放电。为了预防和限制雷电的危害性，在电力系统中采用了一系列的防雷措施和防雷保护装置。本章将主要研究雷电放电的基本过程、雷电参数以及主要的防雷设备的保护原理及有关计算等基本内容。

第一节　雷电及其参数

一、雷云的形成

　　产生雷电的条件是雷雨云中电荷有积累并形成极性。科学家们对雷雨云的带电机制及电荷有规律分布，进行了大量的观测和试验，积累了许多资料，并提出各种各样的解释，有些论点至今还有争论。

　　(1) 对流云初始阶段的"离子流"假说。大气中存在着大量的正离子和负离子，在云中的雨滴上，电荷分布是不均匀的，最外边的分子带负电，里层的带正电，内层比外层的电势差约高 0.25V。为了平衡这个电势差，水滴就必须优先吸收大气中的负离子，这就使水滴逐渐带上了负电荷。当对流发展开始时，较轻的正离子逐渐地被上升的气流带到云的上部；而带负电的云滴因为比较重，就留在了下部，造成了正负电荷的分离。

　　(2) 冷云的电荷积累。当对流发展到一定阶段，云体伸入 0℃ 层以上的高度后，云中就有了过冷水滴、霰粒和冰晶等。这种由不同相态的水汽凝结物组成且温度低于 0℃ 的云，叫冷云。冷云的电荷形成和积累过程有如下几种：

　　1) 过冷水滴在霰粒上撞冻起电。在云层中有许多水滴在温度低于 0℃ 时也不会冻结，这种水滴叫过冷水滴。过冷水滴是不稳定的，只要它们被轻轻地震动一下，就马上冻结成冰粒。当过冷水滴与霰粒碰撞时，会立即冻结，这叫撞冻。当发生撞冻时，过冷水滴外部立即冻成冰壳，但它的内部仍暂时保持着液态，并且由于外部冻结放的潜热传到内部，其内部液态过冷水的温度比外面的冰壳高。温度的差异使得冻结的过冷水滴外部带上正电，内部带上负电。当内部也发生冻结时，云滴就膨胀分裂，外表皮破裂成许多带正电的冰屑，随气流飞到云层上部，带负电的冻滴核心部分则附在较重的霰粒上，使霰粒带负电并留在云层的中下部。

　　2) 冰晶与霰粒的摩擦碰撞起电。霰粒是由冻结水滴组成的，成白色或乳白色，结构比较松脆。由于经常有冷水滴与它撞冻并释放潜热，它的温度一般比冰晶高。在冰晶中含有一定量的自由离子（OH－和H＋），离子数随温度升高而增多。由于霰粒与冰晶接触部分存在着温度差，高温端的自由离子必然要多于低温端，因而离子必然从高温端向低温端迁移。离子迁移时，带正电的氢离子速度较快，而带负电的较重的氢氧根离子则较慢。因此，在一定时间内就出现了冷端氢离子过剩的现象，造成了高温端为负，低温端为正的电极化。当冰晶与霰粒接触后，又分离时，温度较高的霰粒就带上了负电，而温度较低的冰晶就带上了正电。在重力和上升气流的作用下，较轻的带正电的冰晶集中到云的上部，较重的带负电的霰粒则停留在云层的下部，因而造成了冷云的上部带正电而下部带负电。

3）水滴因含有稀薄盐分而起电。除了上述冷云的两种起电机制外，还有人提出了由于大气中水滴含有稀薄盐分而产生起电机制。当云滴冻结时，冰的晶格中可以容纳负的氯离子，却排斥正的钠离子。因此，水滴冻结的部分带负电，而未冻结的部分带正电（水滴冻结时是从里向外进行的）。由于水滴冻结而成的霰粒在下落的过程中，摔掉表面还未来得及冻结的水分，形成许多带正电的小云滴，而冻结的核心部分则带负电。由于重力和气流的分选作用，带正电的小滴被带到云的上部，而带负电的霰粒则停留在云的中、下部。

（3）暖云的电荷积累。在热带地区，有一些云的整个云体都位于0℃以上区域。因而只含有水滴而没有固态水粒子，这种云叫暖云或水云。暖云也会出现雷电现象。在中纬度地区的雷暴云，云体位于0℃等温线以下的部分，就是云的暖区。在云的暖区里也有起电过程发生。

在雷雨云的发展过程中，上述机制在不同的发展阶段分别起作用。但是，最主要的带电机制还是由于水滴冻结造成的。雷雨云中存在以冰、雪晶和霰粒为主的大量云粒子，而且大量电荷的积累即雷雨云迅猛带电机制，必须依靠霰粒生长过程的碰撞、撞冻和摩擦等才能发生。云中电荷的分布较复杂，但总体而言，云的上部以正电荷为主，下部以负电荷为主。

大多数雷电放电发生在雷云之间，对地面上的设备和建筑没有什么直接影响。雷云对地的放电虽占少数，但危害是十分严重的，是造成雷电事故的主要因素。大气过电压是由于雷击电气设备而产生的，而雷电这种现象又极为频繁，在没有专门的保护设备时，雷电放电产生的过电压可达数百万伏，这样的过电压足以使任何额定电压的设备绝缘发生闪络和损坏。在电力系统中，高压架空输电线路纵横交错，广泛分布在广阔的地面上，更容易遭受雷击，以致破坏电气设备引起停电事故，给国民经济和人民生活带来严重损失。因此，研究雷电的基本现象以及防止雷电过电压的措施是确保电力系统安全可靠运行的一项刻不容缓的任务。本章主要研究雷电放电的基本过程、雷电参数以及主要的防雷设备（如避雷针和避雷器）的保护原理及有关计算等基本内容。

二、雷电放电过程

雷电放电就其物理本质而言，与前面介绍过的长气隙击穿过程十分相似，属于一种特长气隙的火花放电。有一些不同之处（例如多次重复雷击现象等）皆由于雷电放电的两极（一极为云层，另一极为电阻率相当大的土地，且其表面有大量凸出的物体），并非金属电极所致。

雷电按其发展的方向可区别为下行雷和上行雷两种。下行雷是在雷云产生并向大地发展的，上行雷是由接地物体顶部激发起并向雷云方向发展的。雷电按其极性可区别为负极性雷和正极性雷两种，雷电的极性是按照从雷云流入大地的电荷的符号决定的。实测统计表明，不论地质情况如何，对地放电的雷云有75％～90％是负极性雷，正极性雷和上行雷出现的机会较少，并且负极性过电压波沿线路传播时衰减较少、较慢，因而对设备绝缘的危害较大，故在防雷计算中一般均按负极性雷考虑。下面介绍最常见的下行负极性雷放电的过程。

（一）先导放电过程

天空中出现雷云后，它会随着气流移动或下降，雷云中的负电荷会在地面感应出大量正电荷。这样一来，在雷云与大地之间会形成强电场，一旦在个别地方出现能使该处空气发生游离放电的场强时，就可能引发雷电放电。这时，开始引发放电的场强往往出现在云层底部，在进一步形成流注后就出现向下发展的分级先导放电。在图 4-1 中绘出了用底片迅速转动的高速摄影装置摄得的下行负极性雷放电的发展过程，以及用高压电子示波器录下的相应雷电流波形。

如图 4-1 所示，第一次从雷云向大地发展的先导有逐级跳跃发展的性质，叫梯级先导。在初始阶段，先导只是向下推进，并无一定的目标，每级长度约 $25\sim50\text{m}$，每级的伸展速度约 $1\times10^7\text{m/s}$，各级之间有 $30\sim90\mu\text{s}$ 的停歇，所以平均发展速度只有 $(1\sim8)\times10^5\text{m/s}$，即约为光速的 1/1000 左右。出现的电流也不大，只有数十至数百安培。

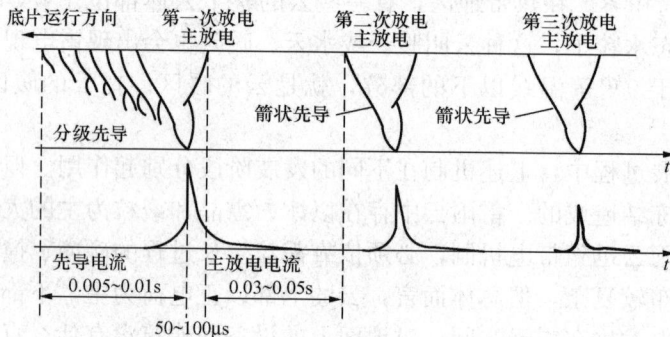

图 4-1 雷电放电的发展过程及雷电流波形

（二）主放电过程

当先导发展到接近地面时，地面上一些高耸物体顶部周围的电场强度也达到了能使空气游离和产生流注的程度，这时在它们的顶部，会发出向上发展的迎面先导。一般来说，越高的物体上出现迎面先导的时间越早，越容易与下行的先导相接和连通，越能完成接闪的过程，这也是避雷针保护作用的基础。在下行先导与上行迎面先导接通后，立即出现强烈的异号电荷"中和"过程（需要注意的是，这里所说的"中和"并不一定指正、负离子复合，只要在每个很小的空间内，异号离子的浓度相同，就可以说是中和了），这个过程就是主放电过程。

主放电发展的速度比先导发展速度快得多，达到 $1.5\times10^7\sim1.5\times10^8\text{m/s}$（$1/20\sim1/2$ 的光速）。在主放电发展的极短时间内（约 $50\sim100\mu\text{s}$），流过的电流幅值很大，可达到几万至几十万安培，如图 4-1 所示。放电通道温度升高达 $2\times10^4\,℃$ 以上，因而发出强烈的闪光和声音（雷鸣）。

（三）重复放电过程

雷云电荷的中和过程并不是一次完成的，往往出现多次重复放电的情况，每次放电都由先导放电和主放电组成。出现重复放电的原因，一般认为是由于在雷云起电的过程中，在云中可形成若干个密度较大的电荷中心，第一次"先导—主放电"过程主要是中和第一个电荷中心的电荷。虽然雷云本身不是良导体，电荷并不能在其中迅速移动，但在第一次放电完成之后，主放电通道暂时还保持高于周围大气的电导率，经过短暂间歇后，其他电荷中心将对第一个电荷中心放电，利用已有的主放电通道对地放电，开始第二次放电、第三次放电……从而造成多次重复放电。第二次及以后各次的先导放电已不再是分级的，而是自上而下连续发展的（无停歇现象），称为箭状先导。

统计表明，重复放电的次数，多数情况下为 2～3 次，个别可多达数十次，两次放电之间相隔为 0.03～0.05s，相应的总放电时间最长的可达 1.8s 之久。持续时间超过 0.4s 的出现概率约为 20%，持续时间超过 0.8s 的出现概率不超过 4%～5%。通常第一次冲击放电的电流最大，以后各次的电流较小。

三、雷电放电时计算流过被击物雷电流的等效电路

如前所述，对地放电的雷云绝大多数是负极性的，自雷云向大地发展的先导通道中除了为数相等的大量正、负电荷外，还有一定数量的剩余电荷（净电荷），其极性与雷云的极性相同，它们在地面上感应出正电荷，随着带负电荷的先导通道向大地发展，在附近地面上感应产生的正电荷也在增加，可将先导放电的发展看作是一根均匀分布电荷的垂直长导线自雷云向大地延伸，其电荷的线密度为 σ（C/m），如图 4-2（a）所示。

当先导通道发展到离地面某一高度时，先导头部与地面之间的空气隙被击穿，雷电通道中的主放电过程开始，沿先导通道向上继续发展，可将先导头部临近地面时气隙被击穿看作是开关 S 突然合上，如图 4-2（b）所示。图中在雷击点 A 与地中零电位面之间串接着一只电阻 R，它可以代表被击物体的接地电阻，也可以代表被击物体的波阻抗。主放电产生大量正、负电荷，正电荷形成的电流波沿先导通道向上运动，与先导通道中的负电荷中和，而新产生的负电荷形成的电流波则沿主放电通道及被击物体向下运动，对于接地的物体，该电流迅速流入大地。图 4-2（c）中 v 为主放电发展速度（m/s）。

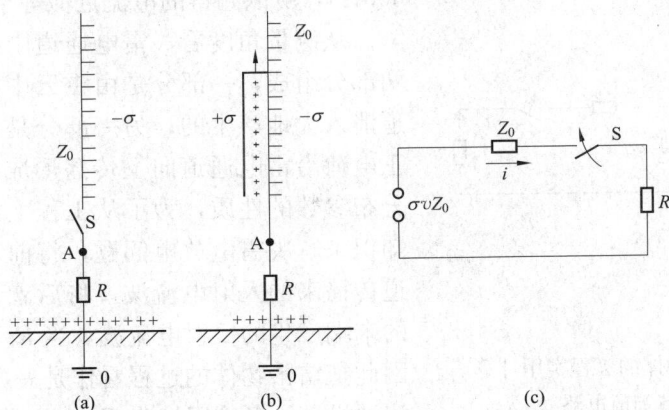

图 4-2　雷电放电过程示意图和等值电路
(a) 先导放电；(b) 主放电；(c) 计算 i 的等值电路

主放电过程沿着先导通道由下而上地推进时，使原来的先导通道变成了主放电通道，它的长度可达数千米，而半径仅为数厘米，因而类似于一条分布参数线路，具有某一等值波阻抗，称为雷电通道波阻抗，用 Z_0 表示。假定大地为一理想导体，则流经主放电通道的电流（即流入大地的电流）为 σv，先导通道的对地电位为 $\sigma v Z_0$。

当雷击避雷针、线路杆塔、架空地线或导线等物体时，由于被击物体与大地零电位面之间存在着电阻 R，于是，可以画出雷击物体时的等值电路如图 4-2（c）所示。流经被击物体的电流 i 的表达式为

$$i = \sigma v \frac{Z_0}{Z_0 + R} \qquad (4-1)$$

由式（4-1）可知，流经被击物体的电流 i 与被击物体的接地电阻 R 有关，R 愈大则 i 愈小；反之，则 i 愈大。当 $R = 0\,\Omega$ 时，流经被击物体的电流被定义为"雷电流"，以 i_L 表示，即 $i_L = \sigma v$。于是，式（4-1）可改写为

$$i = i_L \frac{Z_0}{Z_0 + R} \qquad (4-2)$$

式（4-1）的等值电路如图 4-3 所示。

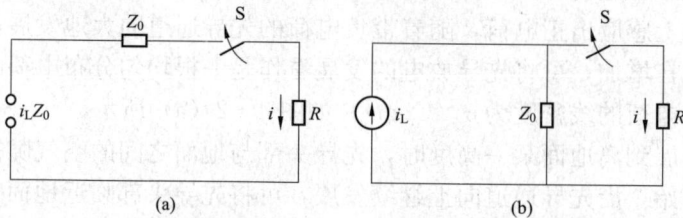

图 4-3　计算流经被击物体的电流 i 的两种等值电路
（a）电压源等值电路；（b）电流源等值电路

虽然实际上被击物体的接地电阻 R 不可能为零值，但由于在实际测量雷电流的地点都有较低的接地电阻，即 $R \ll Z_0$。[《建筑物防雷设计规范》（GB 50057—2010）建议 $Z_0 \approx 300\,\Omega$]，所以测得的电流近似等于雷电流 i_L。

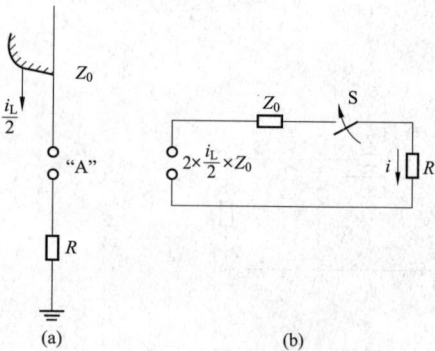

图 4-4　雷击物体的工程实用计算模型及其等值电路
（a）$i_L/2$ 雷电流波沿通道向被击物体传播过程；
（b）彼得逊等值电路

从测量角度看，雷电通道中的电流即雷电流由两部分组成，一部分是由雷云中的负电荷沿雷电通道泄入大地产生的；另一部分是由大地上感应出的正电荷沿雷电通道向上传播形成的。雷电通道具有分布参数的性质，为了从工程上能用学过的行波的知识来解决雷电放电问题，将前者看成是沿雷电通道传播来的入射电流波，将后者看成是在通道接地的末端产生的反射电流波，当 $R = 0$ 时分别为 $i_L/2$。因此把雷击物体的过程看作是一数值为 $i_L/2$ 的雷电流波沿着一条波阻抗为 Z_0 的通道向被击物体传播的过程，如图 4-4（a）所示，其彼得逊等效电路如图 4-4（b）所示。

四、雷电参数

由雷电引起的电力系统过电压，称为大气过电压。大气过电压可分为直击雷过电压（即雷电直接击到电气设备或线路引起的过电压）和感应雷过电压。雷电感应分为静电感应和电磁感应两种。静电感应是由于雷云接近地面，在地面凸出物顶部感应出大量异性电荷所致；

雷云与其他部位放电后，凸出物顶部的电荷失去束缚，以雷电波形式，沿突出物极快地传播。电磁感应是由于雷击线路周围大地或物体后，巨大雷电流在周围空间产生迅速变化的强大磁场所致；这种磁场能在附近的金属导体上感应出很高的电压，造成二次放电，从而损坏电气设备。为了进行大气过电压的计算和采取合理的防护措施，必须掌握雷电电气参数。几十年来，人们对雷电进行了长期地观察和测量，积累了不少有关雷电参数的资料。目前，有关雷电发生发展过程的物理本质尚未完全掌握，但随着对雷电研究的不断深入，雷电参数必将不断地修正和补充，使之更符合客观实际。

（一）雷电流幅值

雷电流幅值是表示雷电强度的指标，也是产生雷电过电压的根源，所以是最重要的雷电参数，也是人们研究得最多的一个雷电参数。

雷电流幅值的大小与气象、自然条件有关，是个随机变量，只有通过大量实测才能正确估计雷电流幅值的概率分布规律。根据我国长期实测所积累的大量数据，在一般地区，雷电流幅值大于 I_L 的概率的计算式为

$$\lg P = -\frac{I_L}{88} \tag{4-3}$$

式中　I_L——雷电流的幅值，kA；

P——幅值大于 I_L 的雷电流出现的概率。

例如，幅值大于 88kA 的雷电流出现的概率 P 约为 10%。

对于年平均雷暴日数在 20 天以下的地区，如陕南以外的西北地区和内蒙古自治区的部分地区，测得的雷电流幅值也较小，则其出现概率的计算式为

$$\lg P = -\frac{I_L}{44} \tag{4-4}$$

（二）雷电流的波前时间、陡度和波长

雷电流的波头（波前时间）和波长（半峰值时间）皆为随机变量，实测表明，对于中等强度以上的雷电流，其波前时间 τ_f 在 1～5μs 范围内，平均为 2.6μs 左右。雷电流的半峰值时间 τ_t 在 20～100μs 范围内，多数为 50μs 左右。

雷电流的幅值 I_L 和波前时间 τ_f 决定了雷电流波的波前陡度 a，雷电流的陡度是指其波前随时间上升的变化率，即 $a = di_L/dt$，它也是防雷计算和决定防雷保护措施时的一个重要参数。实测表明，雷电流的陡度与幅值是密切相关的，二者的相关系数为 0.6～0.64。我国规定波前时间 $\tau_f = 2.6μs$，所以雷电流波前的平均陡度为

$$a = \frac{I_L}{2.6} \ (\mathrm{kA}/\mu\mathrm{s}) \tag{4-5}$$

即认为在波前时间范围内有不变的陡度。实测表明，波前陡度的最大极限值一般可取 50kA/μs。

（三）雷电流的计算波形

实测表明，雷电流的幅值、波头和波长虽然每次不同，但都是单极性的脉冲波，电气设备的雷电冲击试验和防雷保护设计，要求将雷电流的波形等值为可用公式表示的、便于计算的典型波形。常用的雷电流等值波形有双指数波、斜角平顶波和半余弦波等几种，在防雷计

算中，可按不同的要求，采用不同的计算波形。

1. 双指数波

双指数波又称为雷电流的标准波形，如图 4-5（a）所示，其表达式为

$$i_L(t) = AI_L(e^{-\alpha t} - e^{-\beta t}) \tag{4-6}$$

式中　A、α、β——常数，由雷电流的波形确定。

我国采用国际电工委员会（IEC）国际标准：波头 $\tau_f = 2.6\mu s$，波长 $\tau_t = 50\mu s$，记为 $2.6/50\mu s$。例如波形为 $2.6/50\mu s$ 的双指数雷电流的 A、α、β 值分别为 1.058、1.5×10^{-2}（μs^{-1}）、1.86（μs^{-1}）。双指数波的波前时间、半峰值时间的规定如图 4-5（a）所示。这是与实际雷电流波形最接近的波形，但比较繁复。

2. 斜角波

$$i_L = at \tag{4-7}$$

其陡度 a 为 $\dfrac{I_L}{2.6}$ kA/μs，即平均陡度。这种波形的数学表达式最简单，用来分析与雷电流波前有关的波过程比较方便，如图 4-5（b）所示。

3. 斜角平顶波

$$\left.\begin{array}{l} i_L = at\,(t \leqslant t_f) \\ i_L = at_f = I_L\,(t > t_f) \end{array}\right\} \tag{4-8}$$

式中　I_L——雷电流的幅值，kA。

为简化防雷计算，《交流电气装置的过电压保护和绝缘配合设计规范》（GB/T 50064—2014）建议，在一般线路防雷设计中波头形状可取为斜角平顶波，如图 4-5（c）所示。在分析发生在 $10\mu s$ 以内的各种波过程，有很好的等值性。

4. 半余弦波

在大跨越、特殊高塔线路的防雷设计时，可取为半余弦波头，如图 4-5（d）所示，因为这种波形比斜角平顶波更接近实际雷电流的波前形状，从而使计算更加接近于实际。这时，在波头范围内雷电流可表示为

$$i_L(t) = \frac{I_L}{2}(1 - \cos\omega t) \tag{4-9}$$

式中　ω——等值半余弦波的角频率，由波前时间 τ_f 决定，$\omega = \dfrac{\pi}{\tau_f}$。

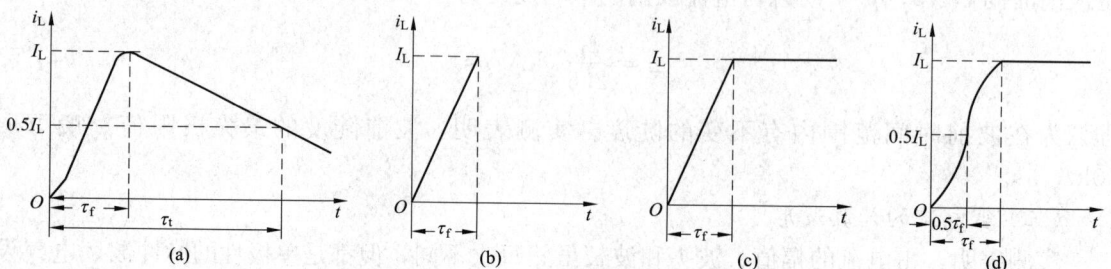

图 4-5　雷电流的几种等值计算波形

(a) 双指数波；(b) 斜角波；(c) 斜角平顶波；(d) 半余弦波

半余弦波头的最大陡度 α_{max} 出现在 $t = \dfrac{\tau_f}{2}$ 处（τ_f 为波头时间），其值为

$$a_{max} = \left(\frac{di_L}{dt}\right)_{max} = \frac{I_L\omega}{2} \tag{4-10}$$

平均陡度为

$$a = \frac{I_L}{\tau_f} = \frac{I_L\omega}{\pi} \tag{4-11}$$

可见，采用半余弦波时的最大陡度是其平均陡度的 $\dfrac{\pi}{2}$ 倍。

（四）雷暴日与雷暴小时

由于地理条件及气象条件等因素的不同，各地雷电活动的强烈程度有很大差别，因此在进行防雷设计和采取防雷措施时，必须从该地区雷电活动的具体情况出发，即把该地区的防雷水平设计到安全允许值。通常以雷暴日或雷暴小时表示该地区的雷电活动强度。雷暴日是指该地区一年中发生雷电的天数，以听到雷声为准，在一天内只要听到过雷声，无论次数多少，均记为一个雷暴日。雷暴小时是指一年中发生雷电发电的小时数，在一个小时内只要有一次雷电，即为一个雷暴小时。通常采用雷暴日作为计算单位。据统计，我国大部分地区一个雷暴日约折合为 3 个雷暴小时。

《建筑物电子信息系统防雷技术规范》（GB 50343—2012）规定，按全年平均雷暴日数，地区雷暴日等级宜划分为少雷区、中雷区、多雷区和强雷区：少雷区为年平均雷暴日在 25 天及以下的地区；中雷区为年平均雷暴日大于 25 天，不超过 40 天的地区；多雷区为年平均雷暴日大于 40 天，不超过 90 天的地区；强雷区为年平均雷暴日超过 90 天以上的地区。

（五）地面落雷密度和输电线路的落雷次数

雷暴日或雷暴小时仅仅表示某一地区雷电活动的频度，它并不区分是雷云之间的放电还是雷云对地面的放电，但从防雷的角度出发，最重要的是后一种雷击的次数，即雷云对地面的放电频度，可用地面落雷密度 γ 来表示，γ 表示每一雷暴日每平方公里地面遭受雷击的次数。它与雷暴日数 T_d 有关，雷暴日数不同的地区 γ 值也各不相同，一般雷暴日数较大的地区，γ 值也较大，其计算式为

$$\gamma = 0.023T_d^{0.3} \tag{4-12}$$

为了评价不同地区防雷系统的防雷性能，须将它们换算到同样的雷电频度条件下进行比较。DL/T 620—1997 取 40 个雷暴日作为基准，则 $\gamma = 0.07$。

对于输电线路来说，由于高出地面，有引雷作用，其吸引范围与线路的高度有关，线路愈高，则等值受雷面愈大。根据模拟试验和运行经验，一般高度线路的等值受雷面的宽度为 $b + 4h$。设 N 为每 100 公里一般高度的线路每年遭受雷击的次数，则 N 的计算式为

$$N = \gamma \times \frac{b + 4h}{1000} \times 100 \times T_d \ [次/(100km \cdot 年)] \tag{4-13}$$

式中　h——输电线路的平均高度，m，无避雷线时为最上层导线的平均高度；

　　　　b——两避雷线之间的距离，m，若为单根避雷线，则 $b = 0$；若无避雷线，则 b 为边相导线间的距离。

对于 $T_d = 40$，则 $\gamma = 0.07$，式（4-13）可简化为

$$N = 0.28(b + 4h) \left[\text{次}/(100\text{km} \cdot \text{年}) \right] \tag{4-14}$$

即每 100 公里一般高度的线路每年约受到 0.28（$b + 4h$）次雷击。

第二节　避雷针和避雷线

一、避雷针的作用原理

当雷电直接击中电力系统的导电部分（例如导线、母线）时，会产生极高的雷电过电压，任何电压等级的系统绝缘都将难以耐受，所以在电力系统中需要安装直击雷防护装置。

对直击雷的防护措施通常是装设避雷针或避雷线。它们是由金属制成，高于被保护的物体，具有良好接地的装置，其作用是吸引雷电击向自身，并将雷电流迅速泄入大地，减低雷击点的过电压，从而使避雷针（线）附近比它低的物体得到保护。因此，它们必须有可靠的引下线和良好的接地装置，其接地电阻应足够小。

在先导放电自雷云向下发展的初始阶段，先导头部离地面较高，放电的发展方向不受地面物体的影响。因避雷针（线）较高且有良好的接地，在其顶端因静电感应而积聚了与先导通道中电荷极性相反的电荷，使其附近空间电场显著增强。当先导头部发展到距地面某一高度 H 时，该电场即开始影响先导头部附近的电场，使其向避雷针（线）定向发展。随着先导通道的定向延伸，避雷针（线）顶端的电场将大大增强，有可能产生自避雷针（线）向上发展的迎面先导。由于避雷针（线）一般均高于被保护物体，它们的迎面先导往往开始得最早、发展得最快，从而最先影响下行先导的发展方向，使之击向避雷针（线），并将雷电流泄入地下，从而使处于它们周围的较低物体受到保护、免遭雷击。上述雷电先导通道开始确定闪击目标时的高度 H 称为雷击定向高度，与避雷针的高度 h 有关。根据模拟试验，当 $h \leqslant 30\text{m}$ 时，$H \approx 20h$；当 $h > 30\text{m}$ 时，$H \approx 600\text{m}$。

为了表示避雷装置的保护效能，通常采用"保护范围"这一概念。我国有关标准所推荐的避雷针（线）的保护范围是根据高压实验室中大量的模拟试验结果并结合多年实际运行经验校核后得出的。由于雷电放电受很多偶然因素的影响，因此要保证被保护物体绝对不受直接雷击的危害是不现实的。因此，保护范围是指在某一空间范围内，被保护物体遭雷击的概率小于 0.1%，而不是绝对的不遭雷击，这样的范围称为避雷针（线）的保护范围。实践证明，此雷击概率是可以接受的。

二、避雷针的保护范围

避雷针包括三部分：接闪器（避雷针的针头）、引下线和接地体。下面介绍避雷针保护范围的工程计算方法。

(一) 单支避雷针的保护范围

单支避雷针的保护范围是一个以避雷针为轴的近似锥体的空间，就像一个帐篷一样。它的侧面边界原为一根曲线，《交流电气装置的过电压保护和绝缘配合设计规范》（GB/T 50064—2014）中近似地用折线代替，如图 4-6 所示。

在高度为 h_x 的水平面上，其保护半径 r_x 的计算式为

$$\text{当 } h_x \geqslant \frac{h}{2} \text{ 时，} \quad r_x = (h - h_x)p = h_a p \tag{4-15}$$

$$当 h_x < \frac{h}{2} \text{ 时，} \qquad r_x = (1.5h - 2h_x)p \qquad\qquad (4-16)$$

式中　h——避雷针的高度，m；

　　　h_x——被保护物体的高度，m；

　　　h_a——避雷针的有效高度，$h_a = h - h_x$，m；

　　　p——高度影响系数，是考虑到避雷针很高时 r_x 不与针高 h 成正比增大，而引入的一个修正系数，当 $h \leqslant 30$m 时，$p = 1$；当 $30 < h \leqslant 120$m 时，$p = \sqrt{\dfrac{30}{h}} = \dfrac{5.5}{\sqrt{h}}$；当 $h > 120$m 时，$p = 0.5$。本节后面各公式中的 p 值亦同此。

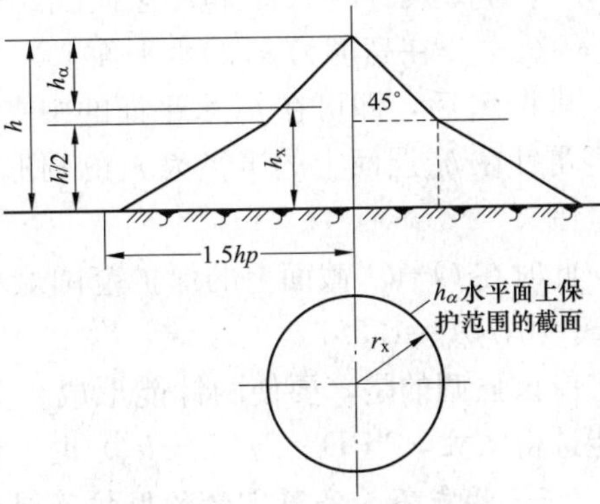

图 4-6　单支避雷针的保护范围

从式（4-16）可以看出，避雷针在地面上（$h_x = 0$）的保护半径最大，$r_x = 1.5hp$。

（二）两支等高避雷针的保护范围

当保护范围较大时，如果采用单支避雷针保护，势必要求避雷针较高，这在经济上是不合理的，技术上也难以实现，因此可采用多针保护。

如图 4-7 所示为两支等高避雷针的保护范围。这时总的保护范围并不是两根单支避雷针保护范围的简单相加。当两根避雷针距离不太远时，由于两根针的联合屏蔽作用，使两针中间部分的保护范围比单针时有所扩大，但两针外侧的保护范围与按单支避雷针的计算方法相同。

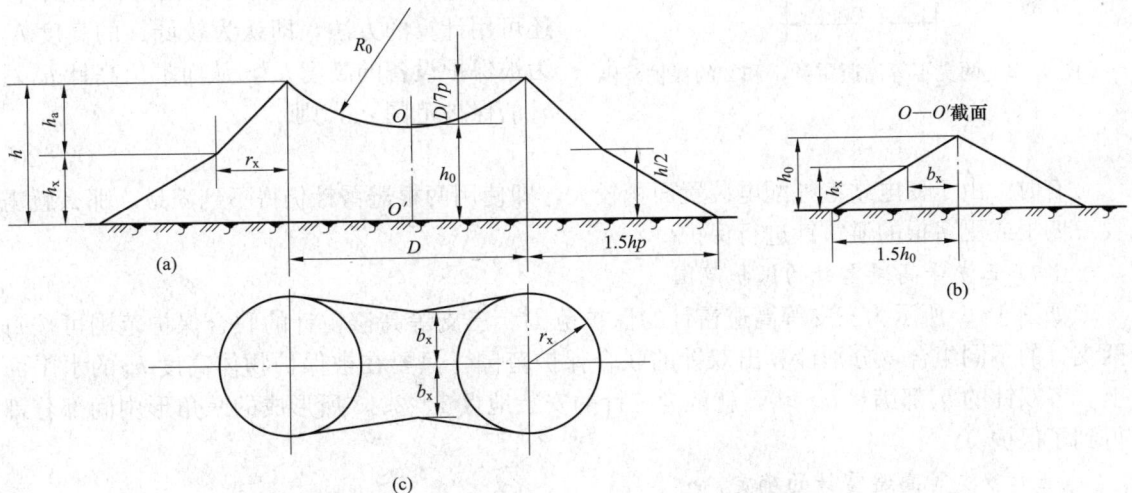

图 4-7　两支等高避雷针 1 和 2 的保护范围
（a）两针连线截面保护范围；（b）$O—O'$ 截面保护范围；（c）h_x 水平面保护范围

两针之间的保护范围的计算式为

$$h_0 = h - \frac{D}{7p} \qquad\qquad (4-17)$$

$$b_x = 1.5(h_0 - h_x) \tag{4-18}$$

式中　D——两针间的距离，m；

　　　h_0——两针间联合保护范围上部边缘的最低点 O 点的高度，m；

　　　b_x——在高度为 h_x 的水平面上，保护范围一侧的最小保护宽度，m。

求得 b_x 后，即可在 h_x 水平面的中央画出到两针连线的距离为 b_x 的两点，从这两点向两支避雷针在 h_x 层面上的半径为 r_x 的圆形保护范围作切线，便可得到这一水平面上的联合保护范围。

此时在 $O-O'$ 截面上的保护范围最小宽度 b_x 与 h_x 的关系如图 4-7（b）所示，在地面上 $h_x = 0$，$b_x = 1.5 h_0$。

应该强调的是，要使两针能形成扩大保护范围的联合保护，两支避雷针之间的距离 D 不能选得太大，当 $D = 7p(h - h_x)$ 时，$b_x = 0$。一般两针之间的距离 D 不宜大于 $5h$。

（三）两支不等高避雷针的保护范围

如图 4-8 所示，设避雷针 1、2 的高度分别为 h_1、h_2，水平距离为 D，两针外侧的保护范围按单针的方法确定，两针内侧的保护范围按如下方法确定：先按单针作出高针 1 的保护范围，然后从低针 2 的顶部作一水平线，与高针 1 的保护范围边界交于点 3，再设点 3 为一假想避雷针的顶点，求出两等高避雷针 2 和 3 的保护范围。图 4-8 中

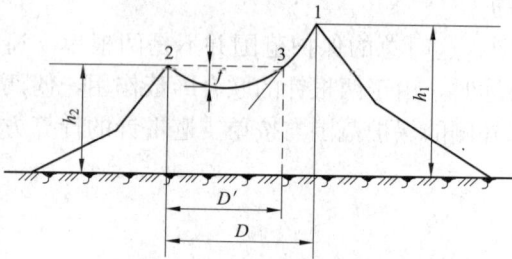

$$f = \frac{D'}{7p} \tag{4-19}$$

式中　D'——避雷针 2 与假想避雷针 3 间的距离，m；

　　　f——圆弧的弓高，m。

避雷针位置的确定除了前面的作图法外，还可用计算的方法，即认为较低针的高度 h_2 为被保护设备的高度 h_x，从而求出高针 h_1 对 h_2 的保护范围 r_x，则

图 4-8　两支不等高避雷针 1 和 2 的保护范围

$$D' = D - r_x \tag{4-20}$$

有时，由于变电站室外配电装置面积较大，即使用两根避雷针仍得不到满足，那么就需要三四根或更多根的避雷针进行保护。

（四）三支等高避雷针的保护范围

如图 4-9 所示为三支等高避雷针的保护范围。三支等高避雷针的联合保护范围可按每两支针的不同组合，分别计算出双针的联合保护范围，只要在被保护物体高度 h_x 的水平面上，各双针的 b_x 都满足 $b_x \geqslant 0$，就认为三针的安装地点 1、2、3 所形成的三角形中间部分都得到了保护。

（五）多支等高避雷针的确定

四支及以上等高避雷针，可以按每三支针的不同组合，分别利用三支等高避雷针保护范围的方法进行计算，如果各边的保护范围最小宽度都满足 $b_x \geqslant 0$，则多边形中间全部面积都处于联合保护范围之内，如图 4-10 所示。

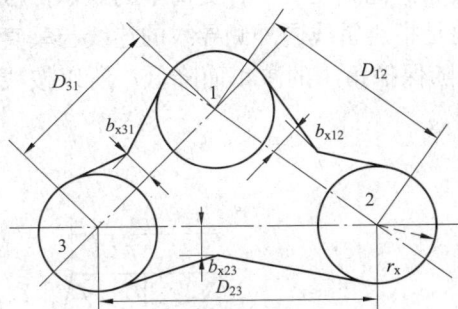

图 4-9 三支等高避雷针的保护范围

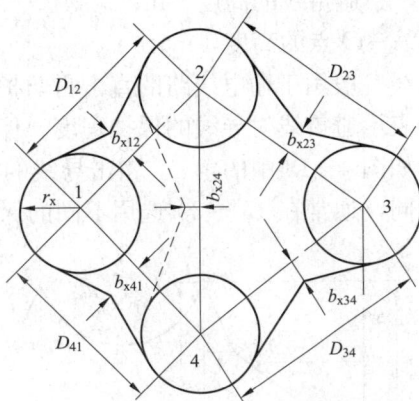

图 4-10 四支等高避雷针的保护范围

被保护物体可能有多种，其高度各不相同。应注意的是针对哪一种保护高度而得到的保护范围，以便使所设计的避雷针能起到全面的保护作用。

实际工程问题大多是已知被保护物体的高度、宽度和位置。例如，一个户外变电站，要求确定避雷针的根数、位置和高度。这还要考虑避雷针与被保护物体的允许距离，提出多种设计方案，经反复计算比较得出最优方案。

三、避雷线及其保护范围的确定

避雷线又称架空地线，其作用原理与避雷针相同。主要用于输电线路的保护，也可用来保护发电厂和变电站。

避雷线保护范围的长度与其本身的长度相同，但两端各有一个受到保护的半个圆锥体空间。避雷线保护范围的计算与避雷针基本相同。单支避雷线的保护范围如图 4-11 所示（当 $h \leqslant 30\text{m}$ 时，$\theta = 25°$），其保护范围一侧宽度 r_x 的经验计算式为

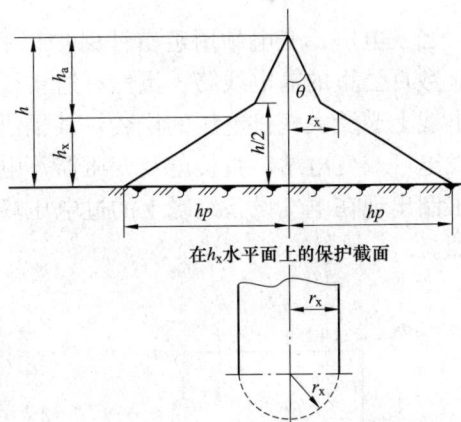

当 $h_x \geqslant \dfrac{h}{2}$ 时，$\quad r_x = 0.47(h - h_x)p$

$$(4-21)$$

当 $h_x < \dfrac{h}{2}$ 时，$\quad r_x = (h - 1.53h_x)p$

$$(4-22)$$

图 4-11 单根避雷线的保护范围

式中各符号的意义同前。

两条等高避雷线的联合保护范围如图 4-12 所示。两线外侧的保护范围按单根避雷线的方法确定。两线内侧的保护范围横截面则由通过两线 1、2 点及保护范围上部边缘最低点 O 的圆弧确定。O 点的高度 h_0 的计算式为

$$h_0 = h - \dfrac{D}{4p} \tag{4-23}$$

式中 D——两避雷线间的水平距离，m。

h——避雷线的高度，m；

h_0——O 点的高度，m。

避雷线一般用于输电线路的直击雷防护，其保护范围还有一种更简单的表示方法，常用保护角来表示避雷线对导线的保护程度。保护角是指避雷线同外侧导线的连线与垂直线之间的夹角，如图 4-13 中的角 α。雷击导线的概率随保护角 α 的减小而降低，所以按线路重要程度的不同，通常在 $15°\sim30°$ 选用不同的保护角。

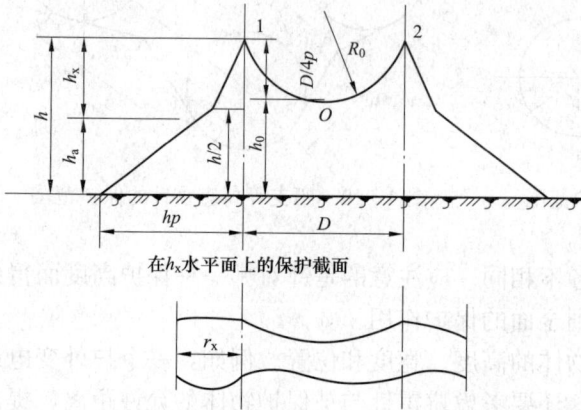

在 h_x 水平面上的保护截面

图 4-12　两平行避雷线 1 和 2 的保护范围

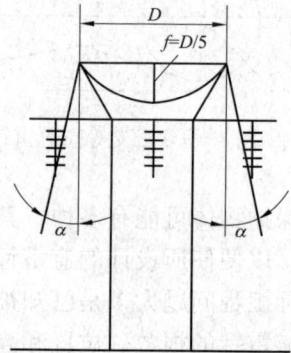

图 4-13　避雷线的保护角

第三节　避　雷　器

当发电厂、变电站用避雷针保护以后，电力设备几乎可以免受直接雷击。但是长达数十、数百公里的输电线路，虽然有避雷线保护，但由于雷电的绕击和反击，仍不能完全避免输电线上遭受大气过电压的侵袭，其幅值可达一、二百万伏。此过电压波还会沿着输电线侵入发电厂或变电站，直接危及变压器等电气设备，造成事故。为了保护电气设备的安全，必须限制出现在电气设备绝缘上的过电压峰值，就需要装设另外一类过电压保护装置，通称避雷器。

图 4-14　避雷器保护作用原理示意图
1—避雷器；2—被保护设备

一、避雷器的保护原理

避雷器实质上是一种放电器，并联连接在被保护设备附近如图 4-14 所示。避雷器的击穿电压要比被保护设备的低，当过电压波沿线路入侵并超过避雷器的放电电压时，避雷器首先放电把入侵波导入大地，限制了作用于设备上的过电压数值，从而保护了设备绝缘免遭击穿破坏。

当入侵波消失后，避雷器应能自行恢复绝缘能力，以免造成工频接地短路事故。

二、对避雷器的基本要求

为了使避雷器达到预期的保护效果，必须正确使用和选择避雷器，一般有如下基本要求：

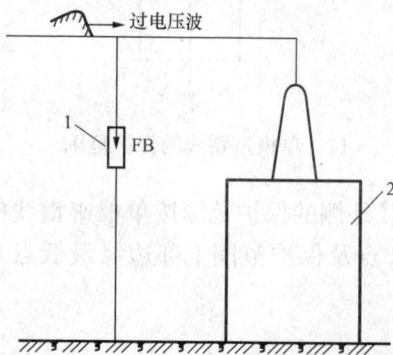

（1）具有较强的绝缘自恢复能力。避雷器一旦在冲击电压作用下放电，就形成了系统对地的短路，因为冲击电流放电时间极短，一般不会造成继电器动作；但当瞬间的雷电过电压消失后，工频电压却继续作用在避雷器上，此时流经间隙的工频电弧电流，称为工频续流，此电流将是间隙安装处的短路电流，如果工频续流持续时间过长将造成工频短路，使继电保护动作，造成停电事故。所以，避雷器应当具有自行迅速截断工频续流、恢复绝缘强度的能力，进而使电力系统得以继续正常工作。一般要求冲击电压过后，工频续流在第一次过零时即应切断。

（2）具有平直的伏秒特性曲线。电气设备的冲击放电特性都由伏秒特性曲线来表示，避雷器的伏秒特性曲线与被保护设备的伏秒特性曲线之间应有合理的配合。这样，才能在被保护设备可能击穿以前，避雷器便发生动作，将过电压波截断，从而起到可靠的保护作用。

要使被保护设备得到保护并能正常工作，必须使避雷器的伏秒特性曲线低于被保护设备绝缘的伏秒特性曲线。一般被保护设备绝缘（其电场大多经过均匀化）的伏秒特性比较平直，如图 4-15 中的曲线 1 所示。对于保护间隙或管型避雷器，其电场大多属极不均匀电场，伏秒特性很陡，如图 4-15 中的曲线 2 所示，二者的伏秒特性很容易出现交叉现象，难以与被保护设备绝缘的伏秒特性取得良好的配合（如图中 A 点以左，保护间隙或管型避雷器根本不能发挥保护作用）。而阀型避雷器则具有平直的伏秒特性，如图 4-15 中的曲线 3 所示，从而易于与被保护设备绝缘的伏秒特性配合。

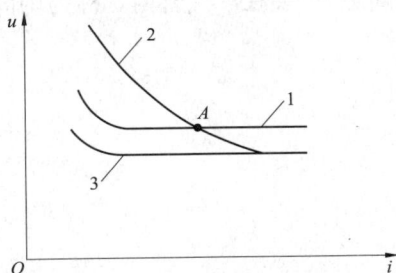

图 4-15　避雷器与被保护
设备的伏秒特性配合
1—被保护设备的伏秒特性；
2—保护间隙或管型避雷器的伏秒特性；
3—阀型避雷器或氧化锌避雷器的伏秒特性

工程上通常用冲击系数 α 来反映伏秒特性曲线的形状。冲击系数 α 是指冲击放电电压与工频放电电压的比值。冲击系数愈小，伏秒特性愈平缓，一般希望它接近于 1。因此，应选择冲击系数小的避雷器作为电气设备的保护装置。

（3）具有一定通流容量，且其残压应低于被保护物的冲击耐压。避雷器动作以后，在规定的雷电流通过时，不应损坏避雷器，同时在避雷器上造成的压降——残压（冲击电压通过避雷器时，在避雷器上产生的最大压降）应低于被保护物的冲击耐压。否则，虽然避雷器动作，被保护物仍有被击穿的危险。

三、保护间隙

保护间隙可以说是一种最简单的避雷器。按其形状分可为棒形、角形、环形、球形等。如图 4-16 所示为常用的角形保护间隙，它是由主间隙和辅助间隙串联而成。主间隙的两个电极做成角形是为了使工频电弧在自身电动力和热气流作用下易于上升被拉长而自行熄灭。保护间隙应满足在绝缘配合条件下，选用最大容许值，以防不必要的误动作。一般保护间隙除了主间隙外，在接地引线上还串联了一个辅助间隙，这样即使主间隙由

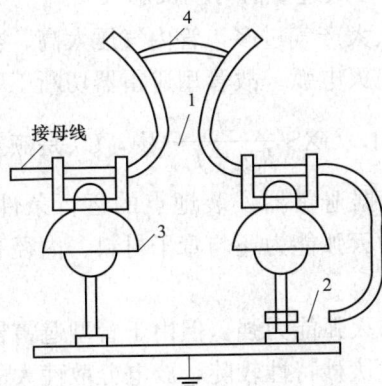

图 4-16　角形保护间隙
1—主间隙；2—辅助间隙；
3—绝缘子；4—电弧

于意外原因短路，也不会引起工作母线接地而造成误动作。

保护间隙的优点就是结构简单，造价低。但是，由于放电间隙暴露在空气中，放电特性受环境影响大，放电分散性大，并且由于一般保护间隙的电场属于极不均匀电场，因此它的伏秒特性曲线比较陡，与被保护设备的绝缘配合不理想；同时放电时会产生截波，对有线圈的设备造成危害。保护间隙另一个重要的缺点是灭弧能力差，对于间隙动作后流过的工频续流（即间隙安装处的短路电流）往往不能自行熄灭，将引起断路器的跳闸。为了保证安全供电，往往与自动重合闸装置配合使用。因此，保护间隙主要用于配网 10kV 以下一些不重要的线路中。

四、管型避雷器

由于保护间隙灭弧能力较差，目前使用不多。为了提高灭弧能力，生产了管型避雷器，它实质上是一种具有较高灭弧能力的保护间隙。

管型避雷器的原理结构如图 4-17 所示。它有两个相互串联的间隙，一个在大气中称为外间隙 S2，其作用是隔离工作电压，避免产气管被流经管子的工频泄漏电流所烧坏。另一个间隙 S1 装在产气管内，称为内间隙或灭弧间隙，由一棒形电极和一环形电极构成。产气管用纤维、塑料或橡胶等在电弧高温下易于气化的有机材料制成。

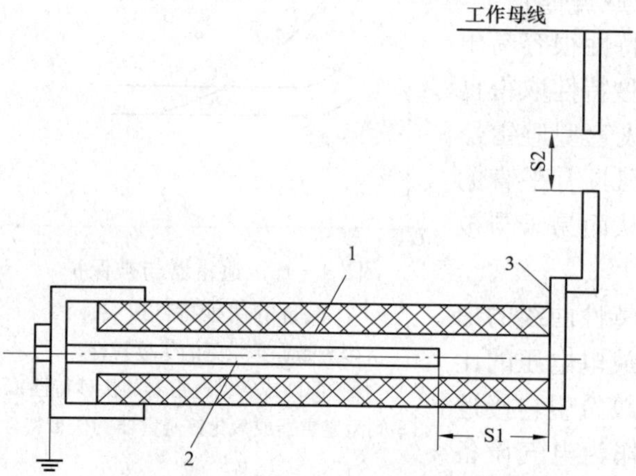

当雷电冲击电压入侵时，内外间隙 S1 与 S2 均被击穿，雷电流经间隙流入大地；过电压消失后，内外间隙的击穿状态将由导线上的工作电压所维持，此时流经间隙的工频电弧电流为工频续流，就是管型避雷器安装处的短路电流，在工频续流电弧的高温作用下，产气管内分解出大量气体，管内压力升高，形成数十甚至上百个大气压力，气体在高压力作用下从环形电极孔口急速喷出，形成强烈的纵吹，使工频续流电弧在第一次过零值时就被熄灭。

图 4-17　管型避雷器的原理结构
1—产气管；2—棒形电极；3—环形电极；
S1—内间隙；S2—外间隙

管型避雷器的灭弧能力与工频续流的大小有关，续流太大产气过多，管内气压太高，会使管子炸裂；续流太小产气过少，管内气压太低则不足以熄灭电弧。故管型避雷器切断工频续流有上、下限的规定，通常在避雷器的型号中表明。例如，$GXS\dfrac{U_N}{I_{min}-I_{max}}$ 中，U_N 是额定工作电压，I_{max}、I_{min} 是灭弧电流的上、下限。使用时要根据避雷器安装地点的运行条件，使单相接地短路电流处在灭弧电流的范围内。管型避雷器的灭弧能力还与管子材料、内径和内间隙大小有关。

管型避雷器采用了强制灭弧的装置，因此比保护间隙的灭弧能力强。但由于管型避雷器具有外间隙，受环境的影响大，故与保护间隙一样，仍具有伏秒特性较陡、放电分散性大的缺点，不易与被保护设备实现合理的绝缘配合；同时动作后也会产生截波，不利于变压器等有线圈设备的绝缘。因此，这种保护装置不宜大量安装，目前仅装设在输电线路上绝缘比较薄弱的地方和用于变电站、发电厂的进线段保护中，而且采用越来越少，逐渐被线路型氧化锌式避雷器所取代。

五、普通阀型避雷器

阀型避雷器是由火花间隙和非线性电阻这两种基本元件组成。间隙与非线性电阻相串联，如图 4-18 所示。非线性电阻的电阻值与流过的电流有关，具有非线性特性，电流越大，电阻越小；反之，电流越小，电阻越大，这种电阻称为"阀片"电阻，"阀型避雷器"也由此而得名。

阀型避雷器的工作原理：在电力系统正常工作时，间隙将阀片电阻与工作母线隔离，以免由工作母线的工作电压在阀片电阻中产生的电流使阀片烧坏。由于采用电场比较均匀的间隙，因此阀型避雷器的伏秒特性曲线较平，放电分散性较小，能与被保护设备绝缘的冲击放电伏秒特性很好地配合。当系统中出现过电压且幅值超过间隙的放电电压时，间隙先击穿，冲击电流通过阀片流入大地。由于阀片的非线性特性，其电阻在流过大的冲击电流时变得很小，故在阀片上产生的压降（称为残压）较小，即限制了作用于设备上的

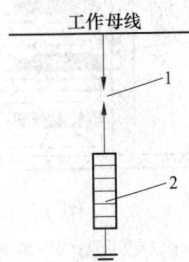

图 4-18　阀型避雷器
原理示意图
1—间隙；2—阀片电阻

过电压值，使其低于被保护设备的冲击耐压值，因而设备得到保护。当过电压消失后，间隙中由工作电压产生的工频续流仍将继续流过避雷器，此续流由于受阀片电阻的限制较冲击电流要小得多，故阀片电阻值变得很大，从而进一步限制了工频续流的数值，使间隙能在工频续流第一次经过零值时就将电弧熄灭，使电网恢复正常运行。这样，避雷器从间隙击穿到切断工频续流不超过工频半个周期，而且工频续流的数值也不大，继电保护还来不及动作系统就已恢复正常。

1. 火花间隙

普通阀型避雷器的火花间隙由多个如图 4-19 所示的单个火花间隙串联而成。单个火花间隙的电极由黄铜板冲压而成，两电极极间以云母垫圈隔开形成间隙，云母垫圈的厚度（即间隙距离）仅为 0.5~1.0mm。由于电极间的距离很小，电极间的电场接近均匀电场，因此其冲击放电伏秒特性曲线较平，有利于与被保护设备实现绝缘配合。但另一方面，随着间隙距离的缩小，间隙放电过程中出现第一个有效电子的概率就会减小，从而使间隙放电的分散性增大。为了解决这一问题，应在间隙中加预热照射的设施，而采用云母垫圈就可以达到这一目的，这是因为云母的介电常数远比空气的大，所以在过电压作用下，在云母垫圈与电极之间的空气缝隙中所形成的电场就很强，从而发生局部放电，对间隙产生照射作用，使间隙的放电时间缩短，从而使间隙的放电分散性较小。

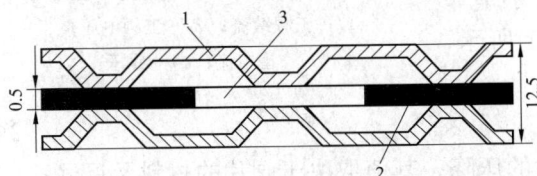

图 4-19　普通阀型避雷器的单个火花间隙
1—黄铜电极；2—云母垫圈；3—间隙的放电区

阀型避雷器的火花间隙由大量单个火花间隙串联而成，例如 110kV 避雷器中，上述单个火花间隙的数目就达到 96 只。由于结构和装配方面的原因，往往先把几只（例如 4 只）单个间隙装在一只小瓷套筒内，配上分路电阻（起均压作用）后，组成一个标准单元间隙组，如图 4-20 所示，然后再把几个标准单元间隙组串联在一起，就构成了阀型避雷器的全部火花间隙。这种结构方式的火花间隙除了伏秒特性较平缓外，还有另一方面的好处，就是

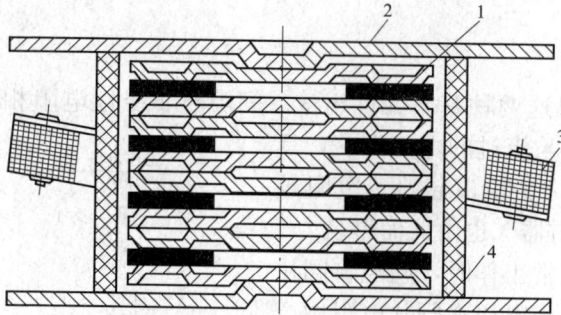

图 4-20　标准火花间隙组

1—单个火花间隙；2—黄铜盖板；3—半环形分路电阻；4—瓷套筒

易于切断工频续流。在避雷器动作后，工频续流被许多单个间隙分割成许多短弧，利用短间隙的自然灭弧能力使电弧熄灭。短弧还具有工频电流过零后不易重燃的特性，所以提高了避雷器间隙绝缘强度的恢复能力。间隙绝缘强度恢复的快慢与工频续流的大小有关，试验表明，对 FZ 型普通阀型避雷器，当间隙工频续流在 80A 以下，能够保证在工频电流第一次过零时使电弧熄灭。

2. 阀片电阻

如果避雷器只有火花间隙，当截断冲击电压波以后，将会出现对绝缘不利的截波，而且工频续流就是导致直接接地的短路电流，难以自行熄灭。在火花间隙中串入电阻以后可限制工频续流以利于灭弧。但如果电阻过大，当雷电流通过时其端部残压会比较高，数值过高的残压作用在被保护的电气设备上，同样会破坏绝缘，采用非线性阀片电阻有助于解决这一矛盾。

阀型避雷器所用的非线性阀片电阻呈圆盘形，其直径为 $55\sim105mm$，是由金刚砂（SiC）加黏合剂（如水玻璃等）在高温下烧结而成。在烧结过程中，SiC 颗粒的表面形成了一层极薄的氧化层（厚度约 $10^{-5}cm$）。金刚砂颗粒本身的电阻率很小（约 $1\Omega\cdot cm$），当电流流过阀片时，电压主要降落在极薄的氧化层上。在电流小（例如通过工频续流）时，压降小，薄层的电阻率很大（约为 $10^6\sim10^8\Omega\cdot cm$），故电阻很大，阀片工作在阻值高的区域，因而限制了工频续流；当电流增大（例如通过雷电流）时，压降增大，颗粒间的小气隙击穿，颗粒间的接触面增大，使电阻迅速下降，阀片工作在低阻值区域，因而使避雷器的残压降低。由此可见，阀片电阻具有使雷电流顺利地流过而又阻止工频续流的作用，其电阻值随流过电流的大小呈非线性变化，通常用特性曲线表示，如图 4-21 所示，也表示为

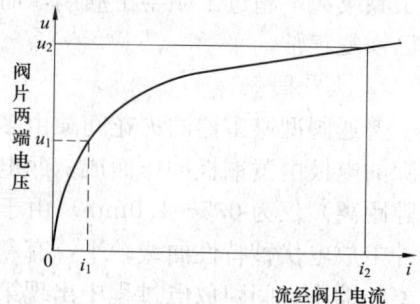

图 4-21　阀片的伏安特性

i_1—工频续流；u_1—工频电压；
i_2—雷电流；u_2—残压

$$u = Ci^{\alpha} \tag{4-24}$$

式中　C——常数，等于阀片上流过 1A 电流时的压降，其值取决于阀片的材料及尺寸；

　　　α——非线性系数，其值为 $0\leqslant\alpha\leqslant1$，与阀片的材料及工艺过程有关。普通型阀片的 α 一般在 0.2 左右，α 愈小说明阀片的非线性程度愈高，其保护性能愈好。

除非线性系数 α 外，阀片电阻的另一个重要参数是通流容量，它表示阀片通过电流的能力（热容量）。根据我国实测统计，在有关规程建议的防雷接线的 $35\sim220kV$ 的变电站中，流经阀型避雷器的雷电流超过 5kA 的概率是非常小的，因此我国对 $35\sim220kV$ 的阀型避雷器以 5kA（其波形为 $20/40\mu s$）作为设计依据，此类电网电气设备的绝缘水平也以避雷器 5kA 的残压作为绝缘配合的依据。对 330kA 及更高的电网，由于线路绝缘水平较高，入侵雷电波的峰值也高，故流过避雷器的雷电流较大。我国规定取 10kA 作为计算标准，并且规

定普通型阀片的通流容量为通过波形为 $20/40\mu s$、峰值为 5kA 的冲击电流和幅值为 100A 的工频半波各 20 次。由此可知，普通型避雷器阀片的通流容量与直击雷雷电流相差甚远，因此不宜用作线路防雷保护，一般只用于变电站中作防护大气过电压用。对于能够限制内过电压的磁吹避雷器，则阀片的通流容量应能承受内过电压冲击电流的作用，我国生产的磁吹型阀片的通流容量为通过波形为 $20/40\mu s$、峰值为 10kA 和 $2000\mu s$ 方波、$800\sim1000A$ 电流各 20 次。

根据焙烧时的温度可以把阀片电阻分为两种，一种是焙烧温度在 $300\sim500℃$ 时烧结而成的低温阀片，其特点是非线性系数较小，$\alpha\approx0.2$，非线性较好，但通流能力差，主要用于普通阀型避雷器；另一种是焙烧温度在 $1350\sim1390℃$ 时烧结而成的高温阀片，其特点是非线性较差，$\alpha\approx0.24$，但通流能力强，主要用于磁吹阀型避雷器。

3. 火花间隙的均压措施

因为阀型避雷器的间隙是由许多单个间隙串联而成的，每一单个间隙都有一定的电容，均为十几个皮法（pF），所以间隙串联后将形成一等值电容链，如果考虑到对地的杂散电容的影响，则靠近高压端子的间隙中流过的电流就比较大，如图 4-22 所示。由于单个间隙的容抗差不多相等，故电压在间隙上的分布是不均匀的，这会使每个火花间隙的作用得不到充分发挥，承受电压比较高的间隙不能灭弧，因而这部分间隙被短路，减弱了避雷器的灭弧能力；此外，电压分布不均匀，也会使避雷器的工频放电电压过低，这样，避雷器在较低的内部过电压下就会动作，这也是不允许的。

为了解决这个问题，在保护对象比较重要的阀型避雷器（例如我国生产的 FZ 系列避雷器）中，都在每组火花间隙上并联一个分路电阻，如图 4-23 所示。在工频电压和恢复电压作用下，间隙电容的阻抗很大，而分路电阻阻值较小，故间隙上的电压分布将主要由分路电阻决定，因分路电阻阻值相等，故间隙上的电压分布均匀，从而提高了灭弧电压和工频放电电压。在冲击电压作用下，由于冲击电压的等值频率很高，电容的阻抗小于分路电阻，间隙上的电压分布主要取决于电容分布，由于间隙对地和瓷套寄生电容的存在，使电压分布很不均匀，因此其冲击放电电压较低，避雷器的冲击放电电压低于单个间隙放电电压的总和，冲击系数一般为 1 左右，甚至小于 1，从而改善了避雷器的保护性能。

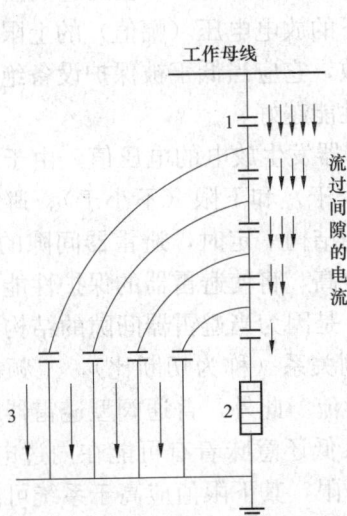

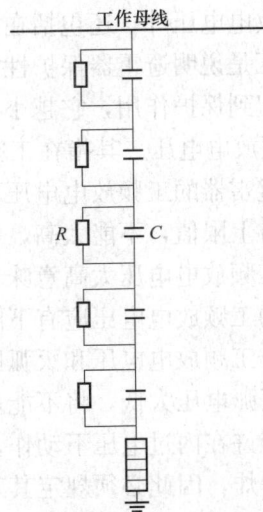

图 4-22　杂散电容对间隙电压分布的影响　　　　图 4-23　在间隙上并联分路电阻原理图
1—间隙电容；2—阀片电阻；3—间隙杂散电容　　　　　　C—间隙电容；R—并联电阻

采用分路电阻均压后，在系统工作电压作用下，分路电阻中长期有电流流过，因此分路电阻必须有足够的热容量，通常也采用非线性电阻，其非线性系数 α 约为 0.35～0.45。

FS 系列的配电系统用避雷器的间隙无并联电阻。

4. 普通阀型避雷器的主要电气参数

阀型避雷器的主要电气参数如下：

（1）额定电压。其指安装该避雷器处的电网额定电压，也就是正常运行时避雷器两端子间允许施加的最大工频电压有效值。

（2）灭弧电压。其指工频续流第一次过零后避雷器所能承受的不致引起重新放电的最高工频电压。灭弧电压应当大于避雷器工作母线上可能出现的最高工频电压，否则就会发生工频续流第一次过零后，某时刻避雷器第二次动作，避雷器将因不能保证熄灭续流电弧而使阀片烧坏，酿成事故。因此，避雷器的灭弧电压越高，避雷器的切断工频续流的性能越好。工作母线上可能出现的最高工频电压，不能仅按正常工作时的相电压考虑，而应考虑电网在发生单相接地故障时非故障相的电压升高，正好该相的避雷器在这时动作的情况。因此，单相接地时非故障相的电压就成为可能出现的最高工频电压，避雷器的灭弧电压应当高于这个数值。

发生单相接地故障时非故障相的电压，在中性点直接接地的系统中可达工作线电压的 80%，在中性点不接地系统和经消弧线圈接地的系统分别可达工作线电压的 110% 和 100%。所以选用避雷器时，对 110kV 及以上的中性点直接接地系统，灭弧电压取系统最大工作线电压的 80%。对 35kV 及以下的中性点不接地系统和经消弧线圈接地的系统，则分别取系统最大工作线电压的 110% 和 100%。

应该强调指出，灭弧电压才是一支避雷器最重要的设计依据，例如应采用多少支单元间隙、多少个阀片，均需根据灭弧电压，而不是根据其额定值选定的。

（3）冲击放电电压。其可分为雷电冲击放电电压和操作冲击放电电压两类，因间隙放电电压的分散性，放电电压具有上、下限值。对于 220kV 及以下的避雷器，指的是在标准雷电冲击波下的放电电压（幅值）的上限（不大于）。对于 330kV 及以上的超高压避雷器，除了雷电冲击放电电压外，还包括在标准操作冲击波下的放电电压（幅值）的上限（不大于）。冲击放电电压是说明避雷器保护性能的一个特性参数，它应当低于被保护设备绝缘的冲击击穿电压才能起到保护作用，它越小，避雷器的保护性能越好。

（4）工频放电电压。其指在工频电压作用下避雷器发生放电的电压值。由于间隙击穿的分散性，对避雷器的工频放电电压要规定上限（不大于）和下限（不小于）。避雷器的工频放电电压应有上限值，不能太高，是因为当避雷器的结构一定时，避雷器间隙的冲击系数 α 为一定值，工频放电电压太高意味着冲击放电电压也高，将使避雷器的保护性能变坏。

避雷器的工频放电电压应有下限值，不能太低，是因为当避雷器间隙的结构和切断的续流值一定时，工频放电电压和灭弧电压有一定的比例关系（称为切断比），工频放电电压太低就意味着灭弧电压太低，将不能可靠地切断工频续流。此外，普通阀型避雷器由于通流容量有限，不允许在内过电压下动作，工频放电电压太低还意味着有可能在内过电压下动作，导致避雷器爆炸，因此必须规定其工频放电电压的下限，其下限值应高于系统可能出现的内部过电压值。在 35kV 及以下中性点不直接接地电网和 110kV 及以上中性点直接接地电网中，内过电压通常分别不超过 3.5 倍和 3.0 倍最大工作相电压。因此，为防止避雷器在内过电压下动作，避雷器的工频放电电压在 35kV 及以下和 110kV 及以上的系统中，应分别大于系统最大工作相电压的 3.5 倍和 3.0 倍。

　　（5）残压。其指雷电流通过避雷器时在阀片电阻上产生的压降。由于避雷器所用的阀片材料的非线性系数 $\alpha \neq 0$，所以残压仍会随电流幅值的增大而有所些升高，为此在规定残压的上限（不大于）时，必须同时规定所对应的冲击电流幅值，我国标准对此所作的规定分别为 5kA（220kV 及以下的系统）和 10kA（330kV 及以上的超高压系统），电流波形则统一取 8/20μs。残压对于出现在被保护设备上的过电压有着直接影响，根据阀型避雷器的工作原理可知，避雷器放电以后就相当于以残压突然作用到被保护设备上，避雷器残压愈低则保护性能就愈好，因此它也是说明避雷器保护性能的一个特性参数。

　　可以看出，上述避雷器各个基本电气特性参数之间具有一定联系。在各个参数中，灭弧电压是一支避雷器最重要的设计依据，灭弧电压应当按照避雷器的工作条件来确定，不能随意选择。因为避雷器的主要结构，包括间隙和阀片的数目，则要根据灭弧电压来决定。由于每个间隙的灭弧电压和能切断的续流是一定的，灭弧电压增加，间隙数也要增加，同时要把续流限制到一定值，阀片的数目也要随之增加。这样，避雷器的保护特性——冲击放电电压和残压也就随着确定了。避雷器的残压与灭弧电压之比通常称为保护比，可用以比较不同类型的避雷器的保护性能。保护比越小，说明在一定的灭弧电压下残压越低，显然其保护性能越好。普通阀型避雷器的保护比约为 2.3～2.5，磁吹避雷器的保护比约为 1.7～1.8。在避雷器类型及保护比不变的情况下，中性点直接接地系统由于可以使用灭弧电压较低的避雷器，所以有较好的保护性能。

　　普通阀型避雷器有 FS 和 FZ 两种系列，它们的结构特点和应用范围见表 4-1。

表 4-1　　　　　　　　　普通阀型避雷器的 FS 和 FZ 两种系列比较

系列型号	额定电压 （kV）	允许通过的 工频续流（A）	结构特点	应用范围
FS	3，6，10	50	有火花间隙和阀片电阻，但无分路电阻，阀片直径 55mm	小容量配电装置的保护
FZ	3～220	80	有火花间隙、阀片电阻和分路电阻，阀片直径 100mm	中等及大容量变电站的电气设备的保护

　　FZ 系列由一些结构和性能都已标准化的单件所组成，这些单件分别适用于 3、6、10、15、20kV 和 30kV 额定电压，它们的组合可以适用于各种电压等级，如 FZ-110J（适用于 110kV 中性点接地系统）就是由 4 个 FZ-30J 串联而成。额定电压为 35～220kV 的 FZ 系列避雷器组合方式见表 4-2。

表 4-2　　　　　　　　　35～220kV 的 FZ 系列避雷器组合方式

型　号	组合方式	型　号	组合方式
FZ-35	2×FZ-15	FZ-110	FZ-20+5×FZ-15
FZ-40	2×FZ-20	FZ-154J	4×FZ-30J+2×FZ-15
FZ-60	2×FZ-20+FZ-15	FZ-154	3×FZ-20+5×FZ-15
FZ-110J	4×FZ-30J	FZ-220J	8×FZ-30J

六、磁吹阀型避雷器

1. 磁吹式火花间隙的结构与工作原理

为了改善阀型避雷器的保护性能，在普通型基础上发展了磁吹式阀型避雷器，简称磁吹避雷器。与普通型相比较，它具有更高的灭弧能力和较低的残压，因此它适宜用于电压等级较高的变电站电气设备的保护以及绝缘水平较弱的旋转电机的保护。

磁吹避雷器的原理和基本结构与普通型避雷器相同，主要区别在于采用了灭弧能力较强的磁吹式火花间隙。它也是由多个串联间隙和阀片组成，但它是利用磁场对电弧的电动力，迫使间隙中的电弧加快运动（如旋转或拉长），使间隙的去电离作用增强，从而提高了间隙的灭弧能力。

磁吹式火花间隙种类很多，目前各国生产的主要是限流式磁吹间隙（又称拉长电弧型磁吹间隙）和旋弧型磁吹间隙。

单个限流型磁吹间隙的基本结构和电弧运动如图 4-24 所示，火花间隙由一对羊角状电极组成，在轴向磁场的作用下会产生电动力使电弧拉长，电弧最终进入灭弧栅中，其最终长度可达起始长度的数十倍。灭弧栅由陶瓷或云母玻璃制成，电弧在灭弧栅中受到强烈去电离而熄灭，由于电弧形成后很快就被拉到远离击穿点的位置，故间隙绝缘强度恢复很快，灭弧能力很强，可以切断 450A 左右的工频续流。这种磁吹间隙用于电压较高的磁吹避雷器中（例如保护变电站高压电气设备的 FCZ 系列磁吹避雷器）。

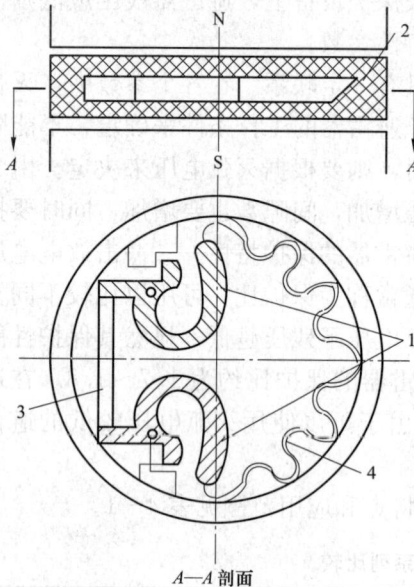

图 4-24 单个限流型磁吹间隙的
基本结构和电弧运行
1—间隙电极；2—灭弧盒；
3—并联电阻；4—灭弧栅

此外，由于电弧被拉长，电弧电阻明显增大，因此还可以起到限制工频续流的作用，因而这种火花间隙又称为限流间隙。这样，借助电弧电阻的限流作用，就可以适当减少阀片电阻的数目，使避雷器的残压得到降低。

间隙中电弧受到的外加磁场是依靠工频续流自身产生的。办法就是在间隙串联回路中增加磁吹线圈，在工频电流作用下可产生磁场，其原理如图 4-25 所示。增加磁吹线圈以后，在冲击电流作用下线圈上会产生压降，此压降增大了避雷器残压，为了避免这种情况，又将磁吹线圈并联一个辅助间隙（如图 4-25 中间隙 2），当冲击电流流过时，由于频率高，线圈两端的电压降会使辅助间隙击穿，使磁吹线圈短路，放电电流经过辅助间隙、主间隙和阀片电阻而进入大地，从而使避雷器仍保持有较低的残压；对于工频续流，磁吹线圈的压降不足以维持辅助间隙放电，电流仍自线圈中流过并发挥磁吹作用。

单个旋弧型磁吹间隙的基本结构和电弧运动如图 4-26 所示，其间隙由两个同心圆式内、外电极构成，磁场由永久磁铁产生，在外磁场的作用下，电弧受力沿着圆形间隙高速旋转（旋转方向取决于电流方向），使弧柱得以冷却，加速去电离过程，电极表面也不易烧伤。它的灭弧能力可提高到能可靠切断 300A 的工频续流。这种磁吹间隙用于电压较低的磁吹避雷器中（例如保护旋转电机用的 FCD 系列磁吹避雷器）。

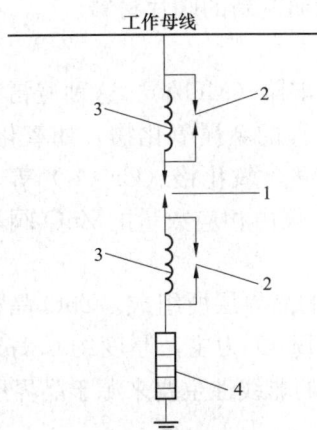

图 4-25　限流型磁吹避雷器的
结构原理
1—主间隙；2—辅助间隙；
3—磁吹线圈；4—阀片电阻

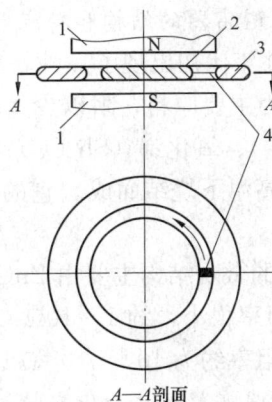

图 4-26　单个旋弧型磁吹间隙的
基本结构和电弧运行
1—永磁铁；2—内电极；3—外电极；
4—电弧（箭头表示电弧旋转方向）

2. 磁吹避雷器的类型

磁吹避雷器主要有变电站用 FCD 系列和保护旋转电机用 FCZ 系列两种。

磁吹避雷器的阀片电阻也是 SiC 原料烧结而成。FCD 系列磁吹阀型避雷器所采用的阀片是低温阀片，但直径较大，为 150mm。由于采用旋转电弧型磁吹间隙和较大直径的阀片，因此 FCD 系列磁吹阀型避雷器的通流能力较高，其允许通过和切断的续流可达 300A。此外，在 FCD 避雷器中间部分的放电间隙上，并联有云母电容器，用来加大间隙对地部分电容，使间隙组之间的冲击电压分布不均匀，以降低避雷器的冲击放电电压。

FCD 系列避雷器的主要缺点是结构笨，体积大，所以目前已逐步为 FCD_1 系列避雷器代替。FCD_1 系列避雷器采用的是比旋弧型磁吹间隙灭弧能力更强的限流型磁吹间隙和高温阀片，可以切断 450A 的续流，通流能力较高，但非线性系数较大，$\alpha \approx 0.24$。

FCZ 系列避雷器采用限流型磁吹间隙和高温阀片，阀片的直径为 100mm，其工频续流为 450A，阀片的工频通流容量最大可达 800～1000A。它的保护特性比同级电压的普通阀型避雷器好。它们的结构特点和应用范围见表 4-3。

表 4-3　　　　　　　　　　磁吹阀型避雷器 的 FCZ 和 FCD 两种系列比较

系列型号	额定电压（kV）	允许通过的工频续流（A）	结构特点	应用范围
FCZ	35～500	450	限流型磁吹间隙，采用高温阀片，阀片直径100mm	变电站高压电气设备的保护
FCD	3～15	300	旋弧形磁吹间隙，部分间隙加并联电容，采用低温阀片，阀片直径150mm	旋转电机的保护

七、氧化锌（ZnO）避雷器

传统碳化硅（SiC）避雷器在技术上几乎已发展到了极限状态，想要进一步降提高其保护性能是相当困难了。为了取得新的突破，就要设法研制新的阀片材料。

（一）ZnO 避雷器的结构和特点

20 世纪 70 年代初出现了一种新型金属氧化物避雷器（MOA）。这种避雷器的阀片以氧化锌（ZnO）为主要原料，附以少量能产生非线性特性的金属氧化物，如氧化铋（Bi_2O_3）、氧化锰（MnO_2）、氧化锑（Sb_2O_3）、氧化钴（Co_2O_3）、氧化铬（Cr_2O_3）等，经混料、选粒、成型，在高温下烧结而成。它的结构非常简单，仅由相应数量的 ZnO 阀片密封在磁套内组成。

ZnO 阀片的微观结构主要由 ZnO 晶粒和包围它的晶界层所组成。ZnO 晶粒的平均直径约 $10\mu m$，电阻率很小，约 $1\sim10\Omega\cdot cm$。晶界层以 Bi_2O_3 为主，厚度约 $0.1\mu m$，在低电场强度下，其电阻率约为 $10^{10}\sim10^{14}\Omega\cdot cm$。ZnO 阀片的非线性主要来源于晶界层。

（二）ZnO 避雷器阀片的伏安特性

ZnO 阀片的伏安特性如图 4-27 所示。其伏安特性可分为三个区域。在 1mA 以下的区域为小电流区，非线性系数 α 较高，约为 $0.1\sim0.2$。在正常运行电压下，ZnO 阀片工作在此小电流区；电流在 1mA~3kA 范围内通常为非线性区，用关系式 $U=CI^{\alpha}$ 表示，式中 $\alpha=0.01\sim0.04$，与理想值 $\alpha=0$ 很接近。在大电流区，特性曲线上翘，非线性特特性变差，电流与电压呈近似线性关系。

ZnO 阀片具有很理想的非线性伏安特性，图 4-28 所示是 SiC 避雷器与 ZnO 避雷器以及理想避雷器的伏安特性曲线。假定 ZnO、SiC 阀片在 10kA 下的残压基本相同，那么在相电压下，SiC 阀片将流过幅值 100A 左右的电流，因而必须用火花间隙加以隔离；而 ZnO 阀片在相电压下流过的电流数量级只有 10^{-5}A，所以用这种阀片制成 ZnO 避雷器可以省去串联的火花间隙，成为无间隙避雷器。

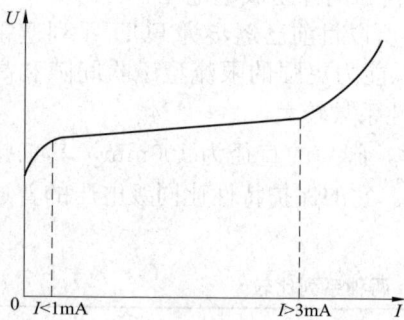

图 4-27　ZnO 避雷器的伏安特性

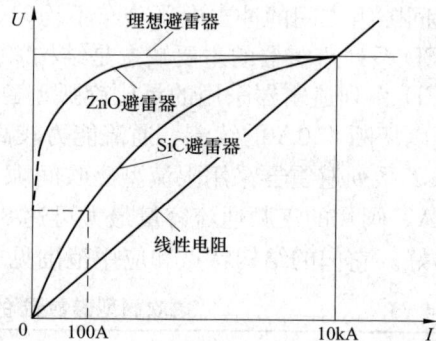

图 4-28　ZnO、SiC 和理想避雷器伏安特性的比较

（三）ZnO 避雷器与 SiC 避雷器的区别

与传统的有串联间隙的 SiC 避雷器相比，ZnO 避雷器由于无间隙且其阀片具有优异的非线性伏安特性，因而具有一系列的优点。

（1）通流容量大。ZnO 避雷器的通流能力完全不受串联间隙被灼伤的制约，仅与阀片本身的通流能力有关，实测表明 ZnO 阀片单位面积通流容量要比 SiC 阀片的大 4~4.5 倍，因而可用来对内部过电压进行保护。还可通过采用多阀片柱并联的办法进一步增大通流容量，制造出用于特殊保护对象的重载避雷器，解决长电缆系统和大容量电容器组等的过电压保护问题。

（2）无间隙。传统的 SiC 阀片在工作电压下要流过几十安或几百安电流，不得不串联间隙。而 ZnO 阀片在正常工作电压下，流过的电流只有几十微安，不会烧坏阀片，所以无需串联间隙来隔离工作电压。由于无间隙且通流容量大，使 ZnO 避雷器结构简单，体积小，质量轻，运行维护方便。适合于大规模自动化生产，降低造价。

（3）无续流。传统的 SiC 阀片不仅要吸收过电压的能量，而且在过电压作用之后还要吸收工频续流的能量。而 ZnO 避雷器在过电压作用之后，流过的续流仅为微安级，可视为无续流。所以在雷电或内部过电压下，只需吸收过电压的能量，而不需吸收续流能量，因而动作负载轻；再加上 ZnO 阀片的通流容量远大于 SiC 阀片，所以 ZnO 避雷器具有耐受多重雷击和重复发生的操作过电压的能力。由于无续流，故也可以用于直流输电系统。

（4）保护性能优越。虽然 l0kA 下 ZnO 避雷器的残压值与 SiC 避雷器的相差不多，但 ZnO 阀片具有优异的非线性伏安特性，还有进一步降低残压的潜力。

SiC 避雷器只在间隙放电后才开始泄放雷电流的能量，而 ZnO 避雷器由于没有间隙，一旦作用电压开始升高，阀片立即开始吸收过电压的能量，抑制过电压的发展。由于没有间隙的放电时延，而且在陡波头下伏秒特性的上翘又比 SiC 的低得多，这样在陡波头下的冲击放电电压的升高也小得多，因而具有优异的陡波响应特性（伏秒特性），特别适合于伏秒特性十分平坦的 SF_6 组合电器和气体绝缘变电站（GIS）的保护。

（5）耐污性能好。有串联间隙的 SiC 避雷器的瓷套在严重污秽或在带电水冲洗时，会使瓷套表面电位分布不均匀或发生局部闪络而使瓷套内部间隙放电电压降低。而 ZnO 避雷器由于没有串联间隙，所以瓷套表面污秽对它的电压分布和放电电压基本上无影响，即这种避雷器具有极强的耐污性能，有利于制造耐污型和带电清洗型避雷器。

由于无间隙，ZnO 避雷器解决了 SiC 避雷器因串联间隙所带来的如污秽、内部气压变化使间隙放电电压不稳定、陡波响应特性差等一系列问题。

与 SiC 避雷器相比，ZnO 避雷器具有上述优点，因而有很大的发展前途，是避雷器发展的主要方向，正逐步取代传统的带间隙的 SiC 避雷器，也是未来特高压系统关键的过电压保护装置。

（四）ZnO 避雷器的主要电气参数

ZnO 避雷器由于没有串联火花间隙，也就无所谓灭弧电压、冲击放电电压等特性参数，但也有自己某些独特的电气特性，简要说明如下：

（1）额定电压。它是避雷器两端之间允许施加的最大工频电压有效值，与 SiC 避雷器的灭弧电压相对应，但含义不同，它是与热负载有关的量，即在系统中发生短时工频电压升高时（此电压直接施加在 ZnO 阀片上），避雷器仍允许吸收规定的雷电及操作过电压能量，特性基本不变，不发生热损坏。它是决定 ZnO 避雷器各种特性的基准参数。

（2）最大持续运行电压。它是允许持续施加在避雷器两端之间的最大工频电压有效值。该电压决定了避雷器长期工作的老化性能，即避雷器吸收过电压能量后温度升高，在此电压下应能正常冷却，不发生热崩溃。它一般应等于系统的最高工作相电压。

（3）起始动作电压（亦称参考电压）。它是避雷器通过 1mA 工频电流峰值或直流电流时，其两端之间的工频电压峰值或直流电压，通常用 U_{1mA} 表示。该电压大致位于 ZnO 阀片伏安特性曲线由小电流区上升部分进入非线区平坦部分的转折处，所以也称为转折电压或拐点电压，可认为避雷器此时开始进入动作状态以限制过电压。通常工频参考电压大于或等于避雷器额定电压的峰值。

（4）残压。它是放电电流通过 ZnO 避雷器时，其两端之间出现的电压峰值，包括三种放电电流波形下的残压，见表 4-4。

表 4-4　　　　　　　　　考核 ZnO 避雷器残压的放电电流

	放电电流峰值（kA）	波前时间/半峰值时间（μs）
陡波冲击电流下的残压	5，10，20	1/5
雷电冲击电流下的残压	5，10，20	8/20
操作冲击电流下的残压	0.5，1，2	30/60

除上述主要电气参数外，ZnO 避雷器还有一些评价其性能优劣的指标：

（1）保护水平。ZnO 避雷器的雷电保护水平为雷电冲击残压和陡波冲击残压除以 1.15 后二者之中的较大者；ZnO 避雷器的操作冲击水平等于操作冲击残压。

（2）压比。它指 ZnO 避雷器通过波形为 8/20μs 的标称冲击放电电流时的残压与起始动作电压之比，如在 10kA 下的压比为 U_{10kA}/U_{1mA}。压比越小，表示非线性越好，流过大电流时的残压越低，避雷器的保护性能越好。目前，产品制造水平所能达到的压比为 1.6～2.0。

（3）荷电率。它指 ZnO 避雷器的最大持续运行电压峰值与起始动作电压之比。它是表示阀片上电压负荷程度的一个参数。荷电率大小对阀片的老化速度有很大的影响，荷电率愈高，说明避雷器稳定性能愈好，耐老化，能在靠近"转折点"长期工作。若荷电率等于极限值 1，就说明避雷器不会老化。荷电率一般采用 45%～75% 或更大。在中性点非有效接地系统中，因单相接地时健全相上的电压峰值较高，所以一般选用较低的荷电率。

（4）保护比。它指标称放电电流下的残压与最大持续运行电压峰值的比值或压比与荷电率之比。降低压比或提高荷电率均可降低 ZnO 避雷器的保护比，而保护比越小，则保护性能越好。

目前，各国生产的 ZnO 避雷器在电压等级较低时（如 110kV 及以下）大部分是采用无间隙的。虽然 ZnO 避雷器由于无间隙而具有一系列的优点，但在某些场合，为了改进某一方面的性能，也可为它配上某种火花间隙，以适应某种特殊的需要。例如，对于超高电压或需大幅度降低压比时，就可以采用并联或串联间隙的方法，以求降低 ZnO 避雷器在大电流时的残压，而又不至于加大阀片在正常运行时的电压负担（荷电率），从而减轻 ZnO 阀片的老化。

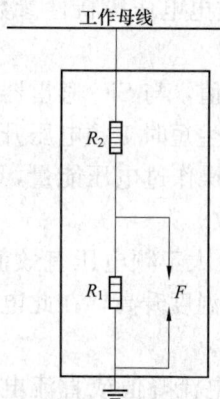

图 4-29　带并联间隙的 ZnO 避雷器原理图

如图 4-29 所示为带并联间隙的 ZnO 避雷器原理图，图中 R_1 和 R_2 均为 ZnO 阀片，F 为并联间隙。在正常情况下，间隙 F 是不导通的，系统工作电压由电阻 R_1 和 R_2 两部分分担，单位阀片上的电压负荷较轻（即荷电率较低），可将泄漏电流限制到足够低的数值；当雷电或操作过电压作用时，流过 R_1、R_2 的电流将迅速增加，R_1、R_2 上的电压（残压）也随之迅速增加，当 R_2 上的残压达到某一值时，并联间隙 F 被击穿，R_2 被短接，避雷器上的残压仅由 R_1 决定，降低了残压。正是由于避雷器的 U_{1mA} 由 R_1 和 R_2 共同决定，而 U_{10kA} 仅由 R_1 决定，所以其压比 U_{10kA}/U_{1mA} 得以降低（例如由无间隙的 2.0～2.2 降低到 1.6～1.8）。

为 ZnO 避雷器装上串联间隙也能减轻其阀片的电压负担，并降低残压，其压比甚至可降低得更多。

在本节最后，将保护间隙和各种避雷器的有关特性总结于表 4-5 中，以便进行综合比较，形成完整的概念。

表 4-5 各种避雷器的综合比较

避雷器类型 比较项目	保护间隙	管型避雷器	阀型避雷器		
			普通阀型	磁吹式	氧化锌式
放电电压的稳定性	由于火花间隙暴露在大气中，周围的大气条件（气压、气温、湿度、污秽等）对放电电压有影响；由于火花间歇中是不均匀的电场，存在极性效应		大气条件和电压极性对放电电压无影响		有十分稳定的起始动作电压
伏秒特性与绝缘配合	保护间隙和管型避雷器的伏秒曲线 3 很陡，难以与设备绝缘的伏秒特性曲线 2 取得良好的配合，但能与线路绝缘的伏秒特性曲线 1 取得配合 		此类避雷器的伏秒特性曲线 2 很平坦，能与设备绝缘的伏秒特性曲线 1 很好的配合 		具有最好的陡波响应特性
动作后产生的波形	动作后产生陡度很大的截波，对变压器类设备的绝缘（特别是其纵绝缘）很不利 		动作后电压不会降至零值，因有工作电阻上的压降 		
灭弧能力（能否自动切断工频续流）	无灭弧能力，需与自动重合闸配合使用	有		很强	几乎无续流
通流容量	大	相当大	较小		较大
能否对内部过电压实施保护	不能，但在内部过电压下动作，本身并不会损坏		不能（在内部过电压下动作，本身将损坏）	能保护部分内过电压	能
结构复杂程度	最简单	较复杂	复杂	最复杂	较简单
价格	最便宜	较贵	贵	最贵	较便宜
应用范围	配网 10kV 以下一些不重要的线路中	输电线路的绝缘弱点，变电站、发电厂的进线段保护	变电站	变电站、旋转电机	所有场合

第四节　接　地　装　置

电力系统中的接地根据其目的可分为保护接地、工作接地和防雷接地。其中保护接地是为了保护人身安全，防止因电气设备绝缘劣化，外壳可能带电而危及工作人员安全。保护接地的内容在相关课程中已有介绍，所以本节着重讨论工作接地和防雷接地。

一、接地和接地电阻的基本概念

大地是个导体，当其中没有电流流通时是等电位的，通常人们认为大地具有零电位。如果地面上的金属物体与大地牢固连接，在没有电流流通的情况下，金属物体与大地之间没有电位差，该金属物体也就具有了大地的电位——零电位，这就是接地的含义。换句话说，将地面上的金属物体或电气回路的某一节点通过导体与大地相连，使该物体或节点与大地保持等电位。接地起着维持正常运行、保护、防雷、防干扰等作用。

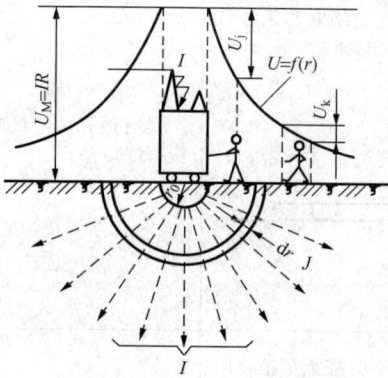

图 4-30　接地装置原理图
U_M—接地点电位；I—接地电流；
U_j—接触电压；U_k—跨步电压

实际上，大地并不是理想导体，它具有一定的电阻率，如果有电流流过，则大地就不再保持等电位。被强制（即金属物体与大地有电位差时）流进大地的电流是经过接地体注入的，进入大地后的电流以电流场的形式向四处扩散，如图 4-30 所示。设土壤电阻率为 ρ，大地内的电流密度为 J，则大地中必然呈现相应的电场分布，其电场强度为 $E=\rho J$。离电流注入点愈远，地中电流的密度 J 就愈小，电场强度 E 愈小。因此可以认为在相当远处（或者叫无穷远处），地中电流的密度 J 已接近零，电场强度 E 也接近零，该处的电位为零电位。那么，对应于某一点的电位，就是其相对于无穷远处的电压。当接地点有电流流入大地时地表面的电位分布情况如图 4-30 中曲线所示。

把接地点处的电位 U_M 与接地电流 I 的比值定义为接地电阻 R，即 $R=\dfrac{U_M}{I}$。根据接地电流 I 的性质，若为冲击电流（如雷电流）或工频电流，则接地电阻 R 可分别称为冲击接地电阻 R_{ch} 或工频接地电阻 R_g。对工作接地和保护接地而言，通常接地电阻是指工频接地电阻 R_g，对防雷接地而言，我们感兴趣的是流过冲击大电流（如雷电流）时呈现的电阻，即冲击接地电阻 R_{ch}。

当接地电流 I 一定时，接地电阻 R 愈大，则电位 U_M 愈高，这时地面上的接地物体（如变压器外壳）也具有了电位 U_M，有可能引起与其他带电部分间的绝缘闪络，也有可能引起大的接触电压 U_j（指人所站立的地点与接地设备之间的电位差，取人手触摸设备的 1.8m 高处，人脚离设备的水平距离为 0.8m）和跨步电压 U_k（指人的两脚着地点之间的电位差，取跨距为 0.8m），使通过人体的电流超过危险值（一般规定为 10mA），从而危及人身的安全，这就是要尽量降低接地电阻的原因。

对于不同目的的接地，对接地电阻的要求也不一样，工作接地的接地电阻值为 $0.5\sim10\Omega$，保护接地的接地电阻值为 $1\sim10\Omega$，防雷接地的接地电阻值一般为 $1\sim30\Omega$。

电气设备需要接地的部分与大地的连接是靠接地装置来实现的。接地装置由接地体和接地引线组成。埋入地中的金属体称为接地体,最简单的接地体可以是单独的金属管,金属板或金属带。接地电阻 R 的数值与接地体的形状、尺寸以及各种土壤电阻率等因素有关,但由于金属的电阻率远小于土壤电阻率,所以接地体本身的电阻在接地电阻 R 中可以忽略不计。接地装置一般可分为人工接地装置和自然接地装置。人工接地装置专为接地的目的而设置,而自然接地装置主要用于别的目的,但也兼有接地体的作用,例如,钢筋混凝土基础、铁塔基础、发电厂和变电站的构架基础、各种地下金属管道等都属于自然接地装置。

二、工作接地

工作接地是根据电力系统正常运行方式的需要而采取的接地方式。例如,三相系统的中性点接地,电力变压器的中性点接地等。工作接地与保护接地共用一套接地装置。

在工频对地短路时,要求流过接地网的短路电流 I 在接地网上造成的电位 IR 不致太大,在中性点直接接地系统中,要求

$$IR \leqslant 2000V$$

如 $I > 4000A$ 时,可取 $R \leqslant 0.5\Omega$。若大地电阻率 ρ 值太大,按 $R \leqslant 0.5\Omega$ 的条件在技术、经济上不合理时,允许将 R 值提高到 $R \leqslant 5\Omega$,但在这种情况下,必须验证威胁人身安全的接触电压和跨步电压。

三、防雷接地

防雷接地是针对防雷保护的要求而设置的,目的是减小雷电流通过接地装置时的电位升高。

根据接地装置的敷设地点,防雷接地可分为输电线路接地和发电厂及变电站接地。

(一)防雷接地的冲击接地电阻

从物理过程看,防雷接地与保护接地和工作接地有两点区别,一是雷电流的幅值大,二是雷电流的等值频率高。

当很大的冲击电流(如雷电流)流过接地体时,就会使接地体附近土壤中的电流密度 J 增大,因而在接地体附近的土壤中产生很大的电场强度 $E = \rho J$,当土壤中的电场强度大于土壤的击穿场强(3~6kV/cm)时,在接地体周围的土壤中就可能产生局部火花击穿,出现火花击穿后,此部分土壤的电阻率就大大降低而成为良好的导体,因而接地体好像被良好的导电介质包围一样,其作用相当于扩大了接地体的直径,使接地电阻减小。因此,就会使同一接地装置流过冲击电流时的冲击接地电阻 R_{ch} 低于工频电流下的工频接地电阻 R_g,这种效应称为火花效应。

另一方面,由于雷电流的等值频率较高,这就使接地体自身电感的影响增大,阻碍电流向接地体远端流通。对于长度较长的接地体,这种影响更加明显,结果会使接地体得不到充分利用,使接地装置的电阻大于工频接地电阻值。这种现象简称为电感影响。

由于以上两方面的原因,同一接地装置在冲击和工频电流作用下,将具有不同的电阻值。通常用冲击系数 α 表示两者的关系,即

$$\alpha = \frac{R_{ch}}{R_g} \tag{4-25}$$

式中　R_{ch}——冲击接地电阻;

R_g——工频接地电阻。

冲击系数 α 与雷电流的幅值和波形、土壤电阻率 ρ 及接地体的几何尺寸等因素有关，一般由试验确定。在一般情况下，由于火花效应大于电感的影响，故 $\alpha < 1$，但对于电感影响明显的情况，也有 $\alpha \geqslant 1$。在土壤电阻率较高的岩石地区，为了减小接地电阻，有时需要加大接地体的尺寸，主要是增加水平埋设的扁钢的长度，通常称这种接地体为伸长接地体。当接地体达到一定长度后，由于电感影响，再增大其长度，冲击接地电阻 R_{ch} 也不再下降，这个长度称为伸长接地体的有效长度。当电流幅值为 40kA，波头 $T_1 = 3 \sim 6\mu s$ 时，在不同土壤电阻率下的接地体有效长度见表 4 - 6。

表 4 - 6　　　　　　　　　　　伸长接地体的有效长度

土壤电阻率（$\Omega \cdot m$）	500	1000	2000
伸长接地体的有效长度（m）	30～40	45～55	60～80

（二）输电线路的防雷接地

高压输电线路在每一杆塔下一般都设有接地装置，并通过引线与避雷线相连，其目的是使击中避雷线的雷电流通过较低的接地电阻而进入大地。

高压线路杆塔都有混凝土基础，它起着接地体的作用，属于自然接地体。大多数情况下，单纯依靠自然接地体是不能满足要求的，需要装设人工接地装置。人工接地装置有水平接地装置、垂直接地装置以及垂直与水平接地体组成的复合接地装置。《杆塔工频接地电阻测量》（DL/T 887—2004）规定线路杆塔接地电阻见表 4 - 7。

表 4 - 7　　　　　　　装有避雷线的线路杆塔工频接地电阻（上限）

土壤电阻率 ρ（$\Omega \cdot m$）	工频接地电阻（Ω）
100 及以下	10
100 以上至 500	15
500 以上至 1000	20
1000 以上至 2000	25
2000 以上	30

注　如土壤电阻率超过 2000$\Omega \cdot m$，接地电阻很难降低到 30Ω，可采用 6～8 根总长不超过 500m 的放射型接地体或用连续伸长接地体，接地电阻不受限制。

（三）发电厂和变电站的防雷接地

发电厂和变电站内需要良好的接地装置以满足工作、安全和防雷保护的接地要求。一般的做法是根据安全和工作接地要求敷设一个统一的接地网，然后再在避雷针和避雷器下面增加接地体，并与发电厂、变电站的总接地网连成一体，以满足防雷接地的要求，或者是在防雷装置下敷设单独的接地体（例如架空线路各杆塔的接地装置、独立避雷针的接地装置等）。

接地网由扁钢水平连接，埋入地下 0.6～0.8m 处，其面积 S 大体与发电厂和变电站的面积相同，如图 4 - 31 所示。这种接地网的总接地电阻的估算式为

$$R = \frac{0.44\rho}{\sqrt{S}} + \frac{\rho}{L} \approx 0.5 \frac{\rho}{\sqrt{S}} \ (\Omega) \tag{4-26}$$

式中　L——接地体的总长度（包括水平的与垂直的），m；

　　　S——接地网的总面积，m^2。

接地网构成网孔形的目的，主要在于均压，接地网中两水平接地带之间的距离一般可取为 3～10m，然后校核接触电压 U_j 和跨步电压 U_k 后再予以调整。

发电厂和变电站的工频接地电阻的数值一般为 0.5～5Ω，这主要是为了满足工作及安全接地的要求。关于防雷接地的要求，后面介绍变电站防雷时还要说明。应当指出，接地网在冲击电流作用下同样具有火花效应和电感影响，这一问题由于涉及的条件复杂，常常需要通过试验来掌握其基本规律。

图 4-31　接地网示意图
（a）长孔；（b）方孔

对于山区等土壤电阻率较大的地区，为使接地电阻降低，常常采用打井、换土、注水、注盐等措施，以降低土壤电阻率 ρ。

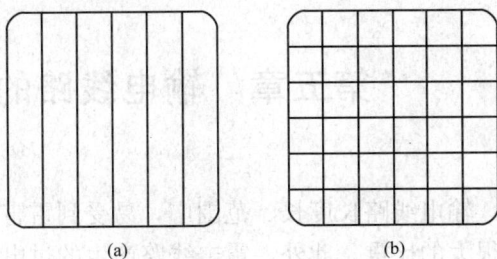

习　　题

4-1　试论雷电流的定义。

4-2　某工厂油罐直径为 10m，高出地面 10m，现采用单针保护，避雷针距罐壁至少 5m，求该避雷针的高度。

4-3　试分析管式避雷器与保护间隙的相同点与不同点。

4-4　试比较阀式避雷器与氧化锌避雷器的性能。

4-5　在过电压保护中对避雷器有哪些要求？根据哪些参数上可以比较和判别避雷性能的优劣？

第五章　输电线路的大气过电压和防雷保护

输电线路长度长、范围广，易受到雷害。据统计，输电线路的雷害事故在电力系统中占有很大的比重。此外，雷击线路产生的过电压波不仅会引起线路绝缘的闪络，还会沿线路侵入变电站，危及站内电力设备的绝缘。因此，为保证电力系统安全、稳定运行，对线路的防雷保护应予以重视。

输电线路上出现的大气过电压分为两种：一种是雷击输电线路附近地面，由电磁感应产生的，称为感应过电压；一种是雷直击于线路产生的，称为直击雷过电压。

衡量输电线路的防雷性能主要技术指标有耐雷水平和跳闸率。雷击线路时绝缘不发生闪络的最大雷电流幅值称为耐雷水平，单位为 kA。低于耐雷水平的雷电流不会引起闪络。每公里线路每年由雷击引起的跳闸次数称为雷击跳闸率，雷击跳闸率是线路防雷保护性能的综合指标。

本章主要介绍输电线路雷电过电压的形成、工程计算方法以及防雷的基本措施。

第一节　输电线路的感应雷过电压

一、雷击线路附近时线路的感应雷过电压

当雷击线路附近大地时，由于电磁感应，会在输电线路上产生感应雷过电压。感应雷过电压的形成如图 5-1 所示，分为先导放电和主放电两个阶段（以雷云带有负电荷为例）。

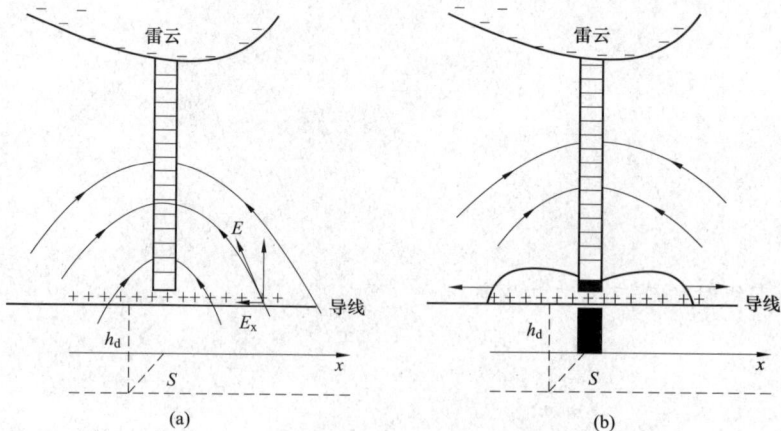

图 5-1　感应雷过电压形成示意图

（a）先导放电阶段；（b）主放电阶段

h_d—导线高度；S—雷击点与导线的距离

（1）雷云先导放电阶段。在雷电放电的先导阶段，雷云中的负电荷沿先导通道向地面运动，线路处于雷云和先导通道形成的电场中，由于静电感应，导线两端与雷云所带负电荷相反极性的正电荷在沿线路方向的电场分量 E_x 的作用下，积聚到靠近先导通道的这段线路

上，成为束缚电荷。线路上的负电荷则在 E_x 的排斥作用下向这段线路两端运动，经线路的泄漏电导和系统的中性点流入大地。由于先导通道的平均发展速度较慢，导线上的电荷运动速度也很缓慢，导线中因此形成的电流很小，可以忽略不计。所以，在不考虑工频电压的情况下，该段线路与远离雷云的同一线路的电位相同。

（2）雷云主放电阶段。在主放电阶段，先导通道中的负电荷自下而上迅速中和，先导通道所产生的电场强度迅速减弱，使导线上的正束缚电荷迅速释放，沿线路向两侧运动形成感应雷过电压。同时，雷电通道中的雷电流在通道周围产生强大的磁场，雷云放电时该磁场急剧变化，也会在线路上产生感应电压。前者是由于先导通道中电荷所产生的静电场突然消失而产生的，称为感应雷过电压的静电分量，它与雷电流极性相反；后者是由于磁场的急剧变化所产生的，称为感应雷过电压的电磁分量。由于主放电通道与导线互相垂直，穿越导线大地回路的磁力线较少，所以感应过电压的电磁分量较小（约为静电分量的 1/5），在分析感应雷过电压时可以不予考虑。

感应雷过电压 U_g，可按有无避雷线的情况分别求得。

（一）无避雷线时的感应雷过电压

感应雷过电压与雷电流幅值 I_L 成正比，与导线悬挂高度 h_d 成正比，h_d 越高则导线对地电容越小，感应雷电荷产生的电压就越高；感应雷过电压与雷击点到导线垂直下方的距离 S 成反比，S 越小，感应过电压越大。

根据理论分析和实测结果，当雷击点离开线路的距离 S 大于 65m 时，导线上的感应雷过电压最大值 U_g 的计算式为

$$U_g \approx 25 \frac{I_L h_d}{S} \, (\text{kV}) \tag{5-1}$$

式中　I_L——雷电流幅值，kA；

　　　h_d——导线悬挂的平均高度，m；

　　　S——雷击点到导线垂直下方的距离，m。

由于雷击点的自然接地电阻较大，雷击电流 I_L 一般取不大于 100kA 的值。实测证明，线路产生的感应电压一般不会超过 500kV，对 110kV 及以上的线路，由于其绝缘水平较高，因此一般不会引起闪络事故，但对 35kV 及以下水泥杆线路有可能会引起闪络事故。

另外，感应雷过电压同时存在于三相导线上，由于相间不存在电位差，一般只发生单相对地闪络，只有两相或三相同时对地闪络，才会形成相间闪络事故。

（二）有避雷线时的感应雷过电压

当线路上方挂有距地面高度 h_b 的避雷线时，由于其屏蔽效应，线路上的感应束缚电荷较少，相应的感应雷过电压也较低，此时导线上的感应雷过电压可用叠加定理求得。

假设避雷线不接地，根据式（5-1）可分别求得避雷线和导线上的感应过雷电压 U_{gb} 和 U_{gd} 为

$$U_{gb} = 25 \frac{I_L h_b}{S}, \qquad U_{gd} = 25 \frac{I_L h_d}{S}$$

所以有

$$U_{gb} = U_{gd} \frac{h_b}{h_d} \tag{5-2}$$

实际上，避雷线是通过杆塔接地的，所以可假设在避雷线上还存在一个 $-U_{gb}$ 电压以保持其电位为零。由于避雷线和导线间的耦合作用，在导线上会产生一个耦合电压 $k(-U_{gb})$，其中 k 为避雷线与导线间的耦合系数，其值由杆塔的不同类型和导线之间的几何距离决定。

所以，在避雷线接地的情况下，导线上实际的感应雷过电压 U'_{gd} 应为耦合电位与导线的雷电感应过电压之和，即

$$U'_{gd}=U_{gd}-kU_{gb}=U_{gd}\left(1-k\,\frac{h_b}{h_d}\right)\approx U_{gd}(1-k) \tag{5-3}$$

$$h_b \approx h_d$$

式（5-3）表明，接地避雷线可使导线上感应雷过电压由 U_{gd} 下降到 $U_{gd}(1-k)$。耦合系数 k 越大，则导线上的感应过电压越低。

二、雷击线路杆塔时线路的感应雷过电压

以上分析用于 $S>65m$ 的情况，更近的落雷会由于线路的引雷作用而直击于线路（避雷线或导线）或杆塔。此时雷电通道电场的变化会在导线上感应出与雷电流极性相反的极高的过电压值。由于缺乏实测数据及雷云的随机性，目前，DL/T 620—1997 建议，对高度约 40m 以下无避雷线的线路，感应雷过电压最大值为

$$U_{gd}=\alpha h_d \tag{5-4}$$

式中　α——感应雷过电压系数，kV/m，其数值等于以 kA/μs 计的雷电流平均陡度，即 $\alpha=I_L/2.6$。

对高度约 40m 以下有避雷线的线路，由于避雷线的屏蔽作用，感应雷过电压最大值为

$$U'_{gd}=\alpha h_d(1-k) \tag{5-5}$$

式中　k——耦合系数。

第二节　输电线路的直击雷过电压和耐雷水平

根据雷击点的不同，雷直击于有避雷线的输电线路一般分为三种情况，即雷击杆塔的塔顶、雷击避雷线档距中央和雷绕过避雷线直击于导线（称为绕击导线）。

下面以有避雷线且中性点直接接地系统的线路为例，来分析直击雷过电压和耐雷水平，其他线路的分析原则相同。

一、雷击塔顶时的过电压和耐雷水平

运行经验表明，在线路落雷总数中，雷击杆塔的次数与避雷线根数及线路经过的地形有直接的关系。雷击塔顶的次数和雷击线路的总次数之比称为击杆率，记为 g。DL/T 620—1997 建议的击杆率 g 见表 5-1。

表 5-1　　　　　　　　　　　　　　击　杆　率 g

地形＼避雷线根数	0	1	2
平原	1/2	1/4	1/6
山区	—	1/3	1/4

雷击杆塔塔顶时雷电流的分布情况如图 5-2 所示，雷击瞬间一部分负雷电流波自塔顶向下运动，另一部分负雷电流波分别自塔顶沿两侧避雷线向相邻杆塔运动，与此同时，自塔顶有一正雷电流波沿雷电通道向上运动，其数值与三个负雷电流数之和相等。线路绝缘上的过电压即由这几个电流波所引起。由于雷电通道中正电流波的运动在导线上所产生的感应电压已如上节所述，这里主要分析流经杆塔和避雷线中的雷电流所引起的过电压。

（一）塔顶电位

在工程近似计算中，对于一般高度（40m 以下）的杆塔，雷击杆塔时塔顶电位的等效电路如图 5-3 所示，图中 R_{ch} 为杆塔冲击接地电阻，L_{gt} 为杆塔的等效电感，L_b 为杆塔两侧避雷线并联的集中等效电感。不同类型杆塔的等效电感 L_{gt} 可由表 5-2 查得。单根避雷线的等效电感约为 $0.67l\,\mu H$（l 为档距长度，单位为 m），双根避雷线为 $0.42l\,\mu H$。

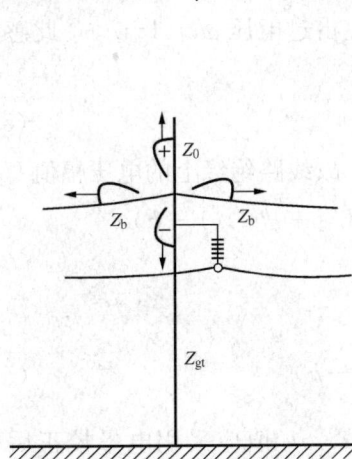

图 5-2 雷击杆塔塔顶时雷电流的分布情况   图 5-3 雷击杆塔时塔顶电位的等效电路

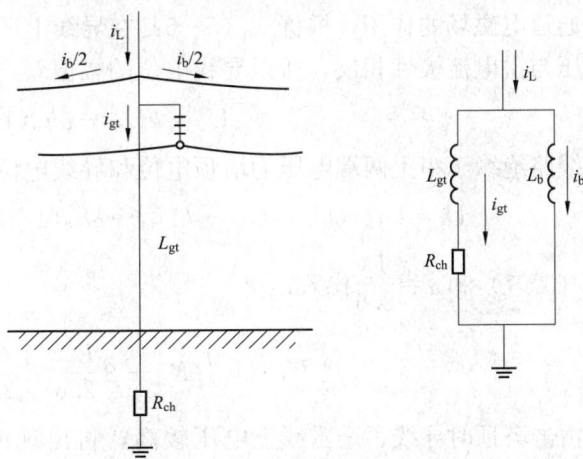

表 5-2 杆塔的电感和波阻抗的平均值

杆塔形式	杆塔电感 ($\mu H/m$)	杆塔波阻 (Ω)	杆塔形式	杆塔电感 ($\mu H/m$)	杆塔波阻 (Ω)
无拉线水泥单杆	0.84	250	铁杆	0.50	150
有拉线水泥单杆	0.42	125	门型铁杆	0.42	125
无拉线水泥双杆	0.42	125	A、H 型铁杆	0.69	130

由于避雷线的分流作用，流经杆塔的电流 i_{gt} 小于雷电流 i_L，即

$$i_{gt} = \beta i_L \tag{5-6}$$

式中 β——分流系数，其值可由图 5-3 的等效电路求出，对于不同电压等级一般长度档距的杆塔，β 值可由表 5-3 查得。

表 5-3 一般长度档距的线路杆塔分流系数

线路额定电压 (kV)	避雷线根数	β 值
110	1	0.90
	2	0.86
220	1	0.92
	2	0.88
330 (500)	2	0.88

塔顶电位 u_{td} 为

$$u_{td} = R_{ch} i_{gt} + L_{gt} \frac{di_{gt}}{dt} = \beta R_{ch} i_L + \beta L_{gt} \frac{di_L}{dt}$$

考虑 $\dfrac{di_L}{dt} = \dfrac{I_L}{2.6}$，则塔顶电位的幅值 U_{td} 为

$$U_{td} = \beta I_L R_{ch} + \beta I_L \frac{L_{gt}}{2.6} \tag{5-7}$$

（二）导线电位和线路绝缘子串上的电压

当塔顶电位为 U_{td} 时，与塔顶相连的避雷线上也会有相同的电位 U_{td}，由于避雷线与导线间的耦合作用，导线上会产生耦合电压 kU_{td}，此耦合电压与雷电流同极性。此外，由于雷电通道电磁场的作用，根据式（5-5）在导线上还有感应雷过电压 $\alpha h_d (1-k)$，此感应雷过电压与雷电流极性相反，所以导线电位的幅值 U_d 为

$$U_d = kU_{td} - \alpha h_d (1-k) \tag{5-8}$$

线路绝缘子串上两端电压为塔顶电位和导线电位之差，故线路绝缘上的电压幅值 U_j 为

$$U_j = U_{td} - U_d = U_{td} - kU_{td} + \alpha h_d (1-k) = (U_{td} + \alpha h_d)(1-k)$$

将式（5-7）和 $\alpha = \dfrac{I_L}{2.6}$ 代入，得

$$U_j = I_L \left(\beta R_{cj} + \beta \frac{L_{gt}}{2.6} + \frac{h_d}{2.6} \right)(1-k) \tag{5-9}$$

雷击塔顶时导线、避雷线上电压较高，将出现冲击电晕，k 值应采用电晕校正后的数值，电晕校正系数见表 3-1。

应该指出，作用在线路绝缘上的电压还有导线的工作电压，对 220kV 及以下的线路，其值所占比重不大，可以忽略不计。但对超高压线路，则不可不计，且雷击导线上的工作电压的瞬时值及其极性应作为一随机变量来考虑。

（三）雷击杆塔时耐雷水平 I_1 的计算

由式（5-9）可知，线路绝缘上电压的幅值 U_j 随雷电流 I_L 的增大而增大，当 U_j 等于线路绝缘子串 50% 冲击闪络电压 $U_{50\%}$ 时，绝缘子串将发生闪络（由于此时杆塔电位比导线电位高，故此类闪络称为"反击"），与这一临界条件相对应的雷电流幅值 I 就是这条线路雷击杆塔时的耐雷水平 I_1，即

$$I_1 = \frac{U_{50\%}}{(1-k)\left[\beta \left(R_{ch} + \dfrac{L_{gt}}{2.6} \right) + \dfrac{h_d}{2.6} \right]} \tag{5-10}$$

从式（5-10）可以看出，雷击杆塔时的耐雷水平与分流系数 β、杆塔等效电路电感 L_{gt}、杆塔冲击接地电阻 R_{ch}、导线地线间的耦合系数 k 和绝缘子串的冲击闪络电压 $U_{50\%}$ 等因素有关。

工程实际中，降低杆塔接地电阻 R_{ch} 和提高耦合系数 k 是提高耐雷水平的主要手段。由于冲击接地电阻 R_{ch} 上的电压降是一般高度杆塔塔顶电位的主要成分，因此降低接地电阻可有效地降低塔顶电位，提高耐雷水平。此外，增加耦合系数 k 可以降低绝缘子串上电压和感

应雷过电压，同样可以提高耐雷水平。常用措施是单避雷线改双避雷线，或在导线下方增设架空地线（称为耦合地线）。耦合地线不仅可增强导线、地线间的耦合作用，还可增加地线的分流作用。

为了减少反击，DL/T 620—1997 规定，不同电压等级的输电线路，雷击杆塔时的耐雷水平 I_1 不应低于表 5-4 所列数值。

表 5-4　　　　　　　　　　雷击杆塔时的耐雷水平（有避雷线）

额定电压（kV）	35	60	110	220	330	500
耐雷水平（kV）	20～30	30～60	60～75	80～110	100～150	125～175

距避雷线最远的导线，其耦合系数最小，比较容易发生反击。

二、雷击避雷线档距中央时的过电压

从雷击引起避雷线与导线之间气隙击穿的角度来看，雷击避雷线档距中央时情况最严重，因为这时从杆塔接地点反射回来的异号电压波到达雷击点的时间最长，雷击点的过电压幅值最大。

雷击避雷线档距中央如图 5-4 所示，由于雷击点两侧并联后的等效波阻抗为 $Z_b/2$，大致等于雷电通道的波阻抗 Z_0，可近似认为波在雷击处没有折、返射情况，此时雷击点的电流为雷电流 I_L 的一半，所以雷击点 A 的电位 u_A 为

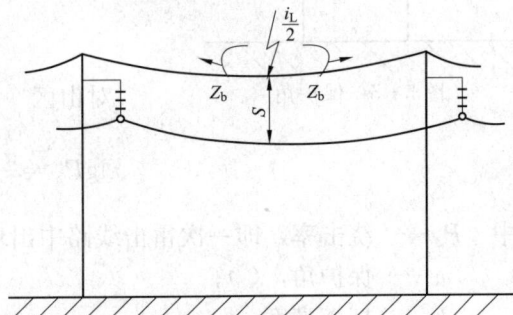

$$u_A = \frac{i_L}{2} \frac{Z_b}{2} \qquad (5-11)$$

图 5-4　雷击避雷线档距中央

这一雷电波沿避雷线向两侧杆塔运动，经过 $l/2v$（l 为档距长度，v 为雷电波在避雷线中的波速）时间传到杆塔。由于杆塔冲击接地电阻 R_{ch} 远小于避雷线的波阻抗 Z_b，将发生负反射，负反射波沿原路返回。又经过 $l/2v$ 时间后，负反射波到达 A 点，A 点上的电压于是不再升高，所以雷击点 A 的最高电位出现在 $t=2l/2v$ 时。

若雷电流取为斜角波头，即 $i_L = \alpha t$，可得 A 点最大值 U_A 为

$$U_A = \frac{\alpha Z_b l}{4v} \qquad (5-12)$$

由于避雷线与导线间的耦合作用会在导线上产生耦合电压 kU_A，所以作用在避雷线与导线间隙 S 上的电压为

$$U_S = \frac{\alpha Z_b l}{4v}(1-k) \qquad (5-13)$$

式中　k——耦合系数。

从式（5-13）可知，雷击避雷线档距中央时，雷击处避雷线与导线间空气间隙上的电压 U_S 与雷电流陡度 α 成正比，与档距 l 成正比。当此电压超过空气间隙的放电电压时，间隙将被击穿造成短路事故。为防止空气间隙被击穿，通常采用的处理办法是保证避雷线与导

线间有足够的距离 S。经过我国多年运行经验的修正，对于一般档距的线路，只要档距中央处导线、避雷线之间的空气距离满足下述经验公式，一般就不会出现击穿事故，即

$$S \geqslant 0.012l + 1(\text{m}) \tag{5-14}$$

三、雷绕击导线时的过电压和耐雷水平

装设避雷线的线路，雷绕过避雷线而击于导线，称为绕击。虽然绕击的概率很小，但一旦出现此类情况，往往就会引起线路绝缘子串的闪络。

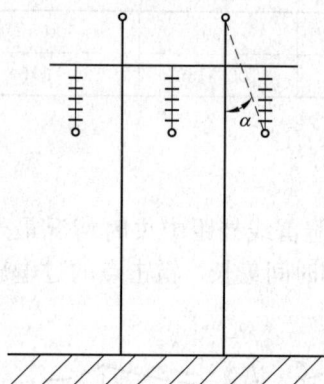

图 5-5 保护角

（一）绕击率

发生雷绕过避雷线直接击中导线的概率称为绕击率。模拟试验和现场运行经验表明，绕击概率与避雷线对外侧导线保护角 α（见图 5-5）、杆塔高度 h 和线路经过地区的地形地貌和地质条件有关。DL/T 620—1997 建议用下列公式计算绕击率，即

对平原地区

$$\lg P_\alpha = \frac{\alpha \sqrt{h}}{86} - 3.9 \tag{5-15}$$

对山区

$$\lg P_\alpha = \frac{\alpha \sqrt{h}}{86} - 3.35 \tag{5-16}$$

式中　P_α——绕击率，即一次雷击线路中出现绕击的概率；

　　　α——保护角，（°）；

　　　h——杆塔高度，m。

从式（5-15）、式（5-16）可知，在杆塔高度和保护角相同条件下，山区的绕击率为平原的 3 倍，或相当于保护角增大 8°。

（二）绕击时的过电压

如图 5-6 所示为绕击导线示意图。绕击时雷击点的波阻抗为 $Z_\text{d}/2$（Z_d 为导线的波阻抗，等效电路如图 5-7 所示），约等于雷电通道的波阻抗 Z_0，所以流经雷击点的电流为统计测定的雷电流的一半，即 $i_\text{L}/2$，此时导线上的电压即为作用在绝缘子上的电压

$$u_\text{d} = \frac{i_\text{L}}{2} \cdot \frac{Z_\text{d}}{2} = \frac{Z_\text{d}}{4} i_\text{L}$$

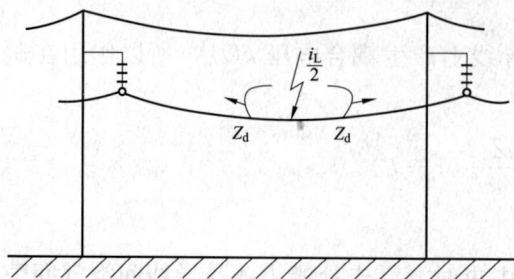

图 5-6 绕击导线示意图

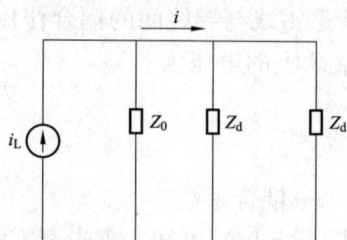

图 5-7 等值电路

若取 $Z_\text{d} = 400\Omega$，则雷绕击导线时过电压幅值为

$$U_d = \frac{400}{4} I_L = 100 I_L \tag{5-17}$$

（三）绕击时的耐雷水平 I_2

由式（5-17）可知，雷绕击导线时过电压幅值 U_d 随雷电流 I_L 的增大而增大，当 U_d 等于线路绝缘子串 50% 冲击闪络电压 $U_{50\%}$ 时，绝缘子串将发生闪络，与这一临界条件相对应的雷电流幅值 I_L 就是这条线路绕击时的耐雷水平 I_2，即

$$I_2 = \frac{U_{50\%}}{100} \tag{5-18}$$

DL/T 620—1997 规定，雷绕击导线时的耐雷水平见表 5-5。与表 5-4 对比，其值较雷击杆塔时的耐雷水平低得多。从雷电流分布曲线查得，超过 3.5kA 和 7kA 的雷电流的概率分别为 92.81% 和 86.5%。可见对较低电压等级的电力网，雷绕击导线时，非常容易引起闪络。

表 5-5　　　　　　　　　雷绕击导线时的耐雷水平

额定电压（kV）	35	60	110	220	330
耐雷水平（kA）	3.5	7	12	16	16

第三节　输电线路的雷击跳闸率

直击线路的雷电流若超过线路的耐雷水平，线路绝缘将会发生冲击闪络，雷电流经闪络通道流入大地。由于闪络持续的时间很短，继电保护装置来不及动作，不会引起跳闸。但如果雷电流消失后，冲击闪络在线路的工作电压作用下转变为稳定的工频电弧，则会引起线路跳闸。因此，研究输电线路的雷击跳闸率，必须考虑上述因素的作用。

一、建弧率

冲击闪络在线路的工作电压作用下转变为工频电弧的概率与弧道中的平均电场强度有关，也与闪络瞬间工频电压的瞬时值和去游离条件有关。冲击闪络转变为稳定工频电弧的概率称为建弧率 η。根据试验和运行经验，建弧率 η 的计算式为

$$\eta = (4.5 E^{0.75} - 14)\% \tag{5-19}$$

式中　E——绝缘子串的平均运行电场强度，kV/m。

在中性点直接接地系统中，因单相闪络会引起线路跳闸，所以在计算弧道的平均电场强度 E 时，作用在弧道上的电压为相电压 $U_N/\sqrt{3}$，弧道距离为一串绝缘子串的距离 l_j，即

$$E = \frac{U_N}{\sqrt{3} \, l_j} \tag{5-20}$$

式中　U_N——输电线路的额定电压，kV；

　　　l_j——绝缘子串的放电距离，m。

在中性点非直接接地系统中，单相闪络不会引起线路跳闸，只有两相闪络才会引起线路跳闸，所以在计算弧道的平均电场强度 E 时，作用在弧道上的电压为线电压 U_N，弧道距离为两串绝缘子串的泄漏距离 $2l_j$，即

$$E = \frac{U_N}{2l_j} \tag{5-21}$$

二、有避雷线输电线路的雷击跳闸率

（一）雷击杆塔时跳闸率的计算

人们把每 100km 线路每年由雷害引起的跳闸次数称为线路的雷击跳闸率，记为 n。n 与线路的等效受雷宽度、每个雷暴日每平方千米落雷次数、线路长度以及线路所经过地区的雷电活动程度有关。

如前所述，每 100km 有避雷线的线路每年（40 雷暴日）落雷次数为 $N = 0.28(b + 4h_b)$。若击杆率为 g，则每 100km 架空线路每年杆塔落雷次数为 $Ng = 0.28(b + 4h_b)g$。因此，雷击中杆塔引起的跳闸次数 n_1 为

$$n_1 = Ng\eta P_1 = 0.28(b + 4h_b)g\eta P_1 \tag{5-22}$$

式中　P_1——雷电流幅值超过 I_1（雷击杆塔时的耐雷水平）的概率；

　　　η——建弧率；

　　　b——同杆塔两避雷线之间距离，m，对单避雷线线路 $b = 0$；

　　　h_b——避雷线悬挂高度，m。

（二）雷绕击导线时跳闸率的计算

若绕击率为 P_a，则每 100km 架空线路每年绕击次数为 $NP_a = 0.28(b + 4h_b)P_a$。因此，线路绕击跳闸次数 n_2 为

$$n_2 = NP_a\eta P_2 = 0.28(b + 4h_b)P_a\eta P_2 \tag{5-23}$$

式中　P_2——雷电流幅值超过 I_2（绕击时的耐雷水平）的概率。

（三）输电线路雷击跳闸率的计算

关于雷击避雷线档距中央跳闸率的研究表明，只要使档距中央的避雷线与导线的空气间隙距离满足式（5-14），就不会发生跳闸事故，其跳闸率可视为零。因此，线路总的雷击跳闸率 n 为雷击杆塔跳闸率 n_1 与绕击跳闸率 n_2 之和，即

$$n = n_1 + n_2 = 0.28(b + 4h_b)\eta(gP_1 + P_aP_2) \quad [\text{次}/100\text{公里·年}] \tag{5-24}$$

（四）计算举例

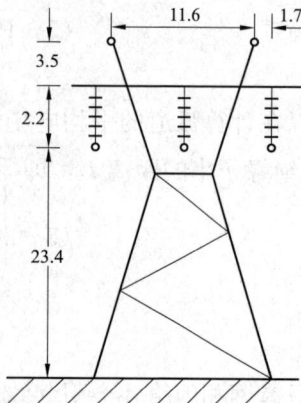

图 5-8　某 220kV 杆塔的
塔顶布置（单位：m）

一条 220kV 线路架设在平原地区，塔顶布置如图 5-8 所示。绝缘子串由 13 片 X-7 组成，其正极性 $U_{50\%}$ 为 1410kV，杆塔冲击接地电阻 R_{ch} 为 7Ω，避雷线半径 r_b 为 5.5mm，避雷线和导向的弧垂分别为 7m 和 12m。求该线路的耐雷水平和雷击跳闸率。

解　（1）计算避雷线与导线间的耦合系数。避雷线的平均高度为

$$h_b = 23.4 + 2.2 + 3.5 - \frac{2}{3}f_b = 29.1 - \frac{2}{3} \times 7 = 24.5\,(\text{m})$$

导线的平均高度为

$$h_d = 23.4 - \frac{2}{3}f_d = 23.4 - \frac{2}{3} \times 12 = 15.4\,(\text{m})$$

双避雷线对外侧导线的几何耦合系数 k_0 为

$$k_0 = \frac{Z_{13} + Z_{23}}{Z_{11} + Z_{12}} = \frac{\ln\dfrac{\sqrt{39.9^2 + 1.7^2}}{\sqrt{9.1^2 + 1.7^2}} + \ln\dfrac{\sqrt{39.9^2 + 13.3^2}}{\sqrt{9.1^2 + 13.3^2}}}{\ln\dfrac{2 \times 24.5}{5.5 \times 10^{-3}} + \ln\dfrac{\sqrt{49^2 + 11.6^2}}{11.6}} = 0.237$$

经电晕修正后耦合系数为

$$k = 1.25 \times k_0 = 0.296$$

(2) 线路的耐雷水平。杆塔的等值电感 $L_{gt} = 29.1 \times 0.5 = 14.5\ (\mu H)$，分流系数 $\beta = 0.88$，根据式（5-10）得雷击杆塔时的耐雷水平 I_1 为

$$I_1 = \frac{1410}{(1 - 0.296)\left(0.88 \times 7 + 0.88 \times \dfrac{14.5}{2.6} + \dfrac{15.4}{2.6}\right)} = 116\ (kA)$$

根据式（5-18）得绕击的耐雷水平 I_2 为

$$I_2 = \frac{1410}{100} = 14.1\ (kA)$$

雷电流超过 I_1 的概率为 4.8%，雷电流超过 I_2 的概率为 69%。

(3) 线路的雷击跳闸率。根据式（5-15），得绕击率

$$P_\alpha = 0.138\%（保护角\ \alpha = 16.6°）$$

由表 5-1，查得击杆率 $g = 1/6$，建弧率 $\eta = 0.80$，根据式（5-24），得线路总的雷击跳闸率为

$$n = n_1 + n_2 = 0.28 \times (11.6 + 4 \times 24.5) \times \left(\frac{1}{6} \times 4.8\% + 0.138\% \times 69\%\right) \times 0.8$$

$$= 0.22[次/100km \cdot 年]$$

该线路每 100km 每年因雷击而引起的跳闸次数为 0.22 次。

第四节　架空线路的防雷措施

在确定不同电压等级的输电线路防雷保护方式时，应根据线路的重要程度、系统的运行方式、输电线路经过地区雷电活动的强弱、地形地貌的特点、土壤电阻率等条件，结合当地原有线路的运行经验，全面考虑。

图 5-9 说明了输电线路雷害事故的发展过程以及相应环节采取的措施。下面介绍主要的防雷保护措施。

一、架设避雷线

沿全线架设避雷线是高压和超高压线路最基本和最有效的防雷保护措施。避雷线不仅能防止雷电流直击于线路而产生过高的雷电过电压；同时，避雷线对雷电流的分流作用可以有效地减小流入杆塔的雷电流，降低塔顶电位；此外，避雷线对导线的耦合作用和屏蔽作用还可以充分降低导线上的感应过电压。

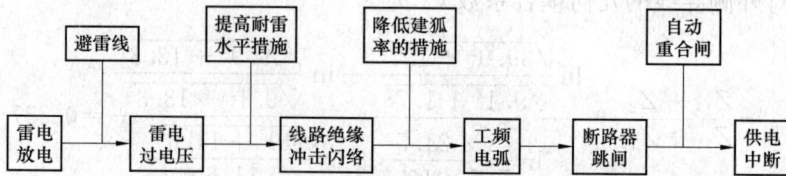

图 5-9　输电线路雷害事故的发展过程及保护措施

我国相关标准规定，330kV 以上的线路应全线装设双避雷线，220kV 线路应全线装设避雷线，在山区应全线装设双避雷线，110kV 线路一般应全线装设避雷线，但在少雷区或运行经验证明雷电活动轻微的地区可以不全线架设避雷线，双避雷线保护角一般取 20°左右，500kV 不大于 15°。对于 35kV 及以下线路，由于其耐雷水平较低，雷击避雷线造成反击导线的可能性增大，一般不架设避雷线，而采用装设消弧线圈和自动重合闸的方法来进行防雷保护。

二、架设耦合地线

对于某些建成投运后雷击故障频发的线段，可以采用在导线下方架设地线的措施。一方面增加避雷线与导线间的耦合作用，以降低绝缘子串上的电压；另一方面耦合地线还可增加对雷电流的分流作用。运行经验证明，耦合地线对降低雷击跳闸率的作用非常显著。

三、降低杆塔的冲击接地电阻

降低杆塔接地电阻是提高线路耐雷水平、防止反击的有效措施。我国相关标准规定，有避雷线的线路，每基杆塔（不连避雷线时）的工频接地电阻，在雷雨季节干燥时不宜超过表 5-6 所列数值。

表 5-6　　　　　　　　　　　　有避雷线输电线路杆塔的工频接地电阻

土壤电阻率（Ω·m）	100 及以下	100～500	500～1000	1000～2000	2000 以上
接地电阻（Ω）	10	15	20	25	30

在土壤电阻率低的地区，应充分利用杆塔的自然接地电阻。当不满足要求时，一般采用与线路平行的地中埋设地线的办法，利用其降低接地电阻，同时与导线间的耦合作用，提高线路的耐雷水平。

四、采用中性点非直接接地系统

对于雷电活动较强烈、接地电阻又难以降低的地区，可考虑采用中性点不接地或经消弧线圈接地的方式。消弧线圈能使雷电过电压所引起的一相对地冲击闪络不转变为稳定的工频电弧，从而降低了建弧率和减少断路器的跳闸次数。而在两相或三相着雷时，雷击引起第一相导线闪络后并不会造成跳闸，先闪络后的导线相当于避雷线，增加了分流和对未闪络相的耦合作用，使未闪络的绝缘子串上的电压下降，从而提高线路的耐雷水平。

五、加强线路绝缘

增加绝缘子串片数，加大大档距跨越避雷线与导线之间的距离，可以加强线路绝缘，降低线路跳闸率。但是这样会增加绝缘及杆塔建设费用，仅在特殊情况下应用，如输电线路个别地段需采用大档距跨越杆塔。

六、装设自动重合闸

由于雷击造成的闪络大多数能在跳闸后自动恢复绝缘性能，因此重合闸成功率较高。据统计，我国 110kV 及以上高压线路重合成功率为 75%～95%，35kV 及以下线路约为 50%～80%。可见，自动重合闸是减少线路雷击事故的有效措施。

七、装设管式避雷器

在线路上雷电过电压较大或绝缘薄弱的地方应装设管式避雷器，它能免除线路绝缘的冲击闪络，降低建弧率，从而可降低雷击跳闸率。另外，在双回路输电线路的一回线上装设线路用避雷器，可大大降低双回路同时闪络的事故率，所以在现代输电线路上，常把管式避雷器装设在线路之间及高压线路与弱电线路之间的交叉跨越档、过江大跨越高杆塔、变电站的进线保护段等处。

习 题

5-1 说明避雷线在输电线路防雷保护中的作用。对有避雷线的线路应采取什么措施来提高耐雷水平？

5-2 试述建弧率的含义及其在线路防雷中的作用。

5-3 对 35kV 及以下线路中，为什么一般不采用全线架设避雷线的措施？

5-4 试全面分析雷击杆塔时影响耐雷水平的各种因素，工程实际中往往采用什么措施来提高耐雷水平，试述其理由。

5-5 某 35kV 水泥杆铁横担线路的导线弧垂为 3m，导线型号为 LJ-50 型；绝缘子串由 3XX-4.5 组成，其长度为 0.6m，50% 放电电压为 350kV；水泥杆无人工接地，自然接地电阻为 20Ω。试计算其耐雷水平和雷击跳闸率。

第六章　发电厂和变电站的防雷保护

发电厂、变电站是电力系统的枢纽，且发电机、变压器等设备的绝缘受到破坏后不能自动恢复，一旦发生雷击事故，将造成较大面积的停电，严重影响社会生产和人民生活。因此要求发电厂和变电站的防雷措施必须十分可靠。

发电厂和变电站遭受雷击主要来自两个方面：一是雷直击于发电厂、变电站的电气设备上；二是架空线路的感应雷过电压或直击雷过电压形成的雷电波（也称侵入波）沿线路侵入发电厂、变电站，侵入波是导致发电厂、变电站雷害的主要原因。

发电厂和变电站对于直击雷的保护一般采用装设避雷针的方法解决，对于入侵波的保护采取装设避雷器和进线段保护的方法解决。发电厂、变电站内装设避雷器的目的在于限制入侵雷电波的幅值，使电气设备上的过电压不至于超过其冲击耐压值；而在发电厂、变电站的进出线上装设进线段保护的主要目的在于限制流经阀型避雷器的雷电流幅值及侵入雷电波的陡度。

第一节　发电厂和变电站的直击雷保护

一、发电厂和变电站装设避雷针的原则

（1）发电厂和变电站所有被保护设备（如电气设备、烟囱、冷却塔、水电厂的水工建筑、易燃易爆装置等）都应处于避雷针（线）的保护范围之内，以免遭受直接雷击。

（2）当雷击独立避雷针时，避雷针对地面的电位将会很高，如它们与被保护电气设备之间的绝缘距离不够，就有可能会对被保护电气设备发生反击现象。为了避免这一现象，避雷针与电气设备之间应保持足够的安全距离。

二、避雷针与电气设备之间的最小距离的确定

避雷针的装设可以分为独立避雷针和构架避雷针两种。

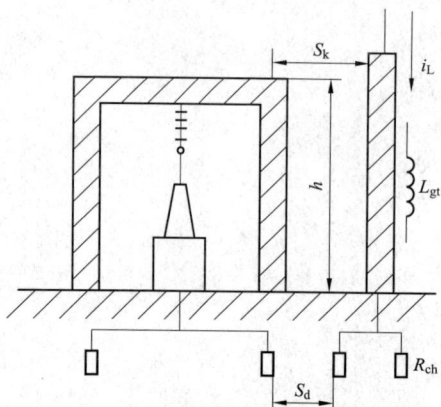

图 6-1　雷击独立避雷针

当雷击独立避雷针时，雷电流流经避雷针及其接地装置，在避雷针等效电感 L_{gt} 和接地电阻 R_{ch} 上产生压降，如图 6-1 所示。设避雷针在高度 h 处的电位为 u_h，接地装置上电位为 u_d，则

$$u_h = L_{gt} \frac{di_L}{dt} + i_L R_{ch} \quad (kV) \qquad (6-1)$$

$$u_d = i_L R_{ch} \quad (kV) \qquad (6-2)$$

式中　L_{gt}——避雷针高度为 h 段的等效电感，μH；

　　　R_{ch}——避雷针的冲击接地电阻，Ω；

　　　i_L、$\dfrac{di_L}{dt}$——流经避雷针的雷电流和雷电流的平均上升陡度，kA，$kA/\mu s$。

若取雷电流 i_L 幅值为 100kA，雷电流的平均上升陡度 $\dfrac{di_L}{dt}$ 为 38.5kA/μs，避雷针单位高度电感为 1.55μH/m，则可得相应电位幅值为

$$U_h = 100R_{ch} + 60h \quad (kV)$$

$$U_d = 100R_{ch} \quad (kV)$$

由上两式可见，避雷针与避雷针接地装置上的电位幅值 U_h 和 U_d 与冲击接地电阻 R_{ch} 有关，R_{ch} 越小则 U_h 和 U_d 越低。

为了防止避雷针对被保护设备发生反击，避雷针与被保护设备之间的空气间隙 S_h 应有足够的距离。若取空气的平均击穿场强为 500kV/m，则 S_h 应满足

$$S_h > 0.2R_{ch} + 0.1h \quad (m) \tag{6-3}$$

为了防止避雷针接地装置与被保护设备接地装置在土壤中的间隙 S_d 被击穿，要求 S_d 设定必须大于设备接地最小安全距离。若取土壤的击穿场强为 300kV/m，则 S_d 应满足

$$S_d > 0.3R_{ch} \quad (m) \tag{6-4}$$

在一般情况下，S_h 不应小于 5m，S_d 不应小于 3m。

三、装设避雷针（线）的有关规定

对于 35kV（60kV）及以下的变电站，因其绝缘水平较低，必须装设独立的避雷针，其接地电阻一般不超过 10Ω，并应与电气设备之间保持足够的距离，以免发生反击。

对于 110kV 及以上的变电站，由于其绝缘水平较高，因雷击避雷针所产生的高电位不会造成电气设备的反击事故，可以将避雷针直接装设在配电装置的构架上。装设避雷针的配电构架应装设辅助接地装置，辅助接地装置与变电站接地网的连接点距主变压器的接地装置与变电站接地网的连接点的电气距离不应小于 15m，其作用是使雷击避雷针时在避雷针接地装置上产生的高电位，在沿接地网向变压器接地点传播的过程中逐渐衰减，使侵入的雷电波在达到变压器接地点时不会造成变压器的反击事故。由于变压器的绝缘较弱，同时变压器又是变电站中最重要的设备，故不允许在变压器的门形构架上装设避雷针。

第二节　发电厂和变电站对侵入波的防护

发电厂和变电站对侵入波防护的主要措施是在其进线（或母线上）装设阀型避雷器，以限制电气设备上过电压波的幅值，使设备上的过电压不超过其冲击耐压值。

变电站中所有设备的绝缘都要受到阀型避雷器的可靠保护。为了对被保护设备进行有效的保护，避雷器伏秒特性的上限应低于变压器伏秒特性的下限，且其残压应低于被保护设备的冲击电压。此外，避雷器与被保护设备之间的电气距离直接影响避雷器的保护效果。

一、避雷器与被保护电气设备之间电气距离 $l=0$ 时的保护性能分析

避雷器直接连接在变压器旁，如图 6-2（a）所示。忽略变压器对地入口电容，并设阀型避雷器的伏安特性 $u_b = f(i_b)$ 和伏秒特性 $u_f(t)$ 均为已知。

当侵入波到达变压器处，由于变压器的波阻抗比线路大得多，所以避雷器动作前，线路末端相当于开路。此时电压上升一倍成为 $2u$，避雷器上的电压 u_b 也等于 $2u$，等值电路如图 6-2（b）所示。当 $2u$ 与避雷器的伏秒特性 $u_f(t)$ 相交时，避雷器动作（动作电压为 U_{ch}），动作后等值电路如图 6-2（c）所示，可得

图 6-2 避雷器直接装在变压器旁

(a) 接线图；(b) 避雷器动作前的等值电路；(c) 避雷器动作后的等值电路

$$2u = u_b + i_b Z_1$$

式中　i_b——流过避雷器的电流；

　　　Z_1——线路的波阻抗。

避雷器动作后，其两端的电压可由图 6-3 所示的图解法求解。画出曲线 $u_b + i_b Z_1$，然后自侵入波的幅值处作一水平线与曲线 $u_b + i_b Z_1$ 相交，交点的横坐标就是流过避雷器的最大雷电流 I_{bm}，由 I_{bm} 自伏安特性 $u_b = f(i_b)$ 上所决定的 U_{bm} 就是避雷器上的最大残压值。

由于阀型避雷器的伏秒特性比较平，因此 U_{ch} 不随雷电侵入波陡度而变化。避雷器残压的最大值 U_{bm} 与流过阀型避雷器的雷电流的大小有关，由于阀型避雷器的阀片电阻值的非线性特性，使 i_b 在很大范围内变动时，其残压不变。在有正常防雷保护结线的 110kV 及以下变电站中，流经阀型避雷器的雷电流一般不超过 5kA，故残压最大值取 5kA 下的数值，记为 U_{b5}。在一般情况下，$U_{b5} = U_{ch}$，这样，在分析阀型避雷器上电压时，可将其电压近似为一斜角平顶波，其幅值为 5kA 下的残压 U_{b5}，波前时间（即避雷器的放电时间）取决于雷电侵入波的陡度。若雷电侵入波为斜角波（$u = \alpha t$），则避雷器的动作相当于在 $t = t_p$ 时刻，在避雷器处产生一负电压波 $-\alpha(t - t_p)$，如图 6-4 所示。

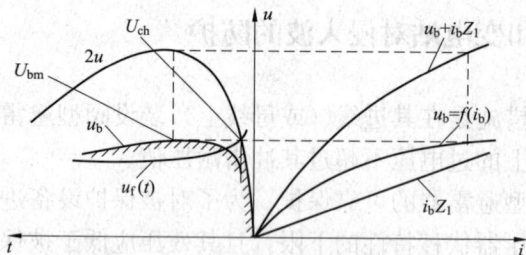

图 6-3　避雷器上电压的图解法

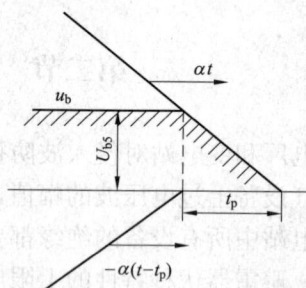

图 6-4　分析用避雷器上的电压波形

由于避雷器直接安装在变压器旁，所以变压器上的过电压波形与避雷器上的相同。只要变压器的冲击耐压大于避雷器冲击放电电压 U_{ch} 和 5kA 下的残压 U_{b5}，变压器就会得到可靠的防雷保护。

二、避雷器与被保护电气设备之间电气距离 $l \neq 0$ 时的保护性能分析

发电厂和变电站一般只在母线上装设避雷器，因此避雷器距各电气设备都有一段长度不等的距离。这样当雷电波侵入时，由于波的折、反射使各电气设备上的电压与避雷器上电压

不同。现举例说明避雷器对所有电气设备的保护。

如图 6-5 （a）所示是某变电站电气主接线图。阀型避雷器装设在母线上，变压器与避雷器的距离为 l_2，进线隔离开关与避雷器的距离为 l_1。由于一般电器设备的等值入口电容不大，可忽略不计，被保护设备处可认为是开路，故等效电路如图 6-5 （b）所示，若雷电入侵波为一斜角波 αt，则 $u_Q(t)$、$u_B(t)$、$u_T(t)$ 可用行波网格法求得，如图 6-6 所示。

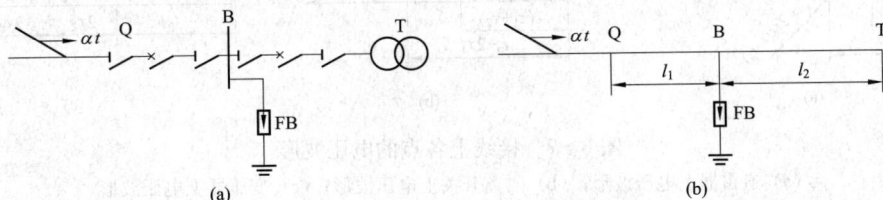

图 6-5　分析雷电波侵入变电站的典型接线
（a）雷电波侵入变电站的典型接线；（b）等效电路

为方便描述，分析时分别以各点出现电压时为各自的时间起点。

（一）避雷器处电压 $u_B(t)$ 波形分析

从图 6-5 （b）可知，T 点的反射波到达 B 点前，有

$$u_B(t) = \alpha t$$

T 点的反射波到达 B 点后而避雷器动作前，有

$$u_B(t) = \alpha t + \alpha\left(t - \frac{2l_2}{v}\right) = 2\alpha\left(t - \frac{l_2}{v}\right) \quad (6-5)$$

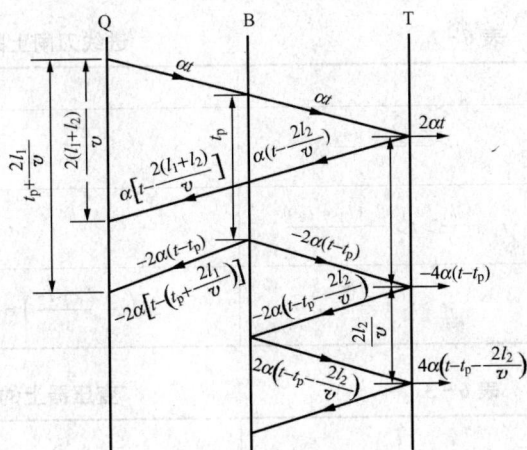

图 6-6　计算 Q、B、T 电压用的网络图

式中　v——波速。

当 $t = t_p\left(> \dfrac{2l_2}{v}\right)$ 时，$u_B(t)$ 与避雷器伏安特性相交，避雷器动作。避雷器动作后保持残压 U_{b5} 不变，相当于在 $t = t_p$ 时刻，在 B 点叠加一负电压波 $-2\alpha(t - t_p)$，即当 $t > t_p$ 时，有

$$u_B(t) = 2\alpha\left(t - \frac{l_2}{v}\right) - 2\alpha(t - t_p) = 2\alpha\left(t_p - \frac{l_2}{v}\right) = U_{b5} \quad (6-6)$$

$u_B(t)$ 的数值见表 6-1，波形如图 6-7 （a）所示。

表 6-1　　　　　　　　　　　　　　避雷器上的电压 $u_B(t)$

t	$u_B(t)$	t	$u_B(t)$
$t < \dfrac{2l_2}{v}$	αt	$t > t_p$	$2\alpha\left(t - \dfrac{l_2}{v}\right) - 2\alpha(t - t_p) = 2\alpha\left(t_p - \dfrac{l_2}{v}\right) = U_{b5}$
$t_p > t > \dfrac{2l_2}{v}$	$\alpha t + \alpha\left(t - \dfrac{2l_2}{v}\right) = 2\alpha\left(t - \dfrac{l_2}{v}\right)$		

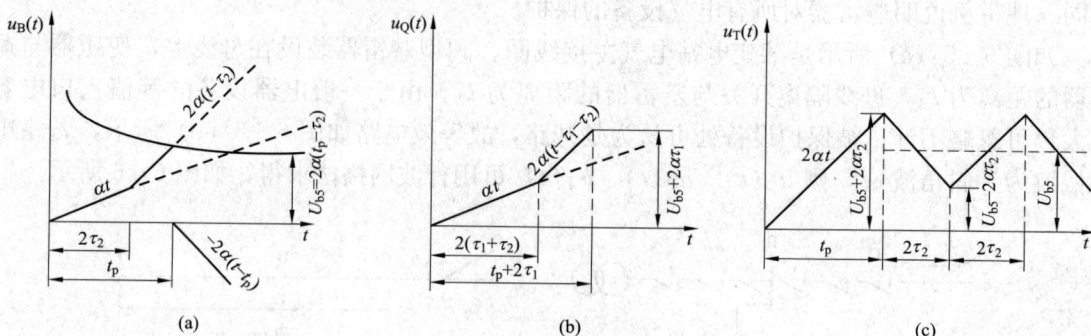

图 6-7　接线上各点的电压波形

（a）避雷器上电压波形；（b）隔离开关上电压波形；（c）变压器上电压波形

（二）进线隔离开关处的电压 $u_Q(t)$ 和变压器上电压 $u_T(t)$ 波形分析

同理，根据图 6-6 可以求得进线隔离开关上的电压 $u_Q(t)$ 变压器上的电压 $u_T(t)$，见表 6-2、表 6-3，相对应波形如图 6-7（b）、（c）所示。

表 6-2	进线刀闸上的电压 $u_Q\ (t)$
t	$u_Q\ (t)$
$t < \dfrac{2\ (l_1 + l_2)}{v}$	αt
$t_p + \dfrac{2l_1}{v} > t > \dfrac{2\ (l_1 + l_2)}{v}$	$\alpha t + \alpha \left[t - \dfrac{2\ (l_1 + l_2)}{v} \right] = 2\alpha \left(t - \dfrac{l_1 + l_2}{v} \right)$
$t > t_p + \dfrac{2l_1}{v}$	$2\alpha \left(t - \dfrac{l_1 + l_2}{v} \right) - 2\alpha \left[t - \left(t_p + \dfrac{2l_1}{v} \right) \right] = 2\alpha \left(t_p + \dfrac{l_1 - l_2}{v} \right) = U_{b5} + 2\alpha \dfrac{l_1}{v}$

表 6-3	变压器上的电压 $u_T\ (t)$
t	$u_T\ (t)$
$t = t_p$	$2\alpha t_p = U_{b5} + 2\alpha \dfrac{l_2}{v}$
$t = t_p + \dfrac{2l_2}{v}$	$2\alpha \left(t_p + \dfrac{2l_2}{v} \right) - 4\alpha \left(t_p + \dfrac{2l_2}{v} - t_p \right) = 2\alpha \left(t_p - \dfrac{2l_2}{v} \right) = U_{b5} - 2\alpha \dfrac{l_2}{v}$
$t = t_p + \dfrac{4l_2}{v}$	$2\alpha t_p = U_{b5} + 2\alpha \dfrac{l_2}{v}$
$\vdots$	$\vdots$

（三）被保护设备所承受的最高电压

由前述可知，进线隔离开关上的电压最大值为

$$U_Q = U_{b5} + 2\alpha \frac{l_1}{v} \tag{6-7}$$

变压器上的电压最大值为

$$U_T = U_{b5} + 2\alpha \frac{l_2}{v} \tag{6-8}$$

由式（6-7）和式（6-8）可知，不论设备位于避雷器前后位置如何，只要设备与避雷器距离 $l \neq 0$，则电气设备上所承受的冲击电压的最大值比避雷器的残压 U_{b5} 高 ΔU，即

$$\Delta U = 2\alpha\tau = 2\alpha\frac{l}{v} \qquad (6-9)$$

式中　l——电气设备与避雷器之间的电气距离。

当雷电波侵入变电站时，变电站设备上所承受冲击电压的最大值 U_{emax} 为

$$U_{emax} = U_{b5} + 2\alpha\frac{l}{v} \qquad (6-10)$$

以上分析是从最简单、最严重的情况出发的。实际上，由于变电站接线比较复杂，出线不止一条，设备本身又存在接地电容，电气设备上实际所受的冲击电压与图 6-7 不完全相同。一般将式（6-10）修正为 $U_{emax} = U_{b5} + 2\alpha\dfrac{l}{v}k$，其中 k 为考虑设备电容而引入的修正系数。

如图 6-8 所示为雷电波侵入变电站时变压器上的电压实际典型波形，由于避雷器动作后产生的负电压波在 B 点与 T 点之间发生多次反射，其电压具有振荡性，振荡轴为避雷器残压 U_{b5}。这种波形和冲击全波相差很大，对变压器绝缘的作用与截波的作用较为接近。因此，常以变压器绝缘承受截波的能力来说明在运行中该变压器承受雷电波的能力。变压器承受截波的能力称为多次截波耐压值 U_j，根据实践经验，对变压器而言，此值为变压器三次截波冲击试验电压 U_{j3} 的 $\dfrac{1}{1.15}$ 倍，即 U_j

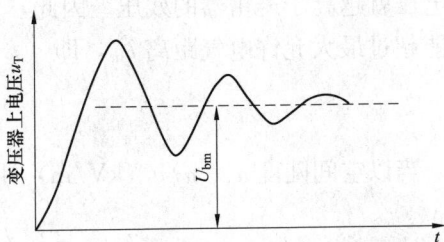

图 6-8　雷电波侵入变电站时变压器上的电压实际典型波形

$= \dfrac{U_{j3}}{1.15}$。

当雷电波侵入变电站时，若设备上出现的最大冲击电压值 U_{ch} 小于设备本身多次截波耐压值 U_j，则电气设备不会发生事故，反之，则可能造成雷害事故。为了保证电气设备的安全运行，必须满足

$$U_{ch} \leqslant U_j$$

即

$$U_{b5} + 2\alpha\frac{l}{v}k \leqslant U_j \qquad (6-11)$$

式中　U_{ch}——电气设备上出现的冲击电压最大值；

　　　U_j——电气设备多次截波耐压值；

　　　U_{b5}——避雷器上 5kA 下的残压；

　　　α——雷电波陡度；

　　　l——电气设备与避雷器间的距离；

　　　v——波速；

　　　k——考虑电气设备电容而引入的修正系数。

不同电压等级变压器的多次截波冲击耐压值 U_j 和避雷器 5kA 下的残压值 U_{b5} 的比较见表 6-4。

表 6-4　不同电压等级变压器多次截波耐压值 U_j 与避雷器 5kA 下的残压值 U_{b5} 的比较

额定电压 (kV)	变压器三次截波电压 U_{j3} (kV)	变压器多次截波耐压 U_j (kV)	FZ 避雷器 5kA 残压 U_{b5} (kV)	FCZ 避雷器 5kA 残压 U_{b5} (kV)	变压器多次截波耐压与避雷器残压	
					FZ	FCZ
35	225	196	134	108	1.46	1.81
110	550	478	332	260	1.44	1.83
220	1090	949	664	515	1.43	1.85
330	1300	1130		820		1.38

由上述分析可知，为保证设备安全，必须限制避雷器动作后流过避雷器的电流在 5kA 以下，同时，也必须限制侵入波的陡度 α 和电气设备与避雷器之间的电气距离 l。限制流经避雷器的雷电流和侵入波陡度由变电站进线段保护来实现，这部分内容将在本章第三节介绍。

三、避雷器与被保护电气设备之间的最大允许电气距离 l_m

由前面分析可知，当侵入波陡度 α 确定后，避雷器与被保护设备之间的距离越大，设备上电压就越高于避雷器的残压。因此，为了更好地保护电气设备，避雷器与被保护设备之间不能超过最大允许电气距离 l_m，即

$$l_m \leqslant \frac{U_j - U_{b5}}{2\alpha/v} \tag{6-12}$$

当以空间陡度 $\alpha' = \alpha/v$ （kV/m）计算时，式（6-12）改写为

$$l_m \leqslant \frac{U_j - U_{b5}}{2\alpha'} \tag{6-13}$$

实践证明，由于设备电容的存在，母线上出线多于两条时，α 会降低，可将 l 加长，即将式（6-13）乘以系数 k，则

$$l_m \leqslant \frac{U_j - U_{b5}}{2\alpha'} k \tag{6-14}$$

当母线上出线为 1、2、3、4 时，k 值分别取 1.0、1.25、1.5、1.7。

图 6-9 (a)、(b) 分别是根据模拟试验求得的一路进线和两路进线变电站避雷器到

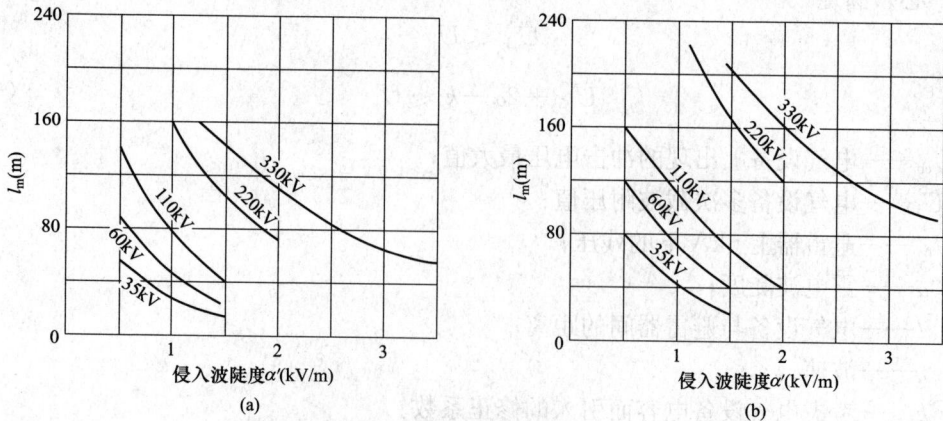

图 6-9　避雷器与变压器间的最大电气距离与入侵波陡度的关系
(a) 一路进线时；(b) 两路进线时

变压器最大允许电气距离 l_m 与侵入波计算陡度 α'（kV/m）的关系曲线。图中 35～220kV 级按 FZ 型普通阀型避雷器计算，330kV 级按 FCZ 型磁吹阀型避雷器计算。由于变电站其他设备的冲击耐压值比变压器高，因此阀型避雷器与其他电气设备距离可相应增大 35%。

对于一般变电站的侵入雷电波的防护设计主要是选择避雷器的安装位置，原则是任何可能的运行方式下，变电站的变压器和各设备距避雷器的电气距离均应小于最大允许电气距离。避雷器一般安装在母线上，若一组避雷器不能同时保护所有电气设备，则应考虑增设。对于电压等级较高，规模较大，接线复杂的高压和超高压变电站，需要通过模拟试验或计算机计算来确定合理的防雷保护方案。

第三节　变电站的进线段保护

对于 35kV 及以上无避雷线的架空输电线路，当雷直击于变电站附近线路上时，流经避雷器的雷电流幅值将可能超过 5kA，而且陡度也可能超过允许值。因此，对靠近变电站的一段进线必须加强防雷保护。

一、变电站进线段保护的作用

进线段保护的作用有两个方面：一方面进入变电站的雷电过电压波将来自进线段以外的线路，利用进线段导线的波阻抗可限制流过避雷器的雷电流幅值；另一方面侵入波流过进线段时，由于导线上冲击电晕可使沿导线的侵入波陡度大大降低。

二、变电站进线段长度的确定

由第三章可知，行波流过距离 l 后的波前时间 τ_1 为

$$\tau_1 = \tau_0 + \left(0.5 + \frac{0.008u}{h_d}\right)l \quad (\mu s)$$

如线段始端出现具有直角波头的过电压波（$\tau_0 = 0$），则入侵波到达变电站时的波前时间为

$$\tau_f = \left(0.5 + \frac{0.008u}{h_d}\right)l_p \quad (\mu s) \tag{6-15}$$

式中　l_p——进线段长度。

相应的波前陡度为

$$\alpha = \frac{U}{\tau_f} = \frac{U}{\left(0.5 + \frac{0.008u}{h_d}\right)l_p} \quad (kV/\mu s) \tag{6-16}$$

如令 α 为进波陡度的允许值，则变电站进线段长度 l_p 为

$$l_p = \frac{U}{\alpha\left(0.5 + \frac{0.008U}{h_d}\right)} \quad (km)$$

式中　U——行波的初始幅值，kV，一般取进线段始端线路绝缘的 50% 冲击闪络电压 $U_{50\%}$；
　　　h_d——进线段导线的平均对地高度，m。

计算结果表明，l_p 一般取 1～2km。

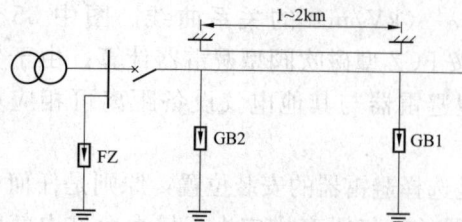

图 6-10　未沿全线架设避雷线的 35～110kV
变电站进线段保护接线

三、未沿全线架设避雷线的 35～110kV 变电站的进线段保护接线

未沿全线架设避雷线的 35～110kV 变电站的进线段保护接线如图 6-10 所示。为了限制流经避雷器雷电流的幅值和陡度，应在靠近变电站 1～2km 的一段进线（进线段）架设避雷线。进线段的耐雷水平见表 6-5。

表 6-5　　　　　　　　　　　　　进 线 段 的 耐 雷 水 平

额定电压（kV）	35	60	110	220	330	500
耐雷水平（kA）	30	60	75	120	140	175

（一）进线段首端落雷时流经避雷器雷电流的计算

进线段首端落雷时，由于进线段波阻抗的作用，流过避雷器的冲击电流减小。由于线路绝缘电压的限制，侵入波的幅值为线路绝缘的 50% 冲击闪络电压；行波在长度 1～2km 的进线段内往返一次所用的时间为 $2l/v=6.7～13.3\mu s$（l 为进线保护段的长度），而侵入波的波前又较短，故避雷器动作后，产生的负电压波折回雷击点产生的反射波到达避雷器前，流经避雷器的雷电流已过了峰值，因而此反射波及其以后的折、反射可不予考虑。

利用图 6-11 的等效电路可计算流过避雷器雷电流的最大值 I_{bm}，即

$$\left.\begin{array}{l}2U_{50\%}=I_{bm}Z+U_{bm}\\U_{bm}=f(i_b)\end{array}\right\} \tag{6-17}$$

式中　U_{bm}——避雷器的残压幅值；

　　　$U_{50\%}$——线路的 50% 冲击闪络电压；

　　　Z——进线段波阻抗。

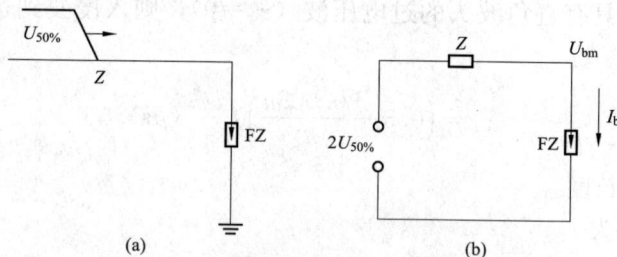

图 6-11　流过避雷器的雷电流计算用等效电路
(a) 原理接线；(b) 等效电路

式（6-15）可用图解法求解。不同电压等级的 I_b 见表 6-6，也可近似计算。

表 6-6　　　　　　　进线段外落雷流经单路进线变电站避雷器雷电流的最大值

额定电压（kV）	避雷器型号	线路绝缘的 $U_{50\%}$（kA）	I_b（kA）
35	FZ-35	350	1.4
110	FZ-110J	700	2.6
220	FZ-220J	1200～1400	4.35～5.38
500	FCZ-500	2060～2310	8.63～10

【例 6 - 1】 已知 110kV 线路入侵波电压幅值等于线路的冲击闪络电压 $U_{50\%} = 700\text{kV}$，线路波阻抗 $Z = 400\Omega$，采用 FZ - 110J 避雷器，避雷器在 5kA 下的残压 $U_{b5} = 332\text{kV}$。计算流过避雷器的电流

解
$$I_b \approx \frac{2U_{50\%} - U_{b5}}{Z} = \frac{2 \times 700 - 332}{400} = 2.67(\text{kA})$$

上述说明，当采取进线段保护后，35～220kV 流过避雷器电流不会超过 5kA。

（二）侵入变电站雷电波陡度的计算

在进线段首端落雷是最严重的情况，设入侵波电压的幅值为线路的 $U_{50\%}$，且波前为直角波。由于 $U_{50\%}$ 大大超过电晕的起始电压，电晕的产生会导致雷电波在行进的过程中将发生变形，波前变缓，进入变电站的雷电波陡度为

$$\alpha = \frac{u}{\Delta\tau} = \frac{u}{\left(0.5 + \dfrac{0.008u}{h_d}\right)l} \quad (\text{kV}/\mu\text{s}) \tag{6-18}$$

$$\alpha' = \frac{\alpha}{v} = \frac{\alpha}{300} \quad (\text{kV/m})$$

式中 h_d——导线平均悬挂高度，m；

       l——进线段长度，km；

       α'——侵入波计算陡度，kV/m。

变电站侵入波计算陡度见表 6 - 7，根据此表可计算变压器或其他电气设备到避雷器的最大允许电气距离 l_m。

表 6 - 7   变电站入侵波计算陡度

额定电压 (kV)	入侵波陡度（kV/m）		额定电压 (kV)	入侵波陡度（kV/m）	
	1km 进线段	2km 进线段或全线有避雷线		1km 进线段	2km 进线段或全线有避雷线
35	1.0	0.5	220	—	1.5
60	1.1	0.6	330	—	2.2
110	1.5	0.75	500	—	2.5

对于耐雷水平特别高的线路，如在林区的木杆、木横担线路，其冲击闪络电压 $U_{50\%}$ 相当高，这个入侵波进入变电站时，有可能使流过避雷器的电流大于 5kA，从而使避雷器保护的可靠性下降，此时需装设管型避雷器 GB1 以限制入侵波的幅值，对于其他线路就不需要装设 GB1。对于进线断路器或隔离开关在雷雨季中可能处于开路状态，而线路侧又经常是带电的线路，需要装设 GB2，否则沿线路的雷电波入侵时，在开路点将发生电压波的正全反射，使电压波升高 1 倍，有可能使开路状态的断路器或隔离开关对地产生闪络。由于线路侧带电，这将导致工频短路，烧毁断路器或隔离开关的绝缘部位。但是装有 GB2 而断路器又在合闸位置运行时，入侵波不应使 GB2 动作，即 GB2 应处于变电站阀型避雷器 FZ 的保护范围（即最大允许电气距离）内，否则入侵波使 GB2 动作，就要产生截波，危及变压器的纵绝缘。在需要装设 GB1 或 GB2 而又选不到参数合适的管型避雷器时，可用阀型避雷器和保护间隙代替。

四、沿全线架设避雷线的变电站的进线段保护接线

对于已沿全线架设避雷线的线路，也将变电站附近的 2km 长的一段列为进线保护段，

接线如图 6-12 所示。对这一进线应加强防雷保护，如采用减小避雷线的保护角及杆塔接地电阻的方法来提高进线段的耐雷水平，减小在进线段内发生绕击和反击的概率。

五、35kV 小容量变电站的进线段保护接线

对于容量在 5000kV·A 以下的 35kV 小容量变电站，根据供电的重要性和当地的雷电活动的强弱等情况，可采用简化的进线段保护。35kV 小容量变电站接线简单，占地面积小，避雷器与变压器之间电气距离一般可保持在 10m 以内，这样允许有较高的入侵波陡度。进线段长度可缩短到 500~600m。35kV 小容量变电站的进线段保护接线如图 6-13 所示。

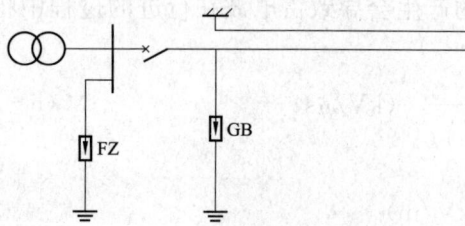

图 6-12　全线有避雷线的
变电站的进线段保护接线

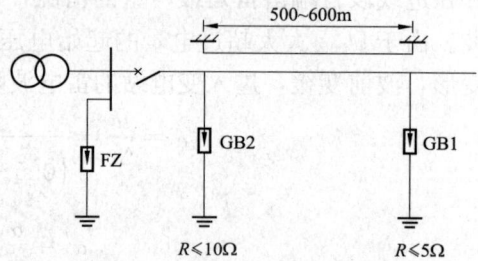

图 6-13　35kV 小容量变电站的
进线段保护接线

六、高土壤电阻率地区变电站的进线段保护接线

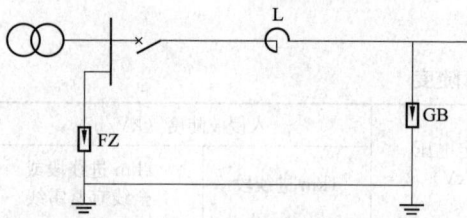

图 6-14　高土壤电阻率地区变电站的
进线段保护接线

35~110kV 变电站，如进线段装设避雷线有困难或处在土壤电阻率 $\rho > 500\Omega \cdot m$ 的地区，进线段难以达到表 6-5 所要求的耐雷水平时，可在进线段的终端杆上装设一组电抗线圈 L 以代替进线段的避雷线。高土壤电阻率地区变电站的进线段保护接线如图 6-14 所示。电抗线圈的电感可采用 $1000\mu H$ 左右，此电抗器既能限制侵入波的陡度又能限制流过避雷器电流的幅值。

第四节　三绕组变压器、自耦变压器和变压器中性点的防雷保护

一、三绕组变压器的防雷保护

当三绕组变压器高压侧或中压侧有雷电过电压入侵时，通过绕组间的静电耦合和电磁耦合作用，在低压侧也会出现一定的过电压。

三绕组变压器在正常运行时，可能出现只有高、中压绕组工作而低压绕组开路的情况。这时，当高压或中压侧有雷电波作用时，处于开路状态的低压绕组侧对地电容较小，低压绕组上的静电耦合分量可达到很高的数值以致危及低压绕组的绝缘。考虑到静电分量使低压绕组三相电位同时升高，为了限制这种过电压，只要在任意一相低压绕组出线端对地加装一台避雷器就能起到保护作用。但如低压绕组连有 25m 以上金属外皮电缆段，则因对地电容增加，足以限制静电耦合分量，可不必再加装避雷器。三绕组变压器的中压绕组虽然也有开路运行的可能性，但其绝缘水平较高，一般不必加装限制静电耦合电压的避雷器。由于电磁分

量的数值比静电耦合分量要小得多，可以忽略不计。

二、自耦变压器的防雷保护

由于自耦变压器的许多优点，故在电力系统中应用较为广泛。

（一）非自耦绕组的防雷保护

为了减小零序阻抗和改善电压波形，自耦变压器除有高、中压自耦绕组外，还采用三角形连接的低压非自耦绕组。在低压非自耦绕组上，如前所述，为限止静电感应电压需加装一台避雷器。

（二）自耦绕组的防雷保护

当雷电波从高、中压绕组的一侧侵入而另一侧开路时，由于自耦绕组中振荡过程的特点，将在开路侧出现过电压。当无限长直角波电压 U_0 加在高压端 A 点时，由于中压端开路，电位的起始分布、稳态分布以及最大电位包络线都和中性点接地的绕组相同，如图 6-15（a）曲线 1、2、3 所示。在开路的中压端 A′ 上出现的最高电位（即对地电压）约为高压侧电压 U_0 的 $2/k$ 倍（k 是高压侧与中压侧的变比），这可能使处于开路状态的中压端套管闪络。因此，在中压端与断路器之间应装设一组避雷器进行保护。

当高压侧开路，中压侧端子上出现幅值为 U_0' 的侵入波时，绕组电位的起始分布、稳态分布以及最大电位包络线如图 6-15（b）中曲线 1、2、3 所示。由 A′ 到 A 这段绕组的电压稳态分布是由与 A′ 到 0 段稳态分布的电磁感应所形成的，高压端电压的稳态分布为 kU_0。在振荡过程中 A 点的电位最高可达到 $2kU_0'$，这将危及处于开路状态的高压端绝缘套管，因此在高压端与断路器之间也应装设一组避雷器。

自耦变压器的防雷保护接线如图 6-16 所示。

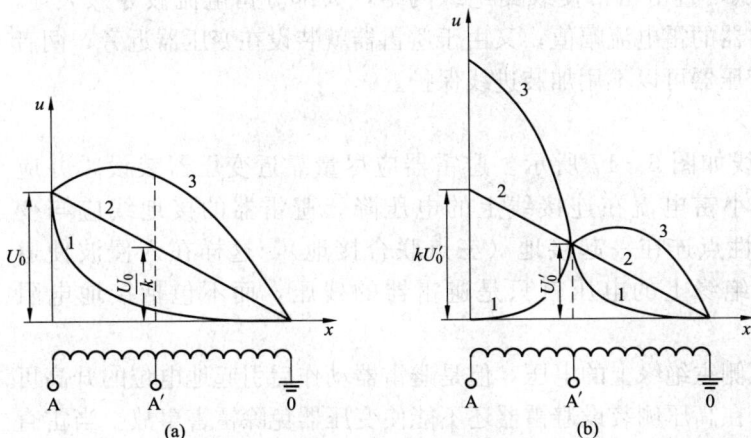

图 6-15　雷电波入侵自耦变压器时的过电压

（a）高压侧进波，中压侧开路；（b）中压侧进波，高压侧开路

1—起始电压分布；2—稳态电压分布；3—最大电位包络线

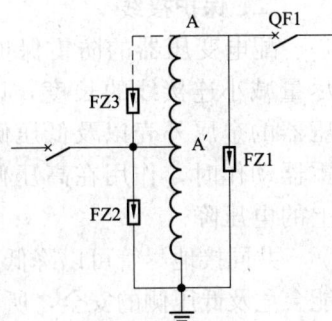

图 6-16　自耦变压器的
防雷保护接线

（三）三个绕组都工作时的防雷保护

当中压侧有出线时，出线的波阻抗较变压器的要小得多。当高压侧有雷电波侵入时，A′ 点的电位接近于零，雷电波大部分作用在自耦变压器绕组的 AA′ 之间，可能使其绝缘破坏。同理，当高压侧连有出线时，中压侧有侵入波时也会有类似的情况。显然，自耦变压器

变比越小，后果越严重。因此，当变比小于 1.25 时，应在 AA′间加装一组避雷器，如图 6-16 中虚线的 FZ3。

三、变压器中性点的防雷保护

当变压器的中性不接地时，如果三相同时有雷电波入侵，则在理论上会达到绕组首端电压的 2 倍，因此需要考虑变压器中性点的保护问题。

对于 110kV 及以上中性点直接接地系统，为了减小单相接地时的短路电流，有部分变压器中性点是不接地的。如果系统中的变压器是全绝缘的，即变压器中性点的绝缘水平与首端是一样的，一般不需采取专门保护。但如果变电站单进线且只有一台变压器，需在变压器的中性点加装与绕组首端电压等级相同的避雷器。如果系统中的变压器是分级绝缘的，即变压器的中性点绝缘水平要比首端低得多，如 110kV 变压器中性点的绝缘为 35kV，则必须采取保护措施。中性点保护的方法是在中性点与地之间加装阀型避雷器，避雷器的冲击电压应低于中性点冲击绝缘水平；而其灭弧电压应高于电网一相接地而引起的中性点电位升高的稳态值，以免避雷器爆炸。

对 35kV 及以下中性点不接地或经消弧线圈接地的系统，由于其中性点都采用全绝缘，一般不需增设保护装置。

第五节　配电变压器的防雷保护

一、保护特点

保护配电变压器的避雷器应尽量靠近变压器，以防止从线路入侵的雷电波损坏绝缘。因为 3~10kV 配电线路绝缘水平低，直击雷常使线路绝缘闪络，大部分雷电流被导入大地，从而限制了侵入波以及通过避雷器的雷电流幅值；又由于避雷器就装设在变压器近旁，两者之间的电压差很小，因此配电变压器可以不用加装进线保护。

二、保护接线

配电变压器的防雷保护接线如图 6-17 所示。避雷器应尽量靠近变压器装设，并应尽量减小连接线的长度，以减小雷电流在连接线上的电压降。避雷器的接地线应与变压器的金属外壳以及低压侧中性点连在一起接地（三点联合接地），这样在入侵波使避雷器动作时，作用在高压侧主绝缘上的电压就只是避雷器的残压，而不包括接地电阻上的电压降。

共同接地尽管可以降低高压侧主绝缘上的电压，但是避雷器动作后引起地电位的升高可能会危及低压侧的安全，所以只在高压侧装设避雷器还不能使变压器免除雷害事故。当雷直击高压线路或高压线路受感应雷使避雷器动作后，雷电流将在接地装置上产生电压降，这一电压降同时作用在低压侧中性点上，而低压侧出线此时相当于经导线波阻抗接地，所以低压绕组将流过雷电流，并通过电磁感应按变比在高压侧感应出过电压，称为反变换过电压。由于高压绕组出线端的电位受避雷器固定，因此这个高电位沿高压绕组分布，在中性点上达到最大值，可能击穿中性点附近的绝缘，也会危及高压绕组的纵绝缘。此外，如低压侧线路落雷，作用在低压侧的冲击电压在高压侧产生过电压，称为正变换过电压。由于低压侧绝缘裕度比高压侧的高，可能在高压侧先引起击穿。因此，为了防止由于正反变换出现的过电压，还应在低压侧加装避雷器，如图 6-17 所示。

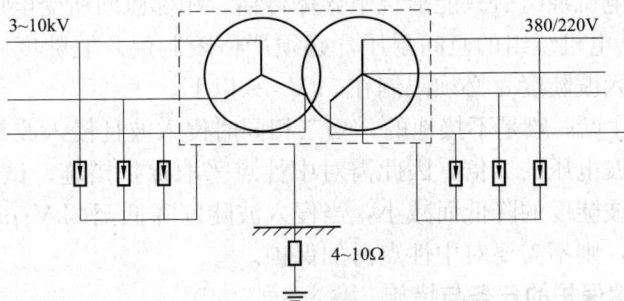

图 6-17　配电变压器的防雷保护接线

第六节　旋转电机的防雷保护

直接与架空线路相连的旋转电机（包括发电机、同期调相机、大型电动机等）称为直配电机。由于绝缘结构、运行条件等方面的特殊性，旋转电机防雷保护比变压器要困难，雷害事故率也较高，故其防雷保护显得特别重要。

一、旋转电机的特点及防雷保护

（1）在相同电压等级下，旋转电机冲击绝缘水平是电气设备中最低的。因为电机绕组不像变压器那样浸在油中，而是全靠固体介质来绝缘；在制造过程中也可能会使绝缘损伤或产生气隙，在这些地方容易产生游离；同时也不能采用其他的均压措施使电压分布均匀。旋转电机主绝缘的冲击系数很低，约接近于 1（而变压器的绝缘冲击系数为 2~3）。旋转电机出厂耐压试验有效值和同级变压器出厂冲击试验幅值见表 6-8。

表 6-8　　　　　　　　　同一电压等级电机、变压器和磁吹避雷器试验值

电机额定电压（kV）	电机出厂工频试验电压（kV）	电机出厂冲击耐压值（kV）	同级变压器出厂冲击试验电压（kV）	磁吹避雷器 3kA 冲击电流时残压幅值		运行中电机保险冲击电压耐压幅值（kV）
				型号	残压（kV）	
3.15	$2U_e+1$	10.3	43.5	FCD-3	9.5	6.7
6.3	$2U_e+1$	15.6	60	FCD-6	19	13.4
10.5	$2U_e+3$	34.0	80	FCD-10	31	22.3
13.8	$2U_e+3$	43.0	108	FCD-13	40	29.3
15.7	$2U_e+3$	48.8	108	FCD-15	45	33.4

从表 6-8 可知，旋转电机出厂冲击耐压值仅为变压器的 25%~40%，且在运行中受到机械、电、热和化学的联合作用，其绝缘容易老化。因此，运行中电机主绝缘的实际冲击耐压值比表 6-8 中所列还要低。

（2）保护旋转电机用的 FCD 型磁吹避雷器保护性能与电机绝缘水平配合裕度小，从表 6-8 可知电机出厂耐压值只比避雷器 3kA 下的残压高 8%~10%，因此有必要与电容器组、电抗器、电缆段等配合使用，以提高保护效果。

（3）由于旋转电机绕组的结构布置特点，其匝间电容很小，不能起到改善冲击电压分布

的作用。冲击波进入电机绕组后只能沿绕组导体传播，相邻匝间所受电压正比于侵入波陡度 α，若要使该电压低于电机绕组的匝间耐压，必须严格限制侵入波陡度。实验结果表明，为了保护匝间绝缘，侵入波陡度 α 必须限制在 $5\mathrm{kV}/\mu\mathrm{s}$ 以下。

（4）电机绕组中性点一般是不接地的，当三相同时侵入波且侵入波具有直角波头时，中性点的电压可达侵入波电压的 2 倍，因此需对中性点采取保护措施。试验和计算结果表明，中性点的电压随侵入波陡度的降低而减小，当侵入波陡度降低至 $2\mathrm{kV}/\mu\mathrm{s}$ 时，中性点的电压不会超过侵入波电压，则不需要对中性点另加保护。

二、直配电机防雷保护的任务与措施

针对上述特点，直配电机防雷保护除了需要继续改善旋转电机用的避雷器性能外，在现有条件下，对于与架空线路直接相连的直配电机，要采用完善的进线保护，以减小流过母线避雷器的电流，从而降低其残压。对于容量在 $60\ 000\mathrm{kW}$ 以上的电机，不允许与架空电力线路直接相连。

旋转电机防雷保护的主要措施如下：

（一）主绝缘的保护

在电机母线上装设 FCD 型避雷器，以限制侵入波幅值；同时配合保护进线，以限制通过避雷器的电流，使之小于 $3\mathrm{kA}$。

（二）纵绝缘的保护及限制感应雷过电压的措施

在每相母线上装设与避雷器并联的电容器可以保护电机匝间绝缘，如图 6-18（a）所示。电容器既可限制侵入波的陡度以保护匝间绝缘，又可降低感应过电压。设侵入波为电压幅值等于 U_0 的直角波，发电机母线上电压可按图 6-18（b）等值电路来计算。计算结果表明，若每相电容为 $0.25\sim0.5\mu\mathrm{F}$，就能满足 $\alpha<2\mathrm{kV}/\mu\mathrm{s}$ 的要求。由于感应雷过电压是由线路导线上的感应电荷转为自由电荷引起的，故在相同的感应电荷下增加导线对地电容，可以降低感应雷过电压。

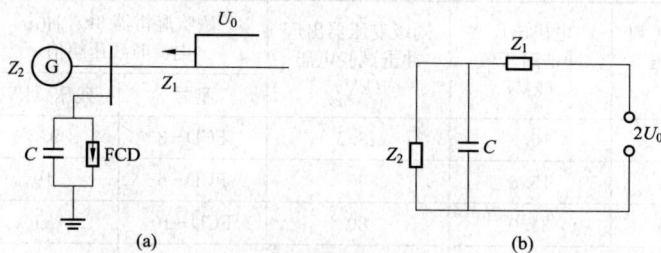

图 6-18　电机母线上装设电容器以限制侵入波陡度
(a) 原理接线；(b) 等值电路
Z_1—线路波阻抗；Z_2—发电机波阻抗

（三）电机中性点的防雷保护

如果直配电机的中性点能引出且未接地，应在中性点上装设避雷器，且避雷器的额定电压不应低于电机最高运行相电压；对于中性点不能引出的电机，则应把母线上的电容加大到 $1.5\sim2\mu\mathrm{F}$，以进一步降低侵入波的陡度来限制中性点绝缘上的电压。

三、直配电机的防雷保护接线

为了限制流经避雷器 FCD 中的雷电流，使之小于 $3\mathrm{kA}$，需要增设进线保护段，直配电机防雷的基本接线如图 6-19 所示。

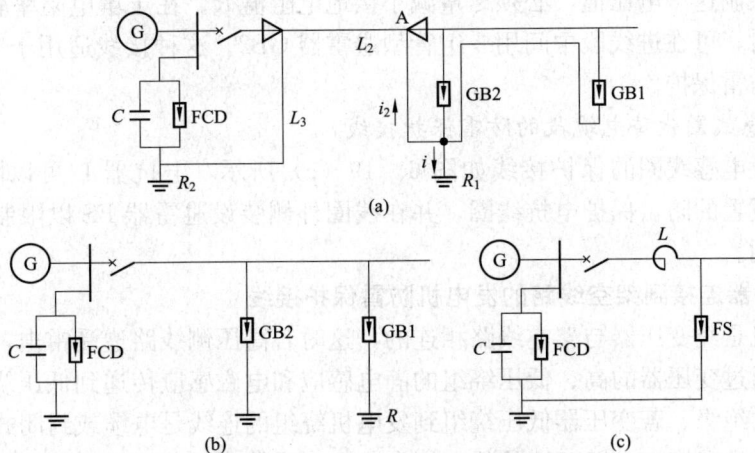

图 6-19　直配电机防雷的基本接线
（a）采用电缆段与避雷线配合的保护接线；（b）无电缆段的电机防雷保护接线；
（c）进线上装设电感线圈的保护接线

（一）有电缆段的防雷保护接线

如图 6-19（a）所示是采用电缆段与避雷线配合的保护接线。雷电波入侵使管型避雷器 GB2 动作，由于电缆芯线与外皮经 GB2 连接在一起，雷电流在接地电阻 R_1 上所形成的电压 iR_1 同时作用在芯线与外皮上，沿着外皮将有电流 i_2 流向电机侧。由于雷电流的等值频率很高，且电缆外皮与芯线为同心圆柱，它们之间的互感与外皮的自感 L_2 相等，因此会产生一反电动势 $M\dfrac{di_2}{dt}=L_2\dfrac{di_2}{dt}$。此电动势阻止雷电流从 A 点沿芯线向电机侧流动，也即限制了流经 FCD 的雷电流。计算与实测表明，当电缆长度为 100m，电缆末端外皮接地引下线到接地网的距离为 12m，$R=5\Omega$ 时，电缆段首端落雷且雷电流幅值为 50kA 时，流经每相避雷器 FCD 的雷电流不会超过 3kA，即此保护接线的耐雷水平为 50kA。

由上述分析可知，电缆段限流作用只在 GB2 动作以后才能实现。实际上由于电缆的波阻抗远小于架空线，过电压波到电缆始端 A 点时会发生异号反射波，反射波使 A 点电压降低可能使 GB2 不能动作。为了解决这一问题，可以在离电缆首端约 70m 处安装一组避雷器 GB1。这样，当雷电波侵入时，GB1 就有可能在电缆的首端的负反射波尚未到达以前动作。为了增加 GB1 接地引线与导线间的耦合以限制流经导线的电流，应将其接地引下线平行架设在导线下方（距离导线约为 2~3m）与电缆首端外皮一起接地。当然这样的耦合远比不上电缆外皮对芯线耦合那样完全。因此，仍有必要保留 GB2，以便在强雷时 GB2 相继动作，以充分发挥电缆的作用。这种接线适用于大容量（25 000~60 000kW）直配电机的防雷保护。

（二）无电缆段的电机防雷保护接线

对于容量较小（6000kW 以下）或少雷区的直配电机可以不用电缆进线段，其保护接线如图 6-19（b）所示。对进线段（长度通常取为 450~600m）应当用避雷线或避雷针作直击雷保护。此时，流经 FCD 的雷电流与避雷器 GB1 的接地电阻 R 有关，R 越小，流经避雷器 FCD 的雷电流越小；进线长度越长其等值电感越大，则流经避雷器 FCD 的雷电流也越小。所以为了限制这一电压值，必须尽量减小接地电阻值 R。在土壤电阻率较高的地区，R 不能满足要求时，可在进线段中间用一组管型避雷器 GB2。这种接线适用于 1500～6000kW 的直配电机的防雷保护。

（三）用电感线圈代替电缆段的防雷保护接线

进线上装设电感线圈的保护接线如图 6 - 19 （c）所示，电抗器 L 可以限制短路电流，也可以用专用设置的防雷保护电抗线圈，并在线圈外侧装设避雷器 FS 以限制波的幅值。这种接线较少使用。

四、经变压器连接到架空线路的发电机防雷保护接线

有的发电机是经变压器与架空线路相连的，这时若高压侧线路遭受雷击，雷电流沿高压侧线路传播，通过变压器的高、低压绕组的静电感应和电磁感应传递到低压绕组，有可能损坏发电机母线的绝缘。若变压器低压绕组到发电机绕组的连线是电缆或封闭式母线，由于它们具有较大的对地电容，一般可以使静电耦合过电压降低到对发电机无害的程度。当发电机与变压器间有较长（大于 50m）的架空母线桥或软连接线时，除应有直击雷保护外，还应防止雷击附近避雷针时产生的感应过电压。为此应在发电机出线上每相装设不小于 $0.15\mu F$ 的电容器或磁吹避雷器。同时它们也可以限制静电耦合过电压。

总的来说，经变压器耦合到发电机绕组上的雷电过电压对发电机绝缘的危险性较小，一般可以不考虑增设保护措施。但对于在多雷区，经升压变压器送电的特别重要的发电机，在其出线上宜装设一组磁吹阀型避雷器，以保安全。

第七节　气体绝缘变电站的防雷保护

气体绝缘变电站（又称为 GIS 变电站）是将除变压器以外的整个变电站的高压电气设备以及母线全封闭在一个接地的金属壳内，并向壳内冲以 3～4 个大气压的 SF_6 气体作为相间和相对地的绝缘变电站。

GIS 变电站的优点很多，如结构紧凑、占地面积小、运行可靠、维护工作量小、不受自然环境的影响、对周围环境没有电磁干扰等。因此，具有较好的经济效益和社会效益，在许多国家获得推广应用。我国现在在 110、220kV 级的 GIS 变电站已有一定的运行经验；在 500kV 输电系统中，特别是占地面积受到限制的大型水电工程和城市高压电网的建设中，GIS 变电站越来越受到欢迎。

一、GIS 变电站防雷保护的特点

在过电压保护方面，GIS 变电站与常规敞开式变电站相比有所不同。

（1）GIS 变电站绝缘的伏秒特性比较平坦。SF_6 绝缘的冲击伏秒特性平坦，其冲击系数接近于 1（为 1.2～1.3），且负极性击穿电压比正极性击穿电压低，因此可以认为 GIS 变电站的绝缘水平主要决定于雷电冲击水平，这就对所用避雷器要求较高，最好采用保护性能较好的氧化锌避雷器。

（2）GIS 变电站的波阻抗较小。GIS 变电站的波阻抗为 60～100Ω，约为架空线路的 1/5，因而从架空线路进入 GIS 变电站内的折射波的幅值和陡度，都比到达 GIS 变电站入口处的入侵波要小得多，这在 GIS 变电站较长的或侵入波较陡的情况下，对 GIS 变电站的保护有利。

（3）GIS变电站结构紧凑。GIS变电站各设备间的电气距离小，各被保护设备离避雷器都较近，比敞开式变电站容易实现防雷保护措施。

（4）GIS变电站具有封闭性。由于GIS变电站的封闭性，因此电气设备不会因为大气污染、降水的影响而降低绝缘强度。但需指出，对SF_6绝缘气体的洁净程度和所含水分要求严格，同时对导体和内壁的光洁度要求较高，否则绝缘强度将大幅下降。

（5）GIS变电站绝缘完全不允许发生电晕。GIS变电站绝缘大多为稍不均匀电场结构，一旦发生电晕很容易发展成击穿，且没有自恢复能力，从而导致整个GIS变电站绝缘的破坏。而GIS变电站的价格昂贵，因此要求过电压保护有较高的可靠性，且在设备的绝缘配合上留有足够的裕度。

二、与架空线路直接相连的GIS变电站的防雷保护接线

与架空线路直接相连的GIS变电站的防雷保护接线如图6-20所示。在GIS管道与架空线连接处，应装设一组ZnO避雷器（FMO1），其接地端应与管道金属外壳相连。FMO1有两种安装位置，一种是装在GIS入口处外侧；另一种是装在GIS入口处内侧，两种情况都可以，但后者效果较好。如变压器或GIS一次回路的任何电气部分至FMO1间的最大电气距离在60kV时不大于50m，在110～220kV时不大于130m，只需装FMO1，如图6-20（a）、（b）所示。

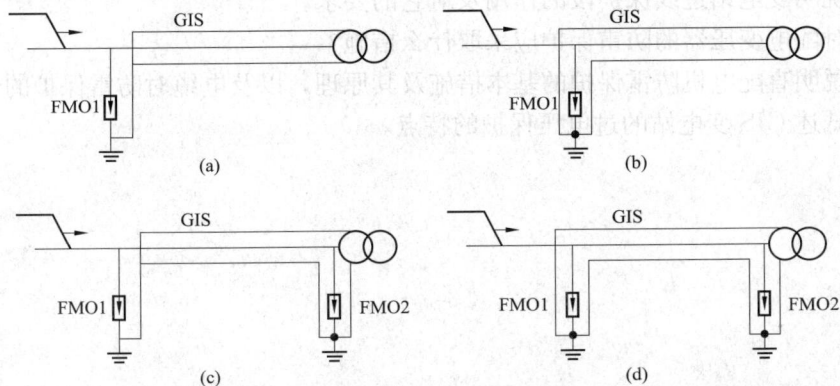

图6-20　与架空线路直接相连的GIS变电站的防雷保护接线
（a）避雷器安装在GIS入口处外侧接线；（b）避雷器安装在GIS入口处内侧接线；
（c）、（d）变压器出口加装避雷器的GIS防雷保护接线GA

对于母线较长的GIS变电站，上述保护方式不能满足要求时，可以考虑在变压器出口处加装FMO2，如图6-20（c）、（d）所示。这样还能降低变压器和GIS的绝缘水平。

三、经电力电缆与架空线路相连的GIS变电站的防雷保护接线

对经电缆进线与架空线路相连的GIS变电站，雷电波从架空线传到变压器，首先要经过架空线到电缆的折射（折射系数小于1），然后从电缆到GIS的折射（由于电缆的波阻抗比GIS低，折射系数大于1），作用在变压器和GIS上的过电压波，要经过多次折、反射，具体条件不同，折、反射情况比较复杂。

通过模拟试验和计算得出，对有电缆进线的GIS变电站，在电缆与架空线的连接处装

设一组避雷器就能获得较好的保护效果，如图 6-21（a）所示。若电缆末端至 GIS 各电气设备的最大电气距离（在 60kV 时大于 50m，在 110～220kV 时大于 130m），或经过校验装设一组避雷器不能满足保护要求时，可在 GIS 入口处装设第二组避雷器，如图 6-21（b）所示。与电缆相连的架空线进线段长度不应小于 2km，且应符合进线段保护要求。

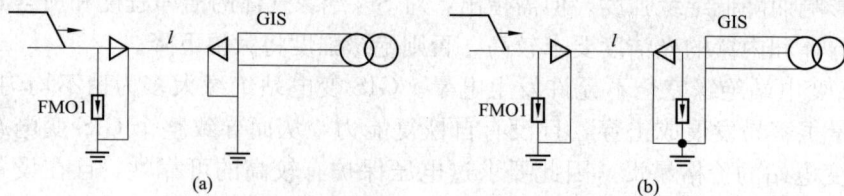

图 6-21　经电力电缆与架空线路相连的 GIS 变电站的防雷保护接线
（a）装设一组避雷器；（b）装设两组避雷器

习　　题

6-1　变电站直击雷防护应考虑什么问题？为防止反击应采取什么措施？

6-2　阀型避雷器与被保护设备间的电气距离对其保护作用有什么影响？

6-3　说明变电站进线保护段的作用及对它的要求。

6-4　对配电变压器的防雷保护应采取什么措施？

6-5　说明直配电机防雷保护的基本措施及其原理，以及电缆对防雷保护的作用。

6-6　试述 GIS 变电站的过电压保护的特点。

第七章　电力系统内部过电压

内部过电压一般分为操作过电压、接地过电压和谐振过电压。这些过电压与系统运行电压直接有关，一般以额定相电压的倍数来表示，它通常是在电力系统操作或事故时产生的。内部过电压幅值较高，若未采取有效的限制措施，将破坏电力设备的绝缘，从而造成事故。电力系统内部过电压是因正常操作或故障等原因使电磁状态发生变化，引起电磁能量振荡而产生的。其中操作过电压衰减较快、持续时间较短，一般持续时间不超过 0.1s；而其他故障等原因产生的过电压具有无阻尼或弱阻尼的特点，持续时间较长，称为暂时态过电压。对 110~220kV 电力系统，内部过电压水平一般取 3 倍最大工作电压；对 330~500kV 电力系统，需要采取一些限制措施，取 2~2.5 倍最大工作电压。对特高压电力系统，进一步限制内部过电压具有巨大的经济价值，从前景来看，限制到 1.5~1.8 倍最大工作电压是完全可能的。

电网中由于开关操作引起系统参数变化的电磁振荡暂态过程，是产生操作过电压的基本原因。这类过电压时间短、幅值高，是考虑绝缘配合的主要因素。操作过电压与系统接线、中性点接地方式、开关性能有着密切的关系。用开关切除空载长线，相当于切除电容负荷；用开关切除空载变压器、消弧线圈、补偿电抗器等，相当于切除电感负荷。这些操作都有可能出现危险的过电压。

内部过电压因其产生原因、发展过程、影响因素的多样性，而具有种类繁多、机理各异的特点。以下为出现频繁、对绝缘水平影响较大、发展机理也比较典型的内部过电压。

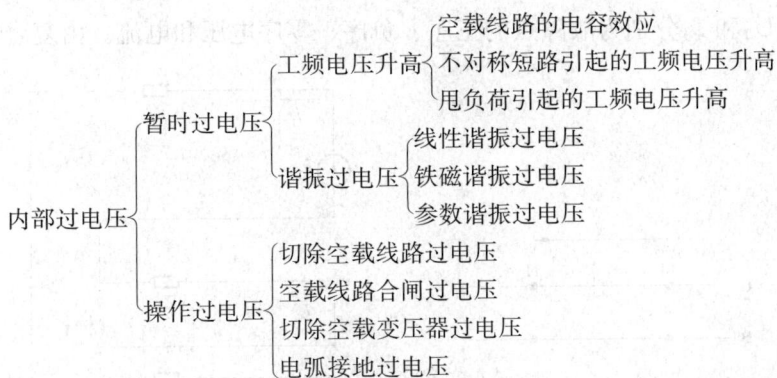

```
                                      ┌ 空载线路的电容效应
                         ┌ 工频电压升高┤ 不对称短路引起的工频电压升高
                         │            └ 甩负荷引起的工频电压升高
             ┌ 暂时过电压┤            ┌ 线性谐振过电压
             │           └ 谐振过电压 ┤ 铁磁谐振过电压
             │                        └ 参数谐振过电压
内部过电压  ┤            ┌ 切除空载线路过电压
             │            │ 空载线路合闸过电压
             └ 操作过电压 ┤ 切除空载变压器过电压
                          └ 电弧接地过电压
```

第一节　接地故障引起的工频电压升高

工频过电压的幅值不高，对系统中具有正常绝缘的电器设备没有危险，但在超高压系统的绝缘配合中，工频过电压具有重要作用。因为它和操作过电压常常同时发生，因此其大小直接影响操作过电压的幅值；同时，工频过电压的大小也是决定避雷器额定电压的重要依据。另外，如果持续时间很长，工频过电压对设备绝缘及运行性能也有重大影响，下面介绍接地故障引起的工频电压升高。

单相接地引起的过电压主要发生在中性点不接地的电网中。当输电线路长和线路电压高时，单相接地电流也随之增大，许多接地故障变得不能自动熄灭；另一方面，由于接地电流也还没有大到能产生稳定性的电弧的程度，于是就形成了熄弧与电弧重燃互相交替的不稳定状态。这种间歇性电弧现象引起了电网运行状态的瞬息改变，导致电磁能的强烈振荡，并在非故障相中产生严重的暂时过电压。消除弧光接地过电压的一个有效措施，是将电力网的中性点直接接地。此时单相接地能产生大的短路电流，使开关迅速动作跳闸，切除故障，并随即重合，恢复正常供电。但是对于 35kV 电网，一般不采用直接接地方式，而广泛采用消弧线圈来消除单相接地产生的过电压。

一、单相接地时引起的工频电压升高的理论计算

系统发生单相或两相接地故障时，短路电流的零序分量会使非故障相工频电压升高。其中单相接地时非故障相电压可达到较高的数值。所以单相对地短路时的电压升高数值是确定避雷器电压的一个重要依据。不对称接地短路是输电线路最常见的故障形式。发生故障时，由于相间的电磁耦合，可能使健全相工频电压有所升高。统计表明，在不对称接地中，以单相接地时非故障相的电压升高最为严重。另外，单相接地时的工频电压升高是确定阀型避雷器额定电压的依据，故在此只讨论单相接地故障。

单相接地时，故障点三相电流和电压是不对称的，为便于计算非故障相电压升高，可采用对称分量法，通过序网络进行分析。

当线路较长时，沿线各点的电压是不等的。现设线路上某点 M 处 A 相接地，如图 7-1 所示。根据故障点 A 相电压 $U_A = 0$，非故障相的故障电流 $I_B = 0$，$I_C = 0$ 的条件，按对称分量关系，可作出图 7-2 所示的复合序网络。其中，E_1 为故障点 M 在故障前的对地正序电压，Z_1、Z_2、Z_0 为故障点看入（电源电动势短接）的正序、负序、零序入口阻抗，U_1 和 I_1，U_2 和 I_2，U_0 和 I_0 分别为故障点的正序、负序、零序电压和电流。由复合序网络知

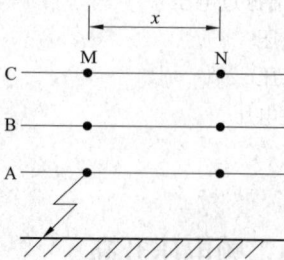

图 7-1　长线路上 M 点单相接地　　　图 7-2　单相接地的复合序网络

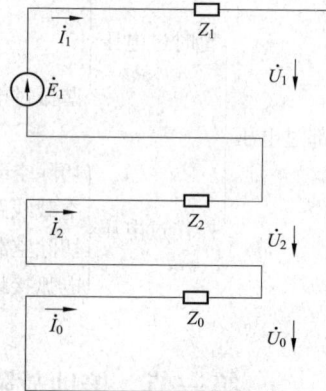

$$\dot{I}_1 = \dot{I}_2 = \dot{I}_0 = \frac{\dot{E}_1}{Z_1 + Z_2 + Z_0} \tag{7-1}$$

$$\dot{U}_1 = \dot{E}_1 - \dot{I}_1 Z_1 \tag{7-2}$$

$$\dot{U}_2 = -\dot{I}_2 Z_2 \tag{7-3}$$

$$\dot{U}_0 = -\dot{I}_0 Z_0 \tag{7-4}$$

于是，故障点 M 处非故障相的电压为

$$\dot{U}_B = a^2 \dot{U}_1 + a \dot{U}_2 + \dot{U}_0 \tag{7-5}$$

$$\dot{U}_C = a \dot{U}_1 + a^2 \dot{U}_2 + \dot{U}_0 \tag{7-6}$$

式中算子 $a = e^{j120°} = -\dfrac{1}{2} + j\dfrac{\sqrt{3}}{2}$。

如图 7-1 所示，若要计算离故障点 M 有 x 距离的 N 点电压，可引用电压传递系数求得，即

$$\dot{U}_{NA} = K_1 \dot{U}_1 + K_2 \dot{U}_2 + K_0 \dot{U}_0 \tag{7-7}$$

$$\dot{U}_{NB} = K_1 a^2 \dot{U}_1 + K_2 a \dot{U}_2 + K_0 \dot{U}_0 \tag{7-8}$$

$$\dot{U}_{NC} = K_1 a\dot{U} + K_2 a^2 \dot{U}_2 + K_0 \dot{U}_0 \tag{7-9}$$

式中　$\dot{U}_{NA}$、$\dot{U}_{NB}$、$\dot{U}_{NC}$——N 点的 A、B、C 相电压；

　　　　K_1、K_2、K_0——正序、负序、零序电压传递系数，当 N 点在远离电源侧，线路

末端开路时，则 $K_1 = K_2 = \dfrac{1}{\cos a_1 x}$，$K_0 = \dfrac{1}{\cos a_0 x}$。

其中 a_1、a_0 分别为线路的正序、零序相位系数。

在线路较短的情况下，可略去沿线的工频电压升高，即电压传递系数为 1。设 X_1、X_2 和 X_3 为从故障点看进去的网络正序、负序和零序电抗，并近似取 $X_1 = X_2$，故障点在故障前相对地电压为 $\dot{U}_{A0}$，则由式（7-1）～式（7-5）可得

$$\dot{U}_B = a^2 \dot{U}_{A0} - \frac{X_0 - X_1}{2 X_1 + X_0} \dot{U}_{A0}$$

因故障前故障点 B 相对地电压 $\dot{U}_{B0} = a^2 \dot{U}_{A0}$，故

$$\dot{U}_B = \dot{U}_{B0} - \frac{k-1}{2+k} \dot{U}_{A0} = \dot{U}_{B0} + \Delta\dot{U} \tag{7-10}$$

其中　　　　　　　$k = \dfrac{X_0}{X_1}$，　　$\Delta\dot{U} = -\dfrac{k-1}{2+k} \dot{U}_{A0}$

同理有　　　　　　　　　$\dot{U}_C = \dot{U}_{C0} + \Delta\dot{U} \tag{7-11}$

在 $k > 1$ 的情况下，相量 $\Delta\dot{U}$ 与 $\dot{U}_{A0}$ 反相，单相接地时故障点电压相量如图 7-3 所示。非故障相电压的数值为

$$U_B = U_C = U_{A0}\sqrt{1 + \left(\frac{\Delta U}{U_{A0}}\right)^2 - 2\frac{\Delta U}{U_{A0}}\cos 120°} = U_{A0}\sqrt{1 + \left(\frac{k-1}{k+2}\right)^2 + \frac{k-1}{k+2}} = a\, U_{A0}$$

$$\tag{7-12}$$

式中　　a——单相接地系数，是单相接地时故障点非故障相对地电压与故障前相对地电压之

　　　　　比。$a = \sqrt{3}\dfrac{\sqrt{1+k+k^2}}{k+2}$ 与 k 的关系曲线如图 7-4 所示。当 $k \to \infty$ 时，a 从较低

　　　　　值趋于 $\sqrt{3}$；当 $k \to -\infty$ 时，a 从较高值趋于 $\sqrt{3}$。$k = -2$ 时，出现工频谐振，线

　　　　　路上各点电压趋于无穷大。

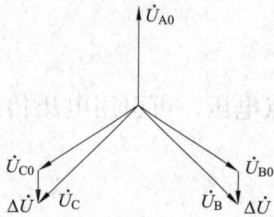

图 7-3　单相接地时故障点电压相量　　　　图 7-4　单相接地系数 a 与 k 值的关系

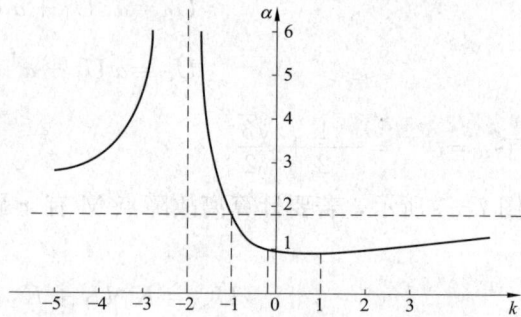

二、中性点接地方式对过电压值的影响

　　在中性点不接地系统中，X_0 是线路对地容抗，其值很大，而 X_1 是感抗，所以 k 必为负值。当线路长度在 250km 以内，相应的 $k < -20$，$a < 1.1\sqrt{3}$，即非故障相对地电压会升高接近运行线电压 U_N 的 1.1 倍，故我国 6～10kV 电网中避雷器额定电压大于 $1.1U_N$。

　　对中性点经消弧线圈接地的系统，不论是欠补偿或是过补偿，总有 $k \to -\infty$ 或 $k \to \infty$，故 $a \to \sqrt{3}$，避雷器额定电压大于 U_N。

　　中性点直接接地或经低阻抗接地系统的 X_0 是感抗，因此 k 值是正的。110～220kV 中性点直接接地系统，通常 $k \leqslant 3$，$a = 0.72\sqrt{3}$，避雷器额定电压大于 $(0.75 \sim 0.8)U_N$。对超高压系统，长度在 200km 以上的线路当装有并联电抗器，$k \leqslant 3$，考虑到长线电容效应，电站型避雷器额定电压大于 $0.8U_N$，线路型大于 $0.9U_N$。

第二节　甩负荷引起的工频电压升高

　　当输电线路重负荷运行时，由于某种原因（如发生断路故障）线路末端断路器突然甩掉负荷，也是造成工频电压升高的一个重要原因，通常称作甩负荷效应。

一、甩负荷过电压的产生机理

　　电力系统运行时，某种故障会使系统电源突然失去负荷。在发电机突然甩掉部分或全部负荷后，发电机的电枢反应突然消失。但根据磁链守恒的原理，通过励磁绕组的磁通来不急变化，与其相应的电源瞬态电动势将维持原来的数据，加上转速升高，将会引起较高的电压升高。其等效电路如图 7-5 所示。

　　甩负荷引起工频电压升高的主要有如下几个原因：

　　（1）发电机电势不能突变。当线路输送大功率时，发电机电势必然高于母线电压。如果甩负荷是由切除对称故障引起的，则由于强行励磁作用，使 E'_d 升高，工频电压升高更

大。通常在故障切除后，发电机的自动电压调整器会使 E_d' 下降，但往往在形成工频电压升高的短时间内，自动电压调整器尚来不及发挥作用。所以 E_d' 将首先上升，然后逐渐下降。

（2）空载长线的电容效应。当线路末端空载时，一定条件下，首端的输入阻抗为容性，计及电源内阻抗的影响（感性）时，由于电容效应不仅使线路末端电压高于首端，而且高于电源电动势。空载线路上的电压高于电源电压，即空载线路的电感—电容效应引起的工频电压升高。

（3）调速器和制动设备的惰性。由于这些设备的惰性，甩负荷后不能立即起到调速作用，使发电机转速增加，造成短时间内（一般持续数秒钟）电压和频率都上升，工频电压升高就更严重。

二、甩负荷过电压的分析计算

准确的计算甩负荷引起的工频电压升高，需要具备电机参数，调速器和励磁系统的详细数据，并使用数字或模拟计算机等数学工具。实际中可以进行近似计算。忽略损耗影响和短暂的超瞬态过程，母线过电压可按图 7-5 电路计算，即

$$U_1 = \frac{f}{f_0} E_d' \frac{X_C}{\left(X_C - \dfrac{f}{f_0} X_s\right)} \tag{7-13}$$

$$= \frac{f}{f_0} E_d' \Big/ \left(1 - \frac{f}{f_0} \frac{X_s}{X_C}\right)$$

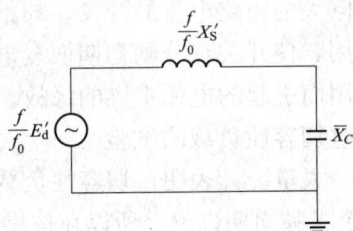

图 7-5　计算甩负荷电压
升高的等效电路

式中　U_1——母线上出现的工频电压；

　　　f——出现最高电压时的瞬时频率；

　　　f_0——额定频率；

　　　X_s——E_d' 和 U_1 间的电抗，是电机瞬态电抗和变压器的电抗之和；

　　　X_C——开路状态下的线路在升高频率下的输入容抗。

对于汽轮发电机，在不到 1s 时间内甩负荷 100% 时最大升速达 10%。对于水轮发电机，在 10s 内，甩负荷 100% 时最大升速达 60%。而这段时间快速自动调压系统早已减少励磁，故最高电压可能出现在甩负荷后 1s 左右。在缺乏准确数据时，式（7-13）中的 f 可按直线上升最大速度估计。

最后应当指出，如果空载线路的电容效应、单相接地和突然甩负荷几种情况同时发生，则工频电压升高可能达到 2 倍相电压数值。但这样同时发生的概率非常小，一般可忽略不计。俄罗斯对 500kV 电网产生的工频过电压的概率进行分析，出现超过 1.5 倍的相电压的概率为 0.1%，超过 1.4 倍相电压的概率为 0.5%，超过 1.3 倍相电压的概率为 2.4%。鉴于这种情况，在 220kV 及以下的电网中，一般不需要采用特殊措施来限制工频电压升高；但在 330kV 以上超高压电网中，应采用并联电抗器或静止补偿装置等措施，将工频电压升高限制在 1.3~1.4 倍相电压以下。

第三节　切容性负荷引起的过电压

系统中切除容性负载包括两种情况，一是切除空载线路，一是切除电容器组。切除空载线路是电网中常见的操作之一。有计划的逐级停电，最后一级开断有可能造成切空载线路的情况。切除距离较长而负载较小的线路时，也造成了切空载线路的情况，两端共电的线路发生恶劣故障时，两侧开关不同时跳闸，后跳闸的开关可能出现切空载线路的情况。

一、过电压产生机理

为了提高系统的功率因数，往往在网络里安装补偿电容组，随系统运行参数的改变，这些电容器组也需要投切操作。无论是切除空载线路的操作，还是切除电容器组，都可能引起过电压。产生这种过电压的根本原因是开关电弧的重燃。对于切空载线路或电容器组，通过开关的电流是电容电流，通常只有几十安或几百安，比起短路电流要小得多。但是，能够切断巨大的短路电流的开关，却不一定能够不重燃地切断这些容性电流。这是由于电容的储能作用，使开关在分闸初期恢复电压幅值较高。触头间的绝缘强度耐受不住高幅值恢复电压的作用而引起的电弧重燃的缘故。因此，要求开关不仅具有足够的断流容量，而且要求它能够通过切容性负载的试验。

大量统计表明，切容性负载引起的过电压不仅幅值高，而且过电压持续时间长达 $0.5\sim 1$ 个工频周期以上。所以在按操作的要求确定 220kV 及以下的绝缘水平上，主要以切除空载线路过电压为计算依据。

下面以切空载线路为例，来分析过电压产生的物理过程及限制措施。切电容器组引起的过电压与此有类似的过程。

切除空载线路时的等效电路如图 7-6 所示。为了计算方便，忽略母线电容的影响。

在等效电路中设电源电势为

$$e(t) = E_m \cos\omega t \tag{7-14}$$

则电流

$$i(t) = \frac{E_m}{X_C - X_s}\cos(\omega t + 90°) \tag{7-15}$$

式中　X_C、X_s——C_T、L_T 所对应的容抗和感抗。

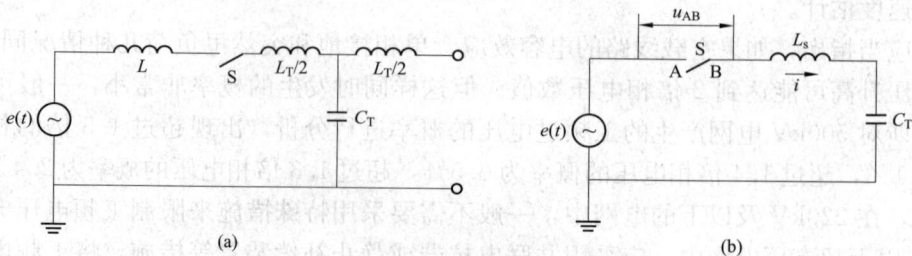

图 7-6　切除空载线路时的等效电路

（a）等效电路；（b）简化后的等效计算电路

$e(t)$ ——电源电势；$L_s = L + \dfrac{L_T}{2}$；u_{AB}——触头 A、B 之间的恢复电压；C_T—线路对地等效电容

因空载线路对地电容容抗数值较大，等效电路基本是容性的，所以电流 $i(t)$ 超前电势 $e(t)$ $\dfrac{\pi}{2}$。

忽略线路电容效应的影响，则在开关 S 断开之前，线路电容 C_T 上的电压就等于电容电势 $e(t)$，设开关在 t_1 时刻动作，不计 L_s 的影响，电容 C_T 上的电压为 $-E_m$。此时流过开关 S 的工频电流恰好过零。开关中发生第一次断弧。实际上，开关在此以前的工频半周内任何一个时刻动作，只要不发生截流，开关电弧总是要到电流过零时刻才灭，开关断开后，线路电容上电荷无处泄露，使电路上保持这个残余电压 $-E_m$。但开关电源侧触头电压仍按电源电动势规律变化，于是开关触点两端出现了越来越高的恢复电压 U_{AB}，其数学表达式为

$$U_{AB} = e(t) - (-E_m) = E_m(1 + \cos\omega t) \tag{7-16}$$

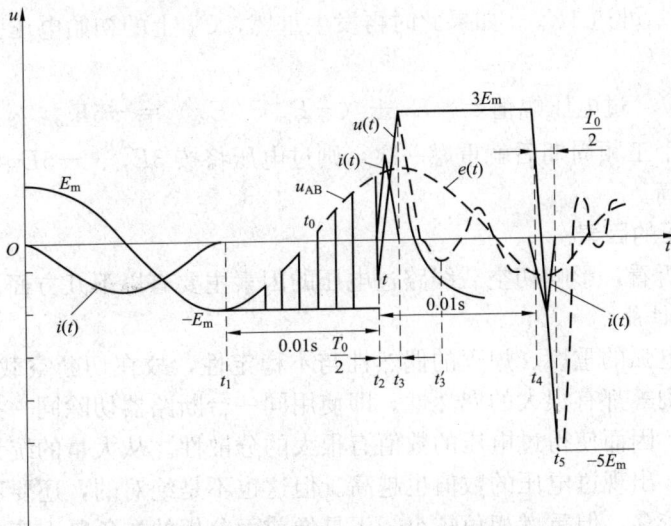

图 7-7　切断空载线路过电压的发展过程

t_1—第一次断弧，t_2—第一次重燃；t_3—第二次断弧；t_4—第二次重燃；t_5—第三次断弧

如果开关触头间去游离能力很强，抗电强度恢复增长的很快，则电弧从此熄灭，线路被断开，无论在母线侧或线路侧都不会产生任何过电压。但要是开关性能不好，则在恢复电压 U_{AB} 的作用下，触头间可能发生重燃。对过电压的研究，往往要找出最危险的过电压情况。为此，我们假定重燃发生在 U_{AB} 最大的时刻 t_2，此时，$e(t) = +E_m$、$U_A = +E_m$，$U_B = -E_m$，$U_{AB} = 2E_m$，在 $2E_m$ 作用下，触头间隙被击穿，电弧发生重燃。在电弧发生重燃瞬间，电源电压 E_m 突然加在电感 L_s 和具有初始值 $-E_m$ 的电容 C_T 组成的振荡回路上，如图 7-8 所示，由于回路固有振荡频率 $\omega_0 = \dfrac{1}{\sqrt{L_S C_T}}$，振荡周期 $T_0 = \dfrac{2\pi}{\omega_0}$，比工频 50Hz 大得多，可以认为在高频振

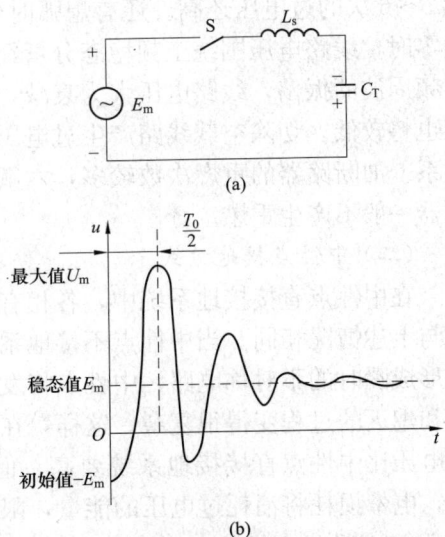

图 7-8　电弧重燃时的等效电路和振荡波形

（a）等效电路；（b）振荡波形

荡的过程中，电源电势 E_m 保持不变，如图 7-8（b）所示。

若忽略回路损耗引起的电压衰减，过渡过程中 C_T 上电压所达到的最高值，即线路上出现的过电压数值为

过电压的幅值＝稳态值＋（稳态值－初始值）＝2稳态值－初始值

在此处，稳态值＝E_m，初始值＝$-E_m$，所以

过电压的幅值＝$2E_m-(-E_m)=3E_m$

当 C_T 上的电压振荡到最大值 $3E_m$ 时，由于回路中流过的是电容电流，故此瞬间开关中流过的高频振荡电流恰好是零，即等效电路中开关 S 又处于断开状态，U_B 为 $3E_m$ 电位。A 点 U_A 仍按电源电势 $e(t)$ 变化。过工频 $\frac{1}{2}T$（T 是工频电压周期），A 点 U_A 为 $-E_m$，恢复电压 U_{AB} 可达 $4E_m$。如果此时再发生重燃，C_T 上的初始电压为 $3E_m$，稳态值为 $-E_m$，故

过电压幅值＝$-E_m+(-E_m-3E_m)=-5E_m$

若继续每隔半个工频周期后就重燃一次，则过电压将按 $3E_m$、$-5E_m$、$7E_m$、$-9E_m$ 的规律变化，越来越高。

二、影响过电压的因素

从实测数据分析看，影响切空载线路过电压的因素主要有以下几方面。

（一）断路器的性能

由于断路器中电弧的重燃、熄灭的偶然性与不稳定性，故在切断空载线路的重燃次数、重燃相角、熄弧时刻等都有很大的偶然性。即使用同一台断路器切除同一条空载线路，重燃的条件也不尽相同，因而使得过电压的数值有很大的分散性。从大量的统计数据中看，一般是重燃的次数越多，出现过电压的数值也越高。但这也不是绝对的，还要看在什么相角下发生，即使重燃次数较多，但重燃相角较小，不是像前面分析的在负最大值断开，在正最大值重燃，重燃相角是 $180°$ 的情况，过电压数值也不会很高。因此，有时重燃一次的过电压比重燃 5～6 次的过电压还高。还有熄弧时刻的影响，如果电弧熄灭不是发生在高频电流第一次过零时，线路电压围绕工频稳态分量经过几次振荡后电弧熄灭。那么再熄弧前已经经过几个高频周波的振荡，线路电压大为衰减，熄弧时残留在线路上的电压较低，下次重燃时，过电压也将较低。切除空载线路产生过电压的根本原因是电弧重燃，所以与断路器的性能有重要关系。油断路器的重燃次数较多，六氟化硫断路器、真空断路器重燃次数较少，压缩空气断路器一般不产生重燃。

（二）中性点接地方式

在中性点直接接地系统中，各相有自己的独立回路，相间电容影响不大，切空载线路过程与上述情况相同。当中性点不接地系统或经消弧线圈接地系统，三相开关分闸的不同期性会形成瞬时的不对称电路，中性点将发生偏移，三相之间互相影响，使分闸时开关中电弧燃烧和熄灭的过程变得很复杂。这样，在不利条件下会使过电压显著提高，一般来讲，这时的过电压比中性点直接接地系统要高。但是，当过电压数值较高时，线路上将产生强烈的电晕，电晕损耗将消耗过电压的能量，限制过电压的升高。

（三）母线出线数

当母线上有多路出线时，相当于加大了母线电容。切除其中的一条线路时，工频电流过

零时熄弧，被分闸的线路保持 $-E_\mathrm{m}$，未分闸的线路电压按电源电压变化。在重燃的瞬间，未开断线路（电压为 E_m）上的电荷将迅速与断开线路（电压为 $-E_\mathrm{m}$）上的残余电荷中和，改变了电压的初始值使之更接近于稳态值，因而降低了过电压。

（四）线路负载及电磁式电压互感器

当线路末端有负载（如空载变压器）或线路侧装有电磁式电压互感器时，断路器分闸后，线路上的电荷经由它们释放，将降低重燃后的过电压。我国 220kV 线路的多次拉闸实验表明，如果被切除的线路上接有电磁式电压互感器，则可使最大重燃过电压降低 30% 左右。

此外，运行方式也会影响这种过电压的数值。

三、限制过电压的措施

切除空载线路过电压是选择线路绝缘水平和确定电器设备试验电压的重要依据。因此，采取措施消除或限制这种过电压，对于保证系统安全运行和进一步降低电网的绝缘水平具有十分重大的经济意义。目前降低这种过电压有以下几种措施。

（1）提高断路器的灭弧能力。切除空载线路产生过电压的根本原因是断路器电弧重燃，提高断路器的灭弧能力和限制触头间的恢复电压是消除或减少重燃次数的两个重要方面。改善断路器的性能，增大触头间介质的恢复强度和灭弧能力以避免发生重燃现象，可以从根本上消除切断空载线路过电压。

（2）采用带并联电阻的断路器。如图 7-9 所示，断路器开断线路时，是逐级断开的。主断口 S1 先断开，此时并联电阻 R 被串联在回路中，抑制了回路中的振荡。这时触头 S1 两端的恢复电压只是电阻 R 两端的电压降，主触头 S1 中的电弧不易重燃。同时线路电容中的残余电荷将通过电阻 R 泄放，经过 1.5~2 个工频周期，在触头 S2 分闸时，由于前一段回路中的振荡受到限制，且线路上残余电压较低，故触头 S2 上的恢复电压不高，S2 中的电弧也就不易重燃。即使 S2 中电弧发生重燃，由于电阻 R 的阻尼作用及对线路电容电荷的泄放作用过电压也会显著下降。实践证明，采用并联电阻 R 后，在最不利的时刻发生重燃，过电压只有 2.28 倍左右。

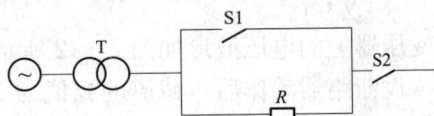

图 7-9　断路器触头并联电阻

（3）线路上连接泄流设备。当被切除的线路上接有电磁式电压互感器、变压器或其他设备时，断路器断开后，线路电容上的残余电荷将通过这些设备泄放，线路上的残余电压很快衰减，使断路器两端的最大恢复电压降低，从而避免了重燃或降低重燃后的过电压。

我国在一些 110~220kV 线路上进行了一些实测，综合处理结果表明，切除空载线路的过电压有强烈的统计性，其中统计分布规律近似于正态分布，出现最大过电压的倍数与所用断路器的性能有很大关系。按断路器性能分类得到如下结果：使用重燃次数较少的空气断路器时，高于 2.6 倍的过电压出现的概率为 0.73%；使用重燃次数多的空气断路器时，出现 3.0 倍过电压的概率为 0.86%；用油断路器时，测的最大过电压为 2.8 倍。当使用有中值和低值并联电阻的断路器时，过电压被限制在 2.2 倍以下。

在中性点不接地和经消弧线圈接地电网中，这种过电压一般不超过 3.5 倍。

第四节　切空载变压器引起的过电压

在电力系统中常有开断电感性负载的操作，如切除空载变压器、电抗器、电动机、消弧线圈等感性负载时，在切除过程中有可能在被切除的电器和断路器出现过电压。

一、过电压产生机理

产生这种过电压的原因是断路器突然截断了电感中的电流，即"截流"所致。这种截流现象在电流上升和下降的时刻都有可能出现。截流现象如图 7-10 所示。

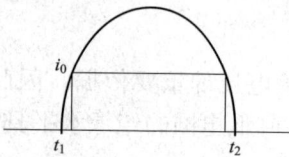

图 7-10　截流现象

通常在切除大于 100A 的较大交流电流时，断路器触头间的电弧是在工频电流自然过零时熄灭，在这种情况下，设备电感中储藏的磁场能为零，不会产生过电压。但在切空载变压器时，由于励磁电流很小，而断路器中去游离作用又很强，故电流不为零时会发生强制熄弧的截流现象。这样电感中储藏的磁场能量全部转化为电场能，出现电压升高现象，这就是切除空载变压器引起过电压的实质。

切除空载变压器引起的过电压形成过程可由图 7-11 所示等效电路来分析。图中 L_T 为变压器励磁电感，C_T 为变压器对地电容，C_T 和 L_T 回路的自振频率为 $f_0 = \dfrac{1}{2\pi\sqrt{L_T C_T}}$，对大型变压器约为几百赫兹，其特性阻抗

$$Z = \sqrt{\dfrac{L_T}{C_T}}$$，约为数万欧姆。切除空载变压器时变压器上的电压波形如图 7-12 所示。

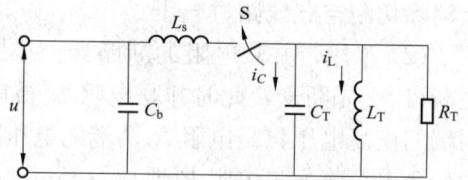

图 7-11　切除空载变压器的等效电路
L_T、R_T—变压器励磁电感和损耗电阻；
C_T—变压器对地电容；
L_s—母线侧电源等效电感；C_b—母线对地电容

设断路器动作后，截流的幅值为 $I_0 = I_m\sin\alpha$，相应的电容 C_T 上的电压为 $U_0 = -U_m\cos\alpha$，其中

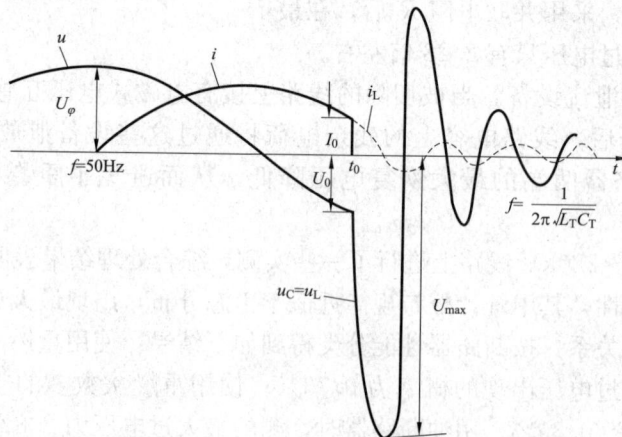

图 7-12　切除空载变压器时变压器上的电压波形

U_m 为电源电压的幅值，I_m 为电流幅值，α 为发生截流时的相角。这时，电感 L_T 和电容 C_T 储藏的磁场能和电场能分别为

$$W_L = \frac{1}{2} L_T I_m^2 \sin^2 \alpha \tag{7-17}$$

$$W_C = \frac{1}{2} C_T U_m^2 \cos^2 \alpha \tag{7-18}$$

当电容上暂态电压达到最大值 U_{ov} 时，$\dfrac{dU_C}{dt}=0$，电流 $C_T \dfrac{dU_C}{dt}=0$，即这时全部磁场能量转化为电容中的电场能，故得

$$\frac{1}{2} C_T U_{ov} = W_L + W_C = \frac{1}{2} L_T I_m^2 \sin^2 \alpha + \frac{1}{2} C_T U_m^2 \cos^2 \alpha \tag{7-19}$$

于是有

$$U_{ov} = \sqrt{U_m^2 \cos^2 \alpha + \frac{L_T}{C_T} I_m^2 \sin^2 \alpha} \tag{7-20}$$

考虑到 $I_m = \dfrac{U_m}{2\pi f L_T}$，$f_0 = \dfrac{1}{2\pi \sqrt{L_T C_T}}$，代入式（7-20），并加以整理，得到过电压的倍数 K_0 为

$$K_0 = \frac{U_{ov}}{U_m} = \sqrt{\cos^2 \alpha + \left(\frac{f_0}{f}\right)^2 \sin^2 \alpha} \tag{7-21}$$

式（7-21）中没考虑磁场能转化为电场能的过程中变压器的铁损和铜损，即等效电路中 R_T 所引起的损耗。如果考虑损耗引起的衰减，可在代表磁能的项目上乘以一个损耗系数 μ_m。则式（7-20）变为

$$K_0 = \frac{U_{ov}}{U_m} = \sqrt{\cos^2 \alpha + \mu_m \left(\frac{f_0}{f}\right)^2 \sin^2 \alpha}$$

显然，当励磁电流在幅值处截断，即当 $\alpha = 90°$ 时过电压倍数达到最大值，即

$$K_{0m} = \sqrt{\mu_m} \frac{f_0}{f} \tag{7-22}$$

式中　f_0——自振频率；

　　　　f——工频频率。

损耗系数 μ_m 一般小于 0.5，大型变压器的实测数据为 0.3～0.4。自振频率 f_0 与变压器的参数和结构有关，通常为工频的 10 倍以上。从 $U_{ov} = \sqrt{U_m^2 \cos^2 \alpha + \dfrac{L_T}{C_T} I_m^2 \sin^2 \alpha}$ 可以看出，过电压的高低与截流值以及变压器的特性阻抗 $\sqrt{\dfrac{L_T}{C_T}}$ 有密切关系。断路器灭弧性能越强，截流的极限值越高，过电压值也越高。当断路器去游离不强时，可能发生电弧的重燃，变压器侧的能量向电源释放，降低过电压的幅值。如果被切变压器带有一段电缆或引线电容较大，这就增加了 C_T 的数值，当截流值一定时，C_T 增大会使过电压降低。另外，中性点接地的变压器出现过电压要小于中性点绝缘的变压器。

二、影响过电压的因素

（一）断路器性能

截流值与断路器性能有关，每种类型的断路器每次开断时的截流值有很大的分散性，但

其最大值有一定的限度，且基本上比较稳定。切断小电流电弧时性能差的断路器（尤其是多油断路器）由于截流能力不强，故切除空载变压器过电压也比较低；而 SF_6、真空、空气断路器等切除小电流性能好的断路器，其切除空载变压器过电压比较高。另外，当断路器去游离作用不强时（由于灭弧能力差），截流后在断路器触头间容易引起电弧重燃，而这种电弧的重燃使变压器侧的电容中的电场能量向电源释放，也降低了过电压。使用相同的断路器，当变压器引线电容较大时（如空载变压器带有一段电缆式架空线），过电压也比较小。

（二）变压器特性

变压器空载励磁电流或电感的大小对过电压有一定影响，空载励磁电流的大小与变压器容量有关，也与变压器铁芯所用的导磁材料有关。近年来，随着优质导磁材料的广泛使用，变压器的励磁电流减小很多；此外，变压器绕组改用纠结式绕法以及增加静电屏蔽等措施使对地电容有所增加，使过电压有所降低。

我国的一些统计资料表明，在中性点直接接地电网中，切断 $110 \sim 220kV$ 空载变压器时过电压一般不超过 $3U_{xg}$（U_{xg} 工频相电压），中性点不接地或经消弧线圈接地的 $35 \sim 110kV$ 电网中，切除空载变压器时过电压一般不超过 $4U_{xg}$。这种过电压一般持续时间短，能量小，较容易限制，可用带并联电阻的断路器，或用普通阀型避雷器来限制。

三、限制过电压的措施

虽然切除空载变压器的过电压幅值较高，但这种过电压持续时间短，能量小，采用普通阀式避雷器或 ZnO 避雷器即可进行有效的限制。用来限制切除空载变压器过电压的避雷器应装在断路器的变压器侧，否则在切除空载变压器时将使变压器失去避雷器保护。另外，这组避雷器在非雷雨季节也不能退出运行。如果变压器高低压侧电网中性点接地方式一致，则只需在低压侧安装避雷器，这样比较经济方便。如果高压侧中性点直接接地，而低压侧电网中性点不直接接地，则只在变压器低压侧装避雷器时，应装磁吹阀型避雷器或 ZnO 避雷器。

在断路器的主触头上并联一线性或非线性电阻，在分闸时不使绕组中的电流突然降为零，能降低过电压。但为了充分发挥阻尼作用和限制励磁电流，其阻值应接近于被切电感的工频励磁阻抗（数万欧姆），这对于限制空载线路合闸和分闸过电压而言都太大。考虑到避雷器已能限制这种过电压，同时断路器并联电阻的设计主要以限制切合空线过电压为主要目的，因此断路器一般不装设这种高阻值电阻。

第五节　电弧接地过电压

单相接地是电力系统中主要故障形式，约占故障总数的 60% 以上。在中性点不接地的电力系统中，如果发生单相金属性接地将引起健全相的电压升到线电压。如果单相通过不稳定的电弧接地，即接地点的电弧间歇性的熄灭和重燃，则在电网健全相和故障相上都会产生过电压。一般把这种过电压称为电弧接地过电压。

一般这种过电压不会使符合标准的良好的电器设备损坏，但是这种过电压出现的概率高、波及面广，一旦出现，则作用时间长，所以对设备绝缘的危害也是不可忽视的。

电弧接地的过电压的发展与电弧的熄灭时间有关，系统单相接地时通过弧道的电流有两个分量：工频电流（强制）分量和高频电流（自由）分量。燃弧瞬间出现的自由振荡频率远远高于工频，故接地瞬间弧道中的电流以高频电流为主，高频电流迅速衰减后，弧道电流为工频电流。在分析电弧接地过电压时主要有两种假设：①以高频电流第一次过零熄弧为前提进行分析，称高频熄弧理论。按此分析过电压值较高，因高频电流过零时，高频振荡电压正为最大值，熄弧后残留在非故障相上的电荷量较大，故电压值较高。②以工频电流过零时熄弧为前提分析，称工频熄弧理论。

通常认为电弧的熄灭可能在两种情况下发生：一是空气中的开放性电弧大多数在工频电流过零时熄灭；二是油中电弧常常是在过渡过程中高频电流过零的时刻熄灭。实际上电弧能否熄灭是由电流过零时，间隙中绝缘强度的恢复和加在间隙上的恢复电压所决定的。实际中大部分电弧接地发生在空气中，下面按照空气中工频电流过零熄弧理论来分析过电压的产生和发展过程。

一、电弧接地过电压的产生和发展过程

如图 7-13（a）所示为中性点不接地系统单相接地时的等效电路图，C_1、C_2、C_3 为三相对地电容，且 $C_1 = C_2 = C_3 = C$。设 A 相对地发生电弧，以 D 表示故障点发弧间隙。A 相接地时，中性点电位 U_N 由零升到相电压，即 $U_N = -U_A$，B、C 相电位都升至线电压 U_{BA}、U_{CA}。C_2、C_3 中的电流 I_2、I_3 分别超前 U_{BA}、U_{CA} 90°，其幅值为

$$I_2 = I_3 = \sqrt{3}\omega C U_{xg} \tag{7-23}$$

其相量如图 7-13（b）所示。

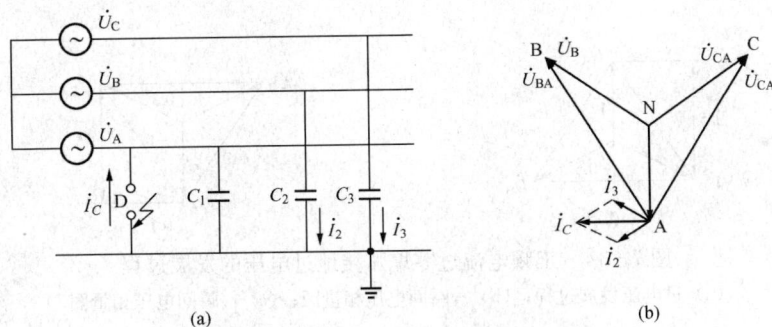

图 7-13　中性点不接地系统的单相接地
(a) 等效电路；(b) 相量图

I_2、I_3 相位差 60°，因此故障点电流幅值为

$$I_C = \sqrt{3}I_2 = 3\omega C U_{xg} \tag{7-24}$$

由式（7-24）可以看出，单相接地时流过故障点的电容电流 I_C 与线路对地电容 C 及系统运行相电压 U_{xg} 成正比。

以 u_A、u_B、u_C 代表三相电源电压，以 u_1、u_2、u_3 分别代表三相线路的对地电压，即 C_1、C_2、C_3 上的电压。如图 7-14 所示为工频电流过零熄弧接地过电压的发展过程。

$$u_A = U_{xg}\sin\omega t$$

$$u_B = U_{xg}\sin(\omega t - 120°)$$

$$u_C = U_{xg}\sin(\omega t + 120°)$$

$$u_{BA} = \sqrt{3}U_{xg}\sin(\omega t - 150°)$$

$$u_{CA} = \sqrt{3}U_{xg}\sin(\omega t + 150°)$$

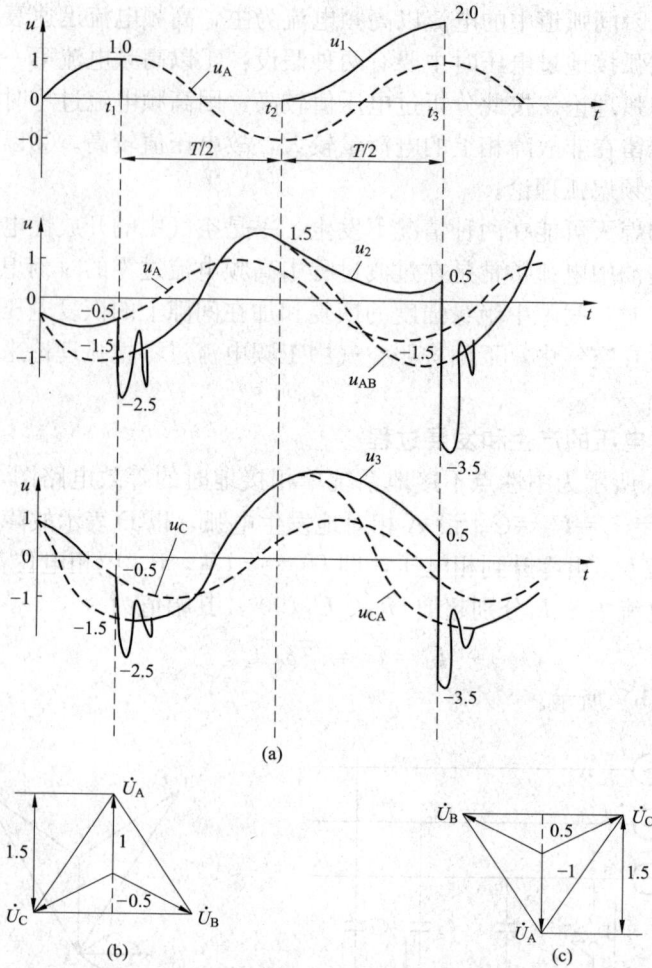

图 7-14 工频电流过零熄弧接地过电压的发展过程

（a）过电压发展过程；（b）t_1 瞬间电压相量图；（c）t_2 瞬间电压相量图

设 t_1 瞬间 A 相对地产生电弧（此时 A 相电源电压为最大值 U_{xg}），发弧前 t_1 瞬间，线路电容上电压分别为

$$u_1(t_1^-) = U_{xg}$$

$$u_2(t_1^-) = -0.5U_{xg}$$

$$u_3(t_1^-) = -0.5U_{xg}$$

故障点产生电弧后瞬间（以 t_1^+ 表示），A 相电容 C_1 上的电荷通过电弧泄入地，其电压突降为零，即 $u_1(t_1^+) = 0$，其他两健全相电容 C_2、C_3 则由电源线电压 U_{BA}、U_{CA}（故障瞬间 U_{BA} 和 U_{CA} 的瞬时值为 $-1.5U_{xg}$）通过电源电感充电，由原来电压瞬时值 $-0.5U_{xg}$ 变为新电压的瞬时值 $-1.5U_{xg}$，这个充电的过渡过程是高频振荡过程，其振荡频率取决于电源的电感和导线的对地电容。

由于电容 C_2、C_3 上的初始值都是 $-0.5U_{xg}$，稳态值都是 $-1.5U_{xg}$。故在过渡过程中，在 C_2、C_3 上出现的逐渐电压最大值为

$$U_{2m}|_{t_1} = 2(-1.5U_{xg}) - (-0.5U_{xg}) = -2.5U_{xg} \tag{7-25}$$

$$U_{3m}|_{t1} = 2(-1.5U_{xg}) - (-0.5U_{xg}) = -2.5U_{xg} \tag{7-26}$$

过渡过程结束后，u_2 和 u_3 按图 7-14 中的 $-u_{BA}$、u_{CA} 变化。

故障点的电弧电流中包含有工频分量和高频分量，假定高频电流分量过零时，电弧不熄灭，则故障点的电弧电流将持续半个工频周期，待工频分量（工频分量 I_C 和 A 相电源电压 u_A 相位差为 90°）过零时才熄灭。

t_2 时刻电弧熄灭，又要引起过渡过程。这时三相导线电压的初始值为

$$u_1(t_2^-) = 0$$

$$u_2(t_2^-) = u_3(t_2^-) = 1.5U_{xg}$$

由于是中性点绝缘系统，各导线电容上的电荷在故障点熄弧后仍保留在系统内，但在熄灭瞬间必然有一个很快的电荷重新分配过程，这个电荷重新分配过程实际上是电容 C_2、C_3 通过电源电感对 C_1 的重新充电过程，其结果是使三相导线对地电压相等，也即是对地绝缘的中性点上对地产生一个偏移电位，这个偏移电位为 $u_{ND}|_{t2}$，即

$$u_{ND}|_{t2} = \frac{0C_1 + 1.5U_{xg}C_2 + 1.5U_{xg}C_3}{C_1 + C_2 + C_3} = U_{xg} \tag{7-27}$$

这样，当故障电流熄灭后，作用在三个导线电容上的是三相电源电压和中性点偏移电压 $u_{ND}|_{t2}$ 之和。在 $t = t_2^+$ 瞬间，有

$$u_1(t_2^+) = u_B(t_2^+) + u_{ND}|_{t2} = -U_{xg} + U_{xg} = 0$$

$$u_2(t_2^+) = u_B(t_2^+) + u_{ND}|_{t2} = 0.5U_{xg} + U_{xg} = 1.5U_{xg}$$

$$u_3(t_2^+) = u_B(t_2^+) + u_{ND}|_{t2} = 0.5U_{xg} + U_{xg} = 1.5U_{xg}$$

由于 $t = t_2^+$ 时刻，各导线电容上的电压瞬时值与 t_2^- 时刻电源电压瞬时值相同，故当 t_2 时刻故障电源熄弧后将不会出现过渡过程。

t_2 时刻以后，电容 C_1、C_2、C_3 上的电压随电源相电压 u_A、u_B、u_C 再叠加中性点偏移电压 $u_{ND}|_{t2}$ 而变化，如图 7-14 所示。再经过半个工频周期以后，即 $t_3 = t_2 + \dfrac{T}{2}$ 时，故障相的电压达到最大值 $u_1(t_3^-) = 2U_{xg}$，如果这时故障点再次发生电弧，u_1 将再次突然降为零，电路将再次出现过渡过程，其余两相电压初始值为

$$u_2(t_3^-) = u_3(t_3^-) = 0.5U_{xg}$$

新的稳态值由相应线电压在 t_3 时的瞬时值决定，即

$$u_2(t_3^+) = -1.5U_{xg}$$

$$u_3(t_3^+) = -1.5U_{xg}$$

线路电容 C_2、C_3 分别被电源通过电源电感由 $0.5U_{xg}$ 充电至 $-1.5U_{xg}$，过渡过程中过电压最大值可达

$$u_{2m}|_{t3} = 2(-1.5U_{xg}) - (0.5U_{xg}) = -3.5U_{xg}$$

$$u_{3m}|_{t3} = 2(-1.5U_{xg}) - (0.5U_{xg}) = -3.5U_{xg}$$

根据以上分析可以得出，以后的熄弧及重燃过程将与第二次的完全相同，其过电压的幅值也相同。

显然按工频熄弧理论分析得到的过电压倍数（3.5 倍）并不太高。而且，从波形图中可以看出过电压的波形具有同一级性，在故障相中不产生振荡过程。健全相的最大过电压为 $-3.5U_{xg}$，故障相最大过电压为 $2U_{xg}$。在实际情况下，由于过渡过程的衰减，残余电荷的

泄漏以及相间电容的限压作用，燃弧相位不等等原因，过电压还要低一些。

　　试验和研究表明：工频和高频熄弧都是可能的，有时断弧是在高频电流过零或几次零后发生的。故障相的电弧重燃也不一定在最大恢复电压值时发生，并且具有很大的分散性。

二、中性点运行方式对过电压的影响及消弧线圈的作用原理

　　从以上分析可以看出，电弧接地过电压的根本原因在于电网中性点电位偏移，也即中性点的电荷积累。要消除这种情况，只需将中性点直接接地。这样发生单相接地短路故障时也将立即被切除。所以现在110kV及以上电网大都采用中性点直接接地方式。在中性点直接接地电网中，各种形式的操作过电压均比中性点绝缘的电网要低，这是因为：

　　（1）中性点直接接地电网中，中性点电位始终为地电位，不会累计残余电荷而引起中性点电位偏移。

　　（2）暂态分量是叠加在相电压上，而在中性点绝缘的系统中瞬态分量则是叠加在线电压上。

　　但是，若在较低电压等级的电网中采用中性点接地的运用方式，则事故频繁，操作次数多，且因此还会增加许多设备。所以，在我国35kV及以下的系统，皆采用中性点不接地的运行方式。

　　在电容电流超过规定值（3～10kV电网为30A；20kV及以上电网为10A），故障电弧不易熄灭时，可采用中性点经过消弧线圈接地的运行方式。

　　如图7-15所示为中性点经消弧线圈接地电网中单相接地时的电路图。

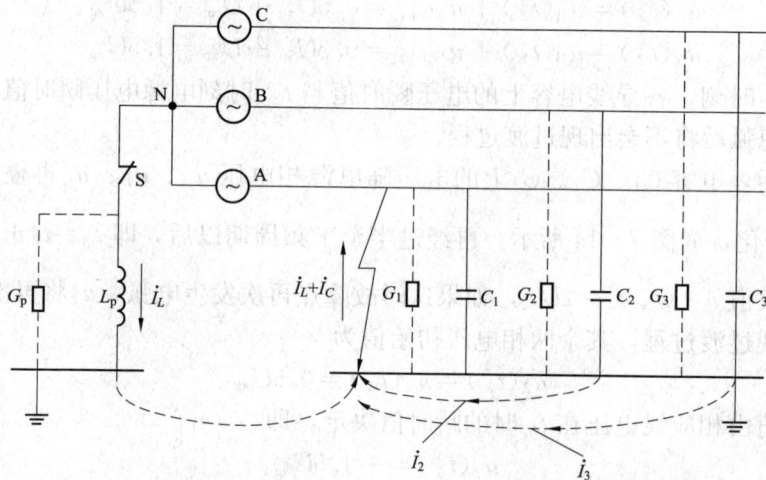

图7-15　中性点经消弧线圈接地电网中单相接地时的电路图

　　前面已经提到在中性点不接地电网中，单相接地时流过故障点的电流幅值为

$$I_C = 3\omega C U_{xg} \tag{7-28}$$

　　在中性点接入消弧线圈后，故障点还将流过由中性点电压 U_{xg} 经电感 L_p 引起的电感电流幅值 I_L，$I_L = \dfrac{U_{xg}}{\omega L_p}$。其相量图如图7-16所示，由图7-16可知，$I_L$ 和 I_C 方向相反，因此流经故障点的电流为 I_C 和 I_L 之差值，称为残流 I_0，由于 I_0 很小，故接地电弧一般不易重燃，限制了电弧接地过电压的发展，为了确保电感电流和电容电流互相补偿以后故障点的残流 I_0，可画出图7-17所示的等效计算电路。

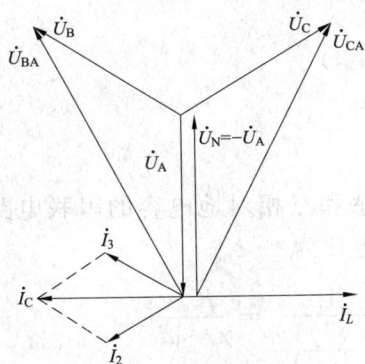

图 7 - 16   中性点经消弧线圈接地系统中单相
（A 相）接地时的相量图
U_N 为中性点电压（$U_N=U_{xg}$）

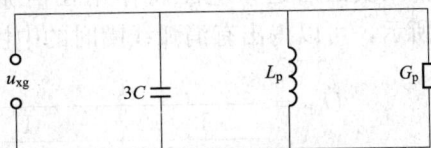

图 7 - 17   计算残流的等效电路

这里把电感电流补偿电容电流的百分数称为消弧线圈的补偿度（或调谐度）K，即

$$K=\frac{I_L}{I_C}=\frac{U_{xg}/\omega L_p}{3\omega CU_{xg}}$$

$$=\frac{1}{3\omega^2 L_p C}=\frac{\omega_0^2}{\omega^2} \tag{7-29}$$

式中 ω_0——电路中的自振角频率，$\omega_0=\dfrac{1}{\sqrt{3CL_p}}$。

这里将 $1-K$ 称为脱谐度 γ，则

$$\gamma=1-K=\frac{I_C-I_L}{I_C}=1-\frac{\omega_0^2}{\omega^2} \tag{7-30}$$

当 $K<1$，$\gamma>0$，即 $I_C>I_L$ 时，表示电感电流补偿不足，故障点流过的残流 I_0 为容性电流，称为欠补偿。当 $K>1$，$\gamma<0$，即 $I_C<I_L$ 时电感电流补偿过头，故障点流过的残流 I_0 为感性电流，称为过补偿。当 $K=1$，$\gamma=0$ 时，两者恰好抵消，称为全补偿，此时，电路正好处于并联谐振状态。故障点流过的就只有纯电阻性的泄漏电流，根据图 7 - 17 可算出残流为

$$I_0=\sqrt{I_p^2+(I_C\gamma)^2} \tag{7-31}$$

其中有功电流 $I_p=G_pU_{xg}$，$I_C=3\omega CU_{xg}$，G_p 消弧线圈有功损耗的等值电导。

消弧线圈的脱谐度不能太大，太大时残流增大，而且进一步的计算表明，脱谐度太大时故障点恢复电压增长速度太快，消弧线圈起不到消灭单相接地电弧的作用。脱谐度越小，残流越小，故障点恢复电压速度也减小，电弧容易熄灭。但脱谐度也不能太小，当趋近于零时，在正常运行中，中性点将发生很大偏移。如图 7 - 15 所示，设三相电流电压完全平衡，系统各相泄露电导彼此相等，但三相对地电容不相等，则利用节点电位法可以得出无消弧线圈时由于三相对地电容不相等而产生的中性点位移电压（以 A 相电压 U_{xg} 为参考）为

$$\dot{U}_0=\frac{K_{c0}}{1-\mathrm{j}d_0}U_{xg}\approx k_{c0}U_{xg} \tag{7-32}$$

$$K_{c0}=(C_1+a^2C_2+aC_3)/3C_0$$

$$d_0 = G_0/\omega C_0$$

$$C_0 = \frac{1}{3}(C_1 + C_2 + C_3)$$

式中　K_{c0}——网络的不对称度，一般为 $3\% \sim 4\%$；

　　　　d_0——网络阻尼率，一般不超过 $3\% \sim 5\%$。

接入消弧线圈后这个电压将作用在消弧线圈电感和三相对地电容的串联电路上。如图 7-18 所示，可以得出有消弧线圈时的中性点位移电压为

$$\dot{U}_{0B} = \frac{\dot{U}_0}{\dfrac{1}{G_p + \dfrac{1}{j\omega L_p}} + \dfrac{1}{3G_0 + j3\omega C_0}} \cdot \frac{1}{G_p + \dfrac{1}{j\omega L_p}} = \frac{K_{c0}}{\gamma - jd}U_{xg} \qquad (7-33)$$

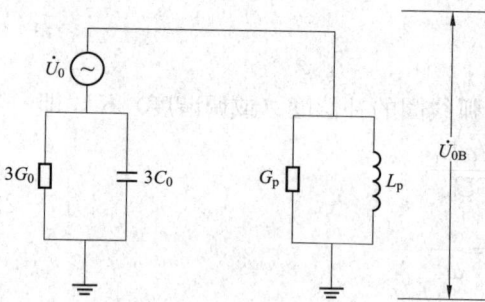

图 7-18　确定补偿电网中性电
位移电压的等效电路

式中　$d = \dfrac{3G_p + G_0}{3\omega C_0}$——补偿电网的阻尼率。

由式（7-32）可见，消弧线圈接地系统的中性点位移电压 $\dot{U}_{0B}$ 是由网络的不对称度 K_{c0}、脱谐度 γ 和阻尼率 d 所决定的。当系统的运行方式确定后，则 K_{c0} 和 d 为常数，中性点位移 $\dot{U}_{0B} = \dfrac{K_{c0}}{\sqrt{\gamma^2 + d^2}}U_{xg}$ 只与脱谐度 γ 有关。γ 越小，中性点偏移越大；在完全补偿 $\gamma = 0$ 时，中性点偏移最大 $U_{0BM} = -\dfrac{K_{c0}}{jd}U_{xg}$。当阻尼率小到接近不平衡度时中性点偏移可达相电压值。

一般均采用过补偿 $5\% \sim 10\%$ 运行（即 $\gamma = -0.05 \sim 0.1$），之所以采用过补偿，是因为在电网发展过程中可以逐渐发展成为欠补偿运行。在欠补偿时，如电压发生扰动时，使消弧线圈由于饱和而电感减小，结果将和线路电容形成完全补偿，产生较大的中性点偏移电位，有可能引起零序网络中产生严重的铁磁谐振过电压。

中性点经消弧线圈接地，在大多数情况下能够迅速地消除单相的瞬间接地电弧而不破坏电网的正常运行，接地电弧一般不重燃，从而把单相电弧接地过电压限制到不超过的数值。很明显，在很多单相瞬时接地故障情况下，采用消弧线圈可以看做是提高供电可靠性的有力措施。但是，消弧线圈的阻抗较大，既不能释放线路上的残余电荷，也不能降低过电压的稳态分量，因而对其他形式的操作过电压不起作用。并且，在高压电网中有功泄漏电流分量较大，消弧线圈对故障点电容电流的补偿作用也就被削弱了。消弧线圈使用不当时还会引起某些谐振过电压，从而限制了它在较高电压等级电网中的使用。

第六节　谐振过电压

电力系统中包含有许多电容电感元件。作为电容元件的设备有线路导线的对地电容和相间电容，补偿用的并联电容和串联电容，过电压保护用的电容及各种高压设备的寄生电容。

作为电感元件的设备有电力变压器、互感器、电机、电抗器及线路导线的电感。在系统进行操作或发生故障时，这些电感和电容元件可能形成各种不同自振频率的振荡回路，在外电源的作用下产生谐振现象，导致在系统的某些部分或某些元件上出现谐振过电压。

铁磁谐振过电压是电力系统中的许多具有铁芯的电感元件，例如发电机、变压器、电压互感器、消弧线圈、并联电抗器等，它们和系统的电容元件组成的振荡回路，当满足一定的条件时所产生的过电压。这种过电压可以是基波谐振，可以是高次谐波谐振，也可以是分次谐波谐振，而且持续时间较长。中性点不接地系统中，引起铁磁谐振过电压的情况有：切、合接有电磁式电压互感器的空载母线或空载短线；配电变压器高压绕组对地短路；用电磁式电压互感器在高压侧进行双电源的定相；输电线路一相断线后，并一端接地，以及开关不同步动作。

谐振是 LC 回路的一种稳定工作状态，因此电力系统中的谐振过电压不仅会在操作或事故的过程中产生，而且可能在过渡过程结束后的较长时间内稳定存在，直到发生新的操作，谐振条件受到破坏为止。所以谐振过电压的持续时间要比操作过电压长得多。这种过电压一旦发生不仅危及电气设备的绝缘，还可能产生过电流烧毁设备及影响过电压保护装置的工作条件，如影响阀型避雷器的灭弧条件等。

在不同电压等级，不同结构的系统中可以产生不同类型的谐振过电压。通常认为系统中的电阻和电容元件为线性参数，即其值不随电路中的电流和电压的变化而变化，而电感元件一般有三类不同的特性参数。对应三种电感参数，在一定的电容参数和其他条件配合下，可能产生三种不同形式的谐振现象。

一、线性谐振过电压

线性谐振是电力系统中最简单的谐振形式。线性谐振电路中的电感 L 和电容 C、电阻 R 一样都是常数。这类线性电感元件主要有不带铁芯的电感元件，如输电线路的电感、变压器的漏感。还有励磁特性接近线性的带铁芯的电感元件，如消弧线圈，因铁芯中通常有空气隙，故为线性元件。这些电感元件与系统中的电容元件形成串联回路，在交流电源的作用下，当回路的自振频率等于或接近电源频率时，回路的感抗和容抗相等或接近而相互抵消。回路电流只有由电阻来限制，实际系统中的电阻很小，因此电流都达到很大的数值，通过电感和电容元件时，在电感和电容元件上出现较高的电压，这就是线性谐振过电压。

电感、电容、电阻串联谐振的原理、发展过程及变化规律在电路原理课中已经分析过，这里不再详细分析。限制这种过电压的方法是使回路脱离谐振状态或增加回路消耗，电力系统在设计或运行时都避开谐振范围，以防线性谐振过电压的出现。

二、参数谐振过电压

系统中某些元件的电感参数在外界因素的影响下发生周期变化，例如电机旋转时，电感的大小随着转子的位置不同而周期性地变化，特别是水轮发电机（凸极机）的同步电抗，在直轴和交轴之间周期性变化是最典型的现象。当电机接有电容性负荷时（如空载线路），参数配合不当，就可能发生参数谐振现象。在电感参数发生周期性变化的过程中，将不断出现感抗等于容抗的谐振点，导致电机的端电压和电流的幅值急剧上升，产生倍数较高的自励磁过电压。因此，参数谐振过电压也被称为电机的自励磁或自励过电压。它不但威胁电气设备的绝缘和损坏避雷器，而且也使此电机与其他电源不能实现并列运行。

参数谐振所需的能量由改变参数的原动机供给，不需要单独的电源。一般只要有一定的剩磁，或电容上有一定的残余电压，参数处于一定的范围内就可以使谐振得到发展。

　　由于线路中有损耗，只有参数变化所引入的能量足以补偿回路的损耗时，才能保证谐振的发展。因此，对应一定的回路电阻有一定的自激范围。谐振发生后，理论上振幅可能无限增大，而不像线性谐振那样受到回路电阻的限制。但实际上由于电感的饱和，会使回路自动偏离谐振条件，使自励过电压受到限制，不能继续增大。

三、铁磁谐振过电压

　　铁磁谐振过电压的表现形式可能是单相、两相或三相对地电压升高，或以低频摆动，从而引起绝缘闪络或避雷器爆炸；或产生高值零序电压分量，出现虚接地现象和不正确的接地指示；或在互感器中出现过电流，引起熔断器熔断或互感器烧毁；或是小容量的异步电动机发生反转现象。

　　（一）铁磁谐振过电压的产生条件和发展过程

　　电力系统的振荡回路中，往往由于变压器、电压互感器、消弧线圈等铁芯电感的磁路饱和引起本身电感值发生变化，因而激发起持续性的较高幅值的铁磁谐振过电压。它具有与线性谐振过电压完全不同的特点和性能。铁磁谐振可以是基波谐振、高次谐波，也可以是分次谐波谐振。其表现形式可能是单相、两相或三相对地电压升高，或以低频摆动，引起绝缘网络或避雷器爆炸。也可能产生高值零序电压分量，出现虚幻接地现象和不正确的接地指示，或者在电压互感器中出现过电流，引起熔断器熔断或电压互感器烧毁等现象。

　　（二）铁磁谐振过电压的特点

　　为了分析铁磁谐振过电压，先给出串联铁磁谐振过电压的等效电路，如图 7-19 所示，由电阻 R、电容 C 和铁芯电感 L 组成。假设在正常运行条件下，初始感抗大于容抗，电路运行在感性工作状态，不具备线性谐振条件。但是，当铁芯电感两端的电压有所升高，电感线圈中出现涌流时，就可能使铁芯出现饱和，其感抗随之减小。当降低到 $\omega L = \dfrac{1}{\omega C}$ 时，便满足了串联谐振条件，在电感、电容两端形成过电压，这种现象称为铁磁谐振。由于谐振回路的电感不是常数，在同样的回路中即可产生谐振频率等于电源频率的基波振荡，也可能产生倍频谐振（如 2 次、3 次、5 次）和分频谐振（如 $\dfrac{1}{2}$ 次、$\dfrac{1}{3}$ 次、$\dfrac{1}{5}$ 次等）。因此，具有各谐波振荡的可能性是铁磁谐振的重要特点。这里重点分析基波铁磁谐振的情况。

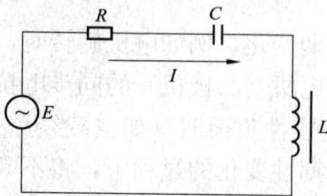

图 7-19　串联铁磁谐振电路

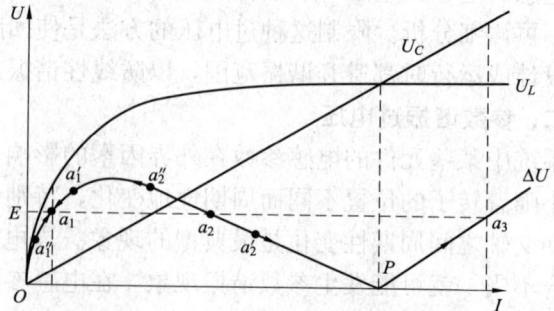

图 7-20　串联铁磁谐振电路的特殊曲线

　　图 7-20 中分别画出了 $R=0$ 时电感和电容上的电压随电流变化的曲线 $U_L = f(I)$，$U_C = f(I)$。显然，$U_C = f(I)$ 是一条直线 $\left(U_C = \dfrac{I}{\omega C}\right.$，$U$ 和 I 都用有效值表示$\left.\right)$。铁芯电感

上的电压 U_L 在铁心未饱和前，$U_L = f(I)$ 基本是直线；铁心饱和后，电感下降，$U_L = f(I)$ 不再是直线。因此，产生基波铁磁谐振的必要条件是在正常运行条件下，有

$$\omega L_0 > \frac{1}{\omega C}$$

式中　L_0——铁芯电感未饱和时的电感值；

　　　ω——基波角频率；

　　　C——电路电容值。

只有满足以上条件，伏安特性曲线 $U_L = f(I)$ 和 $U_C = f(I)$ 才可能有交点。从物理意义上可理解为：当满足以上条件，在电感未饱和时，电路的自振频率低于电源频率，当谐振时线圈中的电流增加，电感值下降，使回路自振频率正好等于或接近电源频率。若忽略回路电阻，从回路中元件上的压降和电源电势相平衡的条件可以得到

$$\dot{E} = \dot{U}_L + \dot{U}_C$$

因 $\dot{U}_L$ 和 $\dot{U}_C$ 相位相反，以上平衡式可以用电压降总和的绝对值表示，即

$$E = \Delta U = |U_L - U_C| \tag{7-34}$$

ΔU 与 I 的关系曲线也表示在图 7-20 中。

根据以上的平衡条件，在一定的电源电动势 E 作用下，E 与 ΔU 曲线的交点，就是满足上述电动势平衡式的平衡点。由图 7-20 可见，有 a_1、a_2、a_3 三点，这三点都满足电动势平衡条件，但不一定是稳定工作点，不满足稳定工作条件就不能成为实际工作点。一般用"扰动法"来判断平衡点的稳定性，即假定有一个小扰动使回路状态离开平衡点，然后分析回路状态能否回到原来的平衡点。若能回到平衡点，说明平衡点是稳定的，能成为实际工作点；否则就是不稳定的，不能成为实际工作点。

下面分析 a_1、a_2、a_3 点的工作情况。对于 a_1 点来说，若回路中的电流由于某种扰动而有微小的增加，沿 ΔU 曲线偏离点 a_1 到点 a_1'，则外加电动势 E 小于总压降 ΔU，使电流减小回到原来平衡点 a_1 上；相反，若扰动使电流有微小的下降到点 a_1''，则外加电势 E 将大于回路上的总压降 ΔU，使电流增加回到 a_1。可见点 a_1 是稳定点。用同样方法可以证明平衡点 a_3 也是稳定点，对于 a_2 点，若回路电流由于某种扰动而有微小的增加至 a_2'，外加电动势 E 将大于 ΔU，使回路中的电流继续增加，最后到达新的稳定的平衡点 a_3 为止；若扰动使电流略有减少至 a_2'' 点，则外加电动势 E 小于 ΔU，回路电流将继续减小，直到稳定平衡点 a_1 为止。可见 a_2 点是不稳定点。

由以上分析可见，在一定的外加电动势 E 的作用下，串联磁铁谐振回路在稳定时可能有两个稳定工作状态。其一是非谐振工作状态 a_1 点，回路中 $U_L > U_C$，整个回路属于电感性，这时作用在电感和电容上的电压都不高，不会产生电压。其二是谐振工作点 a_3，这时 $U_L < U_C$，回路是电容性的，此时回路中不仅仅电流较大，而且在电感和电容上都会产生较大的电压。

为了进一步说明电路工作状态的变化过程，在图 7-21 中单独画出了 ΔU 与 I 的关系曲线。当电动势 E 由零逐渐增加时，回路的工作点将由 0 点逐渐上升到 m 点，然后突变到 n 点，回路电流将由感

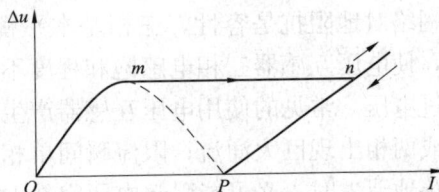

图 7-21　铁磁谐振电路中的跃变现象

性突变到容性。这种回路电流相位发生 180°突然变化的现象，称为相位反倾现象。与此同时，回路电流及电感和电容上的电压都将突然大幅度的提高，这就是铁磁谐振的基本现象。从图 7-20 中可以看出，当电动势 E 较小时，回路存在两个可能的工作点 a_1 和 a_3，而当 E 超过一定值以后，可能只存在一个工作点，若电源电动势没有扰动，则只能处于非谐振工作点 a_1。为了建立稳定的谐振，工作在 a_3 点，回路必须经过强烈的过渡过程。这种需经过过渡过程来建立谐振的现象称为铁谐振的激发，铁磁谐振发展起来以后，谐振状态可能自保持，维持很长时间而不会衰减。

下面再来分析图 7-20 中的 P 点的情况。对 P 点来说，$U_L = U_C$ 回路的自振角频率 ω_0 等于电源的角频率 ω，发生串联谐振。但是由于铁芯饱和且外界电动势 E 大于 ΔU，随着振荡的发展，在外界电动势的作用下，回路将偏离 P 点，最终稳定在 a_3 点。所以把 a_3 点称为谐振点。

综上所述，可以总结出铁磁谐振的几个主要特点：

（1）在相同电源电动势作用下，回路可能有不止一种稳定工作状态，它们分别属于非谐振状态和谐振状态。在外界的激发下，回路可能从非谐振状态跃变到谐振工作状态，产生过电流和过电压。同时电路从感性变成容性，发生相位反倾现象。

（2）对串联谐振电路，产生铁谐振的必要条件是电感和电容的伏安特性曲线有交点。在交点 $\omega L = \dfrac{1}{\omega C}$ 上，由于此时铁芯已经饱和，其电感 L 小于饱和电感 L_0，由此得到这一必要条件的另一表达方式为 $\omega L_0 > \dfrac{1}{\omega C}$。因此，铁磁谐振可以在很大参数范围内发生。

（3）铁磁元件的非线性特性是铁磁谐振的根本原因，但其饱和效应本身限制了过电压的幅值。此外，回路损耗也使过电压幅值受到限制。当回路电阻达到一定的数值时，因其阻尼作用，就不会发现强烈的铁磁谐振过电压。这就解释了电力系统铁磁谐振过电压往往发生变压器空载时的原因。

（4）在铁芯电感回路中，由于电感值不是常数，回路没有固定的谐振频率，除能发生基波谐振外，如果满足一定条件，还可能出现倍频谐振或分频谐振。

（5）在某些特殊情况下，还可能同时出现两个以上谐振频率的过电压，但多数情况是单个频率的谐振现象。另外，即使在单个角频率的条件下，实际波形中也往往存在一系列其他谐波分量，只是它们所占的比重较小而被忽略而已。

四、电磁式电压互感器饱和引起的谐振过电压

在中性点不接地系统中，为了监视三相对地电压，在发电厂、变电站母线上接有Y连接的电磁式电压互感器，如图 7-22 所示。这样，网络对地参数除了电力设备和导线的对地电容 C_0 之外，还有电压互感器的励磁电感 L。正常运行时，电压互感器励磁阻抗很大，所以网络对地阻抗是容性，三相基本平衡，电网中性点的位移电压很小。但系统出现某些扰动，使电压互感器三相电感饱和程度不同时，电网中性点就有较高的位移电压，可能激发谐振过电压。常见的使用电压互感器产生严重饱和的情况有：电压互感器的突然合闸，使某一相或两相出现巨大涌流；限流瞬间单相弧光接地，使健全相电压突然升至线电压，而故障相在接地消失时，又可能引起电压突然上升，在这些暂态过程中也有很大的涌流；其他形式的电压升高等都可能引起电压互感器的铁芯饱和。

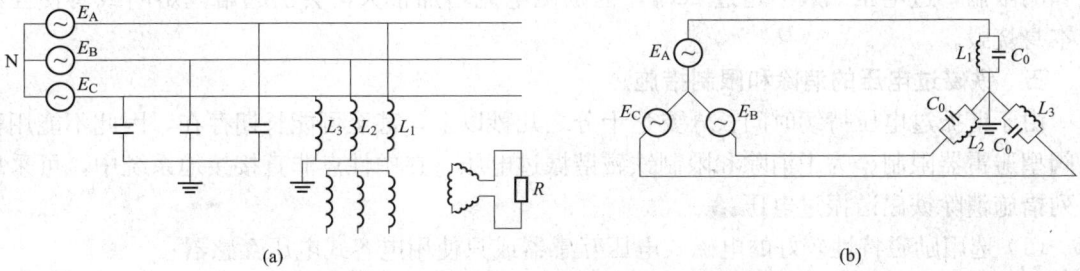

图 7 - 22 带有Υₒ连接电压互感器的三相回路

(a) 原理接线；(b) 等效接线

由于电压互感器三相电感饱和程度不等，会出现电压互感器一相或两相电压升高，也可能三相电压同时升高。与此同时，电源变压器绕组电动势$\dot{E}_A$、$\dot{E}_B$、$\dot{E}_C$ 则不变，他们是由发电机正序电动势所决定的。整个电网对地电压的变动表现为电源中性点位移，所以这种过电压现象又称为电网中性点的位移现象。

如图 7 - 23 所示为中性点有位移电压时三相相量图，中性点位移电压为$\dot{E}_0$，在此情况下$\dot{I}_A + \dot{I}_B + \dot{I}_C = 0$，三相电路平衡，互感器 B、C 两相饱和呈感性阻抗，A 相电压低呈容性阻抗。两相对地电压升高，一相降低，这与系统内出现单相接地的现象是相仿，但实际上并不是单相接地，所以称为虚幻接地现象。显然，中性点位移电压$\dot{E}_0$越高，相对地电压也越高。既然过电压是零序电压引起的，只取决于零序回路的参数，所以可以判定，导线的相间电容、改善功率因数用的补偿电容器组、电网内负载变压器及有功和无功负载对这种过电压都不起任何作用。它们都是接在相间的，而线电压是由电源决定的固定不变的。

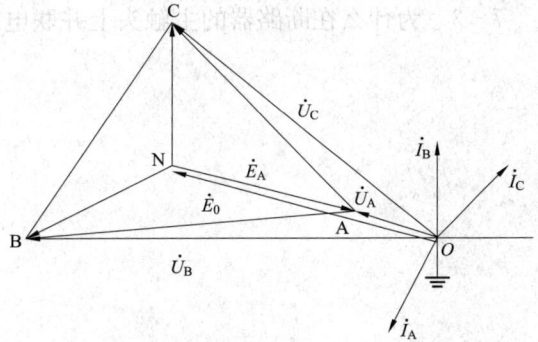

图 7 - 23 中性点有位移电压时三相电压相量图

若电源中性点直接接地，则互感器绕组分别与各相电源电动势连接，电网内各点电位被固定也就不会出现中性点位移电压，因而就不会出现过电压。

在中性点经消弧线圈接地的情况下，消弧线圈的电感L_p比互感器的励磁电感 L 小，零序回路中 L 被L_p所短接，所以 L 的变化不会引起过电压。但是，中性点直接接地或经消弧线圈接地的电网，由于操作不当，也会临时形成局部电网为中性点不接地的方式运行，这样就有可能引起过电压。

由于电压互感器铁芯饱和程度不同，它将对应着不同的电感 L 值。与系统的对地电容C_0不同值相配合，就有可能出现基波谐振和高次谐波的谐振。

我国长期以来的试验研究和结果表明，基波和高次谐波谐振过电压很少超过$3U_{xg}$，因此除非存在弱绝缘设备，一般是不会有危险的。但经常发生互感器喷油冒烟、高压熔丝熔断等异常现象和引起接地指示的误动作。对于分次谐波谐振来说，由于受到电压互感器铁芯过饱和的限制，过电压一般不超过 $2U_{xg}$，但励磁电流增加很大，会引起熔丝熔断或者使互感器本身烧毁。

五、铁磁过电压的消除和限制措施

由于谐振过电压持续时间长，要达十分之几秒以上，甚至可能长期存在，因此不能用普通阀型避雷器限制。为了消除和限制铁磁谐振过电压，在中性点非直接接地系统中，可采取下列措施消除铁磁谐振过电压：

（1）选用励磁特性较好的电磁式电压互感器或只使用电容式电压互感器；

（2）在电磁式电压互感器的开口三角形中加装电阻；

（3）在选择消弧线圈安装位置时，尽量避免电力网中的一部分失去消弧线圈运行的可能性；

（4）采取临时的倒闸措施，如投入事先规定的某些线路或设备等；

（5）中性点瞬间改为经电阻接地。

习　　题

7-1　简述电力系统中操作过电压的种类及其产生过程。

7-2　试说明电力系统中限制操作过电压的措施。

7-3　为什么在断路器的主触头上并联电阻有利于限制切除空载长线时的过电压？

第八章　电力系统的绝缘配合

本章主要介绍 220kV 及以下电力系统绝缘配合的基本内容、常用方法以及在输变电设备、输电线路绝缘配合中的应用。

第一节　绝缘配合的基本概念

一、绝缘配合的基本内容

电力系统停电、故障的原因不外乎电压升高和下降两大类，因此为了提高电力系统的运行可靠性，除了尽可能限制电力系统出现的过电压外，还要尽量提高电气设备的绝缘水平。电力系统中的绝缘，包括发电厂、变电站中电气设备的绝缘和输配电线路的绝缘。从绝缘结构和特性区分，有与大气直接接触的绝缘部件和与大气不直接接触的绝缘部件，即外绝缘和内绝缘。

电力系统绝缘配合是指综合考虑电气设备在系统中可能承受的各种作用电压（工作电压及过电压）、保护装置的特性和设备的绝缘特性对作用电压的耐受特性之间的关系。其根本任务是正确处理过电压和绝缘这一对矛盾，合理地确定电气设备的绝缘水平，使设备造价、维护费用和设备绝缘故障引起的事故损失费用三者总和为最小。也就是说，在技术上要处理好各种作用电压、限压措施及设备绝缘耐受能力三者之间的配合关系，在经济上协调投资费用、维护费用及事故损失费用三者的关系，既不因绝缘水平取的过高而使成本大增，也不因绝缘水平取的过低而使可靠性下降，造成更大的经济损失。

绝缘配合的核心问题就是确定各种电气设备的绝缘水平。所谓电气设备的绝缘水平是用电气设备可以承受的试验电压值表示的。在此电压作用下，绝缘不应发生闪络、放电或其他损坏现象，同一设备绝缘在不同的作用电压下，其绝缘水平也是不同的。

为考核电气设备绝缘承受运行电压、工频过电压、雷电过电压及操作过电压的能力，对绝缘规定了短时（1min）工频耐受电压值；对外绝缘还规定了干状态和湿状态下的工频放电电压；为考核绝缘在承受长期工作电压和工频过电压作用下内绝缘老化和外绝缘耐污秽性能，规定了长时间（1～2h）工频耐受电压值；为考核绝缘承受雷电过电压作用的能力，规定了雷电冲击试验电压值；为考核超高压设备绝缘承受操作过电压作用的能力，规定了操作冲击耐受电压值。这些试验电压值在各国的国家标准中都有规定。

通常，除了型式试验和操作冲击试验外，对于 3～220kV 的低、中、高压系统，因操作或雷电冲击电压对绝缘的作用可用工频电压等效，所以，一般对电气设备只作 1min 工频耐压试验，其程序确定如图 8-1 所示。其中，β_1、β_2 为雷电冲击和操作冲击电压的冲击系数。

电力系统中性点运行方式与电力系统中各类作用电压相关，直接影响系统绝缘水平的确定。中性点接地方式分为有效接地（包括直接接地和经小阻抗接地）和非有效接地（包括对地绝缘和经消弧线圈接地）两种。

中性点接地方式对绝缘所承受的电压影响主要有三点：一是在中性点非有效接地系统中，单相接地故障时不必立即跳闸，非故障相上工作电压升高到线电压 U_n，且实际运行电

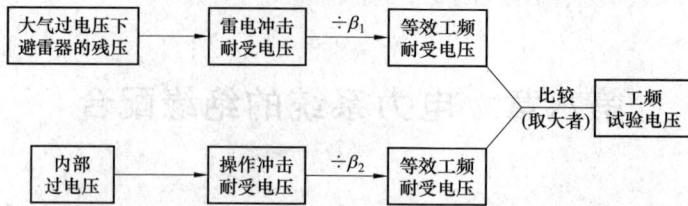

图 8-1　工频耐压试验程序确定

压比 U_n 高 10%～15%，则最大长期工作电压（相对地所承受的电压）为 $(1.1～1.15)U_n$，在中性点有效接地系统中，最大长期工作电压为 $\dfrac{1.1～1.15}{\sqrt{3}}U_n$；二是由于阀片数目相对较少，因而中性点有效接地系统中冲击放电电压和残压均较中性点非有效接地系统低 20% 左右；三是中性点有效接地系统内部电压较中性点非有效接地系统低 20%～30%。综上，中性点有效接地系统中设备绝缘水平比同电压等级中性点非有效接地系统低 20%。对 110kV 及以上系统，绝缘费用占总建设比例较大，采用中性点有效接地的方式受益更显著。66kV 及以下系统一般采用中性点非有效接地方式。6～35kV 的配电网一般改用中性点经低值或中值电阻接地的有效接地方式，在发生单相接地故障时立即跳闸。

二、绝缘配合的基本方法

电力系统绝缘配合所采用的方法有惯用法、统计法和简易统计法。目前，除了在 330kV 及以上的超高压线路绝缘的设计中采用统计法外，在其他情况下主要采用惯用法。

惯用法是按作用在绝缘上的最大过电压和最小绝缘强度的概念进行配合的，要求设备绝缘的最低抗电强度高于可能作用于设备的预期过电压值，并留有一定的裕度。即首先确定设备上可能出现的最危险的过电压，然后根据运行经验乘上一个考虑各种过电压因素的影响和一定裕度的系数，从而决定绝缘应耐受的电压水平。但由于过电压幅值及绝缘强度都是随机变量，很难按照一个严格的规则去估计它们的上限和下限值，因此用这一原则选定绝缘常要求有较大的裕度。

由于不同电压等级在过电压保护措施、绝缘耐压试验项目、绝缘裕度等方面的差异，在进行电力系统绝缘配合时，按系统最高运行电压 U_m 将全电压等级分为两个电压范围，即

范围Ⅰ：$3.5kV \leqslant U_m \leqslant 252kV$；

范围Ⅱ：$U_m \geqslant 252kV$。

范围Ⅰ是系统标称电压为 3～220kV 的低、中、高压系统，范围Ⅱ是 330、500kV 的超高压（EHV）系统。

在范围Ⅰ系统里，避雷器只是限制雷电过电压，在操作过电压作用时是不希望避雷器动作的，即要求正常绝缘能承受操作过电压。在某一程度上，由于操作或雷电冲击电压对绝缘的作用可用工频电压等效，且使试验工作方便可行，即短时工频耐受电压代表绝缘对操作过电压、雷电过电压的总的耐受水平，故一般只做短时工频耐受电压。

第二节　线路和变电站外绝缘的绝缘配合

一、绝缘子串绝缘子片数的确定

在确定线路的绝缘水平时，需确定线路绝缘子的型号和绝缘子串的片数，以及确定线路

绝缘中的各个空气间隙。

（一）按工作电压确定每串绝缘子的片数

绝缘子串在工作电压下不应发生污闪事故，所以绝缘子串应有足够的沿面爬电距离（总爬电比距），即

$$\lambda = \frac{nK_e L_0}{U_m} \tag{8-1}$$

式中 n——每串绝缘子的片数；

L_0——每片绝缘子的几何爬电距离，cm；

U_m——为系统最高工作线电压有效值，kV；

K_e——绝缘子爬电距离有效系数，主要由各种绝缘子几何泄漏距离对提高污闪电压的有效性来确定，并以 XP-70（或 X-4.5）型和 XP-160 型普通绝缘子为基准，即它们的 $K_e=1$，其他型号绝缘子的 K_e 由试验或查阅相关资料获得。

各污秽等级所要求的爬电比距值见表 8-1。

表 8-1 各污秽等级所要求的爬电比距值

污秽等级	爬电比距 $\lambda/(\text{cm}\cdot\text{kV}^{-1})$			
	线路		发电厂	变电站
	220kV 及以下	330kV 及以下	220kV 及以下	330kV 及以下
0	1.39 (1.60)	1.45 (1.60)	—	—
I	1.39~1.74 (1.60~2.00)	1.45~1.82 (1.60~2.00)	1.60 (1.84)	1.60 (1.76)
II	1.74~2.17 (2.00~2.50)	1.82~2.27 (2.00~2.50)	2.00 (2.30)	2.00 (2.20)
III	2.17~2.78 (2.50~3.20)	2.27~2.91 (2.50~3.20)	2.50 (2.88)	2.50 (2.75)
IV	2.78~3.30 (3.20~3.80)	2.91~3.45 (3.20~3.80)	3.10 (3.57)	3.10 (3.41)

注 括号内的数据为以系统额定电压为基准的爬电比距值。

由此可得出，根据最高工作线电压确定每串绝缘子的片数为

$$n_1 = \frac{\lambda U_m}{K_e L_0} \tag{8-2}$$

（二）按操作过电压确定每串绝缘子的片数

绝缘子串在操作过电压下不应发生湿闪，应大于可能出现的操作过电压，并留有 10% 的裕度。此时，由应用的绝缘子片数 n_2' 组成的绝缘子串的工频湿闪电压幅值应为

$$U_W = 1.1 K_0 U_\phi \tag{8-3}$$

式中 K_0——操作过电压计算倍数；

U_ϕ——绝缘运行相电压；

1.1——综合考虑各种影响因素和必要裕度的一个综合修正系数。

在实际运行中，还要考虑零值绝缘子存在的可能性，因此每串绝缘子片数应为

$$n_2 = n_2' + n_0 \tag{8-4}$$

式中 n_0——预留的零值绝缘子片数，见表 8-2。

表 8-2 零值绝缘子片数 n_0

额定电压（kV）	35～220		330～500	
绝缘子串类型	悬垂串	耐张串	悬垂串	耐张串
n_0	1	2	2	3

（三）按雷电过电压确定每串绝缘子的片数

要求具有一定的雷电冲击绝缘水平，保证线路的耐雷水平和雷击跳闸率满足规定要求。一般情况下，按雷电过电压要求的片数 n_3，通常不一定大于 n_1 和 n_2，雷电过电压不一定成为确定 n 值的决定性因素。但在特殊高杆塔或高海拔地区，则 n_3 会大于 n_1 和 n_2。表 8-3为各级电压线路直线杆每串绝缘子片数。

表 8-3 各级电压线路直线杆每串绝缘子片数

线路额定电压（kV）	35	66	110	220	330	500
按工作电压下泄漏比距要求决定 n_1	2	4	7	13	19	28
按内部过电压下湿闪电压决定 n_2	3	5	7	12	17	22
按大气过电压耐雷水平要求决定 n_3	3	5	7	13	19	25～28
实际采用值 n	3	5	7	13	19	28

线路耐张杆绝缘子片数要比直线杆多一片。

发电厂、变电站内的绝缘子串，因重要性较高，每串绝缘子的绝缘子片数可按线路耐张杆选取。

二、线路空气间隙的确定

输电线路的绝缘水平还取决于线路上各种空气间隙的极间距离，架空输电线路的空气间隙主要有导线对大地、导线对导线、导线对架空地线、导线对杆塔及横担。导线对地面的高度主要考虑穿越导线下的最高物体与导线间的安全距离，在超高压输电线下还应考虑对地面物体的静电感应问题。导线间的距离主要由导线弧垂最低点在风力作用下，发生异步摇摆时能耐受工作电压的最小间隙确定，在低电压等级时以不碰线为原则。导线对架空地线间的间隙，由雷击避雷线档距中间不引起对导线的空气间隙击穿的条件来确定。就确定线路绝缘水平来说，主要是指确定导线对杆塔的空气间隙距离。

就间隙所承受的电压幅值而言，大气过电压幅值最高，内部过电压次之，工作电压最低；就作用时间而言，工作电压作用时间最长，操作过电压次之，大气过电压最短。在确定导线对杆塔间隙的大小时，必须考虑导线因风力作用而使绝缘子串倾偏摇摆偏向杆塔的偏角，如图 8-2所示。

由于工作电压长时间作用在导线上，故应按20年一遇的最大风速考虑，为 25～35m/s，最大风偏角为 θ_P。在内部过电压作用下，按最大风速

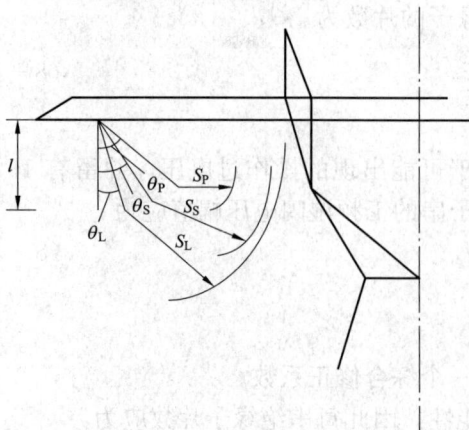

图 8-2 绝缘子串风偏角 θ 及其对杆塔的距离 S 示意图

的 50%计算，风偏角为 θ_S。在大气过电压作用下，风速通常取 $10\sim15\text{m/s}$，风偏角为 θ_L。

（一）按工作电压确定风偏后的间隙 S_P

在间隙为 S_P 时应保证在最高工作电压下不放电，其工频放电电压为

$$U_{50\sim} = K_1 U_\phi \tag{8-5}$$

式中 K_1——安全系数，它综合考虑了电压波形、气象条件、海拔、安全裕度等各种因素的影响，K_1 取值范围见表 8-4。

表 8-4 安全系数 K_1 取值范围

电压等级（kV）	66 及以下	110~220	330~500
安全系数 K_1	1.2	1.35	1.4

（二）按操作过电压确定风偏后的间隙 S_S

在间隙为 S_S 时应保证在操作过电压下不发生闪络，其等值工频放电电压为

$$U_{50\%(S)} \geqslant K_2 U_S = K_2 K_0 U_\phi \tag{8-6}$$

式中 K_2——空气间隙操作配合系数，对范围 I 取 1.03，对范围 II 取 1.1；

U_S——配合计算用最大操作过电压；

K_0——操作过电压计算倍数。

（三）按雷电过电压确定绝缘子串风偏后的空气间隙 S_L

应使间隙冲击强度与非污秽地区绝缘子串的冲击放电电压相适应。运行经验表明，S_L 在雷电冲击波下 50%放电电压 $U_{50\%(L)}$ 为绝缘子串的 50%雷电冲击闪络电压 U_{CFO} 的 85%，即

$$U_{50\%(L)} = 0.85 U_{CFO} \tag{8-7}$$

目的是尽量减少绝缘子串沿面闪络的概率，以免损坏绝缘子沿面绝缘。

取 $L_P = S_P + l\sin\theta_P$、$L_S = S_S + l\sin\theta_S$ 及 $L_L = S_L + l\sin\theta_L$ 三者中最大值为导线与杆塔之间的最小水平距离。

表 8-5 列出各级电压线路最小空气间隙值，一般情况下，对空气间隙的确定起决定作用的是雷电过电压。

表 8-5 各级电压线路绝缘子串每串最少片数和最小空气间隙值（cm）

额定电压（kV）	35	66	110	220	330	500
X-4.5 型绝缘子片数	3	5	7	13	19	28
S_P	10	20	25	55	90	130
S_S	25	50	70	145	195	270
S_L	45	65	100	190	260	370

注 表内数值适用于海拔 1000m 及以下地区的线路直线杆悬垂绝缘子串。

第三节 电气设备试验电压的确定

发电厂、变电站中的电气设备绝缘和输配电线路的绝缘均属于电力系统中的范畴绝缘。根据结构和特性，绝缘分为外绝缘和内绝缘。外绝缘是指像瓷或硅橡胶表面绝缘和空气绝缘

等与大气直接接触的部件，其耐受电压值与大气条件（脏污、温度、湿度、气压、雨水、冰雪等）有很大关系。沿面闪络和气息击穿是外绝缘丧失绝缘性能的常见形式，对事后能恢复其绝缘性能的称为自恢复型绝缘。与大气直接接触不大的绝缘部件为内绝缘，其耐受电压值不受大气条件影响。一般是由固体、液体、气体等绝缘材料组成的复合绝缘，属非自恢复型绝缘。一台设备的绝缘不能简单地称为自恢复型或非自恢复型，只有其非自恢复绝缘部分发生沿面或贯穿性放电的概率可忽略不计时，才称其为自恢复型绝缘，或者相反。

确定电气设备的绝缘水平即是确定其耐受电压试验值，包括额定短时工频耐受电压、额定雷电冲击耐受电压和额定操作冲击耐受电压等。额定短时工频耐受电压，即 1min 工频试验电压；额定雷电冲击耐受电压，用全波雷电冲击电压进行试验，称为基本冲击绝缘水平（BIL）；额定操作冲击耐受电压，用规定波形操作冲击电压进行，称为操作冲击绝缘水平（SIL）。

一、变电站内、外绝缘的冲击绝缘水平

（1）基本冲击绝缘水平。电气设备内绝缘的 $1.2/50\mu s$ 全波冲击试验电压为

$$BIL = 1.1(1.1U_{c.5} + 15) \quad (kV) \tag{8-8}$$

式中　$U_{c.5}$——阀型避雷器 5kA（或 10kA）残压。

（2）全波试验电压。一般电器的积累效应较变压器小，但其离避雷器的距离较远，所以仍按式（8-8）决定全波试验电压。

（3）不加励磁时的冲击试验电压。考虑到雷电过电压的极性与工频运行电压的极性相反的概率，不加励磁时的冲击试验电压为

$$BIL = 1.1(1.1U_{c.5} + 15) + \frac{\sqrt{2}}{2}U_N \quad (kV) \tag{8-9}$$

（4）截波试验电压。截波试验电压 $U_{1.5/2}$ 为

$$U_{1.5/2} = 1.25 \times 1.15(1.1U_{c.5} + 15) \quad (kV) \tag{8-10}$$

（5）外绝缘的全波试验电压。外绝缘的实验电压为

$$U_{\omega 1.5/40} = \frac{1.1U_{c.5} + 15}{0.84} \quad (kV) \tag{8-11}$$

（6）外绝缘截波试验电压。外绝缘的截波试验电压为

$$U_{\omega 1.5/2} = \frac{1.25(1.1U_{c.5} + 15)}{0.84} \quad (kV) \tag{8-12}$$

式中　0.84 为海拔 1000m 及以下地区综合气压、温度和湿度的修正系数。

二、内、外绝缘的工频试验电压

（1）内绝缘（1min）工频试验电压。内绝缘工频试验电压为

$$U_{50\sim} = (0.56 \sim 0.54)K_0U_N \quad (kV) \quad (有效值) \tag{8-13}$$

式中　U_N——系统额定电压。

还应将冲击绝缘水平除以冲击系数换算成等效工频电压，与由式（8-10）所得结果进行比较，以较高的值选定为绝缘的工频试验电压。

（2）外绝缘的工频试验电压。因为晴雨天气对户外设备有很大影响，所以对户外设备的外绝缘采用淋雨试验电压，对户内设备的外绝缘采用干状态试验电压，则有

$$U_{w \cdot g \cdot 50\sim} = 0.79 K_0 U_N \quad (kV) \quad (\text{有效值}) \tag{8-14}$$

$$U_{w \cdot s \cdot 50\sim} = 0.645 K_0 U_N (kV) \quad (\text{有效值}) \tag{8-15}$$

式中 $U_{w \cdot g \cdot 50\sim}$ ——外绝缘工频干试验电压;

$U_{w \cdot s \cdot 50\sim}$ ——外绝缘工频湿试验电压。

三、绝缘配合计算示例

【例 8-1】 已知系统额定电压 U_N 为 220kV, FZ-220 避雷器 5kA 下的残压 $U_{c.5}$ 为 664~670kV, 内过电压计算倍数 K_0 为 3。试计算各种试验电压。

解 (1) 变压器内绝缘的全波冲击试验为

$$BIL = 1.1(1.1 U_{c.5} + 15) = 1.1(1.1 \times 670 + 15) = 827.2 \quad (kV)$$

(2) 变压器内绝缘无励磁时全波冲击试验电压为

$$BIL = 1.1(1.1 U_{c.5} + 15) + \frac{\sqrt{2}}{2} U_N = 1.1(1.1 \times 670 + 15) + \frac{220}{\sqrt{2}} = 981 \quad (kV)$$

(3) 内绝缘的截波试验电压为

$$U_{1.5/2} = 1.25 \times 1.15(1.1 U_{c.5} + 15) = 1.25 \times 1.15(1.1 \times 670 + 15) = 1081 \quad (kV)$$

(4) 由式 (8-11) 得外绝缘的全波冲击试验电压为

$$U_{\omega 1.5/40} = \frac{1.1 U_{c.5} + 15}{0.84} = \frac{1.1 \times 670 + 15}{0.84} = 895.3 \quad (kV)$$

(5) 外绝缘的截波冲击试验电压为

$$U_{\omega 1.5/2} = \frac{1.25(1.1 U_{c.5} + 15)}{0.84} = \frac{1.25 \times (1.1 \times 670 + 15)}{0.84} = 1119 \quad (kV)$$

(6) 内绝缘的工频试验电压为

$$U_{50\sim} = (0.56 \sim 0.54) K_0 U_N = 0.56 \times 3 \times 220 = 369.6 \quad (kV) \quad (\text{有效值})$$

但还需按全波冲击试验电压 827.2kV 除以绝缘的冲击系数 β_L 来核算,由试验得知 $\beta_L \approx 1.48$, 所以内绝缘的工频试验电压不应小于

$$\frac{827.2}{1.48 \times \sqrt{2}} = 395.3 \quad (kV) \quad (\text{有效值})$$

由式 (8-14) 得外绝缘的工频干试验电压为

$$U_{\omega \cdot g \cdot 50\sim} = 0.79 \times 3 \times 220 = 521.4 \quad (kV) \quad (\text{有效值})$$

由式 (8-15) 得外绝缘的工频湿试验电压为

$$U_{\omega \cdot s \cdot 50\sim} = 0.654 \times 3 \times 220 = 431.6 \quad (kV) \quad (\text{有效值})$$

由以上计算可以看出,只要知道各电压等级避雷器的残压值和内过电压计算倍数,就可以求得各种试验电压的数值。实际上,相关规程中已计算完毕,并列表给出了各电压等级的各种试验电压数值。

习 题

8-1 试述电力系统绝缘配合的目的及其原则。

8-2 变电站电气设备的绝缘水平是否应高于输电线路的绝缘水平? 为什么?

8-3 试确定非污秽区 220kV 线路直线杆塔的空气间隙距离和每串绝缘子的片数。

第九章　高电压试验技术

电气设备在安装后投入运行前要进行交接试验，在运行中还要定期进行绝缘的预防性试验。这是判断设备能否投入运行、预防设备损坏、保证安全运行的重要措施。

电气设备的绝缘试验可分为两大类：一类称为耐压试验，该种试验模仿设备绝缘在运行中可能受到的各种电压（包括电压波形、幅值、持续时间等），对绝缘施加与之等价的或者更为严峻的电压，从而考验绝缘耐受这类电压的能力，这类试验的试验电压幅值较高，有可能导致绝缘的破坏，故也称破坏性试验，主要有直流和交流两种耐压试验；另一类称为检查性试验，该种试验在低于或接近于额定电压下测定绝缘某些方面的特性，并据此间接地判断绝缘的状况，这类试验一般是在较低的电压下进行的，通常不会导致绝缘的击穿损坏，故也称非破坏性试验，主要包括测量绝缘电阻、介质损耗角正切值和泄漏电流等试验项目。

检查性试验方法有多种，各种方法能够反映绝缘缺陷的性质是不同的，对不同的绝缘材料和绝缘结构，各种方法的有效性也不同。所以，往往需要采用多种不同的方法来试验才能做出正确的判断。另外，各种检查性试验的结果与绝缘的耐电强度之间尚不能找到确切的函数关系，即不能据此直接得出设备绝缘的耐电强度，因此耐压试验仍然是决定性和不能替代的。但耐压试验又只能在绝缘缺陷已发展到较严重的程度时，才能以击穿破坏的形式揭示出来，且不能明显的揭示绝缘缺陷的性质和根源；而检查性试验却能在一定程度上以非破坏的形式揭示绝缘缺陷的不同性质及其发展程度。例如，受潮、局部导电体或导磁体过热、某些零部件绝缘损伤、绝缘油劣化等绝缘缺陷是可以通过检查性试验来检出的，而这些绝缘缺陷又是不难通过适当的处理（如烘干、消除局部过热因素、更换个别零部件、净化或更新绝缘油等）来改善的。这样，一般就可以避免整体设备绝缘在工作中或耐压试验时被击穿。

由此可见，上述两类试验互为补充，不能相互替代。当然在先后顺序上应该是先做检查性试验再做耐压试验。

本章主要介绍电气设备高电压绝缘试验的基本方法及其适用场合和测试功效，同时对常用的测试设备也做了相应的介绍。

第一节　绝缘电阻及吸收比的测量

一、测量功效

绝缘电阻是指在绝缘体的临界电压以下，施加的直流电压 U_- 时，测量其所含的离子沿电场方向移动形成的电导电流 I_g，应用欧姆定律所确定的比值，即

$$R_i = \frac{U_-}{I_g} \tag{9-1}$$

式中　R_i——绝缘电阻，Ω；

$\qquad U_-$——直流电压，V；

$\qquad I_g$——电导电流，A。

对于单一的绝缘体（如瓷质或玻璃的绝缘子、塑料、酚醛绝缘板材料及棒材等）在直流电压作用下，其电导电流瞬间即可达到定值，所以测量这些绝缘体的绝缘电阻时，也很快达到了稳定值。

在高压工程上用的设备内绝缘，大部分是夹层绝缘（如变压器、电缆、电机等），在直流电压作用下，都有吸收现象存在，即电流逐渐减小而趋于某一恒定值（泄漏电流）。通过介质的电流与介质的电阻成反比，所以电阻也将随时间的延长而趋于某一恒定值（绝缘电阻值）。如果试品绝缘状态越好，则吸收过程进行越慢，吸收现象便越明显。如果试品严重受潮或者存在集中性的导电通道，则吸收过程加快，绝缘电阻很快地趋近一个较小的值。因此，可以用绝缘电阻随时间而变化的关系来反映绝缘的状况。通常将时间为 60s 与 15s 时所测定的绝缘电阻值之比称为吸收比，用 K 来表示

$$K = R_{60}/R_{15} \qquad (9-2)$$

如果绝缘良好，则此比值应大于一定值（一般为 1.3～1.5）。如果低于此值即可判断绝缘可能受潮，同样对于 60s 时的绝缘电阻值也有一定标准。

某些大容量的电气设备，其绝缘的极化和吸收过程很长，吸收比 K 不能充分反映绝缘吸收过程的整体。为此，对这类大中型电气设备的绝缘制定了另外一个指标，即取绝缘体在加压后 10min 和 1min 所得的绝缘电阻值 R_{10} 与 R_1 之比值，称为极化指数 P，其表达式为

$$P = R_{10min}/R_{1min} \qquad (9-3)$$

如绝缘良好，则此比值应不小于某一定值（一般为 1.5～2.0）。

对于各类高压电气设备绝缘所要求的绝缘电阻值、吸收比 K 和极化指数 P 的值，可参见《电力设备预防性试验规程》（DL/T 596—1996）。

测量绝缘电阻和吸收比可以有效地发现下列缺陷：

（1）总体绝缘质量欠佳；

（2）绝缘受潮；

（3）两极间有穿透性的导电通道；

（4）绝缘表面污垢（可以通过比较有无屏蔽环极所测得的值判断得知）。

测量绝缘电阻不能发现的绝缘缺陷如下：

（1）绝缘中的局部缺陷（如非贯穿性的局部损伤或裂缝、含有气泡、分层脱离等）；

（2）绝缘的老化（老化的绝缘，其绝缘电阻可能还是相当大的）。

二、测量工具

绝缘电阻是反映绝缘性能的最基本指标之一，通常用绝缘电阻表来测量绝缘电阻。如图 9-1 所示为绝缘电阻表的原理电路图。用绝缘电阻表测量套管绝缘电阻的接线图如图 9-2 所示。

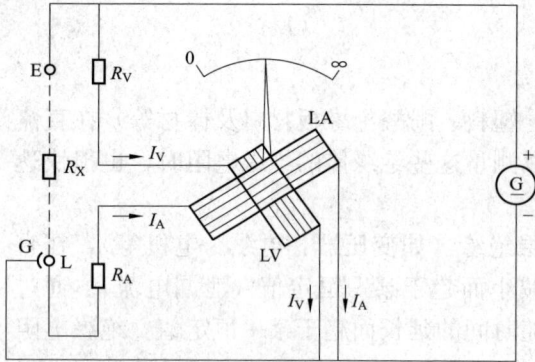

图 9-1　绝缘电阻表的原理电路图

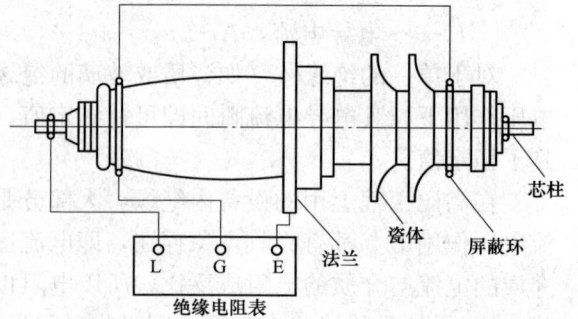

图 9-2　用绝缘电阻表测套管绝缘的接线图

　　绝缘电阻表是利用流比计的原理构成的，绝缘电阻表有两个相互垂直并固定在同一转轴上的线圈，即电压线圈 LV 和电流线圈 LA，它们处在同一个永久磁场中，仪表的指针也固定在同一个转轴上。转轴上没有弹簧游丝，所以当线圈中没有电流时，指针可以停在任一偏转角度。R_V 和 R_A 分别为与 LV 和 LA 相串联的固定电阻，R_x 为被试品的绝缘电阻。G 为手摇直流发电机。端子 E 接被试品接地端、外壳或者法兰等处。当测量某一试品 R_x 时，线圈 LV 和 LA 中分别流过电流 I_V 和 I_A，I_V 和 I_A 在流经各自的线圈时均将受到永久磁场力的作用而产生电磁转矩。两个线圈的绕制方向不同，使流经两线圈中的电流在同一磁场中产生不同方向的转动力矩。在两转矩差值的作用下，与两线圈固定在一起的指针将发生偏转，直到两个转矩互相平衡为止。指针偏转角度 α 与两并联支路中的电流比值有关，即

$$\alpha = f\left(\frac{I_A}{I_V}\right) \tag{9-4}$$

　　因为并联支路电流的分配与其电阻值成反比，而 LV 和 LA 两线圈的参数又都是已知的，所以指针偏转角 α 的大小就反映了被测电阻值的大小，它不受电源电压波动影响，这是绝缘电阻表的重要优点。

　　绝缘电阻表对外有三个端子，如图 9-1 和 9-2 所示，测量时，L 端子接被试品的高压端；接地端子 E 接被试品外壳或地；屏蔽端子 G 接被试品的屏蔽环或别的屏蔽电极。

　　假如不设屏蔽端子 G，则从法兰沿套管表面的泄漏电流也将流过线圈 LA，此时，绝缘电阻表的指示就会反映套管总的绝缘电阻（包括体积绝缘电阻和表面绝缘电阻）。表面绝缘电阻易受环境的影响而多变，所以最好单独测量体积绝缘电阻，则应按图 9-2 所示的方法，在芯柱出头附近的套管表面设一金属屏蔽环极，并将此环极接到绝缘电阻表的端子 G。这样，由法兰经套管表面的漏导电流到了屏蔽环极就经由端子 G 直接流回了发电机负极，只有通过体积绝缘电阻的漏导电流才流经电流线圈 LA，从而反映到指针的偏转中去，这样就保证了测量的仅仅是绝缘的体积电阻。

　　常用的绝缘电阻表有手摇式、电动式和数字式几种。手摇式绝缘电阻表，其直流电源多用内装手摇发电机；数字式绝缘电阻表是将直流电源变频产生直流高压，通过程序控制使各种绝缘测试可由菜单选择自动进行或设定方式进行。绝缘电阻表的额定测试电压从 500V 到 5000V 各种等级可选择，额定电压较高者，其绝缘电阻的可分辨量程也越高。对额定电压较高的电气设备，一般要求用相应较高电压等级的绝缘电阻表。由于目前变压器等大容量设备

需作极化指数试验，用手摇式绝缘电阻表测量比较困难，因此数字式绝缘电阻表正在逐步取代手摇式绝缘电阻表。

三、测量方法

（1）断开被试品的电源，拆除或断开对外的一切连线，并将其对地放电。对电容量较大的被试品（如发电机、电缆、大中型变压器和电容器等）更应充分放电。此项操作应利用绝缘工具（如绝缘棒、绝缘钳等）进行，不得用手直接接触放电导线。

（2）用干燥清洁柔软的布擦去被试品表面的污垢，必要时可先用汽油或其他适当的去垢剂洗净套管表面的积污。

（3）将绝缘电阻表放置平稳，驱动绝缘电阻表达到额定转速，此时绝缘电阻表的指针应指向"∞"，再用导线短接绝缘电阻表的"火线"与"地线"端子，其指针应该指零（瞬间低速旋转以免损坏绝缘电阻表）。然后将被试品的接地端接于绝缘电阻表的接地端子 E 上，测量端接于 L 端子上。如遇被试品表面的泄漏电流较大时，或对重要的被试品，如发电机、变压器等，为避免表面泄漏电流的影响，必须加以屏蔽。屏蔽线应接在 G 端子上。接好线后，火线暂时不接被试品，驱动绝缘电阻表至额定转速，其指针应指"∞"，然后使绝缘电阻表停止转动，将火线接至被试品。

（4）驱动绝缘电阻表达额定转速，待指针稳定后，读取绝缘电阻的数值。

（5）测量吸收比或极化指数时，先驱动绝缘电阻表达额定转速，待指针指"∞"时，用绝缘工具将火线立即接至被试品上，同时记录时间，分别读取 15s 和 60s 或 10min 时的绝缘电阻值。

（6）读取绝缘电阻值后，先断开接至被试品的火线，然后再将绝缘电阻表停止运转，以免被试品电容在测量时所充的电荷经绝缘电阻表放电而损坏绝缘电阻表。此外，也可在火线端至被试品之间串入一只二极管，其正极性端与绝缘电阻表火线相接，这样不必先断开火线也能有效地保护绝缘电阻表。

四、测量结果分析

应该指出，无论是绝缘电阻的绝对值还是吸收比的值都只是参考性的。如果不满足最低合格值，则绝缘中肯定存在某种缺陷。但是，即使已满足最低合格数值，也不肯定绝缘是良好的。实际中，有些设备（如发电机、变压器、电缆等）的绝缘即使有严重缺陷（如破裂，甚至已击穿），用绝缘电阻表测得的绝缘电阻或吸收比仍可满足规定的最低要求值，这主要是因为绝缘电阻表的电压较低的缘故。所以，根据绝缘电阻和吸收比来判断绝缘状况时，不仅应与规定标准相比较，还应与本绝缘过去试验的历史资料相比较，与同类设备的数据相比较，以及将同一设备的不同部分（例如不同相）的数据相比较，当然，也应该与本绝缘的其他试验结果相比较。

五、注意事项

（1）试验前应将被试品接地放电一定时间（对于电容量较大的被试品，一般要求 5～10min），避免被试品上可能存留残余电荷而造成测量误差。试验后也应这样做，保证安全，此项操作应利用绝缘工具（如绝缘棒或绝缘钳等）进行，不得用手直接接触放电导线。

（2）高压测试线尽量保持架空，确需使用支撑时，要确认支撑物的绝缘对被试品绝缘测量结果的影响极小。

（3）测量吸收比和极化指数时，待电源电压稳定后再接入被试品，并开始计时。

（4）对带有绕组的被试品，应先将被测绕组首尾短接再接到 L 端子；其他非被测绕组也应先首尾短接后再接到应接端子上。

（5）绝缘电阻与温度有十分显著的关系。绝缘温度升高，绝缘电阻大致按指数规律降低，吸收比和极化指数也会有所变化，所以测量绝缘电阻时，应准确记录当时绝缘的温度，而在比较时，也应按相应的温度来比较。

（6）在湿度较大的条件下进行测量时，可在被试品表面加等电位屏蔽。此时在接线上要注意，被试品上的屏蔽环应接近加压的火线而远离接地部分，减少屏蔽对地的表面泄漏，以免造成绝缘电阻表过载。

（7）若测得的绝缘电阻值过低或三相不平衡时，应进行解体试验，查明绝缘不良部分。

第二节　泄漏电流的测量

一、测量功效

测量绝缘体的直流泄漏电流与测量绝缘电阻的原理基本相同。不同之处在于，直流泄漏电流试验的电压一般比绝缘电阻表电压高，并可以任意调节，绝缘电阻表则不然，因而它比绝缘电阻表发现缺陷的有效性高。试验表明，用较高的直流电压来测量绝缘电阻或泄漏电流，则可比绝缘电阻表更有效地发现一些尚未完全贯通的集中性缺陷，能灵敏地反映瓷质绝缘的裂纹、夹层绝缘的内部受潮及局部松散断裂、绝缘油劣化、绝缘的沿面炭化等绝缘缺陷。

二、直流高压的产生

（一）交流高压经高压硅堆整流获得直流高压

获得直流高压的方法，应用最广泛的是将交流高压通过高压硅堆整流得到。根据所需要的直流高压的幅值不同，整流方法分为半波整流、倍压整流、串级整流等。由交流整流获得直流的基本原理、电路和性能等知识，在"电力电子技术"课程中都已经学过了，这里不再赘述。另外，本试验所需的直流电源与本章第七节"直流耐压试验"中所需的十分相似。为了避免重复，有关直流电源的获得、操控、测量、保护等具体内容将在第七节中详述，这里只根据本试验对此直流电源的需要，提出如下技术要求：

（1）输出电压。由于空气中负极性的击穿电压较高，而本试验属于非破坏性试验，所以，为防止外绝缘的闪络，直流电压多采用负极性输出。

（2）输出电流。正常绝缘在常温下，其相应试验电压下的泄漏电流值是很小的，一般不超过 $100\mu A$，即使在接近运行温度下，泄漏电流值也不会超过 $1mA$。电源应在供给上述泄漏电流时，保持稳定的电压输出。

（3）保护功能。在测试时，被试品若被击穿，电源应有自我保护功能，不受损坏。

（二）高压直流电压发生器

为了得到更高幅值的直流电压，可以采用串级整流的方式，不过串级整流的接线太多，因而现场一般采用成套的高压直流电压发生器。高压直流电压发生器采用脉宽调制（PWM）方式调节直流高压，这是目前较新的直流电压调节方式。它有以下几个优点：

（1）节能。

（2）电压调节线性度好，调节方便、稳定。

（3）输出直流电压纹波非常小。

三、测量接线及其特点

（一）接线方式

1. 被试品不接地时的试验接线

当被试品能与地分开时，宜采用图9-3的接线。在图9-3中，TR为自耦调压器，TT为单相升压变压器，可用电压互感器代替，V为高压硅堆，C_x为被试品绝缘的等效电容，PA为微安表。这种接线微安表处在低电位端，具有读数安全，切换量程方便的优点。

2. 交流高压和被试品均直接接地时的试验接线

如图9-4所示，的这种接线的特点是微安表处在高压端，不受高压对地杂散电流的影响，测量的泄漏电流较准确，图中PV为电压表。但微安表及从微安表至被试品的引线应加屏蔽。由于微安表处于高压端，故给读数及切换量程带来不便。

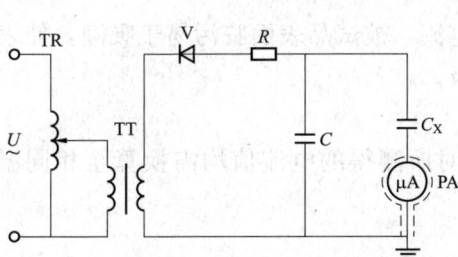

图9-3　被试品不接地的试验原理接线

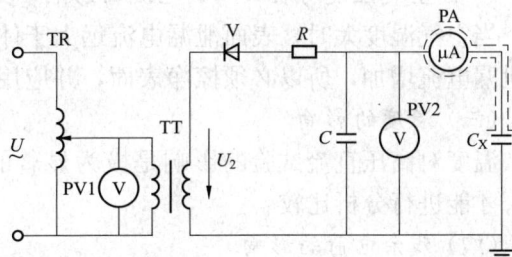

图9-4　交流高压和被试品均直接接地的试验原理接线

3. 交流高压可以经电流表接地、被试品直接接地时的试验接线

假如被试品与地不能分开，则可以采用图9-5所示的接线方式，由于这种接线的高压引线对地杂散电流I'将流过微安表，从而使测量结果偏大，其误差随周围环境、气候和试验变压器的绝缘状况而异。

（二）微安表的保护

微安表是灵敏而脆弱的仪表，必须对超量程电流（特别是当被试品被击穿时）有可靠的保护。微安表保护接线图如图9-6所示。

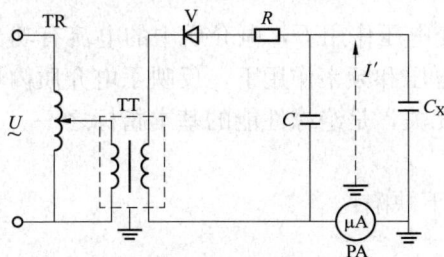

图9-5　交流高压经微安表接地、被试品
直接接地时的试验原理接线

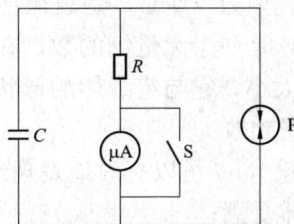

图9-6　微安表保护接线图

保护电阻R值的选取：微安表满量程电流在R上的压降应稍大于放电管P的起始放电电压（一般为50～100V）。

并联电容 C 的作用不仅可以滤掉泄漏电流中的脉动分量，使微安表的读数稳定，更重要的是当被试品万一被击穿时，作用在放电管 P 上的冲击电压陡波前能足够的平缓，使放电管 P 来得及动作，故其电容值应较大（大于 $1\mu F$）。电流表平时被旁路开关 S 短接，只有在需要读数时才将 S 打开。

四、影响测量结果的因素和解决方法

（一）高压连接导线对地泄漏电流的影响

由于与被试品连接的导线通常暴露在空气中（不加屏蔽时），被试品的加压端也暴露在外，所以周围空气有可能在高电压下发生游离，产生对地的泄漏电流，尤其在海拔高、空气稀薄的地区更容易发生游离，这种对地泄漏电流将影响测量的准确度。用增加导线直径、减少尖端或加防晕罩、缩短导线、增加对地距离等措施，可减少对测量结果的影响。

（二）空气湿度对表面泄漏电流的影响

当空气湿度大时，表面泄漏电流远大于体积泄漏电流，被试品表面脏污易于吸潮，使表面泄漏电流增加，所以必须擦净表面，并应用屏蔽电极。

（三）温度的影响

温度对高压直流试验的影响是极为显著的，因此对所测得的电流值均需换算至相同温度，才能进行分析比较。

（四）残余电荷的影响

被试品绝缘中的残余电荷是否放尽，直接影响泄漏电流的数值，因此试前对被试品必须进行充分放电。

五、测量结果分析

将测量的泄漏电流值换算到同一温度下与历次试验结果进行比较，以及同一设备的相间比较、同类设备的互相比较。

对于重要设备（如主变压器、发电机等），可作出电流随时间变化的关系曲线 $I=f(t)$ 和电流随电压变化的关系曲线 $I=f(U)$ 进行分析。

第三节　介质损失角正切值的测量

介质损耗因数（$\tan\delta$）是表征绝缘在交变电压作用下，电介质中的电流有功分量和无功分量的比值，是一个无量纲的数。在一定的电压和频率作用下，反映了电介质内单位体积中能量损耗的大小，它与绝缘体的形状和尺寸无关，是绝缘性能的基本指标之一。

一、测量功效

通过测量 $\tan\delta$ 可以有效地发现绝缘的以下缺陷：

（1）整体受潮；

（2）穿透性的导电通道；

（3）绝缘内含有气泡、绝缘分层、脱壳；

（4）绝缘老化劣化、绕组上附有油泥；

（5）绝缘油脏污、老化劣化等。

但是对于非穿透性的局部损坏（损坏程度尚不足以使在测量 $\tan\delta$ 时发生击穿时）、很小部分的绝缘老化劣化及个别的绝缘弱点等，应用测量 $\tan\delta$ 法，其效果并不明显。

二、测试设备及测量原理

（一）高压西林电桥测量 $\tan\delta$ 的工作原理

测量 $\tan\delta$ 的方法很多，如瓦特表法、电桥法、不平衡电桥法等，其中电桥法的测量准确度最高，最通用的是西林电桥。通用电桥原理图如图 9-7 所示。

设各桥臂的阻抗分别为 $\dot{Z}_1 = |Z_1| \angle\varphi_1$，$\dot{Z}_2 = |Z_2| \angle\varphi_2$，$\dot{Z}_3 = |Z_3| \angle\varphi_3$，$\dot{Z}_4 = |Z_4| \angle\varphi_4$，则电桥平衡的条件为

$$\begin{cases} Z_1 Z_4 = Z_2 Z_3 \\ \varphi_1 + \varphi_4 = \varphi_2 + \varphi_3 \end{cases} \tag{9-5}$$

令 $\varphi_2 + \varphi_3 = -\pi/2$，若令 $\dot{Z}_3$ 为纯电阻元件，则 $\dot{Z}_2$ 应为纯电容元件，可用标准电容器来充当。在工作条件范围内，其电容值为常量，不随环境温度、湿度及所加电压的幅值或频率等因素的变化而变化。$\dot{Z}_1$ 代表被试品的阻抗。如前所述，被试品的等效阻抗可由等效电导 G_X 和等效电容 C_x 的并联电路来代表。由此可见，$\dot{Z}_1$ 的阻抗角 φ_1 不足 $-\pi/2$ 的，则 $\dot{Z}_4$ 就不应是纯电阻，而应为阻容并联。由此可得，西林电桥的基本原理电路图如图 9-8 所示。

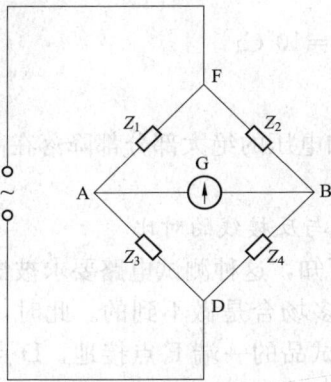

图 9-7　通用电桥原理图　　　　　图 9-8　西林电桥基本原理电路图

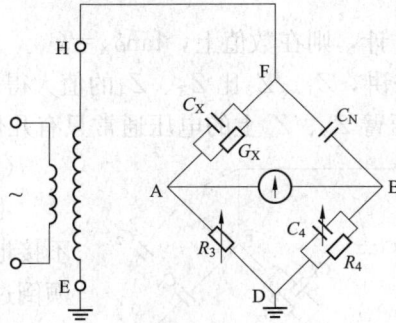

$$Z_1 = \frac{1}{G_X + j\omega C_X}$$

$$Z_2 = \frac{1}{j\omega C_N}$$

并且有

$$Z_3 = R_3 = \frac{1}{G_3}$$

$$Z_4 = \frac{1}{\dfrac{1}{R_4} + j\omega C_4} = \frac{1}{G_4 + j\omega C_4}$$

$$\left. \right\} \tag{9-6}$$

将式（9-6）代入式（9-5）中，可得

$$\frac{1}{G_X + j\omega C_X} \times \frac{1}{G_4 + j\omega C_4} = \frac{1}{j\omega C_N} \times \frac{1}{G_3} \tag{9-7}$$

式（9-7）左右两边实部和虚部分别相等，即可得

$$G_X G_4 - \omega^2 C_X C_4 = 0 \tag{9-8}$$

$$G_4 C_X + G_X C_4 = G_3 C_N \tag{9-9}$$

由式（2-10）可知

$$\tan\delta_X = \frac{G_X}{\omega C_X} \tag{9-10}$$

将式（9-10）带入式（9-8）经整理可得

$$\tan\delta_x = \omega C_4 R_4 \tag{9-11}$$

由式（9-9）和式（9-10）可得

$$C_X = \frac{C_N R_4}{R_3} \times \frac{1}{(1 + \tan^2\delta_X)} \tag{9-12}$$

若 $\tan\delta$ 值很小，则式（9-12）可以简化为

$$C_X \approx \frac{C_N R_4}{R_3} \tag{9-13}$$

为计算方便，通常取 $R_4 = (10^4/\pi)\ \Omega$，电源为工频时，$\omega = 100\pi$。于是，由式（9-10）可得

$$\tan\delta_X = 100\pi \times \frac{10^4}{\pi} \times C_4 = 10^6 C_4 \tag{9-14}$$

如 C_4 以 μF 计，则在数值上，$\tan\delta_X = C_4$。

一般来讲，Z_1、Z_2 比 Z_3、Z_4 的值大得多，故外加电压的绝大部分都降落在高压臂 Z_1、Z_2 上，低压臂 Z_3、Z_4 上的电压通常只有几伏。

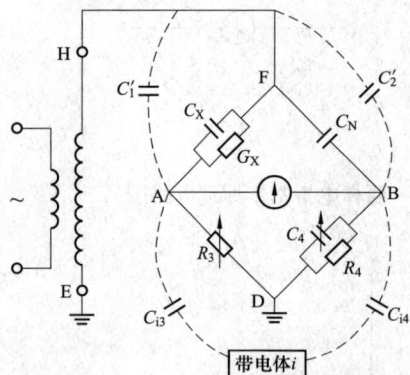

图 9-9　西林电桥误差因素示意图

（二）正接线与反接线的对比

由图 9-9 可知，这种测试电路要求被试品两端都不接地，这在许多场合是做不到的。此时，可将电桥颠倒过来，令被试品的一端 F 点接地，D 点接高压电源。这种接线称为颠倒电桥接线，或称反接线。此时，桥臂 $\dot{Z}_3$、$\dot{Z}_4$、检流计 G 均处于高电位，故必须采取可靠的措施以保证试验人员的安全。

三、影响测量准确度的因素及提高精度的措施

（一）分布参数的影响及其削弱措施

由图 9-9 可知，高压引线 HF 段对被试品低压电极、A 处线段和 Z_3 臂元件等的杂散电容 C_1' 相当于并接在被试品的两端；高压引线 HF 段对标准电容器低压电极、B 处线段和 Z_4 臂元件等的杂散电容 C_2' 相当于并接在标准电容器 C_N 的两端。由于标准电容器的电容一般仅为 $50\sim100pF$，都很小，所以这些杂散电容的存在就有可能使测量结果存在较大的误差。如果高压引线上有电晕产生，则还有电晕漏导与上述杂散电容 C_1' 或 C_2' 并联。至于桥体部分（AB 线段）对地杂散电容的影响是很小的，可以忽略不计。因为这些杂散电容等值并联在桥臂 Z_3 和 Z_4 上的，而 Z_3 和 Z_4 的值是远远小于杂散电容的阻抗值的。

为消除分布参数对测量结果的干扰，可以采用将电桥的低压部分用金属网屏蔽起来的措

施，这样基本可以消除分布参数对试验结果的影响。

（二）电场的干扰及其消除措施

电场的干扰是常遇到的问题。这是由于被试品与周围带电部分总是存在着杂散电容，并且通过杂散电容（图中 C_{i3} 和 C_{i4} 来代表）耦合到桥体，带来干扰电流流入桥臂，造成测量误差。

为消除干扰，可通过操作切除产生干扰的电源，或将被试品移开，使它远离干扰电源，或者提高试验电压使干扰程度相应减小。但这些都不容易做到，通常采用以下方法：

（1）屏蔽法。在被试品上加装屏蔽罩（金属网或薄片），使干扰电流只经屏蔽，不经测量元件。这种法适用于体积较小的设备，如套管、互感器等。

（2）倒相法。轮流由 A、B、C 三相选取试验电源，且每相又在正、反两种极性下测出 $\tan\delta_1$ 和 $\tan\delta_2$。三相中选取 $\tan\delta_1$ 和 $\tan\delta_2$ 差值最小的一相，取平均值就得到被试品 $\tan\delta$ 近似值，即：

$$\tan\delta \approx \frac{\tan\delta_1 + \tan\delta_2}{2} \qquad (9-15)$$

（3）移相法。由于干扰电源一定时，干扰电流的相位也是固定的，而且其相位可能与试验电源的相位相差很大，耦合到桥体造成测量误差。如果能采取措施使得干扰电流与被试品电流同相或者反相，则测得的 $\tan\delta'$ 就与真实值一致。要达到此要求就要改变试验电源的相位，只要采用一台普通的移相器就可以方便地做到。

（三）磁场干扰及其消除措施

干扰磁场大多由大电流母线、电抗器、阻波器和其他漏磁较大的设备产生。在干扰磁场的作用下，组成电桥试验回路的各个环路都可产生感应电动势，这种外磁场还会直接作用于检流计线圈上和振动的永久磁铁上。

为消除磁场对检流计的影响，可移动电桥位置使之远离干扰源，或将桥体就地转动改变角度，找到干扰最小的方位，再取检流计开关在两种极性（"接通Ⅰ"和"接通Ⅱ"）下所测结果的平均值。

四、测量结果分析

在排除外界干扰，正确地测出 $\tan\delta$ 值后，还需对 $\tan\delta$ 的数值进行正确分析和判断。因此，需了解影响 $\tan\delta$ 的因素。

（一）温度的影响

温度对 $\tan\delta$ 有直接的影响，影响的程度随材料、结构的不同而异。一般情况下，$\tan\delta$ 是随温度的上升而增大的。在 $20\sim80℃$ 范围内，大多数绝缘的 $\tan\delta$ 与温度的关系近似按指数规律变化，近似地可表示为

$$\tan\delta_2 = \tan\delta_1 e^{\beta(\theta_1-\theta_2)} \qquad (9-16)$$

式中 $\tan\delta_2$、$\tan\delta_1$——对应与温度为 θ_2 和 θ_1 的 $\tan\delta$ 值；

β——系数，与绝缘物的性质、结构和所处状态等因素有关。

一般说来，对各种被试品，不同温度下的 $\tan\delta$ 值是不可能通过通用的换算式获得准确的换算的，故应尽量争取在差不多的温度条件下测出 $\tan\delta$ 值，并以此来相互比较。通常都以 $20℃$ 时的 $\tan\delta$ 作为参考标准（绝缘油例外）。因此，测量 $\tan\delta$ 时的温度也应尽量接近 $20℃$，一般要求在 $10\sim30℃$ 范围内进行测量。

（二）$\tan\delta$ 与试验电压的关系

对于新的、良好的绝缘，在额定电压范围内，绝缘的 $\tan\delta$ 值几乎是不变的（仅在接近

其额定电压时，tanδ 值可能略有增加），且当电压上升或下降时测得的 tanδ 值是接近一致的。不会出现回环。如果绝缘中存在缺陷，如气泡、分层、脱壳等，情况就不同了。当所加试验电压尚不足以使绝缘中的气泡或气隙游离时，其 tanδ 值与良好绝缘无显著差别。当所加试验电压足以使绝缘中的气泡游离或足以使绝缘产生电晕或局部放电等情况时，tanδ 的值将随试验电压的升高而迅速增大。

因此，测定 tanδ 所用的试验电压，原则上最好接近于被试品的正常工作电压。所加电压过低，则不容易发现绝缘中的缺陷，而过高则容易对绝缘造成不必要的损伤。

（三）tanδ 与被试品电容的关系

对电容较小的设备（套管、互感器、耦合电容等），测 tanδ 能有效地发现局部集中性和整体分布性的缺陷。但对电容量较大的设备（如大、中型变压器，电力电缆，电力电容器，发电机等），测 tanδ 只能发现绝缘体的整体分布缺陷。因为局部集中性的缺陷所引起的损失增加只占总损失的极小部分而被掩盖。这和设备的总电容量有关，事实上，设备绝缘结构总是由许多部件构成并包含多种材料，可看成是由许多串并联等值回路所组成的，所测得的 tanδ 就是串并联后的综合值。由此可见，在大的绝缘体中存在局部缺陷时，测总体的 tanδ 是不易反映出这些局部缺陷的，因此如果被试品能分部测试，则最好分部测试。

（四）护环和屏蔽的影响

护环和屏蔽的布置是否正确对测试结果有很大的影响。安装屏蔽环是为了消除表面泄漏电流的影响；安装屏蔽罩是为了消除试验电源和外界干扰源对被试品外壳的杂散电容和电晕漏导的影响。使用时一定要安装无误，以免造成测量误差。

第四节　局 部 放 电 测 量

一、测量功效

常用的固体绝缘物总不可能做得十分纯净致密，总会不同程度地包含一些分散性的异物，如各种杂质、水分、气泡等。由于这些异物的电导和介电常数与绝缘物有很大差异，所以在外施电压作用下，这些异物附近将具有比周围更高的场强。当外施电压升高到一定程度时，超过了该处物质的电离场强，则该处物质首先发生放电，称其为局部放电。由于局部放电是分散地发生在极微小的空间内，所以它几乎并不影响当时整体绝缘物的击穿电压。但是，局部放电产生的带电质点反复冲击绝缘物，会使绝缘物逐渐分解、破坏，分解出导电性和化学活性的物质，使绝缘物氧化、腐蚀；同时，使该处的局部电场畸变更剧烈，进一步加剧局部放电的强度；局部放电处也可能产生局部的高温，使绝缘物老化和破坏，发展到一定程度时，则可能导致绝缘物的击穿。所以，测定绝缘物在不同电压下局部放电强度及其规律，能预示绝缘的状况，也是估计绝缘电老化速度的重要依据。

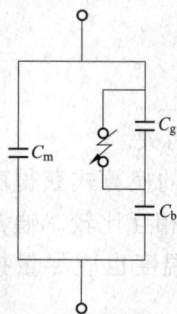

图 9-10　介质中发生局部放电时的等效电路

二、测量原理

分析含气泡的介质中局部放电过程时，可以采用如图 9-10 所示的介质放电的等效电路。

图 9-10 中，C_g 表示气泡电容；C_b 表示与 C_g 串联部分介质的电

容；C_m 表示其余部分介质的电容。气泡很小，C_g 比 C_b 大得多，C_m 又比 C_g 大得多。电极间总电容为

$$C_X = C_m + \frac{C_g C_b}{C_g + C_b} \tag{9-17}$$

假设气泡放电后，C_g 完全放电，相当于被短接而无残压，则此时的电极间总电容将变为 $C_X' = (C_m + C_b) > C_X$。由于气泡中的局部放电几乎是在瞬时完成的，电源回路中的等值电感使极板上的电荷量来不及得到补充，于是极板间的电压必将减小一微量 ΔU。令 $\Delta q = C_X \Delta U$，则 Δq 的意义可以理解为：绝缘内部气泡 C_g 的放电反映到极板上，好像是极板电荷被放电中和而减少了一部分 Δq，导致极板间电压减小同一微量 ΔU。这个电荷量 Δq 被称为视在电荷量或视在放电量，单位为皮库仑，它是衡量局部放电强度的一个重要参数。

衡量局部放电强度的其他参数还有如单次放电能量、放电次数频度、平均放电电流、平均放电功率等，但以视在电荷量应用最为普遍。

局部放电的电测试法中以脉冲电流法应用最广，它是将被试品两端的电压突变转化为检测回路中的脉冲电流。

三、典型的局部放电测量回路

（一）串联测量电路

如图 9-11 所示为串联测量电路。

将测量阻抗 Z_m 与被试品 C_X 串联，称为串联测试电路。接线的目的是使被试品 C_X 局部放电产生的脉冲电流作用到检测用阻抗 Z_m 上，在 Z_m 上产生一个脉冲电压 u_m 经过放大送到测量仪器 M 中去。根据 u_m 可推算出局部放电视在电荷量。由于变压器绕组对高频脉冲具有很大的感抗，阻碍高频脉冲电流的流通，所以施加耦合电容 C_K，给脉冲电流提供低阻抗的通道。C_K 必须无局部放电。C_K 不很大时，最好应使 C_K 不小于 C_X。

为了防止噪声流入测量回路，也为了防止被试品局部放电脉冲电流分流到电源中去，可以在电源回路中串入一个低通滤波器 Z，它只允许工频电流流过而阻碍高频电流。

（二）并联测量电路

如图 9-12 所示为并联法测试电路。

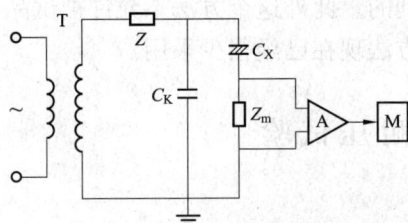

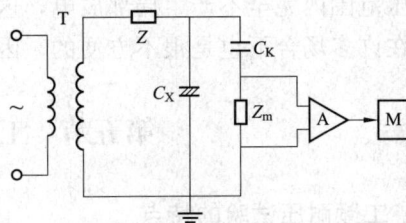

图 9-11　串联法测试电路　　　　图 9-12　并联法测试电路

将测量阻抗 Z_m 和耦合电容 C_K 串联后，并联在被试品两端，称为并联测量电路。不难看出，两种接线方式对高频脉冲电流的回路是相同的，都是串联地流经 Z_m、C_K、C_X 三个元件。理论上两者的灵敏度也是相等的，但实用上并联法有以下几个优点：

（1）允许被试品一端接地。

（2）对 C_X 值较大的被试品，可以避免较大的工频电容电流流过。

（3）万一被试品被击穿，不会危及人身和测试系统。由于局部放电测试时所加电压一般均高于绝缘的正常工作电压，所以被试品有可能被击穿。

（三）桥式测量电路

串联法和并联法测试电路的缺点是抗干扰性能较差，特别是在现场测试时，环境噪声的干扰常是影响试验精度的重要因素。为了提高抗外来干扰的能力，可以采用电桥平衡的原理来检测，这就是桥式测量电路，如图 9-13 所示。

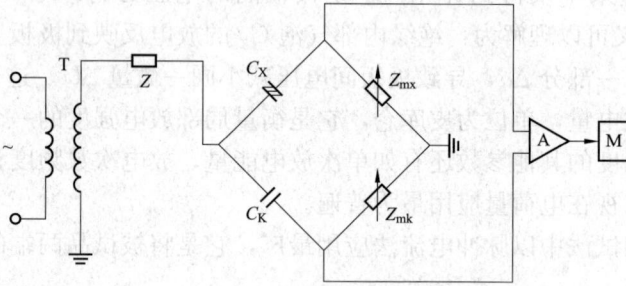

图 9-13　桥式测量电路

图 9-13 中各符号的意义同前。测量仪器 M 测 Z_{mx} 与 Z_{mk} 上的电压差。C_K 与 C_X 的值不一定要相等，但应有同一数量级，二者的 $\tan\delta$ 也应相近。因为只有这样，才能使外部的干扰源在 Z_{mx} 和 Z_{mk} 上产生的干扰信号大体上互相抵消。最理想的，也是最方便的是用一件与被试品 C_X 完全相同的物件来做辅助试品 C_K，于是 Z_{mx} 与 Z_{mk} 接近相等。理论上，此时电桥对频率宽广的外来干扰都能平衡，由此即可消除外来干扰的影响，只有当被试品 C_X 发生局部放电时，平衡被破坏，通过检测电路可测出此不平衡脉冲电压。当然，如果被试品 C_K 中发生局部放电，则同样会反映到检测系统中去，为了能确定被检测出的放电脉冲信号是由被试品发出的，而不是辅助试品发出的，应选择质量最好的（局部放电起始电压和熄灭电压最高的）一个作为辅助试品。

桥式测量电路具有自己的优势，但是也有不足，首先要求被试品 $\tan\delta$ 与辅助试品的要大致相等，这很不容易。更为困难是，要找到同型号、同规格的辅助试品，且这个试品在本试验电压范围内完全不产生局部放电，这是很难达到的。此外这个方法不允许被试品有一极接地，在许多场合下也是很不方便的，因此。这个方法现在已经很少采用。

第五节　工频交流耐压试验

一、工频耐压试验的特点

工频交流（以下简称交流）耐压试验是考验被试品绝缘承受各种过电压能力的有效方法，对保证设备安全运行具有重要意义。

交流耐压试验的电压、波形、频率和在被试品绝缘内部电压的分布，均符合在交流电压下运行时的实际情况，因此能真实有效地发现绝缘缺陷。交流耐压试验应在被试品的绝缘电阻及吸收比测量、直流泄漏电流测量及介质损耗角正切值 $\tan\delta$ 测量均合格之后才能进行。如果在这些非破坏试验中已经查明绝缘有缺陷，则应设法消除，并重新试验合格后才能进行交流耐压试验，以免造成不必要的损坏。

交流耐压试验属于破坏性试验，它会使原来存在的绝缘弱点进一步发展（但又未在耐压时击穿），使绝缘强度逐渐降低，形成绝缘内部劣化和累积效应，这是所不希望的。因此，必须正确地选择试验电压的标准和耐压时间。试验电压越高、发现绝缘缺陷的有效性越高，但被试品被击穿的可能性就越大，累积效应也就越严重；反之，试验电压低，又使设备在运行中击穿的可能性增加。实际上，根据各种设备的绝缘材质和在可能遭受的过电压的作用下，绝缘具有累积效应，国家现行有关标准规定运行中设备的试验电压，比出厂试验电压有所降低，且按不同设备区别对待（主要由设备的经济性和安全性来决定）。但对纯瓷套管、充油套管及支持绝缘子则例外，因为它们几乎没有累积效应，故对这些运行中的设备直接取出厂试验电压标准。

二、交流耐压试验接线及各元件（设备）的作用

电气设备的交流耐压试验要利用专门的升压变压器（高压工频试验变压器）来获得工频高压。交流耐压试验原理接线图如图 9-14 所示。

通常，试品都是电容性负载，图 9-14 中以 C_X 表示。用来升压的试验变压器 T2 通过调压器 T1 获得电源，这样可以从零逐渐升高电压达到需要的数值。因为试验电压较高，被试品一旦被击穿，这时试验变压器不仅会由于短路而过电流，也将由于绕组内部电磁振荡在试验变压器的匝间或层间绝缘上引起过电压。因此，在试验变压器高压出线端串联一个保护电阻 R。保护电阻的数值不应太大或太

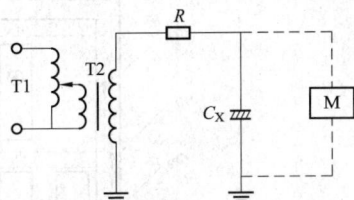

图 9-14 工频高压测量试验
原理接线图

小，太小起不到应有的保护作用，太大又会在正常工作时由于负载电流而有较大的电压降和功率损耗，一般按把放电电流限制到试验变压器额定电流的 $1\sim4$ 倍选择 R 的数值。在做湿放电试验时回路中包括 R 在内的全部阻抗应不大于 $2\Omega/V$。

另外，由于调压设备常常引起试验电压波形畸变。当试品电容较大时，它和变压器电感串联的自振频率还有可能对三次或更高次谐波发生谐振而引起过电压。因此，在调压设备后常并接有 LC 串联的三次及高次谐波过滤器（图 9-14 中未画出），把电源中的这些谐波滤掉以避免发生谐振过电压。

M 为测压系统，用来测量施加在被试品两端的交流电压值，测量工频高压的方法有许多，后面会详细地叙述。

三、调压器的分类及特点

调压器应能从零开始平滑的调节电压，以满足试验所需的任意电压。常用的调压器有自耦调压器、移圈调压器和感应调压器。调压器的输出波形，应尽可能地接近正弦波，容量也应满足试验变压器的要求，通常与试验变压器容量相同。

（一）自耦调压器

自耦调压器应用广泛，它具有体积小、质量轻、效率高、波形好等优点。由于自耦调压器是用移动碳刷接触调压的，所以容量受到限制（单台可做到 $30kV \cdot A$，最大可达到 $100kV \cdot A$），电压在 $500V$ 以下，适用于小容量调压。

（二）移圈调压器

移圈调压器的调压范围宽，目前国内生产的容量为 $25\sim2250kVA$，并与试验变压器配套，电压可达到 $10kV$。其主要缺点是效率低，空载电流大，在低压和接近额定电压下使用

易发生波形畸变。移圈调压器的结构原理图如图 9-15 所示，它在铁芯上下部各套着绕组 A、B，两者匝数相等，绕向相反，互相串联。在这两个绕组外面还套着一个可沿铁芯上下移动的短路绕组 K，改变短路绕组与反向串联的两绕组的相对位置，就可改变两绕组阻抗和电压分配，即改变输出电压 U_2。绕组 A 和绕组 B 所产生的磁通 Φ_A 和 Φ_B 方向相反，它们通过气隙自成回路。当短路绕组 K 处于最上部时，它产生的磁通 Φ_K 和 Φ_A 方向相反，铁芯上部被去磁，下部被增磁，故绕组 A 的感抗减小，绕组 B 的感抗增大，这时电源电压几乎全降落在绕组 B 上。随着绕组 K 的逐步下移，线圈 A 中的磁通 Φ_K 逐渐减小，使绕组 A 的感抗逐渐增加，绕组 B 的感抗则减小，因而绕组 A 的电压升高，B 的电压降低，其输出电压 U_2 则逐渐减小。当绕组 K 在铁芯的中部时，恰好输出电源电压的一半，K 在最上部时输出全部电源电压。

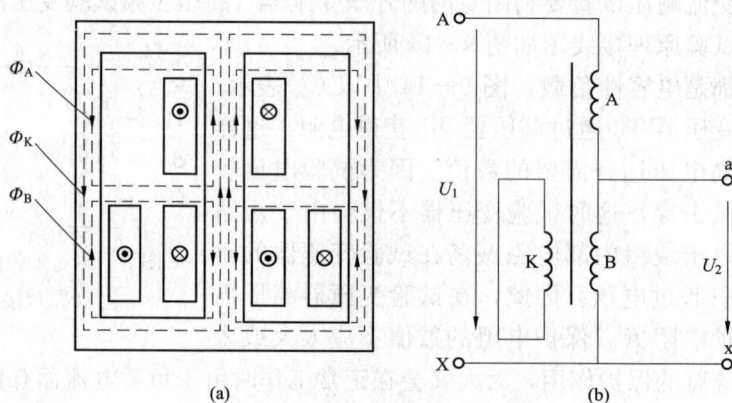

图 9-15　移圈调压器的结构原理图

（a）结构示意图；（b）原理接线图

四、高压工频试验变压器

（一）试验变压器的特点

获得工频高压最通用的方法是利用高压工频试验变压器。高压工频试验变压器具有以下几个特点：

（1）一般都是单相的，需要三相时，常将三个单相变压器接成三相变压器组。

（2）不会受到大气过电压及电力系统操作过电压的侵袭，其绝缘强度相对其额定电压的安全裕度较小，故其平时工作电压一般不允许超过其额定电压。

（3）通常为间歇工作方式，每次工作持续时间较短，不必采用加强的冷却系统。因此，对应于不同的电压和电流负荷，有不同的允许持续工作时间。

（4）一、二次绕组的变比高，其高压绕组由于电压高，需用较厚的绝缘层和较宽的油隙距，两绕组间的绝缘间距较大，故其漏抗（百分比）较大。

（5）要求有较好的输出电压波形，因此应采用优质的铁芯和较低的磁通密度。

（6）为了减少对局部放电试验的干扰，要求试验变压器自身的局部放电电压应足够高。

（二）试验变压器的分类

按照结构型式，试验变压器可分为油浸式和空气绝缘式两种。油浸式绝缘可靠，绝缘距离小、体积小、漏抗较小；绝缘不受外界气候条件的影响，可用于户外；另外，其冷却条件也好、负载能力较大。缺点是需用较大的瓷套管、质量大、造价高、绝缘损坏时检修困难。但由于油浸式的运行灵活性高、目前获得了很广泛的应用。油绝缘高压工频试验变压器的外形结构有金属外壳的单套管式、双套管式和绝缘筒式等三种。

(1) 单套管式。高压绕组的高电位端经一大套管引出、其低电位端则与铁芯、铁壳相连。因此、高压绕组和套管对铁芯、外壳的绝缘应按全电压考虑。这种结构多适用于 $200\sim300kV$ 及以下的试验变压器。

(2) 双套管式。高压绕组的中点与铁芯、铁壳相连、其两端分别通过两个大套管引出。因此、高压绕组和套管对铁芯和外壳的绝缘只按全电压的一半来考虑即可。这种结构大大减轻了变压器的绝缘负担、多适用于 $500kV$ 及以上的试验变压器（应注意满足其外壳对地绝缘水平的要求）。

(3) 绝缘筒式。高压绕组的中点与铁芯、铁壳相连、其两端分别与绝缘筒两端的金属极板相连。高压绕组对铁芯的绝缘也只按全电压的一半来考虑即可。绝缘筒既作容器、又作外绝缘。这种结构体积小、质量轻、多在户内使用。

（三）试验变压器的串级使用

单个试验变压器的额定电压超过 $500\sim750kV$ 时、制造上有较大的困难、成本也将增加很多。此外、体积和质量也大大增加、使运输和安装都不方便。所以、此时常用几个变压器串级的方法、以获得较高的输出电压。

如图 9-16 所示为高压绕组中点接壳的串级变压器原理电路图、各部分参数举例如下：设每台变压器一次侧绕组的额定电压为 $10kV$、二次绕组的额定电压为 $500kV$、额定电流为 $1A$、高压绕组中点 P 接壳。

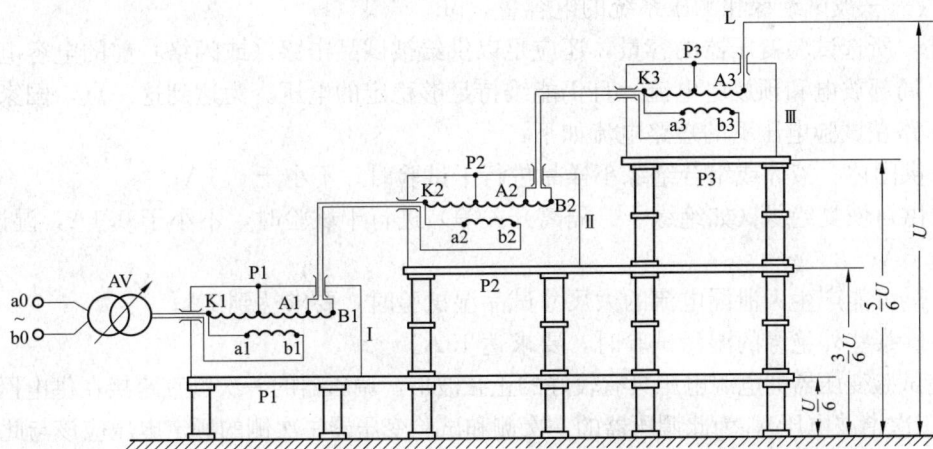

图 9-16 高压绕组中点接壳的串级变压器原理电路图

各绕组的额定电压应为

$$U_{K1P1} = U_{P1A1} = U_{K2P2} = U_{P2A2} = U_{K3P3} = U_{P3A3} = 250kV$$

$$U_{a1b1} = U_{A1B1} = U_{a2b2} = U_{A2B2} = U_{a3b3} = 10kV$$

各点对地电压为

$$U_{P1} = 250kV, \quad U_{P2} = 750kV, \quad U_{P3} = 1250kV, \quad U_{P4} = 1500kV$$

各绕组的额定功率为

$$S_{K3A3} = S_{K2A2} = S_{K1A1} = 500kV \cdot A, \quad S_{A2B2} = S_{a3b3} = 500kV, \quad S_{A1B1} = S_{a2b2} = 1000kV \cdot A$$

在这种串级线路中，由于变压器铁芯上需要配置励磁绕组、高压绕组和累积绕组，变压器的漏磁通将增加，而且整个串级线路的漏抗将随级数的增加而急剧增加。

串级后，试验设备容量利用率为

$$\eta = \frac{S_o}{S_a} = \frac{500 + 500 + 500}{500 + 1000 + 1500} = \frac{1}{2}$$

式中　　S_o——串级后试验装置的总的功率输出；

S_a——试验变压器总的容量。

由此可见，串联级数越多，设备容量利用率也越低，输出波形也越差。因此，一般串级级数不超过三级。

（四）试验变压器的选择

选择所需试验变压器的容量，主要根据负荷性质和大小而定。高压绝缘的被试品多为容性负荷，只有极少数例外（如对某些外绝缘进行湿污闪电压试验时，主要为阻性负荷）。对容性负荷，所需试验变压器的容量应满足

$$S \geqslant U_N U \cdot 2\pi f C_X \times 10^{-9} \quad (kV \cdot A) \tag{9-18}$$

式中　　U_N——试验变压器高压侧额定电压，kV；

U——实施的试验电压，kV；

f——试验电源的频率，Hz；

C_X——被试绝缘和测压系统的电容量，pF。

此外，所选试验变压器的容量，还应足以供给被试品击穿（或闪络）前的电容电流、漏导电流、局部放电和预放电电流，且仍能维持足够稳定的电压。为达到这一点，国家标准要求试验回路在试验电压下的短路电流如下：

（1）供固体、液体或组合绝缘小样品进行干试验时，不小于0.1A；

（2）供自恢复绝缘（如绝缘子、隔离开关等）进行干试验时，不小于0.1A，湿试验时，不小于0.5A；

（3）供可能产生大泄漏电流的大尺寸试品湿试验时，要求达到1A；

（4）供某些外绝缘的湿污试验时，要求达15A。

为使试验变压器的电源电压具有较好的正弦波形，调压器的一次侧宜跨接在供电网的线间（可消除三次谐波电压），为此调压器的一次侧和试验变压器一次侧的额定电压应该与此相配。

五、交流耐压试验的容性电压升高现象

工频耐压试验等效电路图如图9-17所示，通常被试品多为容性负荷，试验时电压相量图如图9-18所示。从图9-18中可以看出，当被试品电容C_X值较大时，流过试验回路的电容电流I_C在试验变压器漏抗X_L上将引起与被试品上电压U_{CX}反向的压降，从而导致被试品上电压高于电源电压U_1的现象，即所谓的"容升"现象。由于存在"容升"效应，当试验电压较高时，则不能简单地以变压器的变比来估计被试品上所受电压，也不可完全信赖变压器测压绕组输出的电压指示，而必须以直接测得被试品上的电压为准，严格控制调压器的升压。

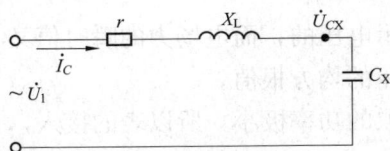

图 9-17　工频耐压试验等效电路图

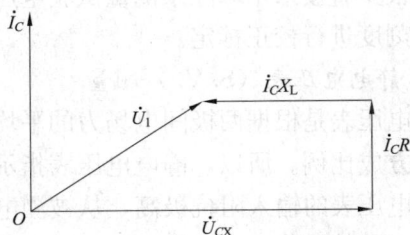

图 9-18　试验时电压相量图

六、工频交流高压的测量

在试验中，试验电压的测量是一个关键环节。测量交流高压的方法很多，概括起来分为两类，一类是在低压侧间接测量，另一类是在高压侧直接测量。对一些小电容被试品，如绝缘子、单独的开关设备、绝缘工具等的交流耐压试验可在低压侧测量，并根据变比进行换算；而对重要的设备，特别是对容量较大的设备进行耐压试验时，必须在高压侧直接进行电压测量，否则就会引起很大误差。

常用的在高压侧直接测量的方法有以下几种，工频高压试验电压的测量原理接线如图 9-19 所示。

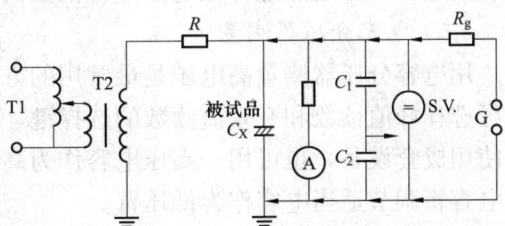

图 9-19　工频高压试验电压的测量原理接线

T—试验变压器；R—保护电阻；S.V.—静电电压表；
G—球隙；R_g—球隙电阻

（一）球隙的测量

因为均匀电场和稍不均匀电场的空气间隙的伏秒特性几乎是一条水平直线，间隙的击穿电压与间隙距离有一定的关系，分散性较小，因而可以用来测量高电压。一般均利用稍不均匀电场的球隙来进行高压测量。它可以测量各种性质的高电压，应用比较广泛。

标准球隙包括两个直径相等的金属球极、适当的球杆、操作机构、绝缘支持物以及连接被测电压的引线。测量球隙可以水平布置（直径 25cm 以下），也可以垂直布置。球极一般都用紫铜或黄铜制造，球面要光滑、洁净、干燥、曲率要均匀。测量时，通过保护电阻将高电压加在球隙上，调节球隙距离，使球隙恰好在被测电压下放电，根据放电距离，查相应的曲线或球隙击穿电压表，即可求得所加电压的幅值。国际电工委员会（IEC）制定有用球隙测量电压的标准表，表中给出了不同球径的球隙在不同距离下的各种形式的放电电压值。

球隙电阻 R_g 的作用是限制球隙放电时的电流，以免烧伤球的表面，同时限制阻尼放电时可能引起的振荡。这个电阻应该尽量大些，但也应考虑在球隙击穿之前流过球隙电容的电流不应在 R_g 上引起太大的压降，从而影响测量的准确度。在测交流电压时，这个压降不应超过 1‰。R_g 的具体数值一般可取 $1\Omega/V$，球径 $D \geqslant 750mm$ 或电源频率 $f \geqslant 100$ 者，可取 $0.5\Omega/V$。

用球隙直接测量作用在被试品上的工频高压，虽然准确度较高，但球隙必须击穿才能测出电压，这将破坏试验进程的连续性，且给试验电压造成截波，这是很不方便的。因此，实际上已经很少直接采用球隙来测量试验电压。球隙的功能主要是作为标准测量装置对其他测压系统的刻度进行校正标定。

（二）静电电压表（S. V. ）测量

静电电压表是根据两极间电场力的平均值来指示电压的，而电场力的瞬时值又与电压瞬时值的平方成比例。所以，静电电压表指示的是电压的均方根值。

静电电压表的输入阻抗极高，从被测电路中吸取的功率极小，所以表的接入，一般不会引起被测电压的变化。

电源频率、大气条件、外界磁场干扰等对静电电压表的测量几乎没有影响，这是它的优点。

静电电压表的刻度当然应与标准测量装置相比对来标定（仪表出厂时已标定好）。静电电压表的工作原理决定了它的刻度是不均匀的，标度的起始部分刻度粗略，分辨率差，选用此表的量程时要注意避开在这段量程范围内使用。

（三）电容分压器测量

用电容分压器测量高电压是最常用的方法。分压器结构简单，精度较高，有的分压器具有可选择峰值读数和有效值读数的选择键，适合于现场和实验室各种场合使用。电容分压器可使用成套设备，也可用一高压电容作为高压臂（电容量先用电桥标准），用另一低压电容或电容箱调节适当电容作为低压臂。

电容分压器测量电压电路如图 9-20 所示，由高压臂电容器 C_1 与低压臂电容 C_2 串联组成的分压器，用电压表测量 C_2 上的电压 U_2，然后按分压比算出高压 U_1。此分压器的分压比 K_U 为

$$K_U = \frac{U_1}{U_2} = \frac{C_1 + C_2}{C_1} \tag{9-19}$$

$$U_1 = K_U U_2 = \frac{C_1 + C_2}{C_1} U_2 \tag{9-20}$$

当 $C_2 \gg C_2$ 时，有

$$U_1 \approx \frac{C_2}{C_1} U_2$$

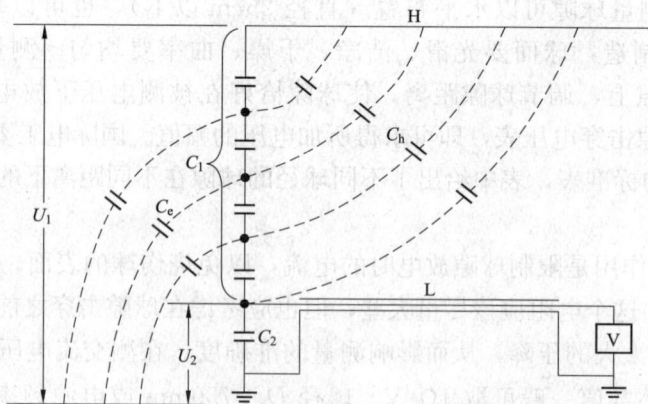

图 9-20 电容分压器测量电压电路

H—高压引线；C_1—高压臂电容；C_2—低压臂电容；C_e—高压臂对地杂散电容；
C_h—高压臂对高压系统杂散电容；L—同轴电缆

如图 9-20 所示，分压器各部分对地杂散电容（图中 C_e）和对高压系统杂散电容（图中 C_h）的存在，会在一定程度上影响其分压比，不过，只要周围环境不变，且高压系统不出现电晕或局部放电，则这种影响将是恒定的，并不随被测电压幅值、频率、波形或大气条件等因素而变化。所以，对一定的环境、一定的测压范围，只要一次准确地测出其分压比即可适用于各种工频高压的测量。

电容分压器的另一个优点是它几乎不吸收有功功率，不存在温升和随温升而引起的各部分参数的变化，因而可以用来测量极高幅值的电压。当然，应该注意高压部分的防晕。

为了保护测量仪器，测量时应在低压臂电容 C_2 上或测量仪器上并联过电压保护装置（如适当电压的放电管或氧化锌压敏电阻等）。

（四）高精度电压互感器配低压仪表测量

将电压互感器的一次侧并联在被试品的两端，在其二次侧测量电压，根据测得的电压和电压互感器的变压比计算出高压侧的电压。为保证测量的准确度，电压互感器准确度一般不低于 1 级，电压表不低于 0.5 级。

（五）电容器与整流装置串联测量

这是一种通过测量电流间接测量电压的电路。将高压电容器下端与全波整流电路串联后，接到被测电压的两端。通过高压电容器的交流电流经整流后，用直流电流表测得其电流的平均值 I_{av}，它与被测电压峰值 U_P 的关系为

$$U_P = \frac{I_{av}}{4Cf} \tag{9-21}$$

式中　C——电容器的电容量；

　　　f——交流电压的频率。

这种方法的优点是简单，缺点有以下几方面：

（1）高压电容 C 的值一般较小，环境的杂散电容将直接影响测量结果。

（2）高压波形中存在高次谐波，对测量的准确度影响较大。被试品上若发生局部放电，使被测电压波形出现畸变，则对测量的准确度会产生与此类似的影响。

（3）试验电源频率 f 可能随机有些波动，而仪表刻度则是按固定频率标定的，这就会产生随机性测量误差。

（4）当被试品发生破坏性放电时，本测量系统将承受一个高幅值且陡升的电流冲击，因此，对电流测量系统应加以可靠的保护。

（5）不能观察电压波形。

七、试验电压的选择和加压方法

国产单个高压工频试验变压器的额定电压（kV）的等级为：5、10、25、35、50、100、150、250、300、500、750kV。

根据被试品对试验电压的要求，选用电压合适的试验变压器，还应考虑试验变压器低压侧电压是否和试验现场的电源电压及调压器相符。

升压必须从零开始，不可冲击合闸。升压速度在 40% 试验电压以内可不受限制，其后应均匀升压，速度约为每秒 3% 的试验电压。

八、试验结果分析

对于绝缘良好的被试品，在交流耐压试验中不应该被击穿。而其是否击穿，可根据下述

现象来分析。

（一）根据试验回路接入表计的指示进行分析

一般情况下，电流表突然上升，说明被试品击穿。但当被试品的容抗 X_C 与试验变压器的漏抗 X_L 之比等于 2 时，虽然被试品已经击穿，但电流表指示不变（因为回路电抗 $X = |X_C - X_L|$，所以当被试品短路 $X_C = 0$ 时，回路仍有 X_L 存在，与被试品击穿前的电抗值是相等的，故电流表的指示不会发生变化）；当 X_C 与 X_L 的比值小于 2 时，被试品击穿后，使试验回路的电抗增大，电流表指示反而下降。通常 $X_C \gg X_L$，不会出现上述情况，只有被试品电容量很大或试验变压器容量不够时，才有可能发生。此时，应以接在高压端测量被试品上的电压表指示来判断，被试品击穿时，电压表指示明显下降。低压侧电压表的指示也会有所下降。

（二）根据控制回路的状况进行分析

如果过电流继电器整定适当，在被试品击穿时，过电流继电器应动作，并使自动控制开关跳闸。若动作整定值过小，可能在升压过程中，因电容电流的充电作用而使开关跳闸；整定值过大时，即使被试品放电或小电流击穿，继电器也不会动作。因此，应正确整定过电流继电器的动作电流，一般应整定为被试品额定试验电流的 1.3 倍左右。

（三）根据被试品的状况进行

被试品发出击穿响声（或断续放电声）、冒烟、出气、焦臭、闪弧、燃烧等，都是不容许的，应查明原因。这些现象如果确定是绝缘部分出现的，则认为是被试品存在缺陷或击穿。

九、注意事项

（1）被试品为有机绝缘材料时，试验后应立即触摸，如出现普遍或局部发热，则认为绝缘不良，应即时处理，然后再作试验。

（2）对夹层绝缘或有机绝缘材料的设备，如果耐压试验后的绝缘电阻比耐压试验前下降 30%，则试品不合格。

（3）在试验过程中，若由于空气湿度、温度、表面脏污等影响，引起被试品表面滑闪放电或空气放电，则不应认为被试品内绝缘不合格，需要经过清洁、干燥处理之后，再进行试验。

（4）升压必须从零开始，不可冲击合闸。升压速度在 40% 试验电压以内可不受限制，其后应均匀升压，速度约为每秒 3% 试验电压。

（5）耐压试验前后均应测量被试品的绝缘电阻。

第六节　串联谐振试验

高电压、大容量设备进行交流耐压试验所需的试验设备容量越来越大，常规工频耐压试验往往不能满足现场试验的要求，而串联谐振试验装置具有试验设备体积小、试验电源电压低、功率小（仅提供试验回路中的有功功率）、试验电压波形好的特点，因此串联谐振试验广泛应用 GIS、大型发电机组、大型电力变压器、耦合电容器等高电压、大容量电力设备的交流耐压、感应耐压、局部放电等试验。

一、实验目的和原理

大容量、高电压被试品的交流耐压试验运用串联谐振的原理，利用励磁变压器激发串联谐振回路通过调节电感改变电源的输出频率，使回路中的感抗和容抗相等，回路呈谐振状态，回路中的无功功率约等于零，此时回路电流最大，即

$$I_m = \frac{U}{\sqrt{R^2 + (X_L - X_C)^2}} = \frac{U}{R} \tag{9-22}$$

式中　I_m——谐振时回路最大电流，A；

　　　R——回路等效电阻（一般主要为电抗器的内阻），Ω；

　　　U——励磁变压器高压侧的输出电压，V；

　　X_L——回路中的感抗，Ω；

　　X_C——回路中的容抗，Ω。

（一）调感式串联谐振

调感式串联谐振原理接线如图 9-21 所示。调感式串联谐振装置采用铁芯气隙可调节的电压串联电抗器，由于被试品的电容量是一定的，通过调节电感使回路发生工频串联谐振。谐振时，回路呈纯阻性，回路电流等于励磁电压 U 除以回路的等效电阻 R，此时回路电流最大。电感和电容两端的电压为

$$U_0 = I_m \frac{1}{\omega C_X} = I_m \omega L = \frac{U}{R} \omega L \tag{9-23}$$

式中　U_0——谐振时被试品两端的电压，V；

　　　L——可调电抗器电感，H；

　　C_X——被试品电容量，F；

　　　ω——角频率。

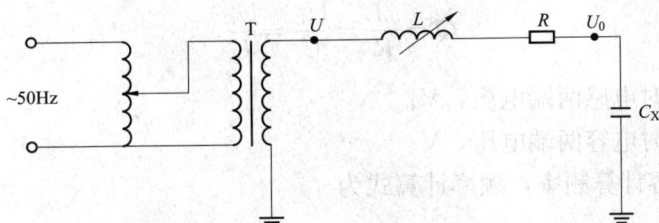

图 9-21　调感式串联谐振原理接线图

I_m、U、R 意义同式（9-22）。

电路谐振后电感或电容两端的电压 U_0 等于 Q 倍的励磁电压 U，即

$$U_0 = QU \tag{9-24}$$

式中　Q——回路品质因数。

工频串联谐振回路品质因数 Q 一般可达 40～80，其计算公式为

$$Q = \frac{100\pi L}{R} \tag{9-25}$$

工频串联谐振试验系统在实际应用中是通过调整串联电抗器的铁芯间隙来改变电抗的，所以在调整电压的时候，由于机械结构的惯性，电压有时候较难控制，因此工频串联谐振耐压装置现场试验时应合理选择品质因数。试验电压较高时，通过电容和电感的合理匹配，如

并联电抗或加补偿电容，使回路等效电阻尽量小，以提高回路品质因数，减少现场实验时需要的电源容量；试验电压较低时准确平稳控制试验电压，品质因数可选择较低水平，能满足试验要求即可。

谐振时串联电抗器的电感计算公式为

$$L = \frac{1}{(100\pi)^2 C}$$ (9-26)

（二）变频式串联谐振

变频是串联谐振原理接线如图 9-22 所示。变频式串联谐振交流试验装置的特点是调谐电抗器的质量小，结构简单，更适合大容量设备现场试验。

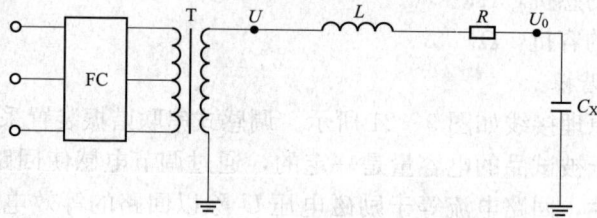

图 9-22　变频式串联谐振原理接线

变频串联谐振试验运用串联谐振原理，采用调频调压方式。当交流电压的频率改变时，电路中的感抗、容抗随之改变，电路中的电流也随之而变，通过调节电源的频率使感抗等于容抗，电路发生串联谐振，回路中无功功率几乎为零，此时电流最大，且与输入电压同相位，使电感或电容两端获得一个高于励磁电压 Q 倍的电压。

变频串联谐振试验回路品质因数 Q 值一般可达 50～150，其计算公式为

$$Q = \frac{\omega L}{R} = \frac{U_L}{U} = \frac{U_C}{U}$$ (9-27)

式中　U_L——谐振时电感两端电压，V；

U_C——谐振时电容两端电压，V。

根据电感和电容计算频率，频率计算式为

$$f_0 = \frac{1}{2\pi\sqrt{LC}} \times 10^3$$ (9-28)

式中　f_0——谐振频率，Hz；

L——电抗器电感量，H；

C——被试品和分压器电容，μF。

串联谐振电路中流过电感的电流等于流过电容的电流，电流计算式为

$$I_L = I_C = \omega C_X U \times 10^{-3}$$ (9-29)

式中　I_L、I_C——流过电感和电容的电流，A。

二、串联谐振系统的主要特点

（1）适用范围广，体积小，质量轻，实验容量大、试验电压高。

（2）安全可靠性高，操作简洁方便，试验等效性好。

（3）串联谐振装置对高次谐波分量回路阻抗很大，所以试品上的电压波形好。同时若在耐压试验过程中发生闪络、击穿，因失去了谐振条件，高电压立即消失，从而使电弧立即熄灭。

（4）恢复电压建立过程较长，很容易在再次达到闪络电压之前控制电源跳闸，避免重复击穿。

三、串联谐振系统及主要元件

1. 电源

交流输入电源为串联谐振系统提供激励能量，为保证串联谐振系统正常工作，必须保证电源的容量能满足试验要求。试验容量较大时必须采用三相交流电源。电源的输入电流大于励磁变压器或变频电源的输入电流，励磁变压器或变频电源的输入电流计算式为

单相

$$I_1 = \frac{P}{U_1} \qquad (9-30)$$

三相

$$I_1 = \frac{P}{U_1\sqrt{3}} \qquad (9-31)$$

式中　I_1——励磁变压器或变频电源的输入电流，A；

　　　P——励磁变压器或变频电源的容量，W；

　　　U_1——励磁变压器或变频电源的输入电压，V。

2. 可变电感

可变电感一般工作在工频状态下，在一定范围可连续调整电感值的电抗器，其电感值变化范围满足设计的最小可试电容到最大可试电容的范围，可试电容的范围在式（9-32）和式（9-33）之间。

最小可试电容为

$$C_{\min} = \frac{1}{\omega^2 L_{\max}} \times 10^6 \qquad (9-32)$$

式中　$C_{\min}$——最小可试电容，μF；

　　　$L_{\max}$——可变电感的最大值，H。

最大可试电容为

$$C_{\max} = \frac{1}{\omega^2 L_{\min}} \times 10^6 \qquad (9-33)$$

式中　$C_{\max}$——最大可试电容，μF；

　　　$L_{\min}$——可变电感的最小值，H。

在这一范围内可变电抗器输出电流应大于回路谐振时的电流才能满足试验要求。

3. 变频电源

变频电源是在一定范围内可连续调整频率的电源，变频电源分正弦波调频电源和方波变频电源。变频电源输出功率应满足试验要求，一般大于或等于励磁变压器的输出容量。谐振装置工作制应满足试验方式的要求，谐振装置工作制是指设置谐振装置的满负荷允许工作时

间和 50% 负荷的允许工作时间。

4. 励磁变压器

励磁变压器直接为串联谐振系统提供励磁电压，励磁变压器将交流电源或变频电源由低电压升至较高的励磁电压，以满足谐振系统试验电压的要求，同时起到高、低压隔离的作用。励磁变压器输出容量应满足试验容量的要求。

励磁变压器容量可按下列情况进行计算：

（1）按试验容量估算。试验容量 P_0 等于电感或电容两端的试验电压乘以流过他们的电流，计算式为

$$P_0 = U_L I_L = U_C I_C \qquad (9-34)$$

根据式（9-27）可导出，谐振时系统的输入容量比试验容量小 Q 倍，所以可根据试验容量 P_0 估算出励磁变压器容量 P，计算式为

$$P = \frac{P_0}{Q} \qquad (9-35)$$

Q 值的选择：容量小于 100kV·A 时品质因数应不小于 15，容量在 100~400kV·A 时品质因数应不小于 30，容量大于 400kV·A 时品质因数应大于 40。

（2）按回路谐振时电流计算，计算式为

$$P = I_m U_N \qquad (9-36)$$

其中

$$U_N \geqslant \frac{U_0}{Q}$$

式中　P——励磁变压器容量，V·A；

　　　I_m——试验回路谐振时电流，A；

　　　U_N——励磁变压器高压侧额定电压，V；

　　　U_0——试验回路谐振时电抗器或电容两端电压，$U_0 = U_L = U_C$。

5. 谐振电抗器

谐振电抗器用于与试验回路中的电容进行谐振，以获得高电压。谐振电抗器与可变电感比较，由于有机械系统，所以容量可以做得比较大，在试验频率范围内，可试电容的范围在式（9-37）和式（9-38）之间。谐振电抗器的额定电压应满足试验电压的要求，额定容量应满足试验容量的要求。

最小可试电容为

$$C_{min} = \frac{1}{(2\pi f_{max})^2 L} \times 10^6 \qquad (9-37)$$

式中　C_{min}——最小可试电容，μF；

　　　f_{max}——最高试验频率，Hz；

　　　L——电抗器电感值，H。

最大可试电容为

$$C_{max} = \frac{1}{(2\pi f_{min})^2 L} \times 10^6 \qquad (9-38)$$

式中 C_{max}——最大可试电容，μF；

f_{min}——最高试验频率，Hz；

6. 电容分压器

电容分压器直接测量高压侧电压并提供保护信号，谐振系统计算各参数时应考虑电容分压器的电容。

7. 电容补偿器

电容补偿器用于补偿试验回路电感，使试验回路满足谐振条件和试验要求，电容补偿器额定电压应满足试验要求。

8. 各部件的连接与匹配

电源线的选择和连接。电源线截面一定要满足要求，连接牢固并尽量短。

根据试验电压和 Q 值选择励磁变压器低压侧和高压侧抽头，以满足试验要求，励磁变压器输出电压可与绝缘导线与串联电抗连接。

采用正弦波变频电源时，由于采用晶体管模拟电路，输出与负荷很好的匹配才能获得最大输出。连线时，反复调整励磁变压器低压侧和高压侧抽头，使变频电源输出电压最高为止，变频电源输出电压不低于晶体管电路工作电压一半。

四、试验接线和步骤

(一)调感式串联谐振试验

1. 试验接线

调感式串联谐振试验接线如图 9-23 所示。

2. 试验步骤

(1) 对被试品进行充分放电并接地，做好相关工作，拆除对外所有引线。

(2) 测量被测品绝缘电阻，其值应正常。

(3) 合理布置试验设备，并检查试验设备是否正常。

(4) 按图 9-23 进行接线，并检查调压器档位是否正确。检查试验电源的容量应符合要求，先合上试验电源开关，再合上控制电路开关。检查和传动调压器电机升、降压和可变电感系统是否正常，然后将电感量指示器调至零位，检查调压器零位，合上主回路开关。

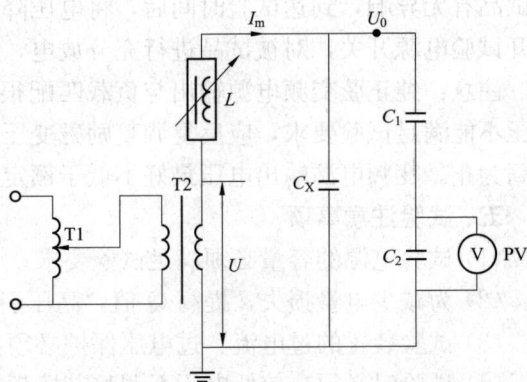

图 9-23 调感式串联谐振试验接线

T1—调压器；T2—励磁变压器；L—可调电感；C_X—被试品；C_1、C_2—电容分压器高、低压臂电容；PV—电压表；U—励磁电压；U_0—谐振时电感或电容两端的电压

(5) 适当调节调压器输出电压，使高压回路电压达到试验电压的 3%～5%。仔细调节电感至谐振点，使试品两端电压最高。按要求均匀调节电压至试验电压，升压过程中应密切监视高压回路，监听被试品有无异响，到达试验时间后，迅速将电压降到零，切断主回路和控制回路开关，拉开实验电源开关，对被试品进行充分放电，试验结束。

注意：试验结束后应将两节可调电感的铁芯间隙调至最小位置，便于以后试验的拼装，同时避免运输时拉动铁芯。

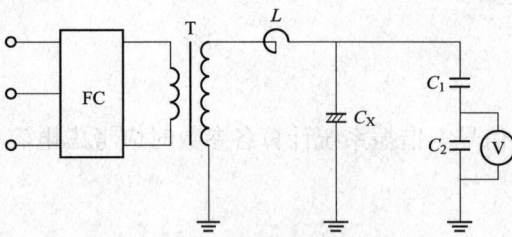

图 9-24　变频式串联谐振试验接线

FC—变频电源；T—励磁变压器；L—谐振电抗器；

C_X—被试品；C_1、C_2—电容分压器高、低压臂电容

（二）变频式串联谐振试验

1. 试验接线

变频式串联谐振试验接线如图 9-24 所示。

2. 试验步骤

（1）对被试品进行充分放电并接地，做好相关安全措施，拆除对外所有引线。

（2）测量被试品绝缘电阻，其值应正常。

（3）合理布置试验设备，检查谐振电抗器是否安放稳固。将励磁变压器、谐振电抗器和被试设备的外壳及分压器接地端接地。

（4）按图 9-24 进行接线，并检查接线和分压器档位。检查试验电源的容量应符合试验要求，先合上试验电源开关，再合上变频电源的控制电源和工作电源开关，稳定后合上变频电源主回路开关，设定保护电压为试验电压的 1.1～1.2 倍。

（5）开始升压，必须按规定的升压速度从零开始均匀的升压，先旋转电压调节旋钮，把输出功率比调节到 2％或试验电压的 3％～5％，通过旋转频率调节旋钮改变系统频率的大小，观察励磁电压和试验电压的数值。当励磁电压为最小，同时试验电压为最大时，这时的频率就是系统的谐振频率。

系统谐振后，按要求均匀调节电压至试验电压，升压过程中应密切监视高压回路，监听被试品有无异响，到达试验时间后，将电压降为零，切断主回路/控制回路和工作电源开关，拉开试验电源开关，对被试品进行充分放电，试验结束。

注意：纯正弦交频电源输出与负载匹配很好才能获得最大输出。试验时，若输出电流/电压不能满足试验要求，应反复调整励磁变压器低压侧和高压侧抽头，使变频电源输出电压最高为止。变频电源输出电压最好不低于额定输出电压的 50％。

五、试验注意事项

（1）试验电源的容量必须满足试验要求。

（2）为减少电晕损失，提高 Q 值，高压引线宜采用大直径金属软管，并尽量短。

（3）试验装置的过电流、过电压保护必须灵敏可靠，励磁变压器高压侧应装避雷器。

（4）试验时必须在较低电压下调整谐振频率，然后才可以升压进行试验。

（5）湿度对品质因数值影响较大，因此试验应在干燥的天气情况下进行。

六、对试验结果的分析判断

（1）试验中如无破坏性放电发生，则认为通过耐压试验。在升压和耐压过程中，如发现电压表指针摆动很大，电流表指示急剧增加，电压往上升方向调节，电流上升、电压表指示基本不变甚至有下降趋势，被试品冒烟、出气、焦臭、闪络、燃烧或发出击穿响声（或断续放电声），应立即停止升压，降压停电后查明原因。这些现象如查明是绝缘部分出现的，则认为被试品交流耐压试验不合格。如确定被试品的表面闪络是由空气湿度或表面脏污等所致，应将被试品清洁干燥处理后，再进行试验。

（2）被试品为有机绝缘材料时，试验后应立即触摸表面，如出现普遍或局部发热，则认为绝缘不良，应立即处理后，再进行试验。

第七节　直流耐压试验

一、直流耐压试验的特点

直流耐压试验与直流泄漏电流试验相比，因其采用了较高的试验电压，所以它除了能发现设备受潮及劣化外，对发现绝缘的某些局部缺陷具有特殊作用，而往往这些局部缺陷在交流耐压试验中是不能被发现的。直流耐压试验与交流耐压试验相比具有以下几个特点：

(1) 设备较轻便。对大容量试品，交流耐压试验变压器除了需要提供足够的试验电压之外，还要提供一定的输出电流，所以需要具有足够大的容量，而进行直流耐压试验时，其泄漏电流仅为几百微安，一般负荷的泄漏电流均不超过几毫安，所以直流耐压试验的变压器容量可以不必考虑。

(2) 能同时测量泄漏电流，并绘制伏安特性曲线。直流耐压试验可以在逐步升压的同时，通过测量泄漏电流所测得的数据可以绘制伏安特性曲线，根据伏安特性曲线的变化可以发现绝缘缺陷，并可由此来预测击穿电压。

(3) 对绝缘的损伤较小。因试验是在直流电压下进行的，故绝缘不会出现极化损耗，不会使绝缘发热，从而避免了因热击穿而造成的绝缘损坏。对于交流耐压试验，既有介质损失又有局部放电，常导致绝缘过热，对绝缘的损伤比较严重。而直流电压下绝缘内部的放电要比交流下轻得多。所以从某种意义上讲，直流耐压试验还具有一些非破坏性试验的特性。

(4) 容易发现被试设备的局部缺陷。与交流耐压试验相比，直流耐压试验的缺点是，由于交、直流下绝缘内部的电压分布不同，直流耐压试验对绝缘的考验不如交流下接近实际。因此，对于交联聚乙烯电缆，也不主张采用直流耐压试验。

直流耐压试验电压值的选择也是一个重要问题，它是参考绝缘的工频交流耐压试验电压和交、直流下击穿电压的比值，并主要根据运行经验来制定的。例如，对于发电机定子绕组，现取 $2\sim2.5$ 倍额定电压；对于 3、6、10kV 的电缆，取 $5\sim6$ 倍额定电压；20、35kV 的电缆，取 $4\sim5$ 倍的额定电压；35kV 以上的电缆，取 3 倍额定电压。直流耐压试验的时间可以比交流耐压试验长一些，所以发电机试验是以每级 0.5 倍额定电压分阶段地升高，每阶段停留 1min，以观察并读取泄漏电流值。电缆试验时，在试验电压下持续 5min，以观察并读取泄漏电流值。

二、直流高压的产生

(一) 半波整流回路

基本的半波整流电路如图 9-25 所示。整流元件 V 的额定电压 U_r 是指允许加在整流元件上的最大反向电压的峰值。对于容性负荷（一般高压绝缘试验大多为容性负荷），则输出整流电压的最大允许峰值 U_p，其仅为整流元件额定电压的一半。整流元件 V 的额定电流 I_r 指允许长时间流过整流元件的直流电流（平均值）。如果通流时间很短，则整流元件有一定的过载能力。被试品击穿或稳态电容初始充电时，有可能造成超过允许的电流。为避免这种过电流情况，

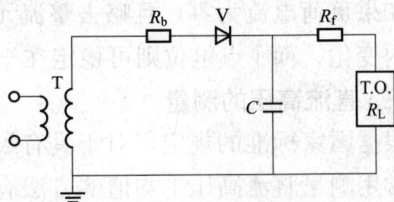

图 9-25　基本的半波整流电路
T—高压试验变压器；V—整流元件；C—稳压电容；
T.O.—被试品；R_b—保护电阻；R_f—限流电阻

通常在整流元件前面串联一保护电阻 R_b，其阻值的选择应满足保护整流元件的要求。

（二）倍压整流回路

如欲得到更高的电压并充分利用变压器的功率，则有多种倍压电路可供选择，分别如图 9-26～图 9-28 所示。

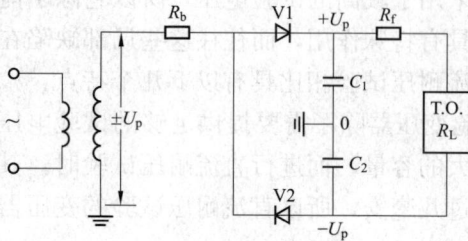

图 9-26　倍压整流电路之一

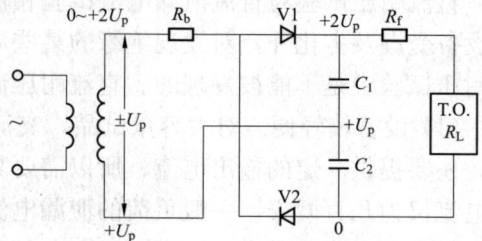

图 9-27　倍压整流电路之二

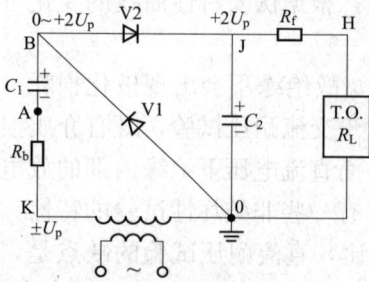

图 9-28　倍压整流电路之三

图 9-26 所示电路的主要缺点是：被试品两极都不允许接地，必须对地绝缘起来，其耐压值分别达到 $+U_p$ 和 $-U_p$（U_p 为电源正弦电压峰值）。这在实际工作中是不方便的，有时甚至是不可能的（如埋于地下的电缆）。

在图 9-27 所示电路中，被试品可以有一级接地，但电源变压器高压绕组两端出线均需对地绝缘起来，其绝缘水平分别达 U_p 和 $2U_p$，这就不能采用一端接地的试验变压器，所以仍然是不够理想的。

被试品和试验变压器均允许有一极接地的倍压整流电路如图 9-28 所示。下面简要地介绍这种电路的工作原理。

先看空载情况。假定电压电势从负半波开始，整流元件 V2 闭锁，V1 导通；电源电势经 V1、R_b 使电容 C_1 充电，B 端为正，A 端为负；电容 C_1 两端最大可能达到的电位差接近于 U_p；此时 B 点的电位接近于地电位。当电源电势由 $-U_p$ 逐渐升高时，B 点电位随之被抬高，此时 V1 便闭锁。当 B 点电位比 J 点高时（开始 C_2 尚未充电 J 点电位为零），V2 导通，电源电势经 R_b、C_1、V2 向 C_2 充电，J 点电位逐渐升高（对地为正）。电源电势由 $+U_p$ 逐渐下降时，B 点电位将随之下降，当 B 点电位低于 J 点电位时，整流元件 V2 便闭锁。当 B 点电位继续下降到对地为负时，V1 导通，电源电势再经 V1 使 C_1 充电，以后即重复上述过程。如果负荷电流为零，且略去整流元件的压降，则理论上，最后 B 点电位将在 $0\sim+2U_p$ 范围内变化，而 J 点电位则可稳定在 $+2U_p$。

三、直流高压的测量

根据国家标准的规定，对于具有纹波的直流试验电压，要求脉动系数不超过 3%。

常用测量直流高压平均值的方法有以下几种。

（一）高电阻串微安表测量

如图 9-29 所示为高电阻串联微安表测量直流高压的示意图，这种测量方法应用很广，能测量数千伏至数万伏的电压，市售的各种高压直流数字显示表都采用这种测量原理。

图 9-29 中被测直流电压加在高值电阻 R 上，则 R 中便有电流产生，与 R 串联的微安表指示即为在该电压下流过的平均值电流。因此，可以根据微安表指示的电流值来表示被测直流电压的数值。这种测量电压的方法，是将微安表刻度直接转换成相应的电压刻度，或事先校验出直流电压与微安表的关系曲线，使用时根据微安表的数值在这条曲线上查出相应的电压值，也可以用另一电阻构成低压臂，用低压直流电压表来测量。被测直流电压的平均值为

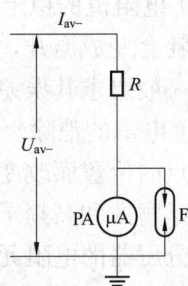

图 9-29　高值电阻串联微安表测量直流高压的示意图
F—保护微安表的放电管；
R—高值电阻

$$U_{av-} = RI_{av-} \qquad (9-39)$$

式中　　R——高值电阻，$M\Omega$；

　　　　I_{av-}——微安表读数，μA。

高值电阻 R 可以根据被测电压 U_{av-} 的大小和 I_{av-} 决定。电流 I_{av-} 取 $100 \sim 500\mu A$。

当被测电压较高时，电流宜适当选大些，以减少杂散电流带来的误差。一般取 $2 \sim 10M/kV$，微安表选 $0 \sim 100\mu A$（或 $0 \sim 500\mu A$）。

（二）高压电阻分压器配低压仪表测量

如图 9-30 所示为高压电阻分压器配低压仪表测量系统的原理接线图。

图 9-30 上的电压表可以是低压静电电压表，也可以是数字式电压表。由低压电压表 PV 的指示值得到被测电压为

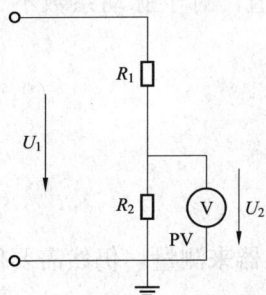

图 9-30　高压电阻分压器配低压仪表测量系统的原理接线图

$$U_1 = \frac{R_1 + R_2}{R_2} U_2 \qquad (9-40)$$

则

$$K = \frac{U_2}{U_1} = \frac{R_2}{R_1 + R_2}$$

式中　　K——分压器的分压比；

R_1、R_2——电阻分压器的高压臂电阻和低压臂电阻，此低压臂电阻 R_2 中包含低压电压表的输入电阻。如果低压电表是静电电压表或者是高输入电阻的数字式电压表，则其输入电阻的影响可以忽略。

对于这种分压器，需要注意以下几点：

（1）总电阻值的选择。总电阻值不能太小，这是因为大多数高压直流电源的输出功率是极有限的，一般仅为几毫安到几十毫安。分压器的接入应很少影响被试品上的电压幅值和波形（脉动），因此允许分压器摄取的电流总是很小的，通常不超过 1mA，这就要求分压器电阻值不能太小。另一方面，分压器电阻总需要固定在某个绝缘支架上，支架的绝缘电阻是有限的，而且还可能受到周围大气条件和电压大小的影响，如果分压器电阻值不比支架的绝缘电阻值小很多，则支架绝缘电阻值的变化将会影响分压比的稳定，从这方面又限制了分压器的电阻值不能太大。因此，一般认为，在分压器额定全电压时流过分压器的电流不小于 5mA。

（2）电阻值的稳定性。由于直流分压器可能持续工作一段时间，在此时间内，分压器的功率损耗会变成温升，所以要求分压器的分压比在其工作电压和工作温度范围内有足够的稳定性，一般要求其误差不得大于 1%。

（3）电晕的消除。高压臂各点的电晕会造成漏导，影响分压比，而且这种影响的强弱是随电晕点的位置而改变的，同时还受所加电压大小的影响，这是不允许的。另外，电晕又会产生化学腐蚀和高频干扰，这也是不容许的。

将分压器的电阻元件封装在绝缘油中，并装设适当形式的防晕屏蔽环或屏蔽罩是消除电晕的有效方法。同时绝缘油还能使电阻元件免受大气条件的影响，并能起到冷却作用以改善电阻元件的热稳定性。

（4）残余电感的消除和对地杂散电容的补偿。虽然对于直流电压来说，电感和电容是不起什么作用的，但是，由交流整流得到的直流电压，都存在不同程度的脉动成分。因此，应该尽量把分压器主电路中的残余电感减到最小程度，并应对分压器对地的杂散电容作适当的补偿。最简单的补偿办法是在分压器高压端装设一个适当形式的屏蔽环和屏蔽罩。当然，对测量直流电压的分压器来说，这方面的要求比测量冲击电压的分压器要低得多。

（三）高压静电电压表直接测量

采用适当量程的高压静电电压表，直接测量输出电压的有效值，对于脉动系数不大于 2% 的直流电压，可以近似地认为有效值 U 等于平均值 U_{av-}，即

$$U = U_- + \sqrt{U_1^2 + U_2^2 + U_3^2 + \cdots} \qquad (9-41)$$

式中 U_1、U_2、U_3——脉动部分各次谐波的有效值；

　　　　U_-——脉动直流中的纯直流分量。

（四）用球隙测量直流高压

球隙是测量直流高压最直接的方法。即使利用如上所述的分压器来测量，仍然需要用球隙来标定其分压比。用球隙测量直流高压时应注意以下两点：

（1）在直流电压作用下，尘埃容易吸附到球极上来，往往会使球隙的击穿电压有些降低，分散性也增大，不如交流或冲击电压下稳定。因此，国际电工委员会（IEC）规定：应在尘埃和纤维含量尽可能少的大气环境中测量；球隙距离与球径的比值应为 0.05~0.4；若连续 3 次击穿电压的相差值不超过 3% 时，则取此 3 次的平均值，其测量误差一般为 $-5\% \sim +5\%$。

（2）在直流电压作用下，即使存在一定的脉动，流过球隙电容的电流总是极小的，不会在球隙电阻上造成显著的压降，所以测量直流电压时，球隙电阻可取得比测量工频电压时所用的值更大一些。

测量直流高压脉动幅值的主要方法如下：

（1）具有适当频率响应的分压器配用示波器，从基波到五次谐波的频率响应的变化应不大于 10%。

（2）高压电容器串联电阻，用示波器测量电阻上的电压。

（3）用电流表测量流过电容器的全波整流电流。

四、试验结果分析

（一）根据微安表反映出来的现象进行分析

（1）指针来回摆动。可能有交流分量流过微安表，宜读取平均值；若无法读取，则应检

查微安表保护回路，或加大滤波电容 C（见图 9-6），必要时可改变滤波方式。

（2）指针周期性的摆动。可能是被试品绝缘不良，从而产生周期性放电，这时应查明原因，并加以消除。

（3）指针突然摆动。如向减小方向摆动，可能是电源回路引起的；如向增大方向摆动，可能是试验回路或试品出现闪络，或内部断续性放电。

（4）指针所指数值随时间变化。若指针所指数值逐渐下降，则可能是由充电电流减小或被试品表面绝缘电阻上升引起的；若指针所指数值逐渐上升，可能是被试品绝缘老化引起的。

（二）根据泄漏电流数值上反映出的情况进行分析

（1）泄漏电流过大。应先检查试验回路各设备状况和屏蔽是否良好，在排除外因之后，才能对被试品作出正确的结论。

（2）泄漏电流过小。应检查接线是否正确，微安表保护部分有无分流与断线。

第八节　冲 击 耐 压 试 验

电力系统中的高压电气设备除了承受长期的工作电压作用外，在运行过程中还有可能承受短时的雷电过电压和操作过电压的袭击，为了检验电气设备对这些过电压的耐受能力，需要进行冲击电压下绝缘强度的耐压试验。

一、冲击电压发生器的获得

冲击电压发生器原理电路图如图 9-31 所示，主电容 C_0 在被间隙 G 隔离的状态下由整流电源充电达到稳态电压 U_0。间隙 G 被点火击穿后，电容 C_0 上的电荷一面经电阻 R_t 放电，同时也经 R_f 对 C_f 充电（被试品电容可视为等值的并入电容 C_f 中），在被试品上形成上升的电压波前。C_f 上电压被充到最大值后，反过来经 R_f 与 C_0 一起对 R_t 放电，在被试品上形成下降的电压波尾。为了得到较高的效率，主电容 C_0 应比 C_f 大得多，R_t 应比 R_f 大得多，以便形成快速上升的波前和缓慢下降的波尾。

如图 9-31 所示的单级电路，要想获得几百千伏以上的冲击高压是有困难的，也是不经济的。为了解决这个问题可以采用多级电路，使多级电容器在并联接线下充电，然后设法将各级已充电的电容器串连起来放电，即可获得很高的冲击电压。适当选择放电回路中各元件的参数，即可获得所需的冲击电压波形。

图 9-31　冲击电压发生器原理电路图

C_0—主电容；R_f—波前电阻；G—隔离间隙；
R_t—波尾电阻；C_f—波前电容；T.O.—被试品

多级冲击电压发生器的基本电路如图 9-32 所示（以级数 $n=3$ 为例）。

先由变压器 T 经整流元件 V 和充电电阻 R_{ch} 使并联的各级主电容 $C_1 \sim C_3$ 充电，达到稳态时，点 1、3、5 对地电位为零；点 2、4、6 对地电位为 $-U$。充电电阻 $R_{ch} \gg R_t \gg R_g$。各级球隙 G1～G4 的击穿电压调整到大于 U。充电完成后，使间隙 G1 受触发脉冲而点火击穿，此时点 2 的电位由 $-U$ 突然升到零；主电容 C_1 经 G1 和 R_{ch1} 放电；由于 R_{ch1} 的值很大，故放电进行得很慢，且几乎全部电压都降落在 R_{ch1} 上，使点 1 的对地电位升到 $+U$。当点 2 的电

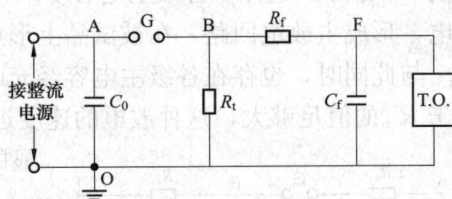

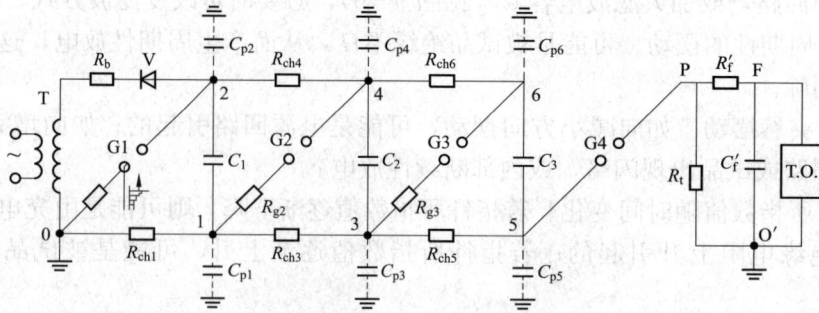

图 9-32 多级冲击电压发生器的基本电路

T—变压器；$C_1 \sim C_3$—各级主电容；R_b—保护电阻；V—整流元件；$C_{p1} \sim C_{p6}$—各级对地杂散电容；
$R_{ch1} \sim R_{ch6}$—充电电阻；R_{g2}、R_{g3}—阻尼电阻；G1—点火球隙；G2、G3—中间球隙；G4—输出球隙；
R_t—波尾电阻；R_f'—外加的波前电阻；C_f'—另加的波前电容；T.O.—被试品

位突然升到零时，经R_{ch4}也会对C_{p4}充电，但因R_{ch4}的值很大，在极短时间内，经R_{ch4}对C_{p4}的充电效应是很小的，点 4 的电位仍接近$-U$，于是间隙 G2 上的电位差就接近达到 $2U$，促使 G2 击穿。接着，主电容C_1通过串联电路 G1—C_1—R_{g2}—G2 对C_{p4}充电；同时，又串联C_2后对C_{p3}充电；由于C_{p4}、C_{p3}的值很小，R_{g2}的值也很小，故可以认为 G2 击穿后，对C_{p4}、C_{p3}的充电几乎是立即完成的，点 4 电位立即升到$+U$，点 3 的电位则立即升到$+U$；同时，点 6 的电位却由于R_{ch5}和R_{ch6}的阻隔，仍接近维持在原电位$-U$；于是间隔 G3 上的电位差就接近达 $3U$，促使 G3 击穿，接着，主电容C_1、C_2串联后，经 G1、G2、G3 电路对C_{p6}充电；再串联C_3后对C_{p5}充电；由于C_{p5}、C_{p6}极小，R_{g2}、R_{g3}也很小，故可以认为C_{p5}和C_{p6}的充电几乎是立即完成的，也即可以认为 G3 击穿后，点 6 的电位立即升到$+2U$，点 5 的电位立即升到$+3U$。P 点的电位显然未变，仍为零。于是间隔 G4 上电位差接近 $3U$，促使 G4 击穿。这样，各级主电容$C_1 \sim C_3$就被串联起来经各级阻尼电阻R_g向波尾电阻R_t放电，形成主放电回路，在被试品上形成冲击电压波前和波尾的过程和单级电路相同。

与此同时，也存在各级主电容经充电电阻R_{ch}、阻尼电阻R_g和中间球隙 G 的局部放电。由于R_{ch}的值足够大，这种放电的速度远慢于主放电的速度，因而可以认为对主放电没有明显的影响。

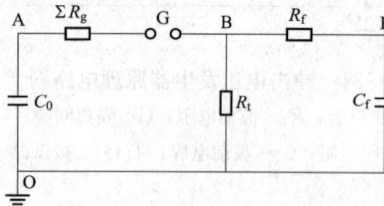

图 9-33 电路放电时的等效电路
$C_0 = C/n$；$C_f = C_f' + C_{T.O.}$；$R_f = \sum R_g + R_f'$

上述多级冲击电压发生器主放电回路（0—G1—2—1—G2—4—3—G3—6—5—G4—P—O'—O）的等效电路如图 9-33 所示。

由图 9-33 可见，阻尼电阻$\sum R_g$是串联在主放电回路中的。主放电电流在$\sum R_g$上的压降将使输出电压降低，从而降低发生器的效率。若要进一步提高效率则必须采取其他高效线路。

二、冲击电压试验程序

对绝缘进行耐冲击电压试验时，先施加一定电压以观察冲击电压的波形是否符合标准波形的要求。在放电后能自恢复绝缘的情况下，如绝缘子、绝缘套管的表面放电，可先施加试验电压的 80% 左右；在不能自恢复的情况下，要依次施加试验电压的 50%、75% 左右。如果冲击电压符合标准波形的条件，则可对被试品施加全部电压。在连续 3 次冲击电压的作用下，如果试品都没有发生放电，则认为试品是合格的。如果 3 次试验中只有一次发生贯穿性放电，应重复试验 6 次。如果 6 次都不发生贯穿性放电，才可认为试品绝缘是合格的。

对于绝缘材料的击穿试验，先要处理好试品，装上电极之后，施加冲击电压于试品，并逐级增高电压的幅值。第一次施加电压的幅值为该试品击穿电压的 70%，以后每一级比前一级增加起始电压（即第一次施加的电压）的 5%～10%，直到发生击穿为止。每次施加电压的时间间隔不少于 30s，在试品击穿之前，必须承受两次以上的电压作用，即击穿必须发生在第三次或第三次以后的施加电压，否则应降低起始电压，重新试验。

判断试品是否击穿，可以根据下列现象：试品在冲击电压作用下发出闪光或爆炸声；在示波器上看到波形突然降落。但要注意出现上述现象也可能是试品表面闪络。因此，最终还应取出试品，观察是否在试品内部发生了贯穿性击穿。应该说明，由于试验本身的复杂性等原因，目前冲击耐压试验多在实验室内进行，对于电气设备的交接及预防性试验一般不要求作此项试验。

对于冲击电压的测量，常用系统有：①球隙测电压峰值；②分压器配用示波器、峰值电压表、数字记录仪等测电压峰值及波形。限于篇幅，这里不再详述。

习　　题

9-1　通过测量吸收比，如何判断绝缘是否受潮？

9-2　画图说明测量 $\tan\delta$ 的两种接线方式（正、反），以及它们各应用在什么场合？

9-3　分别说明交、直流耐压试验各有何特点？

9-4　测量交流耐压试验电压的方法有哪些？

9-5　用球隙法测工频、直流、冲击电压时，其串联电阻各起什么作用？对球隙串联电阻的要求各是什么？

9-6　测量绝缘电阻应注意哪些事项？

9-7　测量泄漏电流时应注意哪些事项？

9-8　试画出冲击电压发生器的原理图，并说明各元件的作用。

9-9　多级冲击电压发生器，在充电点火完成后，触发点火前，如果中间间隙先行击穿，将出现什么情况？

9-10　变频串联谐振试验时，如何调整谐振频率？

9-11　常用的串联谐振试验调谐方式有哪几种？分别是什么？

9-12　变频串联谐振试验时，如何计算谐振频率？

9-13　串联谐振试验时为什么高压引线宜采用大直径金属软管，并要求尽量短？

第十章　电力系统主要电气设备绝缘预防性试验方法

第一节　电力变压器、消弧线圈和油浸电抗器试验

一、试验项目

《电力设备预防性试验规程》（DL/T 596—1996）中规定，电力变压器高电压绝缘实验项目主要包括以下几种：

（1）测量绕组连同套管一起的绝缘电阻和吸收比；

（2）测量绕组连同套管一起的泄漏电流；

（3）测量绕组连同套管一起的介质损失角正切 $\tan\delta$ 值；

（4）绕组连同套管一起的交流耐压实验；

（5）测量非纯瓷套管的 $\tan\delta$ 值和电容值；

（6）测量铁芯、轭铁梁对地的绝缘电阻；

（7）油箱和套管中的绝缘油实验。

油浸电抗器和消弧线圈的电压实验项目与电力变压器基本相同，试验方法也大体一致。油浸电抗器的高压实验项目一般包括上述第（1）、（3）、（4）、（6）、（7）项。消弧线圈的实验项目一般包括上述第（1）、（3）、（5）、（6）、（7）项。本节主要介绍绝缘电阻和吸收比、泄漏电流、$\tan\delta$ 值的测量和工频耐压实验。油的实验将在第七节里介绍。

二、测量绝缘电阻和吸收比

绝缘电阻和吸收比实验，对检查变压器、消弧线圈和电抗器绝缘整体受潮，部件表面受潮、脏污，以及贯穿性的集中性缺陷，具有较高的灵敏性。

（一）测量方法

测量双绕组变压器的高压绕组对低压绕组和外壳绝缘电阻的接线示意图如10-1所示。额定电压为1000V 以上的绕组用 2500V 绝缘电阻表示，其量程不应低于 10 000MΩ；额定电压为 1000V 以下者用 1000V 绝缘电阻表。测量时应注意，当转速达到额定的 80％以上时才可将被试绕组的 L 端接通，在潮湿的天气做实验时，应在绝缘管靠近 L 端加屏蔽环与 G 相连，记录 15s 和 60s 时刻的绝缘电阻值。

图 10-1　测量双绕组变压器高压绕组对低压绕组和外壳绝缘电阻的接线示意图

（二）测量结果分析

（1）影响绝缘电阻的因素较多，其数值分散性较大，因而判断绝缘电阻是否合格主要采用比较法，即将其测量结果与同类变压器的测量结果、本变压器过去的测量结果、制造厂提供的数据及有关规程数据进行比较。由于绝缘电阻受温度变化的影响，因此比较分析时应将测量的结果换算到同一温度下，温度换算系数见表 10-1。变压器交接时，绝缘电阻不应低于厂家实验值的 70％。运行中或检修后变压器绝缘电阻的判断标准，可按 DL/T 596—1996所列的数值或自行制定。

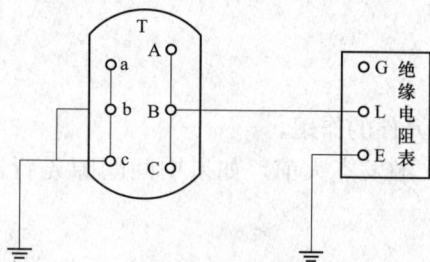

表 10 - 1 温 度 换 算 系 数

温度差（℃）	5	10	15	20	25	30	35	40	45	50	55	60
换算系数	1.2	1.5	1.8	2.3	2.8	3.4	4.1	5.1	6.2	7.5	9.2	11.2

（2）绝缘干燥的变压器，在 10～30℃ 范围内，其吸收比变化很小，所以一般对变压器绝缘的吸收比不进行温度换算。良好绝缘的变压器，其吸收比一般不低于 1.3；当绝缘受潮或内部有局部缺陷时，其吸收比通常小于 1.3，甚至接近 1。

三、变压器泄漏电流的测量

与绝缘电阻实验相比，变压器泄漏电流实验的灵敏度较高，能有效地发现绝缘的局部缺陷。如变压器绝缘的某些局部贯穿型缺陷、套管局部裂纹等。因此，电压在 35kV 以上，且容量为 10 000kV·A 及以上的变压器，必须做这项实验。

（一）测量方法

双绕组和三绕组变压器测量泄漏电流的顺序和部位见表 10 - 2。

表 10 - 2 双绕组和三绕组变压器测量泄漏电流的顺序和部位

顺　序	双绕组变压器		三绕组变压器	
	加压绕组	接地部分	加压部分	接地部分
1	高压	低压、外壳	高压	中压、低压、外壳
2	低压	高压、外壳	中压	高压、低压、外壳
3			低压	高压、中压、外壳

测量泄漏电流时，绕组上所加电压与绕组的额定电压有关，所加试验电压标准详见 DL/T 596—1996。额定电压为 3kV 以下的变压器绕组，一般不进行此项实验。对未注油的变压器或器身吊出后在进行实验时，所加的实验电压应为标准实验电压值的 50%。

为了测量准确，微安表应接在高压侧。实验电压可一次升压到实验标准规定电压值，读取 1min 时的泄漏电流值，也可以分段升压，记录不同电压下的泄漏电流值。

（二）试验结果分析

（1）因为泄漏电流随变压器绝缘结构的不同而有很大差异，所以难以制定统一的标准，主要是应用"比较法"进行比较，即与同类变压器比较、同一变压器各相互相比较及与过去的实验结果进行比较，不应有显著的变化。一般情况下，每次测量值不应大于本变压器初次测试值的 1.5 倍。

（2）如果没有相应的泄漏电流对比时，可参考 DL/T 596—1996。泄漏电流随温度的变化而变化，应注意在分析比较时，将泄漏电流换算到相同温度再进行比较，一般都换算到 20℃ 时的数值。

四、tanδ 值的测量

tanδ 值的测量主要用来检查设备的整体受潮、油质劣化、绕组上附着油污及严重的局部缺陷等，具有很高的灵敏性。因此 DL/T 596—1996 规定，容量为 3150kV·A 以上的变压器应进行此项试验。对变压器来说，该试验一般是指测量绕组连同套管在内的 tanδ 值，为了提高检查缺陷的准确性，有时可进行解体测量，以判定缺陷的准确位置。

（一）测量方法

以用 QS1 型西林电桥测量为例。变压器外壳因直接接地，所以只能采用反接线法。测量

双绕组变压器的 $\tan\delta$ 和电容值的接线图如图 10-2 所示。图中 A 点接 QS1 型电桥的 A 点，因是反接法，所以外壳接 F 点（F 点接地），D 点与 H 点相连（即 D 点接高压）（见图 9-9）。

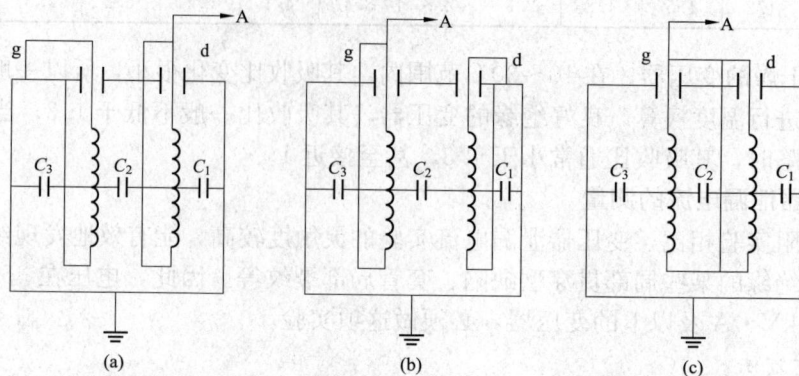

图 10-2　测量双绕组变压器的 $\tan\delta$ 和电容值的接线图
(a) 低压绕组对高压绕组及外壳；(b) 高压绕组对低压绕组及外壳；(c) 高、低压绕组对外壳

按图 10-2 接线，测得的数值分别为

$$\left.\begin{aligned} C_d &= C_1 + C_2 \\ \tan\delta_d &= \frac{1}{C_d}(C_1\tan\delta_1 + C_2\tan\delta_2) \end{aligned}\right\} \tag{10-1}$$

$$\left.\begin{aligned} C_g &= C_2 + C_3 \\ \tan\delta_g &= \frac{1}{C_g}(C_2\tan\delta_2 + C_3\tan\delta_3) \end{aligned}\right\} \tag{10-2}$$

$$\left.\begin{aligned} C_{g+d} &= C_1 + C_3 \\ \tan\delta_{g+d} &= \frac{1}{C_{g+d}}(C_1\tan\delta_1 + C_3\tan\delta_3) \end{aligned}\right\} \tag{10-3}$$

式中　　d——低电压；

　　　　g——高压；

　　$g+d$——高压和低压；

C_1、$\tan\delta_1$——低压绕组对地的电容、介质损耗角正切值；

C_2、$\tan\delta_2$——高低压绕组之间的电容、介质损耗角正切值；

C_3、$\tan\delta_3$——高压绕组对地的电容、介质损耗角正切值。

联立式（10-1）～式（10-3）求解，即可求得各部分的电容值及介质损耗角正切值为

$$\left.\begin{aligned} C_1 &= \frac{1}{2}(C_d - C_g + C_{g+d}) \\ C_2 &= C_d - C_1 \\ C_3 &= C_g - C_2 \end{aligned}\right\} \tag{10-4}$$

$$\left.\begin{aligned}
\tan\delta_1 &= \frac{1}{2C_1}(C_d\tan\delta_d - C_g\tan\delta_g + C_{g+d}\tan\delta_{g+d}) \\
\tan\delta_2 &= \frac{1}{C_2}(C_d\tan\delta_d - C_1\tan\delta_1) \\
\tan\delta_3 &= \frac{1}{C_3}(C_g\tan\delta_g - C_2\tan\delta_2)
\end{aligned}\right\} \quad (10-5)$$

试验电压的确定：额定电压为 10kV 及以上的变压器，无论是已注油或未注油的均为 10kV；额定电压为 6kV 及以下的变压器，其实验电压应不超过绕组的额定电压。

为使测量值精确，应尽量消除周围电磁场的干扰和气候条件的影响。例如，利用电桥本身的极性开关，分别在正、负极性下测量；利用实验电源的极性转换开关，在电源两种极性下测量，求出这四次的平均值；停掉干扰电源进行测量；单独设置屏蔽，把干扰电源与被试变压器隔开；采用移相调压，改变电源相角；保持引线端绝缘表面干燥清洁等。

正式试验前，先断开被试变压器，对实验回路本身进行空载测量，做好记录以便最后校正被试变压器的实测值。试验时，被试变压器每侧绕组均应短接。若有中性线引出，中性线也应与三相出线一起短接，以免绕组电感给测量带来误差。试验一般应在油温为 10～40℃ 下进行。为了使分析判断正确，应将不同温度下的试验结果，换算到同一温度下。

变压器的引线套管是绝缘的薄弱环节，单独测量套管的 tanδ 能有效地发现套管的缺陷，因此应尽量单独测量。

（二）试验结果分析

（1）新装变压器交接验收时，测量的 tanδ 应不大于初试验值的 1.3 倍，同时应不大于 DL/T 596—1996 的规定值。在变压器大修及运行中测量的 tanδ，与历年所测相比不应有显著变化，同时也不大于 DL/T 596—1996 中的规定值。

（2）若换算到相同温度下的测量结果不能满足要求时，首先应单独测油的 tanδ。若有不合格应换油或对油进行处理。若仍不满足要求，可将变压器加温到出厂试验时的温度，并在该温度下稳定 5h 后进行测量，然后进行比较判断。为了查出变压器的缺陷部位，必要时，可根据式（10-5）计算出各部分绝缘的 tanδ 值后，再进行分析判断。

（3）为了进一步分析变压器的受潮程度或缺陷状况，可以测量不同电压下的 tanδ，对于良好的绝缘，tanδ 随电压上升变化不大。当绝缘受潮时，tanδ 随电压的增加而增加，且电压下降时的曲线与电压上升的曲线不能重合。

五、变压器和油浸电抗器的交流耐压试验

通过交流耐压试验可以有效地发现绕组主绝缘受潮和集中性缺陷，如主绝缘开裂、绕组松动、引线距离不够、绝缘上附着污物等。

（一）测量方法

对变压器被试绕组联同套管一起，按 DL/T 596—1996 所定试验标准施加高于额

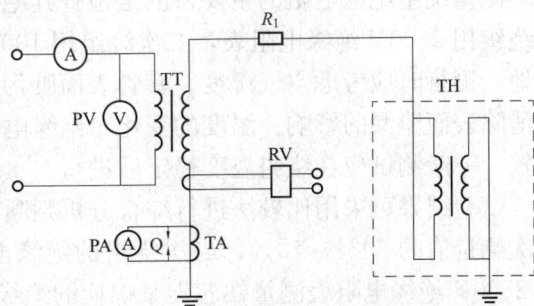

图 10-3　变压器交流耐压试验接线图

TT—试验变压器；R_1—保护电阻；RV—电压继电器；

PA—电流表；TA—电流互感器；PV—电压表；

Q—保护间隙；TH—被试变压器

定电压一定倍数的工频试验电压，持续 1min。变压器交流耐压试验接线图如图 10-3 所示。

交流耐压试验是对绝缘作最后鉴定的破坏性试验，因此，必须在变压器绝缘经过所有非破坏性试验并合格后才能进行该项试验。三相变压器试验时不必分相进行。

被试绕组所有引出线均应短接后接试验高压，非被试绕组必须短接后再可靠接地。否则，将影响试验电压的准确性，甚至可能危害被试变压器的主绝缘。试验中如有放电或击穿发生时，应立即降低电压，切断电源，以免扩大故障。

（二）试验结果分析

试验中表针指示不跳动，被试变压器无放电声响，则认为试验正常。试验中表针指示突然上升或下降，且试品有放电响声，或者保护球隙 Q 放电，则说明绝缘有问题，应查明原因。

对于 35kV 及以上的变压器，当电压升到规定值后，若油箱内有轻微局部放电声，但指示表针没有变化，则应降下电压后再次升压复试。若复试中放电声消失，则认为试验正常；若复试中仍有放电声，则应停止试验。待采取加热、滤油、真空处理或干燥等措施后，再行试验。如果试验中油箱内有明显的放电现象，试验表针有明显变化，或有瓦斯排出等现象，则应立即停止试验，待变压器吊芯检查消除放电原因后，再行试验。

第二节 互感器试验

互感器绝缘预防性试验项目主要包括以下几项：

（1）测量绕组的绝缘电阻；

（2）测量 35kV 及以上互感器一次绕组连同套管的 $\tan\delta$ 值；

（3）绕组连同套管一起对外壳的交流耐压试验；

（4）油箱和套管中绝缘油试验；

（5）测量可接触到的铁芯夹紧螺栓的绝缘电阻。

本节主要介绍绝缘电阻和 $\tan\delta$ 值的测量以及交流耐压试验。

一、电压互感器试验

（一）绕组的绝缘电阻的测量

测量绕组绝缘电阻的主要目的是检查其绝缘是否有整体受潮或劣化的现象。测量时，一次绕组用 2500V 绝缘电阻表，二次绕组用 1000V 或 2500V 绝缘电阻表，而且非被试绕组应接地。测量时应考虑空气湿度、套管表面脏污对绝缘电阻的影响。必要时将套管表面屏蔽，以消除表面泄漏的影响。温度的变化对绝缘电阻影响很大，测量时应记下当时的温度，以便比较。一般测试应在绕组温度稳定后进行。

试验结果可采用比较法进行综合分析判断。通常一次绕组的绝缘电阻应不低于出厂值或前次测量值的 60%～70%，二次绕组的绝缘电阻应不低于 10MΩ。当互感器吊芯时，应使用 2500V 绝缘电阻表测量铁芯夹紧螺栓的绝缘电阻，其值通常不应低于 10MΩ。

（二）绕组的 $\tan\delta$ 的测量

（1）反接线法。35kV 及以上的电压互感器一次绕组连同套管一起对外壳的 $\tan\delta$ 值，可用西林电桥的反接线法进行测定。对于全绝缘的一次绕组，其试验方法和注意事项与变压器绕组的试验相同（参见本章第一节），试验电压为 10kV。测量时一次绕组首尾端短接后加电压，其余绕组首尾短接后接地。测量结果应不大于表 10-3 所列数值。

表 10-3　　　　　　　　　　　　　电压互感器 tanδ 最大允许值

温度（℃）		5	10	20	30	40
35kV 及以下	交换及大修后	2.0	2.5	3.5	5.5	8.0
	运行中	2.5	3.5	5.0	7.5	10.5
35kV 及以上	交换及大修后	1.5	2.0	2.5	4.0	6.0
	运行中	2.0	2.5	3.5	5.0	8.0

对于分级绝缘的电压互感器以及串级式电压互感器，因为绕组接地端的绝缘水平低，试验电压只能加至 2～3kV，并需检查制造说明书的规定后方可加压。此时，若用西林电桥的反接线法，接线电桥的 "C_X" 端必须和被试互感器的一次绕组 X 相接，或者 A 与 X 短接后与 "C_X" 相接。如仅将一次绕组出线端 A 与电桥 "C_X" 连接，测量结果会出现误差。近年来对于串级式电压互感器，为了提高检测的灵敏度，采用自激法和末端屏蔽法测量 tanδ 值。

（2）高压标准电容器自激法测量。采用高压交流电桥高压标准电容器自激法测量串级式电压互感器的 tanδ 值接线，如图 10-4 所示。

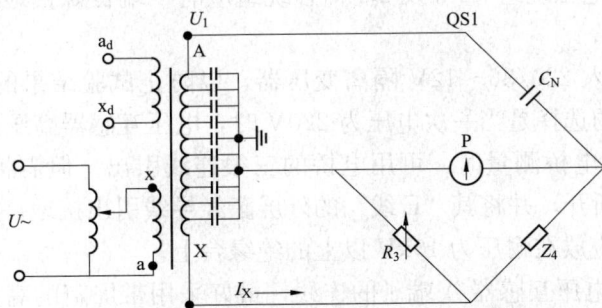

图 10-4　采用高压交流电桥高压标准电容器自激法
测量串级式电压互感器的 tanδ 值接线

图 10-4 中 A-X 为两元件铁芯串接高压测绕组的出线端，a-x 为低压侧绕组出线端，a_d-x_d 为低压侧辅助绕组出线端，这种接线与反接线所不同的是利用电压互感器本身作为试验变压器，以套管和绕组的对地电容作为 C_X。这种线路的电压分布与电压互感器工作时一致，所以避免了高压侧绕组靠近低压端的容量大而造成主要反映低压端介质损耗的缺点。如能采用更高电压的标准电容器就更接近实际了，如国产的 250kV 六氟化硫标准电容器，就能满足 110kV 及 220kV 的电压互感器在工作电压下用自激法测 tanδ 的试验。

（3）低压标准电容器自激法。如图 10-5 所示，利用 QS1 型桥体内的标准电容作为电桥的标准臂，对串级式互感器进行自激测量 tanδ 值。电桥的标准电容供电是取自辅助绕组 a_d-x_d 端子上所感应的电压，标准电容桥臂承受的电压较低，此时辅助绕组的负荷很小，$\dot{U}_1$ 和 $\dot{U}_2$ 相量基本上是重合的，经试验证明它们之间的角差影响可以忽略不计。

不管用高压标准电容器自激法，还是用低压标准电容器自激法，在测量串级式电压互感器的 tanδ 值时，仍然避免不了强电场的干扰影响。其干扰源一个来自互感器高压侧外界电场（附近的高压带电设备），另一个来自二次侧励磁系统。前者可采用高压屏蔽的办法消除，

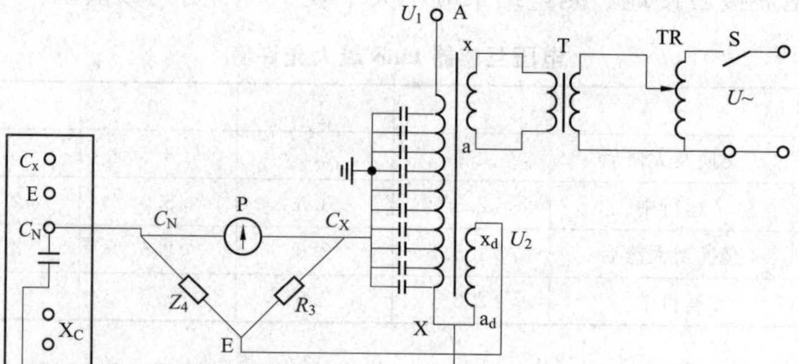

图 10-5 利用低压标准电容器自激法测量 tanδ 值接线

后者可将调压装置的接地点尽量靠近滑动接点。另外，还可以配合调换自激电源的相位和隔离变压器，使干扰减少到最小程度。

试验时应注意以下事项：

1）将电压互感器一次绕组 X 端接地线拆除。

2）电压互感器低电压绕组 a-x 及 a_d-x_d 各绕组应有一端良好接地，a-x 和 a_d-x_d 绕组不能短路。

3）试验回路中接入 220/36～12V 隔离变压器，以防止试验结果的分散性及误加电压；隔离变压器二次电压的选择是当一次电压为 220V 时，电压互感器高压侧电压为 10kV。

4）如使用 QS1 型电桥测量时，可用电桥的三根连线引出，但需将插头的脚柱"E 线"的屏蔽与电桥内屏蔽断开，并将其"E 线"的外屏蔽经导线引出接地。

5）标准电容 C_N 应放在耐压为 10kV 以上的绝缘台上。

6）标准电容器与电压互感器 A 端子的连线，最好采用带屏蔽的高压电缆，屏蔽层接到电压互感器的 X 端。

7）调节电压互感器高压侧电压为 10kV，将电桥分流器置于 0.01 位置进行测量。

8）当有电场干扰时，可参见以下所述方法和第九章所述方法消除之。

（4）首端屏蔽法。当现场有强电场干扰时，因高压首端暴露在强电场位置，若将电压互感器高压首端接地（见图 10-6），在有强电场干扰时使用该方法效果很好。但由于低压小套管处于高压位，因此试验电压仅能加到 3kV。

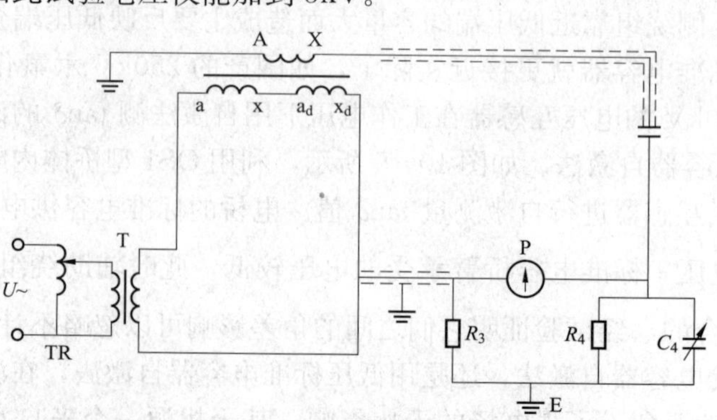

图 10-6 首端屏蔽法测量 tanδ 值接线

　　试验时，由于高压绕组 X 端仅能加到 3kV，因而二次绕组的励磁电压很低，为使调压方便，应将二次两个绕组串接；隔离变压器 T 可使用 220/36V 的安全灯变压器，一次绕组接调压器，如被试互感器为 JCC‑110 型，则二次绕组施加 7.45V 即可，如为 JCC‑220 型互感器，二次绕组施加电压更低，测量时，用一数字电压表监测二次绕组电压即可。由于首端试验时接地，因此在预防性试验时可以不拆除首端连接线，使现场工作简化。

　　(5) 末端屏蔽法。用末端屏蔽法测量电压互感器 $\tan\delta$ 值的接线如图 10‑7 所示。它同样可以利用 QS1 型高压电桥或其他数字电桥进行测量，并需用高压试验变压器 T 在被试电压互感器的高压侧励磁，同时供给电桥电源。低压绕组末端接地，低压绕组输出处于较低电位，这样基本上避免了小套管因受潮和脏污对 $\tan\delta$ 测量值的影响。可见，末端屏蔽法的接线只能测出和低压绕组及辅助绕组及辅助绕组直接耦合高压绕组部分的 $\tan\delta$ 值。如老式 JCC‑110 型和 JCC‑220 型有两个或两个以上铁芯的电压互感器，只能反映部分高压绕组的 $\tan\delta$ 值。两个铁芯只反映下部一个铁芯，即 $\tan\delta/2$ 值，4 个铁芯只反映 $\tan\delta/4$ 值，但比过去的常规接线（即第九章中所介绍的方法，基本上不能反映高压绕组的值）要好得多，且不像常规接线那样只能加压到 2000～2500V，而是能满足标准电容器的电压（QS1 型电桥可以加压到 10kV），对提高 $\tan\delta$ 值的灵敏度也大有好处。显然，末端屏蔽法比自激法测得的结果偏小，如果采用 QS1 型电桥测量的值小于 1‰时，需在 Z_4 臂上并联一适当电阻 R_4' 扩大其量程。根据我国一些地区的经验，并联电阻值可选等于 R_4 的数值，即 3184Ω，这时 Z_4 臂上的电阻就变成了 1592Ω，量程增大了一倍。该电阻可用电阻箱调节，因此所测得的 $\tan\delta$ 值必须除 2，才是 QS1 型电桥测试试品的实际值。

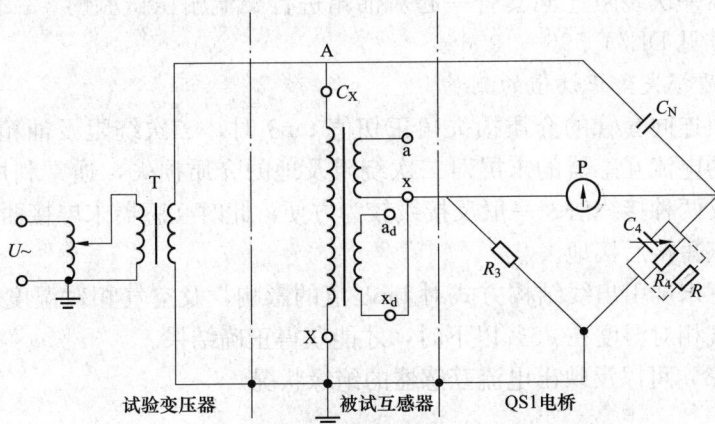

图 10‑7　末端屏蔽法测量电压互感器的 $\tan\delta$ 的接线图

　　采用末端屏蔽法时，注意二次绕组必须开路。当 $\tan\delta$ 值较大时，分别测 a‑x 和 a_d‑x_d 绕组和铁芯底座的介质损耗因数，以区分介质损耗因数增大的性质。

　　(三) 绕组连同套管一起对外壳的交流耐压试验

　　交流耐压试验，应在通过绝缘电阻、$\tan\delta$ 及绝缘油试验，认为绝缘正常后进行。试验电压标准见 DL/T 596—1996。

　　如图 10‑8 所示为电压互感器三倍频耐压试验接线图。倍频电压可接于低压绕组（a、x）或辅助绕组（a_d、x_d）上。通过三倍频感应耐压试验可以发现串级式电压互感器由于制造不良等原因造成的一些缺陷。试验中应考虑互感器的"容升"电压（电容电流经过漏抗引起被试品端电压的升高），其值一般为试验电压的 3% ～8%。

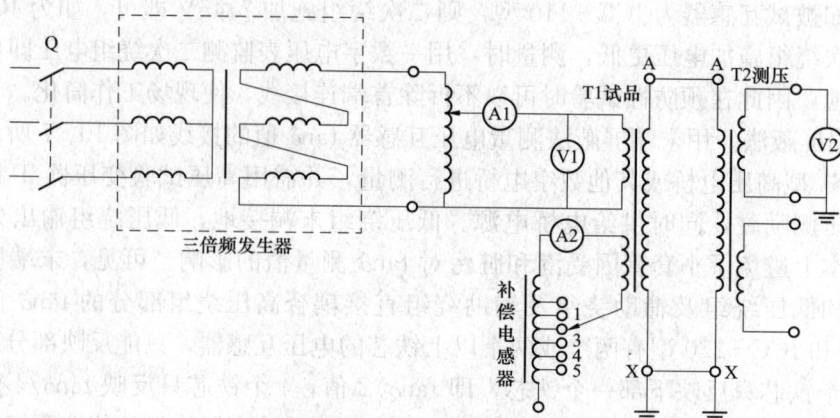

图 10-8　电压互感器三倍频感应耐压试验接线图

二、电流互感器试验

（一）绕组绝缘电阻的测量和交流耐压试验

测量绝缘电阻的目的与方法和电压互感器相同。我国生产的电流互感器的绝缘电阻值，0.5kV 等级不应低于 120MΩ，3～10kV 等级不应低于 450MΩ，20～35kV 等级不应低于 600MΩ，60～220kV 不应低于 1200MΩ。

对电流互感器一次绕阻连同套管一起对油箱进行交流耐压试验时，二次绕阻应可靠接地，试验电压标准见 DL/T 596—1996。

（二）绕组介质损失角正切值的测量

测量一次绕阻连同套管的介质损失角正切值 $\tan\delta$ 时，二次绕阻及油箱应接地。110kV 及以上电压等级的电流互感器的末屏对二次绕阻及地的介质损失，通常利用 QS1 西林电桥测量，可以有正反两种接线法。一般反接线较为方便，此时互感器末屏接西林电桥，所有二次绕阻与油箱底座短接后接地。

测量时应注意末屏引出线结构方式对 $\tan\delta$ 值的影响，及空气相对湿度的影响，一般只有试验环境的空气相对湿度在 75% 以下时，才能获得正确结果。

通过测试 $\tan\delta$，可以反映出电流互感器的绝缘状况。

第三节　断 路 器 试 验

一、绝缘电阻的测量

测量绝缘电阻是所有型式断路器的基本实验项目，对于不同形式的断路器有着不同的要求，应使用不同电压等级的绝缘电阻表。

（一）高压少油断路器

高压少油短路器的绝缘部件有瓷套、绝缘拉杆、绝缘油等。

DL/T 596—1996 对油断路器整体绝缘电阻值未作规定，而用有机物制成的拉杆，其绝缘电阻值不能低于表 10-4 所列数值。

表 10 - 4　　　　　　　　　　有机物拉杆的绝缘电阻最小值（MΩ）

试验类别	额定电压（kV）			
	3～15	20～35	63～220	330～500
交接	1200	3000	6000	10 000
大修后	1000	2500	5000	10 000
运行中	300	1000	3000	5000

（二）真空断路器、压缩空气断路器和 SF₆ 断路器

对于真空断路器、压缩空气断路器和 SF₆ 断路器，主要测量支持瓷套、拉杆等一次回路对地绝缘电阻，一般使用 2500V 的绝缘电阻表，其值应大于 5000MΩ。

二、介质损耗角正切值 $\tan\delta$ 的测量

对于少油断路器、真空断路器、压缩空气断路器和 SF₆ 断路器，他们的绝缘结构中不受电容型套管受潮的影响，虽然少油断路器的瓷套中充有绝缘油，但由于断路器本身容量较小（仅十～几十皮法），加之测试设备、电场干扰等因素影响，使测试数据分散性较大，难以判断其规律性，不能有效地发现绝缘缺陷，因此现在整体一般不做此项试验。

对于有并联电容器的，则应测量并联电容器的电容值和 $\tan\delta$。测得的电容值与出厂值比较应无明显变化，电容值偏差在 ±5% 范围内，10kV 下的 $\tan\delta$ 值不大于下列数值：油纸绝缘不大于 0.005；膜纸复合绝缘不大于 0.0025。

三、泄漏电流的测量

测量泄漏电流是 35kV 及以上少油断路器和压缩空气断路器的重要试验项目之一。它能比较灵敏地发现断路器外表带有的危及绝缘强度的严重污秽、绝缘拉杆和绝缘油受潮、少油断路器灭弧室受潮劣化和碳化物过多等缺陷。

对于少油断路器和压缩空气断路器，在分闸位置按图 10 - 9 所示接线进行测量。即进出线端接地，试验电压加在中间三角箱处。若泄漏电流超过标准时再进行分解试验，检查各部件绝缘是否符合标准。

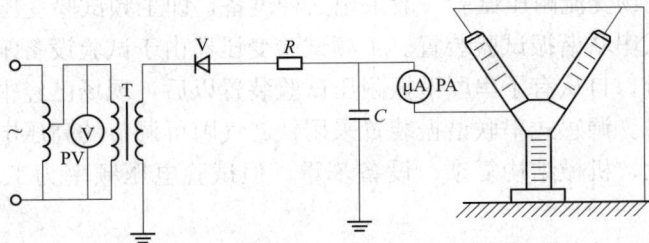

图 10 - 9　少油断路器泄漏电流测量接线图

四、交流耐压试验

交流耐压试验是鉴定断路器绝缘强度最有效和最直接的方法。本试验应在其他绝缘试验项目合格后进行。对过滤和新加油的断路器一般需要静止 3h 左右，等油中气泡全部逸出后才能进行。气体断路器应在最低允许气压下进行试验，才容易发现内部绝缘缺陷。

交流耐压的试验电压一般由试验变压器或者串联谐振回路产生，为使试验电压不受泄漏电流变化的影响，变压器输送的试品回路电流有效值应不少于 0.1A。当被试品放电时，使

试验电压产生较大波动，可能会造成被试品和试验变压器损坏，应在试验回路中串联一些阻尼元件。有关串联谐振装置详见第九章第六节。

交流耐压试验应在断路器合、分闸状态下分别进行。对于 12～40.5kV 电压等级的和三相共箱式的断路器还应做相间耐压试验，其试验电压值与对地耐压试验时的值相同，耐压试验过程中，试品未发生闪络、击穿，耐压试验后不发热，则认为耐压试验通过。

第四节　气体绝缘金属封闭开关设备试验

气体绝缘金属封闭开关设备（组合电器）（Gas Insulated Metal - enclosed Switchgear，GIS）是由断路器、隔离开关、接地开关、避雷器、电压互感器、电流互感器、套管和母线等元件直接连接在一起，并全部封闭在接地金属外壳内，壳内充以一定压力的 SF_6 气体作为绝缘和灭弧介质的设备。GIS 具有结构紧凑、占地面积和空间占有体积小、运行安全可靠、安装工作量小，检修周期长等优点。GIS 试验包括元件试验、主回路电阻测量、SF_6 气体微水含量和检漏试验以及交流耐压试验等。限于篇幅要求，本节只介绍 GIS 的现场交流耐压试验。

一、试验目的

GIS 需现场组装，受现场条件的限制，如环境温度、湿度和空气的洁净度、安装工具的精度、安装工艺水平等都很难有效控制，这给 GIS 安装造成了一定的影响。另外，GIS 的内部空间极为有限，工作场强很高，且绝缘裕度相对较低。GIS 投运初期，绝缘击穿大多是由金属颗粒、悬浮导体、表面毛刺或颗粒等缺陷造成的。交流耐压试验对检查是否存在杂质（如自由导电微粒）比较敏感。GIS 现场交流耐压试验的主要目的是通过耐压试验检验被试设备的运输和安装是否正确，检查被试设备内部是否有异物，检验被试设备内部的洁净度和绝缘是否达到规定要求。通过现场交流耐压试验和完善的交接验收可起到预防故障的作用。

二、试验仪器设备的选择

目前，GIS 的现场交流耐压试验一般采用三种设备，即工频试验变压器、调感式串联谐振试验装置和调频式串联谐振试验装置。工频试验变压器由于试验设备笨重，不便搬运，给现场试验带来了困难。自从有了串联谐振耐压试验装置以后，现场已经很少再使用工频试验变压器作为耐压设备。调感式串联谐振装置采用铁芯气隙可调节的高压电抗器调节串联电抗值。其缺点是噪声大、机械结构复杂、设备笨重，但试验电压频率为工频，一般 GIS 间隔较少的情况下使用。

调频式串联谐振试验装置采用固定的高压电抗器，试验回路由可控硅变频电源装置供电，频率在一定范围内调节，具有尺寸小、质量轻、试验电源电压低、功率小（仅需提供试验回路中的有功功率）、试验电压波形良好的特点，广泛应用在国内外的 GIS 现场交流耐压试验当中。

三、现场试验方法及要求

（一）试验接线

变频式串联谐振 GIS 交流耐压试验原理接线图如图 10 - 10 所示。试验电压可接到被试相的合适点上，可以利用隔离开关或三通接上检测套管。

《电气装置安装工程电气设备交接试验标准》（GB 50150—2006）规定，也可以直接利用 SF_6 组合式电器自身的电磁式电压互感器或电力变压器，由低压侧施加试验电源，在高压侧感应出所需的试验电压。该办法不需要高压测试设备，也不用高压引线的连接和拆除。采用这种方法要考虑试验过程中磁饱和、被试品击穿等引起的过电流问题。

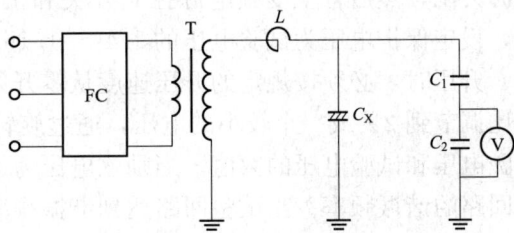

图 10-10　变频式串联谐振 GIS 交流
耐压试验原理接线图

FC—变频电源；T—励磁变压器；L—串联电抗器；
C_X—被试 GIS 对地、相间及分压器等效电容；
C_1、C_2—电容分压器高、低压臂电容

（二）试验步骤

1. 检测被试设备

被试设备应调试合格，其他绝缘、特性试验合格后，检测 SF_6 气体在额定压力，试验回路中的 TA 二次应短路接地，试验回路中的避雷器和保护火花间隙应与被试 GIS 间隙断开。试验前检查高压电缆和架空线、电压互感器、电力变压器高压引出线是否与 GIS 断开，方可进行耐压试验。对于部分电磁式电压互感器，如采用变频电源，电磁式电压互感器经频率计算不会引起磁饱和，也可以和主回路一起耐压。

2. 接线并检查

试验时，如利用隔离开关或三通接上检测套管，此时要回收隔离开关或三通气室 SF_6 气体，卸掉开关或三通的端盖，然后安装试验用套管及连接金具、均压部件等，最后该气室抽真空后充入 SF_6 气体。如 GIS 为共筒式，应认真检查套管连通相别。

若 GIS 整体电容较大，耐压试验也可以分段进行。根据实验方案，检查 GIS 隔离开关、断路器和接地开关的位置是否符合试验方案中的方式，相邻设备原有部分应断电并接地，否则应对突然击穿给原有部分设备带来的不良影响应采取特殊措施。

每一相都应该进行试验，非试验相和外壳一起接地，三相共筒式组合电器，可使三相同时对地进行试验，也可分相进行检测，但非试验相应接地。

如怀疑断路器和隔离开关在运输、安装过程中受到损坏或经过解体，应做端口间耐压试验。

试验时，根据现场实际情况，合理布置试验设备，尽量使实验设备接线紧凑并安放稳固，接地线应使用专用接地线。按图 10-10 进行试验接线，并检查试验接线，试验变压器的一端接地并与 GIS 的外壳相连。检查试验设备的接地、分压器的分压比和档位是否正确。

3. GIS 交流耐压试验前的老练试验

GIS 交流耐压试验前应进行老练试验，老练试验通过逐次增加电压达到以下两个目的：

（1）将设备中可能存在的活动微粒迁移到低电场区域。

（2）通过放电烧掉细小的微粒或电极上的毛刺、附着的尘埃等。

老练耐压的基本原则是既要达到设备净化的目的，又要尽量减少净化过程中微粒触发的击穿，还要减少对被试设备的损害，即减少设备承受较高电压作用的时间。所以逐级升压时，在低压下可保持较长时间，在高压下不允许长时间耐压。老练试验过程中发生击穿放电也按耐压试验的判据来判别。

加压前通知试验现场及 GIS 室监护人试验开始，确认正常后，取下高压接地线，合上

电源刀闸，然后合上变频电源控制开关和工作电源开关，电路稳定后合上变频器主回路开关，设定保护电压为试验电压的 1.10～1.15 倍。

升压时，必须按规定的升压速度从零开始均匀地升压，先旋转电压调节旋钮，把输出功率比调节到 2% 或一个较小的电压，通过旋转频率调节旋钮改变试验回路频率的大小，观察励磁电压和试验电压的数值。当励磁电压为最小，同时试验电压为最大时，这时频率就是试验回路的谐振频率。当试验回路达到谐振频率时开始升压，电压达到老练试验电压后，开始计时并读取试验电压，试验时间到后，继续升压至下一个老练点。老练过程结束后，确认设备状态正常即可进行耐压试验。

按规定的升压速度将电压从零开始均匀地升压至耐压试验电压值（$U_s = 0.8U_{出厂}$），读取试验电压并开始计时 1min。试验结束后，将电压降压至零位，切断变频电源主回路开关，断开变频器电源和试验电源。试验中如无破坏性放电发生，则认为通过耐压试验。

试验中 GIS 室监护人应密切注意 GIS 的带电状态和仪表变化过程，当试验过程中试品发生击穿、闪络或加压过程中出现异常现象时，及时通知操作人员立即降下电压，并切断试验电源，用接地棒对被试品充分放电后，进行检查、处理后再进行试验。

试验完毕，必须对高压部位充分放电并接地，然后拆改接线，进行其他相或其他间隔试验，其试验步骤同上。

试验结束后，用绝缘电阻表测量绝缘电阻。测试完毕，将被试相短路接地，充分放电，恢复接线。

四、试验注意事项

（1）试验电源的容量必须满足试验要求。

（2）为减小电晕损失，提高串联谐振系统 Q 值，高压引线应采用扩径金属软管。

（3）GIS 如有观察窗，绝缘试验时需用接地金属箔将观察窗易接近的一侧盖起来。

（4）进行施压试验时，应在较低电压下调谐谐振频率，然后才可以升压进行耐压试验。

（5）试验天气的状况对品质因数 Q 值影响很大，因此试验应在较干燥的天气情况下进行。

（6）试验回路中的 TA 二次侧应短路接地。

五、试验结果分析

1. 试验标准及要求

主回路绝缘试验应在其他试验项目完成后进行，GIS 的每一新安装部分都应进行耐压试验。由于受到电流设备的限制和允许试验电压的限制，有些部件应该解开或单独进行检测，如高压电缆、变压器、避雷器和部分电压互感器等。

试验电压的波形应该接近正弦波，两个半波应该完全一样，且峰值与有效值之比为 $\sqrt{2} \pm 0.07$；试验电压的频率一般为 10～300Hz。

规定的试验电压值为出厂试验施加电压值的 80%。

规定的试验电压施加到每相导体和外壳之间，每次一相，和其他相的导体应与接地的外壳相连。试验电源可接到被试相导体任一部分。

选定的试验程序应使每个部件都至少施加一次试验电压。在制订试验方案时，必须同时注意要尽可能减少固体绝缘的重复试验次数，如尽量在 GIS 不同部位引入试验电压。

若金属氧化物避雷器、电磁式电压互感器与母线之间的连接有隔离开关，在工频耐压试验前做老练试验时，加额定电压检测电磁式电压互感器的变比以及金属氧化物避雷器阻性电流和全电流。工频耐压试验时，可将隔离开关合上。

若金属氧化物避雷器、电磁式电压互感器与母线之间的连接无隔离开关，在工频耐压试验前其不能安装上去，待工频耐压试验后再安装上去，金属氧化物避雷器、电磁式电压互感器安装后加额定电压检查电压互感器变比、金属氧化物避雷器阻性电流和全电流。

若交流耐压试验采用变频电源时，电磁式电压互感器经计算其频率不会引起磁饱和，可与主回路一起进行耐压试验。

扩建工程的所有间隔和经过解体检修的气室试验电压水平和实施方法应和制造厂协商解决。

在状态检修试验时，应参照《输变电设备状态检修试验规程》（Q/GDW 188—2008）

2. 试验结果分析

试验判据：如 GIS 的每一部件已按选定的试验程序进行耐压试验，且在规定的试验电压下无击穿放电，则认为整个 GIS 通过测试。

现场耐压试验发生击穿，则应确定放电类型。如进行耐压试验的 GIS 进出线和间隔较多，仅靠人耳的监听来判断确切部位比较困难，最好采用放电定位仪器，将探头安装在被试部分的外壳上，根据监听放电的情况，降压断电后移动放电定位仪器探头，重新升压，直到确定放电部位，判断放电类型。

(1) 非自恢复放电、固体绝缘沿面击穿放电，则应打开封闭间隔，仔细检查绝缘表面的损伤情况，做必要处理后，再进行规定电压的耐压试验。

(2) 自恢复放电，由于脏污和表面缺陷，引起气体击穿放电，放电后脏污和缺陷可能烧掉，耐压试验可以通过。

现场耐压试验发生击穿，确定放电类型后，在分析的基础上进行重新试验，试验加压方法和厂方研究商定。

第五节　电力电缆和电力电容器试验

一、电力电缆试验

(一) 试验项目

电力电缆的试验项目主要包括绝缘电阻测量、直流耐压和泄漏电流测量。

(二) 绝缘电阻的测量

通过测量缆芯之间及缆芯对外皮的绝缘电阻，可以判断电缆绝缘是否老化、受潮。通过耐压前后绝缘电阻数值的比较，还可以判定电缆在耐压时所暴露出来的绝缘缺陷。

测量时，额定电压为 1kV 及以上的电缆应使用 2500V 的绝缘电阻表进行；手摇绝缘电阻表的转速不得低于额定转速的 80%，只有当表速达到额定转速后才能接到被试设备上并记录时间，读取 15s 和 60s 时的阻值。重复测试前的放电时间不得少于 2min。

电缆终端或套管表面潮湿、脏污对绝缘电阻有较大的影响，除擦拭干净外，还应加屏蔽环，并将屏蔽环接到绝缘电阻表的屏蔽端子上。当电缆为三芯电缆时，可以用一根非测量相芯线作为屏蔽环的连线，另一根非测量相接地。

电缆的绝缘电阻随着温度和长度的不同而不同，一般应将所测值换算到温度为 20℃、长度为 1km 时的数值以便比较，即

$$R_{20℃/km} = \frac{R_t K_t}{l} \tag{10-6}$$

式中　$R_{20℃/km}$——电缆在 20℃时每千米的绝缘电阻；

　　　　R_t——电缆长度为 l 时，在 t（℃）时的绝缘电阻；

　　　　l——电缆长度，km；

　　　　K_t——温度系数，油浸纸绝缘电缆的温度系数见表 10-5。表 10-5 所列数据同样适用泄漏电流的温度换算。

表 10-5　　　　　　　　　　　　　　油浸纸绝缘电缆的温度系数

测量时电缆的温度（℃）	0	5	10	15	20	25	30	35	40
温度系数 K_t	0.48	0.57	0.70	0.85	1.00	1.13	1.41	1.66	1.92

当被测电缆较长时，充电电流较大，因而绝缘电阻表开始指示的数值较小，必须经过较长时间摇测才会得到正确的结果。

良好电缆的绝缘，电阻值一般不能低于表 10-6 所列数值。电缆长度低于 500m 时绝缘电阻值可不必按长度换算，直接用表中数值即可。

表 10-6　　　　　　　　长度为 500m、温度为 20℃ 时电缆的绝缘电阻

电缆额定电压（kV）	1 及以下	3 及以下	6～10	20～35
绝缘电阻（MΩ）	10	200	400	600

多芯电缆各芯线的绝缘电阻中最大值与最小值之比一般不应大于 2.5。

（三）直流耐压和泄漏电流的测量

由于电力电缆电容量较大，工频交流耐压试验所需试验变压器的容量就较大，一般较难解决，因此 DL/T 596—1996 中没有要求对其进行工频交流耐压试验。所以直流耐压及泄漏电流测量，便成了检查和鉴定电力电缆绝缘状况的主要试验手段。通过泄漏电流测试可灵敏地反映绝缘老化和受潮情况，而直流耐压试验则对检查绝缘干枯、气泡、机械损伤及工厂中包缠缺陷等均比较有效。

1. 试验方法

直流耐压试验和泄漏电流测量可同时进行。如图 10-11 所示为只采用一端屏蔽的测量接线，为了减少杂散电流的影响，必须将微安表接在高压侧，且加装如图 10-11 中虚线所示的屏蔽。但对于 35kV 以上的电缆，由于所加试验电压更高，通过试品表面及周围空间的泄漏电流相对更大，因此按上述只采用一端屏蔽的试验方法，势必产生较大的误差。所以，实践中通常采用两端屏蔽的方法。如图 10-12 所示为用三相电缆中的另外一相作为两端屏蔽连线的试验接线。这种方法巧妙地解决了两端屏蔽之间连接引线的问题，但各相对地将承受两次耐压，且测量的泄漏电流是对外皮和另一相的泄漏电流之和，具体操作时是否应将每次耐压时间减少一半，尚需进一步探讨。除此之外，实用连接还有采用一端屏蔽另一端接收或采用极间障改变不对称电场中的极间放电条件等方法，均能得到较准确的测量结果。

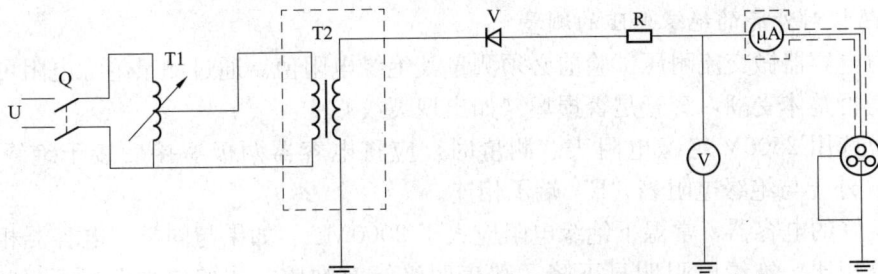

图 10-11　电缆的直流泄漏电流及直流耐压试验接线图

Q—电源开关；T1—调压器；T2—试验变压器；R—限流电阻；V—静电电压表；V—高压硅整流二极管

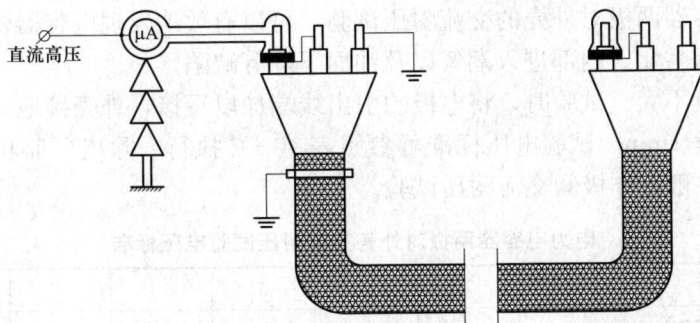

图 10-12　用非试验相作为连线的屏蔽接线图

　　一般电缆缺陷在直流耐压试验持续 5min 内都能暴露出来。试验时应均匀升压，升压过程中分别在 0.25、0.5、0.75、1.0 倍试验电压下各停留 1min，读取泄漏电流值，以便必要时绘制泄漏电流和试验电压的关系曲线。在 1.0 倍试验电压下维持加压 5min（进行直流耐压试验）后仍读取泄漏电流值。

　　每次试验完毕，经降压并切断电源后，先经 0.1～0.2MΩ 的限流电阻对地放电数次，然后再直接对地放电，放电时间不得少于 5min。

　　2. 试验结果分析

　　(1) 在一定的试验电压下，泄漏电流突然增大或随时间的延长不断增加，或随试验电压的提高不成比例的剧增，这些都说明绝缘有缺陷，必须查明原因。必要时可通过延长耐压时间或提高耐压值来促进查找。

　　(2) 绝缘良好的电缆，其泄漏电流值应小于 DL/T 596—1996 所规定的数值。电力电缆必须在直流耐压试验合格后才能投入运行。而泄漏电流只作为判断绝缘情况的参考，不作为决定能否运行的标准。直流耐压试验合格而泄漏电流显著增大的电缆，可以在运行中缩短试验周期，加强监督。如经多次试验，泄漏电流已趋于稳定则允许继续使用。

　　(3) 若在固定的试验电压下，指示泄漏电流的微安表指针呈现周期性的摆动，则表示电缆绝缘中存在着孔隙性缺陷，是在直流电压作用下绝缘孔隙发生间歇性放电所致。

　　(4) 相间泄漏电流相差太大，则说明某相缆芯的绝缘存在局部缺陷。通常泄漏电流最大一相的数值与最小一相的数值之比不得大于 2（塑料电缆除外）。

二、电力电容器试验

(一) 试验项目

电力电容器的高压试验项目一般包括测量两极对外壳的绝缘电阻和交流耐压试验。

（二）两极对外壳的绝缘电阻的测量

在电力电容器做交流耐压试验前必须测量其绝缘电阻值。通过测量绝缘电阻可以检查电容器绝缘是否整体受潮，套管是否损坏（如出现裂纹）。

试验应选用 2500V 绝缘电阻表。测量时，应将电容器两极短接后接于绝缘电阻表的"L"端子，外壳与绝缘电阻表"E"端子相连。

绝缘良好的电容器，常温下绝缘电阻应大于 2000MΩ。如果与同类型电容器相比，与以前测量结果相比，绝缘电阻明显下降，则表明绝缘有缺陷。当绝缘电阻低于 1000MΩ 时，多数是由于套管受潮造成的。

（三）交流耐压试验

通过电力电容器两极对外壳的交流耐压试验，可以有效地发现电容器瓷套管损伤、内瓷套不清洁、主绝缘劣化、内部进入潮气以及油面下降等缺陷。

试验所需容量不大。试验时，将电极的引出线端加以短接，外壳接地，在电极与外壳之间加试验电压持续 1min。试验电压标准可参照表 10-7 执行。除出厂前和返修后的试验以外，电力电容器一般不作极间交流耐压试验。

表 10-7　　　　　　　　　　电力电容器两极对外壳交流耐压试验电压标准

额定电压（kV）	<1	1	3	6	10	15	20	35
出厂试验电压（kV）	3	5	18	25	35	45	55	85
交接试验电压（kV）	2.2	3.8	14	19	26	34	41	63

第六节　避雷器试验

一、试验项目

防雷保护中应用的避雷器主要有保护间隙和管型避雷器、阀型避雷器、（配电型 FS、变电站型 FZ）、瓷吹阀型避雷器和金属氧化物避雷器（MOA）。阀型避雷器又可分为两种：一种是放电火花间隙不带并联电阻的，如 FS 型；另一种是放电火花间隙带并联电阻的，如 FZ 型、FCZ 型和 FCD 型磁吹避雷器。

（1）不带并联电阻的阀型避雷器的预防性试验项目包括以下两项：

1）缘电阻试验；

2）工频放电电压试验。

（2）带并联电阻的阀型避雷器的预防性试验项目包括以下三项：

1）绝缘电阻试验；

2）电导电流试验；

3）工频放电电压试验。

（3）MOA 预防性试验。由于 MOA 是一种新型的避雷器，前几年其试验方法和试验设备都不很完善，但随着 MOA 在电力系统中的推广和应用，对 MOA 的研究也越来越深入，运行经验也在逐渐积累。目前国内预试规程对 MOA 的试验有三项规定：

1）绝缘电阻试验；

2）直流 1mA 下电压及 75% 该电压下泄漏电流的测量；

3）运行电压下交流泄漏电流及阻性分量的测量（有功分量和无功分量）。

二、不带并联电阻的阀型避雷器的预防性试验

（一）绝缘电阻试验

测量绝缘电阻的目的是检查由于密封破坏而使其内部受潮或瓷套裂纹等缺陷。当避雷器密封良好时，其绝缘电阻很高，受潮以后，则绝缘电阻出现明显的下降。所以测量绝缘电阻是判断避雷器是否受潮的一种十分有效的方法。测量应选用 2500V 的绝缘电阻表。为了消除表面泄漏电流的影响，应用干净的布把瓷套表面擦净，并在测量时加装屏蔽环，当天气潮湿时更应引起注意（测量值应大于 2500MΩ）。

（二）工频放电电压试验

1．测量原理

冲击放电电压是表明避雷器保护特性的一项重要指标。为了有效地保护被保护设备的主绝缘，必须限制避雷器的冲击放电电压值。成品避雷器的放电间隙是确定的，它的冲击放电电压与工频放电电压均为定值，两值之比称为冲击系数，其值也是固定的。可见，由避雷器的工频放电电压值即可求得其冲击放电电压值。因条件所限，现场不便做冲击放电试验，而工频放电试验是比较容易的，DL/T 596—1996 中规定了避雷器工频放电电压的最高值，即上限值。

灭弧电压也是避雷器的一项重要指标。一个成品避雷器，由于其放电间隙是确定的，因而切断工频续流的能力也是一定的，使得其灭弧电压为一固定值，工频放电电压与灭弧电压的比值（称为切断比）也是一个定值。因为工频续流过零后，间隙中介质耐电强度的恢复需要一定的时间，导致最大恢复电压，所以灭弧电压比工频放电电压低，即切断比大于 1。但应注意灭弧电压也不宜过低，否则将不能灭弧。为了保证避雷器可靠灭弧，同时一般内部过电压下又不至于动作，故 DL/T 596—1996 中对避雷器又规定了工频放电电压的最低值，即下限值。

工频放电电压试验接线图如图 10-13 所示。FS 型避雷器在击穿前泄漏电流很小，当保护电阻 R_1 数值不大时，变压器高压侧的电压为作用在避雷器的电压。因此，可根据变压器的变比，以低压侧电压表的读数决定避雷器的放电电压。但应事先校准试验变压器的变比，低压侧应使用精度较高的的电压表。

2．试验目的

通过实测的工频放电电压值与 DL/T 596—1996 中的标准值进行比较，可以发现避雷器的以下绝缘缺陷：

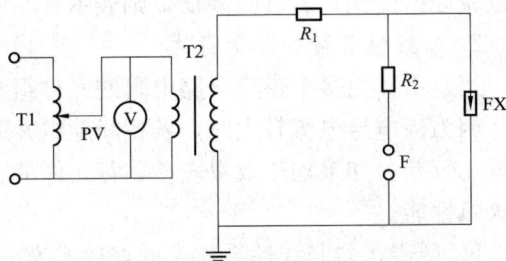

图 10-13　工频放电电压试验接线图

T1—调压器；T2—试验变压器；PV—低压电压表；R_1—保护电阻；F—保护间隙；FX—被试避雷器；R_2—球隙电阻

1）避雷器在制造过程中可能存在缺陷而未检查出来的，如在空气潮湿的时候或季节装配出厂，预先带有潮气；

2）在运输过程中受损，内部瓷碗破裂、外部瓷套碰伤；

3）在运输中受潮，瓷套端部不平、滚压不严、密封橡胶垫圈老化变硬、瓷套出现裂纹等；

4）阀片在运行中老化；

5）其他劣化。

这些劣化都可以通过预防性试验发现，从而防止避雷器在运行中误动作和爆炸等事故。

3. 试验注意事项和结果综合分析

为了消除高次谐波对试验的影响，试验电源应采用线电压或在调压器输出侧加装滤波电路。

如果条件允许，应尽量采用静电电压表或电压互感器与被试品并联测量，以确保测量的准确性。若保护用的限流电阻 R 值不大，也可以在试验变压器的低压侧进行测量，但在试验之前必须验证变压器的变比。

试验回路装设电流保护的目的，是为了保证避雷器的火花间隙不被烧坏。其动作时间应小于 0.5s，以保证在间隙放电后 0.5s 内切断电源。限流电阻 R 值的选择，应能把放电电流限制在 0.7A 以下，通常采用水电阻，将蒸馏水装在硬塑料管或玻璃管内制成。为了降低阻值，可以加一些硫酸铜溶液。电阻要有足够的直径和长度，以保证试验进行中的热稳定和试品击穿后不发生沿面放电。

避雷器的工频放电电压值应在 DL/T 596—1996 规定的上、下限范围内，否则即可判断为不合格。

三、带并联电阻的阀型避雷器的预防性试验

（一）电导电流的测量

1. 电导电流的测量目的

将直流电压加于带并联电阻避雷器（一般指普通阀型避雷器和磁吹阀型避雷器）两端所测得的电流称为电导电流。测量电导电流是带并联电阻避雷器的一个十分重要的项目，测量的目的是检查避雷器的并联电阻是否受潮、老化、断裂、接触不良以及非线性系数 α 是否相配。测得的电导电流若显著降低，则表示并联电阻断裂或接触不良，反之则表示并联电阻受潮或瓷腔内受潮；若逐年降低，则表示并联电阻劣化。

2. 非线性系数的测量目的

当避雷器由多个带有分路电阻的元件组装而成时，必须校核它们的非线性系数 α 是否相近。因为当电导电流较大时，若各间隙组并联的非线性电阻值相近，均压效果就比较好，反之就比较差。如果均压效果较差，各元件的工频电压分布不均匀就较严重，从而影响避雷器的灭弧性能。

FZ 型避雷器非线性系数 α 的表达式为

$$\alpha = \frac{\lg(U_2/U_1)}{\lg(I_2/I_1)} \tag{10-7}$$

式中　U_1、U_2——表 10-8 中规定的试验电压；

　　　I_1、I_2——对应于 U_1、U_2 电压下的电导电流。

表 10-8　　　　　　　　　测量电导电流施加的直流电压（kV）

元件锁定电压		3	6	10	15	20	30
试验电压	U_1	—	—	—	8	10	12
	U_2	4	6	10	16	20	24

非线性系数差值是指串联元件中两个元件的非线性系数之差，即 $\Delta\alpha = \alpha_1 - \alpha_2$

电导电流相差值（％）指最大电导电流和最小电导电流之差与最大电导电流比值的百分数。

（二）测量仪器、设备的选择

测量避雷器电导电流的仪器一般可选择成套的直流高压发生器。

（1）根据不同试品的要求，选择不同电压等级的直流高压发生器。试验电压应满足试验电压的极性和电压值，还必须具有足够的电源容量。直流高压发生器的直流输出脉动系数小于±1.5％。

（2）试验电压应在高压侧测量，一般用电阻分压器测量。

（3）测量电导电流的微安电流表，其准确度宜不大于 1.0 级。

（三）现场测量步骤及要求

1. 测量接线

测量避雷器电导电流的原理接线图如图 10-14 所示；被试避雷器元件末端接地，试验电压施加在高压端。

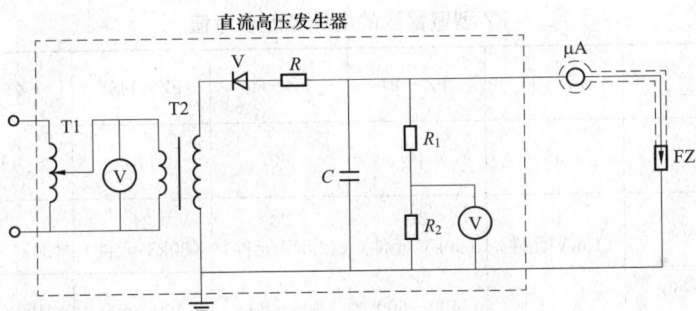

图 10-14　测量避雷器电导电流的原理接线图

T1—调压器；T2—试验变压器；V—高压硅堆；R—限流电阻；C—滤波电容；
R_1、R_2—电阻分压器高低压臂；FZ—被试避雷器

2. 测量步骤

（1）将避雷器接地放电，拆除或断开避雷器对外的一切连线。

（2）将避雷器表面擦拭干净，进行接线。检查测量接线正确后，合上电源开关，开始升压。对试品施加电压时，应从足够低的数值开始，然后缓慢地升高电压到规定的试验电压值 U_1，待电流稳定后，读出微安电流表读数 I。

（3）将电压输出降低到零，关闭电源开关，断开电源。

（4）将被试品经放电棒充分放电。

（5）对于串联组合元件的避雷器，需计算非线性系数。对上一节避雷器测试完电导电流，做好试验记录后，再进行下一节避雷器电导电流的测量。

（四）测量注意事项

（1）直流泄漏电流测量前，应先测量绝缘电阻，其值应正常。

（2）为了防止外绝缘的闪络和易于发现绝缘受潮等缺陷，避雷器电导电流测量通常采用负极性直流电压。

（3）测量电导电流时，应尽量避免电晕电流、杂散电容和潮湿污秽的影响。从微安电流表到避雷器的引线需加屏蔽。

（4）对于可疑数据应复试，并排除仪器故障、避雷器表面脏污或潮湿时泄漏电流增大引起的影响。

（5）试验电压应在高压侧测量，测量系统应经过校验。测量误差不应大于 2%。

（6）由 2 个及以上元件组成的避雷器应对每个元件进行试验。在某一节的顶部施加直流电压时，该节避雷器元件的某端必须接地。

（五）测量结果

1. 测量标准及要求

根据《电力设备预防性试验规程》（DL/T 596—1996）及《电气装置安装工程　电气设备交接试验标准》（GB 50150—2006）的规定：

（1）FZ 型避雷器的电导电流参考值见表 10-9 或制造厂规定值，还应与历年数据比较，不应有显著变化。FZ、FS、FCZ、FCD 的试验标准参照《电力设备预防性试验规程》（DL/T 596—1996）。

表 10-9　　　　　　　　　　　　　　　FZ 型避雷器的电导电流参考值

型号	FZ-10 (FZ2-10)	FZ-35	FZ-40	FZ-60	FZ-110J	FZ-110	FZ-220J
额定电压 (kV)	10	35	40	60	110	110	220
试验电压 (kV)	10	16 (15kV 元件)	20 (20kV 元件)	20 (20kV 元件)	24 (30kV 元件)	24 (30kV 元件)	24 (30kV 元件)
电导电流 (μA)	400～600 (<10)	400～600	400～600	400～600	400～600	400～600	400～600

注　括号内的电导电流值对应括号内的型号。

（2）同一相内串联组合元件的非线性系数值，在交接时不应大于 0.04，在运行中不应大于 0.05；电导电流相差值不应大于 30%。

2. 测试结果分析

将测试数据与标准要求值相比，与被试品前一次或同类型设备的测量数据相比，结合温、湿度情况，进行综合分析判断。如 FZ 型避雷器的非线性系数差值大于 0.05，但电导电流合格，则允许做换节处理，换节后的非线性系数差值不应大于 0.05。

对不同温度下测量的普通阀型或磁吹阀型避雷器电导电流进行比较时，需要将它们换算到同一温度。经验指出，温度每升高 10℃ 电导电流增大 3%～5%，可参照换算。

四、MOA 的预防性试验

（一）绝缘电阻试验

绝缘电阻试验与其他避雷器的绝缘电阻试验相同。电压等级在 35kV 及以下用 2500V 的绝缘电阻表，35kV 以上用 5000V 绝缘电阻表。

由于氧化锌避雷器的阀片在小电流区域具有很高的阻值，故绝缘电阻主要取决于阀片内部绝缘部件和瓷套。

进口避雷器一般按厂家的标准进行绝缘电阻试验。

（二）直流 1mA 下电压及 75%该电压下泄漏电流的测量

1. 试验目的和方法

该项试验有利于检查 MOA 的直流参考电压及 MOA 在正常运行中的荷电率，对确定阀片片数，判断额定电压选择是否合理及老化状态都有十分重要的作用。其试验原理接线图如图 10-15 所示。

2. 试验步骤

先以指针式微安表监测泄漏电流值，升至 1mA。停止升压确定此时电压值，再降至该电压的 75%时，测量泄漏电流，因该电流值较小，应用数字式万用表来检测。

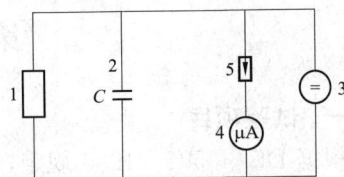

图 10-15　金属氧化物避雷器直流泄漏电流试验接线图
1—直流电压发生器；2—滤波电容；3—静电电压表；4—直流微安表；5—被试品

3. 试验注意事项和结果综合分析

试验中应注意以下几个问题：

（1）试验必须对地绝缘，外表面应加屏蔽，屏蔽线要封口；

（2）直流电压发生器应单独接地；

（3）试品底部与匝线绝缘应保持干燥；

（4）现场测量应注意场地屏蔽。

试验分析主要从以下两方面进行：

（1）试验中如 U_{1mA} 电压比工厂提供的数据偏差较大，与铭牌不符时，应与厂家进行联系；

（2）通常在 70%U_{1mA} 下的电流值偏大或电压加不上去，则可能有严重受潮；电流大于 50μA，则可能有受潮情况。

投运后，随着运行时间增加，电流有一定增大，但电流不能超过 50μA。

（三）MOA 在持续运行电压下交流泄漏电流及阻性分量的测量（有功分量和无功分量）

1. 试验方法

该项试验主要由测量仪器来实现，目前国内外的测量仪器主要有以下几种：

（1）瑞典 TXL 型 MOA 泄漏电流分析仪，常配有雷电计数器（环形匝线接口）。

（2）日本日立公司的避雷器泄漏电流检测仪，它可测总泄漏平均值，也可测三次谐波成分，以及三次谐波经函数变换为阻性电流的信号量。

以上两种仪器的基本原理是在 MOA 阀片劣化后，其阻性电流中谐波成分明显增加，通过谐波分析法，反映出全电流中阻性电流的变化，但都不明确表明阻性电流的峰值。因而容易受系统谐波含量影响，无法反映 MOA 表面污秽、受潮等问题。

（3）日本 LCD-4 型阻性电流测量仪。其基本原理是把从电压互感器二次侧取得的电压信号相位前移 90°，补偿 MOA 总泄漏电流中的容性部分，以得到阻性电流分量。

国内众多厂家生产的测量仪，其原理大致与 LCD-4 型相似。这种测量方式可在现场带电测量，较为简便。

2. 试验注意事项

试验时应注意以下事项：

（1）注意正确选取参考电压的相位；

（2）现场试验测量回路应一点可靠接地，接地点的不稳定也将影响测量结果；

（3）220kV 及以上电压等级避雷器在现场带电测量时应注意其相间干扰。

第七节　发 电 机 试 验

一、试验项目

根据 DL/T 596—1996 规定，发电机高压试验项目包括以下几项：

（1）测量定子绕组的绝缘电阻和吸收比；

（2）测量转子绕组的绝缘电阻；

（3）定子绕组直流耐压试验和泄漏电流测量；

（4）定子绕组交流耐压试验；

（5）转子绕组交流耐压试验。

二、绝缘电阻和吸收比的测量

（一）定子绕组的绝缘电阻和吸收比

通过测量定子绕组的绝缘电阻，可以判断绝缘状况，发现绝缘严重受潮、脏污和贯穿性的绝缘缺陷。由于定子绕组的吸收现象显著，所以通过测量吸收比，可以较灵敏地发现绝缘的受潮。

1. 测量方法

（1）仪表选择。发电机几何尺寸较大，定子绕组往往都是夹层复合绝缘，电容电流和吸收电流都较大，所选绝缘电阻表要能满足测量时吸收过程的容量，并且要有与发电机电压相适应的电压值。高压发电机一般采取 2500V 绝缘电阻表，其测量量程最好不低于 10 000MΩ。

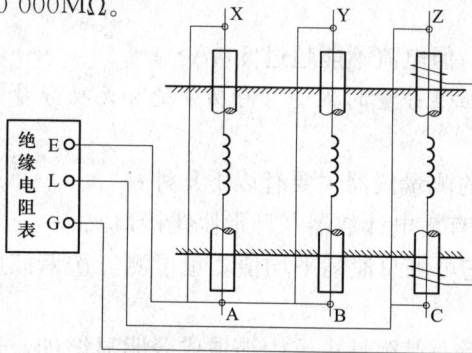

图 10 - 16　发电机定子绕组相间和相对地
绝缘电阻和吸收比测量接线图

（2）试验操作。测量发电机定子绕组相间和相对地绝缘电阻和吸收比，可按图 10 - 16 进行接线，图中为 C 相测试。

绝缘电阻表引线应具有足够高的绝缘水平。被测两端头应用导线短接，同时应将绝缘表面加以屏蔽，以消除边缘泄漏对测量结果的影响。试验时发电机本身不能带电，端口出线必须和外部连线及其他设备断开。

在进行测试之前，定子绕组相间和相对地要进行充分放电，放电时间不得少于 5min，以免残余电荷影响测量精度。

测试时，先将发电机外壳与绝缘电阻表地相接并接好屏蔽线，然后转动绝缘电阻表到额定转速，待指针指到"∞"时，再将绝缘电阻表火线与被测相绕组导体接触，并开始计时，分别读取 15s、45s 和 60s 的绝缘电阻值。测量中表速要保持恒定。测量结束，应先断开绝缘电阻表的火线，然后再停转，以防电容反放电而损坏表针。

若被测绕组有并联支路，还应测量同相分支间的绝缘电阻。

2. 测量结果分析

因发电机定子绕组绝缘电阻受潮湿、温度、脏污等因素影响较大，所以 DL/T 596—

1996 对其限定值没有做明确规定。DL/T 596—1996 指出，若在相近试验条件下，绝缘电阻降低至初次（交接或大修）测量结果的 1/3～1/5 时，应查明原因，设法消除。各相或分支绝缘电阻不平衡系数不应大于 2；其吸收比，对于沥青浸胶和烘卷云母绝缘不应小于 1.3，对于环氧粉云母绝缘不应小于 1.6。

（二）测量转子绕组的绝缘电阻

测量转子绕组绝缘电阻，分静态和动态两种情况。

1. 静态测量

因发电机转子绕组的额定电压一般小于 500V，所以应使用 500～1000V 绝缘电阻表测量。试验时，发电机处于静止状态，把电刷提起，将绝缘电阻表的火线接于转子集电环上、地线接于转子轴上（不宜接在机座或电极外壳上）。测量前必须将两集电环短路接地放电。

2. 动态测量

动态测量又分为空转下测量和负载下测量两种方法。

（1）空转下测量时，将发电机出口断路器和灭磁开关断开，电刷提起，在各种转速下用绝缘电阻表直接在转子集电环上进行测量。这样测量可以检查转子绕组动态下的绝缘状况，绘制绝缘电阻与转速的关系曲线，由曲线可以分析离心力对转子绕组绝缘电阻的影响。

（2）负载下测量时，发电机处于正常运行状态。可采用电压表法测量转子绝缘电阻。由于发电机转子绕组电压均在 500V 以下，所以其绝缘电阻值一般不应低于 0.5MΩ。当定子绕组已干燥完毕，而转子绕组还未彻底干燥但其绝缘电阻不小于 2kΩ 时，便允许投入运行。

三、定子绕组直流耐压试验和泄漏电流的测量

通过定子绕组直流耐压试验和泄漏电流测量，可以绘制出泄漏电流与电压的关系曲线，依据所加直流电压与泄漏电流的关系分析绝缘状况，可以在绝缘击穿前发现缺陷。进行直流实验时，发电机定子绕组绝缘上的电压是按电阻分布的，因而可以更有效地发现端部绝缘缺陷和气隙性缺陷。

（一）试验方法

发电机定子绕组直流耐压试验和泄漏电流测量接线图如图 10-17 所示。接线时微安表接在高压端并加装了屏蔽，这样可以减小杂散电流的影响。

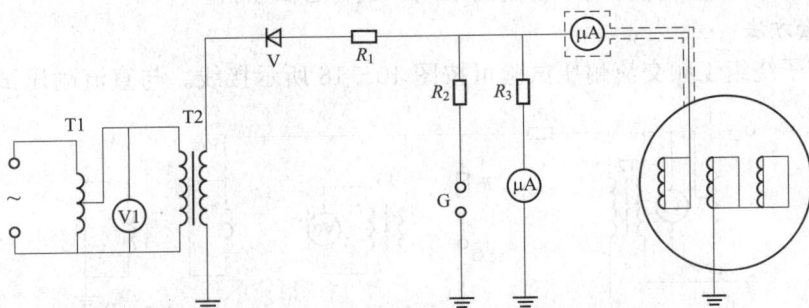

图 10-17　发电机定子绕组直流耐压试验和泄漏电流测量接线图

首先应"空试"，以检查试验设备是否良好，接线是否正确。"空试"时应按每段 $0.5U_0$ 进行分段加压，各段加压时间为 1min，且加压速度相同。读取各段电压下对应的空试泄漏电流值。如果在最高试验电压下电流仅 1～2μA，则可以忽略其影响；但当泄漏电流微安值较大时，则应在正式试验时测得的相应分段泄漏电流中予以扣除。另外，"空试"时应加稳压电容，其值不宜小于 $0.2\mu F$，以保证实验电压的波形平稳，不然将会带来很大的误差。

"空试"完成后，才可对发电机定子绕组进行正式试验。试验时应保证电压波动不超过 5%，以免产生附加交流介质损耗，影响实验结果。当发电机容量较大时，其本身电容一般即能满足滤波的要求，可不单独另加稳压电容。当发电机容量较小时，应加稳压电容以稳定电压波形。试验时应尽量在高压侧直接测量电压，尤其对于泄漏电流较大的发电机进行试验时更应如此。高压测量应采用高压静电电压表、球隙或直流分压器进行。

（二）试验结果分析

（1）泄漏电流随时间增长，且在每个实验电压下均存在这种现象，一般为绝缘有分层、松弛或有潮气侵入绝缘内部。如果同一相在相邻阶段电压下，泄漏电流随电压不成比例上升超过 20%，则表明绝缘受潮或脏污。

（2）如果电压升高到某一值后，泄漏电流出现剧烈波动，则说明绝缘有断裂性缺陷或套管有裂纹等。绝缘断裂性缺陷一般发生在槽口或端部绝缘离地近处；各相泄漏电流超过 30%，但充电现象还正常，说明其缺陷部位远离铁芯的端部，或套管脏污；对同一相，相邻阶段电压下，泄漏电流随电压不成比例上升超过 20%，说明表面绝缘受潮或脏污。

（3）无充电现象或充电现象不明显，泄漏电流增大，这种现象大多是受潮、严重的脏污，或有明显贯穿性的缺陷。

（4）在进行分析比较时，要确保测量数据准确，特别要注意对表面泄漏的屏蔽和温度的测量、换算。由于不同发电机有不同的绝缘结构和材料，常用的经验公式计算值与实测值差别较大。最好在绝缘正常、清洁、干燥的条件下求出每台发电机在不同温度（20～70℃）下的泄漏电流值，并绘制其泄漏电流与温度的关系曲线，以备比较。一般在接近工作温度下做直流试验，更容易发现缺陷。

四、交流耐压试验

工频电流耐压试验的主要优点是试验电压和工作电压波形、频率一致，使绝缘内部的电压分部及击穿性能符合发电机的工作状态，所以从劣化或击穿的观点来看，工频交流耐压试验对发电机主绝缘是比较可靠的检查方法。因此，在发电机制造、安装、检修和运行及预防性试验中，交流耐压试验都得到了普遍的采用，成为必做项目。

（一）试验方法

发电机定子绕组工频交流耐压试验可按图 10-18 所示接线。与直流耐压试验一样，交

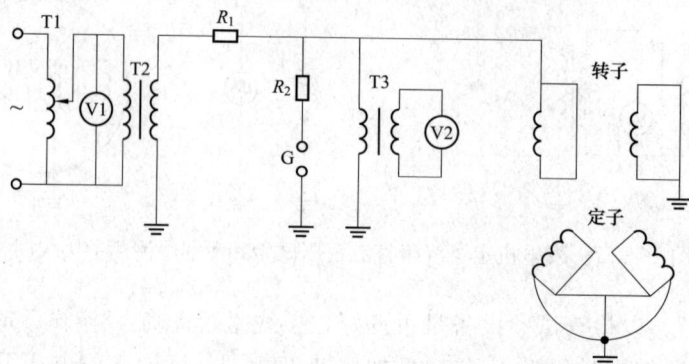

图 10-18　发电机定子绕组交流耐压试验接线图

流耐压试验一般应在停机后消除污垢前的热状态下进行，此时较接近运行条件，有利于发现缺陷。试验时应分相进行，被试相加压，非被试相短路接地。

试验时电源应取线电压，并要求电压波形的谐波分量不应超过 5%，以避免波形畸变造成的不良影响。电压的测量必须在高压侧而不能在低压侧，这是因为试验变压器匝数比很大，漏抗也大，而发电机的电容电流又较大，有可能产生明显的"容升"现象，甚至发生串联谐振，从而使高压侧电压升高很多。

在进行正式试验前，应首先检查并测量定子绕组的绝缘电阻，并进行直流泄漏试验，如有严重受潮或严重缺陷，需经消除缺陷后才可进行试验。在空载条件下调整保护球隙，使其放电电压为电压的 $1.1 \sim 1.2$ 倍，并调整电压在高于试验电压 5% 的情况下维持 2min 后，再将电压降至 0V，拉开电源开关。

上述准备工作完成后，才可将高压引线接到被试发电机绕组上进行正式试验。试验电压标准在 DL/T 596—1996 中有明确规定。

（二）试验结果分析

在耐压过程中，若无异常声响、气味、冒烟以及仪表摆动等现象，可以认为绝缘耐受住了试验电压的考验。否则，出现上述现象之一，即可判定绝缘有严重缺陷。为了更好地了解绝缘情况，应尽可能全面监视绝缘的表面状态。经验表明，外观检查常能发现仪表所不能反映的绝缘异常，如表面电晕、放电等。

对水内冷发电机一般应在通水的情况下进行实验，而且水质应合格。对氢冷发电机则必须在充氢前或排氢后且含氢量在 3% 以下时进行试验，严禁在置换氢气过程中进行试验。

顺便指出，对凸极式转子要进行交流耐压试验，因为这种转子绝缘击穿后容易修理，转子绕组进行工频交流耐压试验时，转子绕组短接加压、试验电压为产品出厂试验电压的 75%。对隐极式转子，只在局部修理槽内绝缘及更换绕组的情况下才做这项试验。发电机和励磁机的励磁回路连同所连接的所有设备的交流耐压试验的试验电压均为 1000V。

第八节　绝缘油与绝缘工具的耐压试验

一、绝缘油试验

运行中的绝缘油由于受到氧气、高湿度、高温、阳光、强电场和杂质的作用，性能会逐渐变坏，致使不能充分发挥作用。因此必须定期对绝缘油进行有关试验，以鉴定其性能是否变坏。绝缘油的电气试验包括电气强度和介质损失角正切值实验。试验前应先抽取油样。

（一）取样

取样是试验的基础，正确的取样技术和样本保存对保证试验结果的准确性是十分重要的。因此，取样必须严格按照要求进行操作。

从储油容器（油桶、油罐，或槽车）中取样时，油样应从污染最严重的底部抽取，必要时可抽查上部油样。取样工具和取样口一定要保持干净，不得引起交叉感染。

从运行中的设备中取样时，应从下部阀门（如变压器、油开关等）或按制造厂规定（如套管、无阀门的充油设备等）取样。

取样容器可采取金属、玻璃或塑料容器，取样前要用蒸馏水洗净、烘干，冷却后盖紧瓶塞备用，进行全面分析时的取样量为 3L 左右，简化分析时的取样量可以为 1L。

每个样品应有正确的标记，采样前应将印有单位名称、设备编号、油的编号、采油部位、采样时天气、采样日期、采样人等内容的标签贴于容器上。取样后应及时将各项内容逐一填写清楚。

（二）耐电强度的测量方法

绝缘油耐电强度测定，是用来检测绝缘油被水和其他悬浮物污染程度的一项常规实验。试验所用设备除专用油杯外，其他与交流耐压试验相同。目前现场广泛采用的专用油试验器的原理接线如图 10-19 所示。

油杯和电极须保持清洁，停用期间要盛满变压器油以进行保护。对劣质油进行试验后，必须以溶剂汽油或四氯化碳清洗，烘干后方可再使用。油杯和电极在连续使用达一个月后，应进行检查，检测电极距离有无变化（极间距离为 2.5mm），用放大镜观察电极表面是否有发暗现象。若有发暗现象，则应重新调整距离并用绸布擦净电极。长期停用后在使用前也应这样处理。

试油必须在不破坏原有储装密封的状态下，在实验室内放置一段时间，待油温与室温相近后方可揭盖试验。开盖前需将试油轻轻摇荡，使内部杂质混合均匀，但不得产生气泡。用试油将油杯清洗 2~3 次后再将试油注入油杯，注入时应徐徐沿油杯内壁流下，以减少气泡。操作中不允许用手触及电极、油杯内部和试油。试油盛满后必须静置 10~15min，方可开始升压试验。

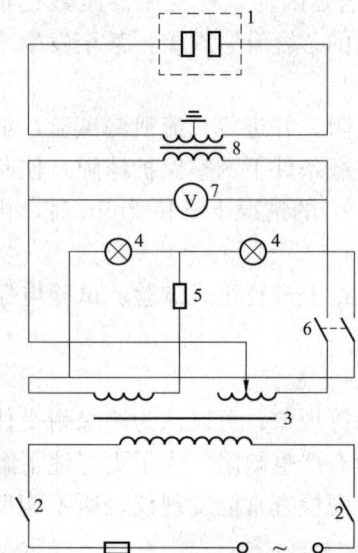

图 10-19 油试验器原理接线图
1—油杯；2—窗连锁开关；3—调压器；4—指示灯；5—电阻；6—自动开关；7—电压表；8—试验变压器

在正式试验之前，必须仔细检查线路连接是否正确无误，调压器是否在起点零位等。

试验按如下步骤进行：

（1）试验环境条件为室温 15~25℃，湿度不大于 75%。准备工作就绪后，将自动开关置"接通"位置，观察此时电源指示灯亮，电压表应指示零位，然后便可以按约 3kV/s 的速度均匀升压。

（2）在升压过程中，如发生轻微的破裂声或电压表指针出现微小的振动，则不是击穿，应继续升压（中途不能停顿）直至击穿为止。击穿后立即将调压器调回到起点，记录击穿电压，将仪器盖子开启。

（3）用清洁的玻璃棒或不锈钢棒在电极间拨弄数次，以除掉因击穿而产生的游离碳，待静置 5min 后再进行第二次试验，其余类推。

（4）实验进行 6 次，取 6 次连续测定的击穿电压值的算术平均值即为平均击穿电压。试油的绝缘强度的计算式为

$$E = U/S \tag{10-8}$$

式中　E——绝缘强度，kV/cm；

　　　S——电极间隙，cm；

　　　U——试油的平均击穿电压，kV。

（5）试油的平均击穿电压不得小于表 10-10 中所列数值。

表 10-10 变压器油的质量标准

电气设备额定电压（kV）	击穿电压的质量标准（kV/2.5mm）	
	投入运行前油	运行油
35 以下	≥35	≥30
66～220	≥40	≥35
330	≥50	≥45
500	≥60	≥50

（6）试验记录中应包括以下内容：油的颜色、有无机械杂质和游离碳、油温、全部击穿电压数值、试验异常现象及结论、试验日期、相对湿度和温度等。

（三）介质损耗角正切值 tanδ 的测量

绝缘油的介质损耗角正切值 tanδ 能灵敏地反映绝缘油在电场、氧化、日照、高温等因素作用下的老化程度，也能灵敏地反映绝缘油所含水分和杂质的程度。

测量时，将绝缘油盛在试验杯中，用精度较高的交流电桥进行测试。通常采用 QS3 型西林电桥，其测量分辨率小于 0.01%。QS3 型西林电桥试验接线图如图 10-20 所示。绝缘油的 tanδ 值是随温度的升高而按指数规律剧增的。因此，除了在常温下测量油的 tanδ 值外，还必须将被试油样升温，变压器油升温至 90℃，电缆油升温到 100℃。规定要测量高温下的 tanδ 值是因为在低温下，好油与坏油的测量值有时差别不大，所以判断油质的好坏应以高温下测得的 tanδ 值为准；同时也由于好油的 tanδ 值随着温度的身高增长较快。两者在高温下的这种差别更易区分油质的好坏，按标准规定变压器油测定温度为 90℃，电缆油测定温度为 100℃。测量油杯有平板式电极和圆柱式电极两种。电极应为黄铜、青铜或不锈钢材质制成，表面粗糙度 R_a 值应不大低于 0.16μm，使之容易清洗。对于洁净和干燥的油杯每次使用前，用油样冲洗 2～3 次，注入油杯内的试样油，应无气泡或其他杂质，油量不少于 50mL。

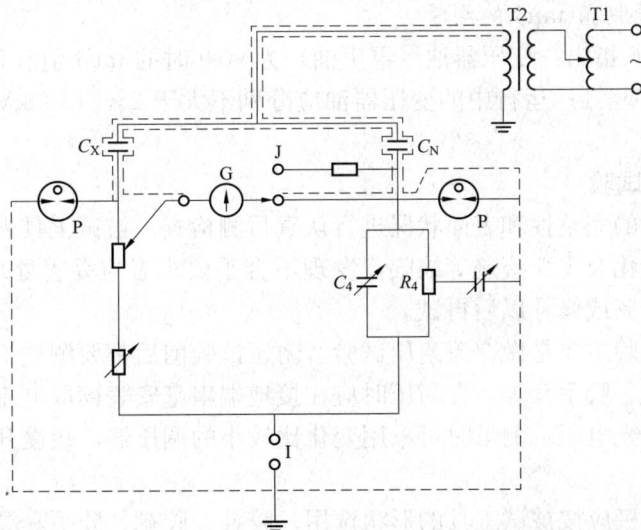

图 10-20 QS3 型西林电桥试验接线图

P—气体放电管；J—零平衡（找对称）装置；C_N—高压标准空气电容器的电容；
G—高精度检流计；C_X—测定油杯的电容

　　测定电极的接头应与接地良好的金属屏蔽套连接。各芯线与屏蔽间的绝缘电阻应不小于$50\sim100M\Omega$，以防绝缘不良而影响测定的结果。屏蔽线的接地不应与其他接地线混在一起。油杯及其接线最好放在屏蔽网里面，以确保测定安全。测定可按以下步骤进行：

　　（1）接线完毕，检查各处连线是否良好，有无漏油或断路问题。现场周围尽量避免有电磁场和机械振动的影响。

　　（2）对油样施加的试验电压一般为1000V，在升压过程中不应有任何放电现象。

　　（3）对电桥进行对称（零平衡）校验，以消除本身残余电抗的影响。

　　（4）空试测定油杯，检查电极本身有无损耗。要求在20℃下电极本身的$\tan\delta$不大于0.01%。

　　（5）在试验线路中接入测定油杯，使电桥平衡，这样便可直接读出$\tan\delta$的实测值。

　　（四）试验结果分析

　　1. 耐电强度试验

　　（1）电极的结构型式根据试验方法规定选用何种电极，因为不同的电极形状测定的结果是不同的。球形电极测定结果最高，球盖形其次，平板电极最低。

　　（2）电极间距为（2.5±0.1）mm，要用标准规校准。电极距离过小容易击穿使测定结果偏低，反之，测定结果偏大。

　　（3）试样要有代表性，油中有水分及杂质时则对击穿电压有明显影响，所以要摇匀后注入油杯。

　　（4）试验数据分散性大，其原因是引起击穿过程的因素比较多，因此试验方法中规定取6次平均值作为试验结果。

　　（5）试验中发现击穿电压值随次数增加而升高，这是由于油中混入不同性质的杂质而引起的。若油中混入的主要是纤维杂质和水分，则在击穿过程中水分被蒸发，试验数据会越来越高，但有时也会降低，故要考虑一下周围的环境，是否超过规定等。

　　2. 介质损耗角正切值$\tan\delta$的测量

　　DL/T 596—1996指出：变压器油（再生油）为90℃时的$\tan\delta$值和新电缆油为100℃时的$\tan\delta$值不应大于0.5%；运行中的变压器油应分别不大于2%（500kV）、4%（330kV及以下）。

二、绝缘工具的试验

　　实验前应对工具的完整性和表面状况进行认真目测检查。被试工具表面不应有裂缝、烧焦、穿孔、熔结、老化及飞弧痕迹等缺陷，发现不合乎要求者应妥善处理后方可进行试验。对残缺零部件者应备齐或修补以后再试。

　　电气绝缘工具实验主要是做交流耐压试验。耐压试验前后都要测量绝缘电阻。橡胶类绝缘工具如胶鞋、胶靴、胶手套等，在耐压时应在接地端串毫安表读取电流。验电笔类的绝缘工具，还应测量其发光电压。测量时可采用变化比较小的调压器，缓慢升压并重复3次，以获得较准确的数值。

　　试验时所加压电极应按被试工具的形状选用。胶鞋、胶靴、胶手套等绝缘工具可用自来水做电极，试品内部充水并浸入水中，上部留出$2\sim4cm$不沾湿，里外水面要基本平齐。高压引线引到内部水中，外部水槽经毫安表接地进行测量。绝缘胶垫、胶毯之类可用金属板做电极，凡使用部分均应试验，试品边缘处应留有适当距离以防沿面放电，绝缘棒、操作杆和绝缘绳等，可用裸金属线缠紧做电极。

试品以不击穿（即表面气隙不击穿闪络和内部不击穿）、不损坏、不发生局部过热为合格。

常用电气绝缘工具试验标准见表 10-11。带电作业工具工频耐压试验标准见表 10-12。

表 10-11　　常用电气绝缘工具试验标准

序号	名称	电压等级（kV）	周期（年）	交流电压（kV）	时间（min）	泄漏电流（mA）	备注
1	绝缘棒	6～10	1	44	5		
		35～154		3 倍线电压			
		220					
2	绝缘挡板	6～10	1	30			
		20～44		80			
3	绝缘板	20～44	1	80	5		
4	绝缘夹钳	≤35	1	3 倍线电压	5		
		110		260			
		220		400			
5	验电笔	6～10	2	40	5		发光电压不高于额定电压的 25%
		20～35		105			
6	绝缘手套	高压	2	8	1	≤9	
		低压		2.5		≤2.5	
7	橡胶绝缘靴	高压	2	15	2	≤7.5	
8	核相器电阻管	6	2	6		1.7～2.4	
		10		10		1.4～1.7	
9	绝缘绳	高压	2	105/0.5m	5		

表 10-12　　带电作业工具工频耐压试验标准

额定电压（kV）	试验长度（m）	1min 工频耐压（kV）	
		型式试验	预防性试验
10	0.4	100	45
35	0.6	150	95
110	1.0	250	220
220	1.8	450	440

习　题

10-1　测量电力变压器绝缘电阻时为什么要将非试验绕组短路接地？

10-2　绝缘电阻低的变压器，其吸收比一定比绝缘电阻高的变压器低吗？为什么？

10-3　电力电容器的高压试验项目有哪些？各能检测哪些缺陷？

10-4　在进行 GIS 耐压试验时，对 GIS 内部 SF_6 气体密度或压力有什么要求？

10-5　对 GIS 进行现场耐压试验时，如何处理其中的电磁式电压互感器、避雷器、保护间隙？

10-6　耐压试验时，GIS 的电流互感器二次绕组如何处理？

10-7　GIS 老练试验的目的是什么？

10-8　试画出避雷器工频放电电压试验的接线图，并说明各组成元件的作用。

10-9　FZ 型避雷器进行预防性试验时，为什么要测量并联电阻的非线性系数？组合元件的非线性系数差值的允许值是多少？

10-10　FZ 型避雷器的电导电流在一定的直流电压下规定为 $400\sim600\mu A$，为什么说低于 $400\mu A$ 或高于 $600\mu A$ 都有问题？

10-11　绝缘油取样时如何进行操作？绝缘油 $\tan\delta$ 值增高能说明什么问题？

10-12　常用绝缘工具有哪些？当给各种绝缘工具做交流耐压试验时，其加压电极如何选取？

附录 A 球极间放电电压

附表 A-1 一球接地时球隙的工频交流、负极性直流、负极性冲击放电电压峰值（kV）

（大气压力 101.3kPa，周围气温 20℃）

球径（cm） 球隙（cm）	2	5	6.25	10	12.5	15	25	50	75	100	150	200
0.05	2.4	—	—	—	—	—	—	—	—	—	—	—
0.1	4.4	—	—	—	—	—	—	—	—	—	—	—
0.15	6.3	—	—	—	—	—	—	—	—	—	—	—
0.2	8.2	—	—	—	—	—	—	—	—	—	—	—
0.3	11.5	—	—	—	—	—	—	—	—	—	—	—
0.4	14.8	14.3	14.2	—	—	—	—	—	—	—	—	—
0.5	18	—	16.9	16.7	16.5	—	—	—	—	—	—	—
0.6	21	20.4	20.2	—	—	—	—	—	—	—	—	—
0.7	23.9	—	—	—	—	—	—	—	—	—	—	—
0.8	26.6	26.3	26.2	—	—	—	—	—	—	—	—	—
0.9	29	—	—	—	—	—	—	—	—	—	—	—
1	31.2	32	31.9	31.6	31.5	31.3	31	—	—	—	—	—
1.2	(35.1)	37.6	37.5	—	—	—	—	—	—	—	—	—
1.4	(38.5)	43	43	—	—	—	—	—	—	—	—	—
1.5	(40)	—	—	45.6	45.6	45.5	45	—	—	—	—	—
1.6	(41.4)	48.1	48.4	—	—	—	—	—	—	—	—	—
1.8	(44)	53	53.6	—	—	—	—	—	—	—	—	—
2	(46.2)	57.4	58.2	59.1	59.2	59.2	59	59	59	—	—	—
2.2	—	61.5	63.1	—	—	—	—	—	—	—	—	—
2.4	—	65.3	67.4	—	—	—	—	—	—	—	—	—
2.5	—	67.2	69.6	72	72	72.6	72	—	—	71	—	—
3	—	(75.4)	79.1	84.1	85.2	85.5	86	—	—	—	—	—
3.5	—	(82.5)	(87.5)	95.2	97.2	98.1	—	—	—	—	—	—
4	—	(88.4)	(94.8)	105	109	110	112	112	112	—	—	—
4.5	—	(93.5)	(101)	115	119	122	—	—	—	—	—	—
5	—	(98)	(107)	123	129	132	137	—	—	137	137	187
5.5	—	—	(112)	(131)	138	143	—	—	—	—	—	—

球径（cm） 球隙（cm）	2	5	6.25	10	12.5	15	25	50	75	100	150	200
6	—	—	(116)	(138)	146	152	161	164	164	—	—	—
6.5	—	—	—	(144)	(154)	161	—	—	—	—	—	—
7	—	—	—	(150)	(162)	169	184	—	—	—	—	—
7.5	—	—	—	(155)	(168)	177	—	—	—	—	—	—
8	—	—	—	(160)	(174)	(185)	205	214	215	—	—	—
9	—	—	—	(169)	(186)	(198)	225	—	—	—	—	—
10	—	—	—	(177)	(196)	(209)	243	262	265	267	267	265
11	—	—	—	—	(204)	(219)	260	—	—	—	—	—
12	—	—	—	—	(212)	(229)	275	308	313	—	—	—
13	—	—	—	—	—	(238)	(289)	—	—	—	—	—
14	—	—	—	—	—	(245)	(302)	352	360	—	—	—
15	—	—	—	—	—	(252)	(314)	—	—	388	388	389
16	—	—	—	—	—	—	(325)	392	406	—	—	—
18	—	—	—	—	—	—	(345)	428	450	—	—	—
20	—	—	—	—	—	—	(363)	461	492	508	508	510
22	—	—	—	—	—	—	(378)	491	532	—	—	—
24	—	—	—	—	—	—	(391)	520	570	—	—	—
25	—	—	—	—	—	—	(396)	—	—	611	626	630
26	—	—	—	—	—	—	—	(545)	606	—	—	—
28	—	—	—	—	—	—	—	(570)	640	—	—	—
30	—	—	—	—	—	—	—	591	670	709	739	745
32	—	—	—	—	—	—	—	(611)	720	—	—	—
34	—	—	—	—	—	—	—	(630)	731	—	—	—
35	—	—	—	—	—	—	—	—	—	797	846	858
36	—	—	—	—	—	—	—	(647)	756	—	—	—
38	—	—	—	—	—	—	—	(663)	783	—	—	—
40	—	—	—	—	—	—	—	(679)	(806)	876	947	965
45	—	—	—	—	—	—	—	(710)	(858)	949	1040	1075
50	—	—	—	—	—	—	—	(738)	(904)	1010	1130	1180
55	—	—	—	—	—	—	—	—	(945)	1070	1210	—
60	—	—	—	—	—	—	—	—	(981)	(1120)	1280	1360
65	—	—	—	—	—	—	—	—	(1012)	(1170)	1350	—
70	—	—	—	—	—	—	—	—	(1040)	(1210)	1420	1530

续表

球径（cm） 球隙（cm）	2	5	6.25	10	12.5	15	25	50	75	100	150	200
75	—	—	—	—	—	—	—	—	(1060)	(1240)	1470	—
80	—	—	—	—	—	—	—	—	—	(1280)	(1530)	1680
90	—	—	—	—	—	—	—	—	—	(1330)	(1630)	1810
100	—	—	—	—	—	—	—	—	—	(1370)	(1710)	1930
110	—	—	—	—	—	—	—	—	—	—	(1790)	(2030)
120	—	—	—	—	—	—	—	—	—	—	(1850)	(2120)
130	—	—	—	—	—	—	—	—	—	—	(1900)	(2200)
140	—	—	—	—	—	—	—	—	—	—	(1950)	(2280)
150	—	—	—	—	—	—	—	—	—	—	(1980)	(2350)
160	—	—	—	—	—	—	—	—	—	—	—	(2410)
180	—	—	—	—	—	—	—	—	—	—	—	(2500)
200	—	—	—	—	—	—	—	—	—	—	—	(2580)

注 括号内的数字准确度较低。

附表 A-2   一球接地时球隙的正极性直流、正极性冲击放电电压峰值（kV）

（大气压力 101.3kPa，周围气温 20℃）

球径（cm） 球隙（cm）	2	5	6.25	10	12.5	15	25	50	75	100	150	200
0.4	—	14.3	14.2	—	—	—	—	—	—	—	—	—
0.5	—	—	—	16.9	16.7	16.5	—	—	—	—	—	—
0.6	—	20.4	20.2	—	—	—	—	—	—	—	—	—
0.8	—	26.3	26.2	—	—	—	—	—	—	—	—	—
1	—	32	31.9	31.6	31.6	31.3	31	—	—	—	—	—
1.2	—	37.8	37.6	—	—	—	—	—	—	—	—	—
1.4	—	43.3	43.1	—	—	—	—	—	—	—	—	—
1.5	—	—	—	45.6	45.6	45.6	—	—	—	—	—	—
1.6	—	49	49	—	—	—	—	—	—	—	—	—
1.8	—	54.4	54.6	—	—	—	—	—	—	—	—	—
2	—	59.4	60	59.1	59.2	59.2	59	58	58	—	—	—
2.2	—	64.2	65	—	—	—	—	—	—	—	—	—
2.4	—	68.8	69.7	—	—	—	—	—	—	—	—	—
2.5	—	71	72.3	72.8	72.5	72.6	—	—	—	—	—	—
3	—	(81.1)	83.4	85.6	85.7	85.6	86	—	—	—	—	—
3.5	—	(90)	(93.4)	97.4	98.6	98.7	—	—	—	—	—	—
4	—	(97.5)	(103)	109	111	111	112	112	112	—	—	—
4.5	—	(104)	(110)	120	123	124	—	—	—	—	—	—

续表

球隙 (cm) \ 球径 (cm)	2	5	6.25	10	12.5	15	25	50	75	100	150	200
5	—	(109)	(117)	130	134	136	138	—	—	137	137	137
5.5	—	—	(123)	(139)	144	147	—	—	—	—	—	—
6	—	—	(128)	(148)	154	158	162	164	164	—	—	—
6.5	—	—	—	(156)	(163)	168	—	—	—	—	—	—
7	—	—	—	(163)	(172)	178	187	—	—	—	—	—
7.5	—	—	—	(170)	(180)	187	—	—	—	—	—	—
8	—	—	—	(176)	(188)	(196)	210	214	215	—	—	—
9	—	—	—	(186)	(202)	(212)	232	—	—	—	—	—
10	—	—	—	(195)	(214)	(226)	252	262	265	266	267	265
11	—	—	—	—	(224)	(238)	272	—	—	—	—	—
12	—	—	—	—	(232)	(249)	290	310	313	—	—	—
13	—	—	—	—	—	(260)	(306)	—	—	—	—	—
14	—	—	—	—	—	(269)	(321)	356	360	—	—	—
15	—	—	—	—	—	(276)	(335)	—	—	388	388	389
16	—	—	—	—	—	—	(348)	401	407	—	—	—
18	—	—	—	—	—	—	(372)	440	452	—	—	—
20	—	—	—	—	—	—	(393)	478	499	505	509	510
22	—	—	—	—	—	—	(410)	511	541	—	—	—
24	—	—	—	—	—	—	(424)	543	582	—	—	—
25	—	—	—	—	—	—	(430)	—	—	616	626	630
26	—	—	—	—	—	—	—	(572)	621	—	—	—
28	—	—	—	—	—	—	—	(600)	659	—	—	—
30	—	—	—	—	—	—	—	(625)	694	719	740	745
32	—	—	—	—	—	—	—	(646)	727	—	—	—
34	—	—	—	—	—	—	—	(669)	759	—	—	—
35	—	—	—	—	—	—	—	—	—	816	850	860
36	—	—	—	—	—	—	—	(687)	788	—	—	—
38	—	—	—	—	—	—	—	(705)	816	—	—	—
40	—	—	—	—	—	—	—	(721)	(841)	900	957	967
45	—	—	—	—	—	—	—	(756)	(899)	979	1060	1080
50	—	—	—	—	—	—	—	(785)	(949)	1050	1150	1180
55	—	—	—	—	—	—	—	—	(994)	(1110)	1240	—
60	—	—	—	—	—	—	—	—	(1030)	(1160)	1310	1380
65	—	—	—	—	—	—	—	—	(1070)	(1210)	1390	—

续表

球径（cm） 球隙（cm）	2	5	6.25	10	12.5	15	25	50	75	100	150	200
70	—	—	—	—	—	—	—	—	(1100)	(1260)	1460	1560
75	—	—	—	—	—	—	—	—	(1120)	(1300)	1520	—
80	—	—	—	—	—	—	—	—	—	(1330)	(1580)	1710
90	—	—	—	—	—	—	—	—	—	(1390)	(1680)	1850
100	—	—	—	—	—	—	—	—	—	(1430)	(1770)	1980
110	—	—	—	—	—	—	—	—	—	—	(1850)	(2080)
120	—	—	—	—	—	—	—	—	—	—	(1920)	(2180)
130	—	—	—	—	—	—	—	—	—	—	(1970)	(2270)
140	—	—	—	—	—	—	—	—	—	—	(2020)	(2350)
150	—	—	—	—	—	—	—	—	—	—	(2060)	(2420)
160	—	—	—	—	—	—	—	—	—	—	—	(2480)
180	—	—	—	—	—	—	—	—	—	—	—	(2580)
200	—	—	—	—	—	—	—	—	—	—	—	(2650)

注　括号内的数字准确度较低。

附表 A-3　球极电压对称分布时球隙的工频交流、正负极性直流、正负极性冲击放电电压峰值（kV）
（大气压力 101.3kPa，周围气温 20℃）

球径（cm） 球隙（cm）	2	5	6.25	10	12.5	15	25	50	75	100	150	200
0.05	2.4	—	—	—	—	—	—	—	—	—	—	—
0.1	4.4	—	—	—	—	—	—	—	—	—	—	—
0.15	6.3	—	—	—	—	—	—	—	—	—	—	—
0.2	8.2	8	—	—	—	—	—	—	—	—	—	—
0.3	11.6	—	—	—	—	—	—	—	—	—	—	—
0.4	14.9	14.3	14.2	—	—	—	—	—	—	—	—	—
0.5	18.1	—	16.9	16.7	16.5	—	—	—	—	—	—	—
0.6	21.2	20.4	20.2	—	—	—	—	—	—	—	—	—
0.7	24.1	—	—	—	—	—	—	—	—	—	—	—
0.8	26.9	26.4	26.2	—	—	—	—	—	—	—	—	—
0.9	29.5	—	—	—	—	—	—	—	—	—	—	—
1	32	32.2	32	31.6	31.5	31.3	31	—	—	—	—	—
1.2	(36.7)	37.8	37.6	—	—	—	—	—	—	—	—	—
1.4	(41.2)	43.3	43.2	—	—	—	—	—	—	—	—	—
1.5	—	—	—	45.8	45.7	45.5	45	—	—	—	—	—
1.6	(45.2)	48.5	48.6	—	—	—	—	—	—	—	—	—
1.8	(48.7)	53.5	53.9	—	—	—	—	—	—	—	—	—

续表

球隙(cm) \ 球径(cm)	2	5	6.25	10	12.5	15	25	50	75	100	150	200
2	(51.8)	58.3	59	59.3	59.4	59.2	59	58	58	—	—	—
2.2	—	62.8	63.9	—	—	—	—	—	—	—	—	—
2.4	—	67.3	68.6	—	—	—	—	—	—	—	—	—
2.5	—	69.4	70.9	72.4	72.6	72.9	72	—	—	71	—	—
3	—	79.3	81.8	84.9	85.4	85.8	86	—	—	—	—	—
3.5	—	(88.3)	(91.8)	96.5	97.7	98.4	—	—	—	—	—	—
4	—	(76.4)	(101)	107	110	111	113	112	112	—	—	—
4.5	—	(104)	(109)	118	121	123	—	—	—	—	—	—
5	—	(111)	(117)	128	132	134	138	—	—	137	137	137
5.5	—	—	(124)	(137)	142	145	—	—	—	—	—	—
6	—	—	(131)	(146)	152	155	162	164	164	—	—	—
6.5	—	—	—	(155)	(161)	165	—	—	—	—	—	—
7	—	—	—	(163)	(170)	175	185	—	—	—	—	—
7.5	—	—	—	(170)	(179)	185	—	—	—	—	—	—
8	—	—	—	(177)	(187)	(194)	207	214	215	—	—	—
9	—	—	—	(191)	(203)	(211)	228	—	—	—	—	—
10	—	—	—	(203)	(217)	(227)	248	263	265	266	267	265
11	—	—	—	—	(229)	(242)	267	—	—	—	—	—
12	—	—	—	—	(241)	(256)	286	309	314	—	—	—
13	—	—	—	—	—	(268)	(303)	—	—	—	—	—
14	—	—	—	—	—	(228)	(320)	353	362	—	—	—
15	—	—	—	—	—	(292)	(336)	—	—	388	389	389
16	—	—	—	—	—	—	(352)	394	408	—	—	—
18	—	—	—	—	—	—	(381)	343	452	—	—	—
20	—	—	—	—	—	—	(407)	472	495	504	511	511
22	—	—	—	—	—	—	(431)	507	535	—	—	—
24	—	—	—	—	—	—	(452)	542	576	—	—	—
25	—	—	—	—	—	—	(463)	—	—	613	628	632
26	—	—	—	—	—	—	—	(575)	615	—	—	—
28	—	—	—	—	—	—	—	(507)	652	—	—	—
30	—	—	—	—	—	—	—	(638)	689	714	741	747
32	—	—	—	—	—	—	—	(666)	725	—	—	—
34	—	—	—	—	—	—	—	(693)	759	—	—	—
35	—	—	—	—	—	—	—	—	—	812	848	860
36	—	—	—	—	—	—	—	(718)	793	—	—	—

续表

球径（cm） 球隙（cm）	2	5	6.25	10	12.5	15	25	50	75	100	150	200
38	—	—	—	—	—	—	—	(742)	825	—	—	—
40	—	—	—	—	—	—	—	(767)	(856)	902	950	972
45	—	—	—	—	—	—	—	(823)	(929)	986	1050	1080
50	—	—	—	—	—	—	—	(847)	(997)	1070	1140	1180
55	—	—	—	—	—	—	—	—	(1060)	(1140)	1230	—
60	—	—	—	—	—	—	—	—	(1120)	(1210)	1320	1380
65	—	—	—	—	—	—	—	—	(1170)	(1280)	1410	—
70	—	—	—	—	—	—	—	—	(1220)	(1340)	1490	1560
75	—	—	—	—	—	—	—	—	(1270)	(1400)	1560	—
80	—	—	—	—	—	—	—	—	—	(1460)	(1640)	1730
90	—	—	—	—	—	—	—	—	—	(1560)	(1780)	1900
100	—	—	—	—	—	—	—	—	—	(1660)	(1910)	2050
110	—	—	—	—	—	—	—	—	—	—	(2030)	(2190)
120	—	—	—	—	—	—	—	—	—	—	(2140)	(2330)
130	—	—	—	—	—	—	—	—	—	—	(2240)	(2400)
140	—	—	—	—	—	—	—	—	—	—	(2330)	(2580)
150	—	—	—	—	—	—	—	—	—	—	(2420)	(2690)
160	—	—	—	—	—	—	—	—	—	—	—	(2800)
180	—	—	—	—	—	—	—	—	—	—	—	(3000)
200	—	—	—	—	—	—	—	—	—	—	—	(3180)

注 括号内的数字准确度较低。

附录 B　国产阀型避雷器的电气特性

附表 B-1　　　　　　　　　**普通阀型避雷器（FS 和 FZ 系列）的电气特性**

型　号	额定电压（有效值，kV）	灭弧电压（有效值，kV）	工频放电电压（干燥及淋雨状态有效值，kV）		冲击放电电压（预放电时间 1.5～2.0μs，kV）不大于		冲击残压（波形 8/20μs，kV）不大于				备　注
							FS 系列		FZ 系列		
			不小于	不大于	FS 系列	FZ 系列	3kA	5kA	5kA	10kA	
FS-0.25	0.22	0.25	0.6	1.0	2.0	—	1.3		—		—
FS-0.5	0.38	0.50	1.1	1.6	2.7	—	2.6		—		—
FS-3 (FZ-3)	3	3.8	9	11	21	20	(16)	17	14.5	(16)	—
FS-6 (FZ-6)	6	7.6	16	19	35	30	(28)	30	27	(30)	—
FS-10 (FZ-10)	10	12.7	26	31	50	45	(47)	50	45	(50)	—
FZ-15	15	20.5	42	52	—	78			67	(74)	组合元件用
FZ-20	20	25	49	60.5	—	85			80	(88)	组合元件用
FZ-30J	30	25	56	67	—	110			83	(91)	组合元件用
FZ-35	35	41	84	104	—	134			134	(148)	
FZ-40	40	50	98	121	—	154			160	(176)	110kV 变压器中性点保护专用
FZ-60	60	70.5	140	173	—	220			227	(250)	
FZ-110J	110	100	224	268	—	310			332	(364)	
FZ-154J	154	142	304	368	—	420			466	(512)	
FZ-200J	220	200	448	536	—	630			664	(728)	

注　残压栏内加括号者为参考值。

附表 B-2　　　　　　　　**电站用磁吹阀型避雷器（FCZ 系列）的电气特性**

型　号	额定电压（有效值，kV）	灭弧电压（有效值，kV）	工频放电电压（干燥及淋雨状态有效值，kV）		冲击放电电压不大于（kV）		冲击残压（波形/20μs，kV）不大于		备　注
			不小于	不大于	预放电时间 1.5～2.0μs 及波形 1.5/40μs	预放电时间 100～1000μs	5kA	10kA	
FCZ-35	35	41	70	85	112	—	108	122	110kV 变压器中性点保护专用
FCZ-40	—	51	87	98	134	—	—	—	—
FCZ-60	60	69	117	123	178	—	178	205	—
FCZ-110J	110	100	170	195	260	(285)	260	285	
FCZ-110	110	126	255	290	345	—	332	365	
FCZ-154	154	177	330	377	500	—	466	512	
FCZ-220J	220	200	340	390	520	(570)	520	570	
FCZ-330J	330	290	510	380	780	820	740	320	
FCZ-550	500	440	680	790	840	1030		110	

注　加括号者为参考值。

附表 B-3　　　保护旋转电机用磁吹阀型避雷器（FCD 系列）的电气特性

型　号	额定电压（有效值，kV）	灭弧电压（有效值，kV）	工频放电电压（干燥及淋雨状态有效值，kV）		冲击放电电压（预放电时间 1.5～2.0μs 及波 1.5/40μs，kV）不大于	冲击残压（波形 8/20μs，kV）不大于		备　注
			不小于	不大于		3kA	5kA	
FCD-2	—	2.3	4.5	5.7	6	5	6.4	电机中性点保护专用
FCD-3	3.15	3.8	7.5	9.5	9.5	9.5	10	—
FCD-4	—	4.6	9	11.4	12	12	12.8	电机中性点保护专用
FCD-6	6.3	7.6	15	18	19	19	20	—
FCD-10	10.5	12.7	25	30	31	31	33	—
FCD-13.2	13	16.7	33	39	40	40	43	—
FCD-15	15.75	19	37	44	45	45	49	—

附表 B-4　　　典型的电站和配电用 ZnO 避雷器的电气特性

避雷器额定电压（有效值，kV）	避雷器持续运行电压（有效值，kV）	直流 1mA 参考电压（kV）不小于			标称电流下残压（峰值，kV）									备　注
					陡坡冲击电流下不大于			雷电冲击电流下不大于			操作冲击电流下不大于			
		5kA	10kA	20kA	5kA	10kA	20kA	5kA	10kA	20kA	5kA	10kA	20kA	
5	4.0	7.2 (7.5)	—	—	15.5 (17.3)	—	—	13.5 (15.0)	—	—	11.5 (12.8)	—	—	加括号者为配电避雷器的电气数据
15	12.0	21.8 (23.0)	—	—	46.5 (52.5)	—	—	40.5 (45.6)	—	—	34.5 (39.0)	—	—	
51	40.8	73.0	—	—	154.0	—	—	134.0	—	—	114.0	—	—	
96	75	140	140	—	280	—	—	250	—	—	213	—	—	
100	78	145	145	—	291	—	—	260	—	—	221	—	—	
192	150	—	280	—	560	—	—	500	—	—	426	—	—	
200	156	—	290	—	582	—	—	520	—	—	442	—	—	
288	219	—	408	—	782	—	—	698	—	—	593	—	—	
300	228	—	425	—	814	—	—	727	—	—	618	—	—	
306	233	—	433	—	831	—	—	742	—	—	630	—	—	
312	237	—	442	—	847	—	—	760	—	—	643	—	—	
324	246	—	459	—	880	—	—	789	—	—	668	—	—	
420	318	—	565	565	1075	1170	—	960	1046	—	852	858	—	
444	324	—	597	597	1137	1238	—	1015	1106	—	900	907	—	
468	330	—	630	630	1198	1306	—	1070	1166	—	950	956	—	

参 考 文 献

［1］ 沈其工，方瑜，周泽存，等. 高电压技术. 4 版. 北京：中国电力出版社，2012.

［2］ 李建明，朱康. 高压电气设备试验方法. 北京：中国电力出版社，2001.

［3］ 赵玉林，周启龙. 高电压技术. 北京：机械工业出版社，1997.

［4］ 梁曦东，陈昌渔，周远翔. 高电压工程. 北京：清华大学出版社，2003.

［5］ 张一尘：高电压技术. 3 版. 北京：中国电力出版社，2015.

［6］ 赵智大. 高电压技术. 3 版. 北京：中国电力出版社，2013.

［7］ 唐兴祚. 高电压技术. 重庆：重庆大学出版社，1991.

［8］ 邱毓昌. 高电压工程. 西安：西安交通大学出版社，1995.

［9］ 邱毓昌. GIS 装置及其绝缘技术. 北京：水利电力出版社，1994.

［10］ KUFFEL E. et al. High‐voltage Engineering. Pergamon Press，1997.

［11］ 国家电网公司人力资源部. 电气试验. 北京：中国电力出版社，2010.

［12］ 张仁豫. 高电压试验技术. 北京：清华大学出版社，2006.

［13］ 陈化钢. 电力设备预防性试验方法及诊断技术. 北京：中国科学技术出版社，2001.